सब्ज़ियों की उत्पादन प्रौद्योगिकी

लेखकगण

एस. के. अरोड़ा
ए. के. भाटिया
वी. के. श्रीवास्तव
जे. एल. मंगल
राकेश मेहरा
पी. आर. यादव
एल. एस. सुहाग

साईण्टिफ़िक पब्लिशर्स (इंडिया)
पॉ. बॉ. नं. 91 जोधपुर (राज.)

प्रकाशक
पवन कुमार
साईन्टिफिक पब्लिशर्स (इंडिया)
5–ए, न्यू पाली रोड़, पो.बॉ. नं. 91
जोधपुर – 342 001

E-mail: info@scientificpub.com
www.scientificpub.com

संस्करण, 2009

ISBN:9789392590344
9 789392 590344
Price: 995/-

ISBN: 9

कवर डिजाइन – तनय शर्मा

लेजर टाईपसेट – राजेश औझा
भारत में मुद्रित

समर्पण

भारत में सब्ज़ी उत्पादन क्रान्ति

के जनक

डा. कीर्ति सिंह

को

सादर समर्पण

डा. गोतम कल्लु
उप-महानिदेशक (बागवानी)
भारतीय कृषि अनुसंधान परिषद,
कृषि भवन, नई दिल्ली - 110 001

सन्देश

यह वास्तव में बहुत ही उत्साहजनक है कि हरियाणा राज्य के सब्ज़ी उत्पादकों को समर्पित इस पुस्तक का प्रथम अंक का सौभाग्योदय नई शताब्दी के शुभारम्भ के अवसर पर हो रहा है। आज का युग सूचनाओं का युग है और सब्ज़ी उत्पादन के क्षेत्र में नित्य कई उपलब्धियां प्राप्त की जाती हैं। आज भारत निरन्तर बढ़ रही जनसंख्या और सब्ज़ी उत्पादन की ह्रासमान उत्पादकता के कारण संकटपूर्ण स्थिति में है। देश को पर्यावरण अपकर्ष और ग्रामीण गरीबी की अनेक समस्याओं का भी सामना करना पड़ रहा है। यह हमें तुरन्त हमारे कार्यों और चुनौतियों की याद दिलाता है। वांछित लक्ष्यों को प्राप्त करने के लिए अपेक्षित सूचना किसी भी कार्यक्रम की सफलता की कुंजी है। इस दृष्टि से, हरियाणा राज्य में सब्ज़ी उत्पादन के दृश्य-विधान का चित्रण करने वाली इस पुस्तक का शुभारम्भ स्वागत योग्य और समयानुसार कार्य है।

मुझे आशा है कि यह पुस्तक अनुसंधान प्रयोगशालाओं से प्राप्त नवीन उपलब्धियों की जानकारी प्रयोक्ताओं अर्थात् सब्ज़ी उत्पादकों तक पहुँचाने में कारगर भुमिका निभाऐगी। मैं हरियाणा सब्जी उत्पादन के उत्थान में इस पुस्तक के प्रयासों की सफलता की कामना करता हूँ।

मैं इस पुस्तक के लेखकों को हार्दिक बधाई देता हूँ।

गौतम कल्लू

कुलपति,
चौ. चरण सिंह हरियाणा कृषि विश्वविद्यालय
हिसार (हरियाणा), भारत

प्राक्कथन

स्वतंत्रता प्राप्ति के ५३ वर्ष बाद भी देश की कुल राष्ट्रीय आय का ३६ प्रतिशत भाग कृषि से प्राप्त होता है और देश की ७० प्रतिशत जनसंख्या प्रत्यक्ष या अप्रत्यक्ष रूप से कृषि उद्योग से जुड़ी है। अतः कृषि को भारतीय अर्थ व्यवस्था की "रीढ़" की संज्ञा देना अतिश्योक्ति न होगी। सब्जियों का उत्पादन स्वतंत्रता प्राप्ति के बाद १५ मिलियन टन से बढ़कर आज ८४ मिलियन टन तक पहुंच गया है। भारत विश्व का सबसे बड़ा (चीन के बाद) सब्जियों की खेती करने वाला राष्ट्र है। विगत वर्षों में आलू का उत्पादन १५.६ मिलियन टन से २४.१५ मिलियन टन हो गया है। पिछले तीन दशकों में टमाटर का क्षेत्रफल ४. ८६ लाख हेक्टेयर और उत्पादन ६. ८९ मिलियन टन तक पहुंच गया है। प्याज उत्पादन के क्षेत्र में भारत ने विगत ५३ वर्षों में महत्त्वपूर्ण उपलब्धि हासिल की है। प्याज उत्पादन १९९७-९८ में ३.९६ लाख हेक्टेयर में लगभग ४.४३ मिलियन टन तक हो गया है। विश्व में भारत मिर्च का सबसे बड़ा उत्पादक है। स्वतंत्रता प्राप्ति के बाद मिर्च का उत्पादन आज ८.१० लाख हेक्टेयर में किया जाता है। जिससे लगभग ७.५० लाख टन की पैदावार होती है। इसी प्रकार इसकी उत्पादकता में अभी भी करीब ७० क्विंटन प्रति हेक्टेयर की दर से वृद्धि की जा सकती है। देश में बैंगन का कुल उत्पादन ४.७९ लाख हेक्टेयर भूमि में करीब ५८.५ लाख टन हो गया है। गत पांच दशकों से जनसंख्या में तीन गुना से अधिक वृद्धि हुई है जबकि सब्जी उगाने का क्षेत्र उस दर से नहीं बढ़ा है। इसके बावजूद सब्जियों में सराहनीय वृद्धि हुई है। जनसंख्या में हो रही विस्फोटक वृद्धि को देखते हुए ऐसा अनुमान है कि सन् २००१ - ०२ तक भारत को लगभग १३० मिलियन टन सब्जी की आवश्यकता होगी। इस समय घरेलू मांग की पूर्ति हेतु लगभग १०० मिलियन टन सब्जी की जरूरत है। इस लक्ष्य की प्राप्ति हेतु यह अनिवार्य है कि सब्जियों के उत्पादन में वृद्धि की जाये व इसके लिये उन्नत/संकर किस्मों के उपयोग में वृद्धि, सिंचाई सुविधाओ का विकास, उर्वरकों एवं

पौध संरक्षण उपायों का सहारा लेना पड़ेगा। उर्वरकों और पौध-संरक्षण रसायनों के उपयोग से पर्यावरण पर प्रतिकूल प्रभाव पड़ता है और भूमि की उर्वरा शक्ति भी प्रभावित होती है। अतः अब यह परम आवश्यक हो गया है कि सब्जी उत्पादन में वृद्धि के लिये उत्पादन प्रौद्योगिकी अपनाई जाए जिससे न केवल घरेलू और निर्यात की पूर्ति हो, बल्कि पर्यावरण पर भी कोई प्रतिकूल प्रभाव न पड़े और देश की जनता स्वस्थ और खुशहाल हो। यह प्रकाशन इन्हीं पहलुओं को ध्यान में रखकर तैयार किया गया है। इस पुस्तक में विशेष रूप से कुछ महत्त्वपूर्ण विषयों जैसे पौधशाला में पौध तैयार करना, उन्नत उत्पादन प्रौद्योगिकी, जीवाणु व रासायनिक खादों का संतुलित प्रयोग, कीटनाशियों व फफूंदनाशियों के सही प्रयोग से कीड़ों व रोगों से रक्षा तथा उनके प्रयोग में सावधानियाँ, उपयुक्त फसलचक्र आदि पर चर्चा की गई है। सब्जियों के उत्पादन में वृद्धि के लिये इस प्रकाशन में सभी अंकित तथ्य अनेक पुस्तकों, शोध पत्रों तथा पत्रिकाओं से संकलित करके सब्जी उत्पादकों तक पहुँचाने का प्रयत्न किया गया है। इस प्रकाशन के द्वारा उत्पादकों का ध्यान उन छोटी-छोटी त्रुटियों की ओर दिलाया गया है जिन्हें कृषक अनजाने में फसल उगाने के दौरान आमतौर पर करते रहते हैं। लगभग सभी सब्जियों की उन्नत प्रौद्योगिकी का संक्षिप्त वर्णन करके गागर में सागर भरने का प्रयास किया गया है। आशा है, सब्जी उत्पादकों के लिये प्रकाशन में सम्मिलित नवीन प्रौद्योगिकी बहुत लाभप्रद सिद्ध होगी।

इस पुस्तक के सभी लेखक मेरी ओर से बधाई के पात्र है।

हिसार **विनय कुमार**

दिनांक : १७ मई, २००१

Bottlegourd

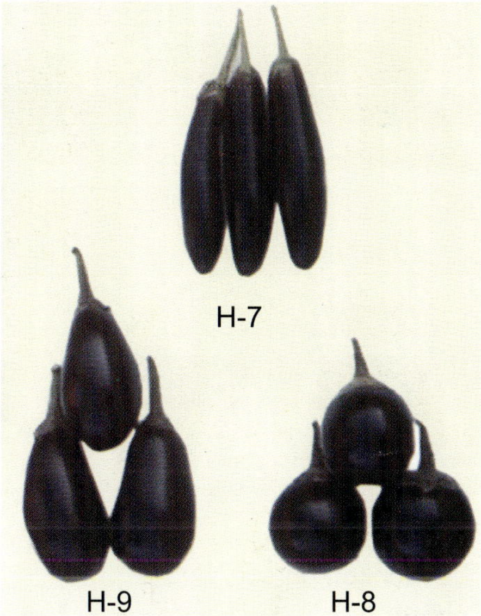

Brinjal

Cabbage

Pea

Cauliflower

Capsicum

Summer squash

Onion

Flat nursery bed

Raised nursery bed

Lady finger

Sunken nursery bed

Potato

Ridgegourd

hybrid tomato

Tomato crack

Sunscald

Haldi

Watermellon

Bitterguard

Karela

Carrot

Chilly

Coriander

Cucumber

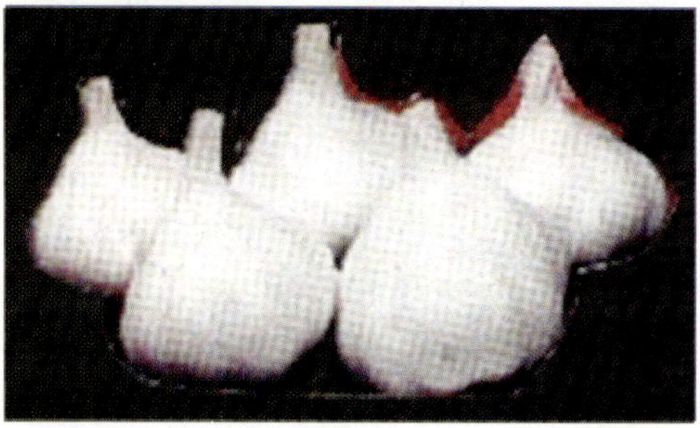

Garlic

Knolkhol

Methi

Muskmellon

Palak

आमुख

भारत ने सब्जी उत्पादन में काफी उन्नति की है। विश्व में सब्जी उत्पादन में चीन के बाद हमारा स्थान है। इस समय हमारे देश में ६७० लाख हेक्टेयर क्षेत्र में सब्जियों की खेती की जाती है। वर्तमान में हमारे देश का सब्जी उत्पादन ८४ मिलियन टन है जिससे केवळ १४५ ग्राम सब्जी प्रति व्यक्ति प्रतिदिन उपलब्ध हैं, जबकि भारतीय चिकित्सा अनुसंधान परिषद, नई दिल्ली ने प्रत्येक स्वस्थ व्यक्ति को प्रतिदिन ८५ ग्राम कंदमूल, ८५ ग्राम फल-फूल और ११५ ग्राम हरी पत्तियों वाली सब्जियों का सेवन करने की अनुशंसा की है। भारत में सब्जियों की खपत कुछ अन्य देशों की तुलना में बहुत कम है, जबकि जापान में ४६२ ग्राम, ब्रिटेन में ४५२ ग्राम और अमेरिका में ३२० ग्राम सब्जियाँ प्रति व्यक्ति प्रतिदिन सेवन करते हैं। ऐसा अनुमान लगाया गया है कि भारतवर्ष में सन् २००१ - ०२ में सब्जियों की मांग १२० मिलियन टन होगी। अनाज और दालों की अपेक्षा सब्जियों में विटामिन, एमीनो अम्ल और खनिज लवण प्रचुर मात्रा में पाये जाते हैं। इनके सेवन से रोगों के प्रतिरोधिता बढ़ती हैं। इन विशिष्ट गुणों के कारण विश्व में शाकाहारी व्यक्तियों की संख्या में निरन्तर बढ़ोतरी हो रही है। बढ़ती जनसंख्या के लिये वर्तमान समय में सब्जियों का उत्पादन अपर्याप्त हैं। वस्तुतः सब्जी की उपलब्धता प्रति व्यक्ति प्रतिदिन ३०० ग्राम होनी चाहिए। भारत वर्ष में राष्ट्रीय स्तर पर सब्जियों की २०० नई किस्मों की खेती के लिये संस्तुति की गई है। ये किस्में अधिक पैदावार देने वाली तथा कुछ बीमारियों से रहित है। इसके अतिरिक्त सब्जियों के उगाने के लिये नयी-नयी तकनीकें विकसित की गई हैं। क्षेत्रफल की दृष्टि से राज्य स्तर पर सब्जियों में उत्तर प्रदेश अग्रणी राज्य हैं। इसके बाद क्रमशः तमिलनाडु, बिहार, उड़ीसा, पश्चिम बंगाल और कर्नाटक राज्य आते हैं। उत्पादन की दृष्टि से देखें तो सब्जियों की उत्पादकता में राज्य स्तर पर बहुत अन्तर है (२.१० - २३.४१ टन प्रति हेक्टेयर तक)। यदि उत्पादकता के इस अंतर को नई तकनीक अपना कर

कम कर दिया जाये तो सब्जी के कुल उत्पादन में बढ़ोतरी की संभावना बढ़ जाएगी।

देश की जनसंख्या में निरन्तर वृद्धि के कारण मनुष्य के आहार में सब्जियों की कमी को ध्यान में रखकर इनके उत्पादन में वृद्धि करना अनिवार्य हो गया है। यह वृद्धि तभी संभव हो सकती है जब किसानों को सब्जी उत्पादन की नवीन प्रौद्योगिकी का ज्ञान हो। इस पुस्तक में कृषकों का ध्यान नई प्रौद्योगिकी के साथ-साथ उन छोटी-छोटी त्रुटियों की ओर भी खींचा गया हैं जिन्हें वे आमतौर पर फसल उगाने के दौरान करते रहते हैं तथा अच्छी पैदावार लेने से वंचित रह जाते हैं। इस पुस्तक में इन सभी समस्याओं के निराकरण का प्रयास किया गया है। इसके अतिरिक्त मुख्यतः सब्जी उत्पादन की उन्नत प्रौद्योगिकी, जीवाणु व रासायनिक खादों का संतुलित प्रयोग, कीटों व रोगों का समेकित नियंत्रण तथा अनेक लाभदायक सूचनाओं व सावधानियों को सम्मिलित करके सरल भाषा में कृषकों तक पहुँचाने का प्रयत्न किया गया है। इस पुस्तक में सभी तथ्य विभिन्न प्रकार की सम्बन्धित पुस्तकों, पत्रिकाओं तथा शोधपत्रों से लिये गये हैं। आशा की जाती है कि कृषकों, कृषि व उद्यान अधिकारियों तथा विद्यार्थियों के लिये यह पुस्तक बहुत लाभदायक सिद्ध होगी।

हिसार **लेखकगण**

दिनांक : १७ मई, २००१

लेखकों का परिचय

१. **डॉ. एस.के. अरोड़ा,** प्राध्यापक, सब्जी विभाग, चौ. चरण सिंह हरियाणा कृषि विश्वविद्यालय, हिसार १२५ ००४ (हरियाणा)

२. **डॉ. जे.एल. मंगल,** अध्यक्ष, सब्जी विभाग, चौ. चरण सिहं हरियाणा कृषि विश्वविद्यालय, हिसार १२५ ००४ (हरियाणा)

३. **डॉ. अरुण कुमार भाटिया,** सह-प्राध्यापक, सब्जी विभाग, चौ. चरण सिंह हरियाणा कृषि विश्वविद्यालय, हिसार १२५ ००४ (हरियाणा)

४. **डॉ. राकेश मेहरा,** सह-वैज्ञानिक, पौध रोग विभाग, चौ. चरण सिहं हरियाणा कृषि विश्वविद्यालय, हिसार १२५ ००४ (हरियाणा)

५. **डॉ. वी.के. श्रीवास्तव,** वरिष्ठ विस्तार शिक्षा विशेषज्ञ (सब्जी), विस्तार शिक्षा निदेशालय, गांधी भवन, चौ. चरण सिंह हरियाणा कृषि विश्वविद्यालय, हिसार १२५ ००४ (हरियाणा)

६. **डॉ. पी.आर. यादव,** अध्यक्ष, कीट विभाग, चौ. चरण सिंह हरियाणा कृषि विश्वविद्यालय, हिसार १२५ ००४ (हरियाणा)

७. **डॉ. एल.एस. सुहाग,** निदेशक, विस्तार शिक्षा, विस्तार शिक्षा निदेशालय, चौ. चरण सिंह हरियाणा कृषि विश्वविद्यालय, हिसार १२५ ००४ (हरियाणा)

पृष्ठ भूमि

सब्जियाँ हमारे शरीर के लिये मुख्यतः कार्बोहाइड्रेट, प्रोटीन, विटामिन, एमीनो एसिड्स तथा खनिज पदार्थों जैसे महत्त्वपूर्ण पोषक तत्त्वों का सस्ता स्त्रोत हैं जिसके बिना संतुलित आहार की कल्पना भी नहीं की जा सकती। इसी बात को ध्यान में रखते हुए भारतीय चिकित्सा अनुसंधान परिषद् ने प्रतिदिन प्रतिव्यक्ति २८५ ग्राम सब्जी (११५ ग्राम हरी पत्तेदार, ८५ ग्राम कंदमूल व ८५ ग्राम फल-फूल) के उपयोग की सिफारिश की है किन्तु राष्ट्रीय स्तर पर यह उपलब्धता औसतन १४५ ग्राम ही है। यह मात्रा हरियाणा प्रदेश में दुर्भाग्यवश ७८ ग्राम प्रति व्यक्ति प्रतिदिन उपलब्ध है जो कि आवश्यक मात्रा का आधा भाग भी नहीं है। हरियाणा राज्य में सब्जियों को लगभग १.३५ लाख हेक्टेयर भूमि पर लगाया जाता है। सब्जी का उत्पादन राज्य में वर्ष १९९७-९८ में १४.५५ लाख मिट्रिक टन से बढ़ कर वर्तमान में २०.६५ लाख मिट्रिक टन हो गया है। हरियाणा राज्य के प्रत्येक जिले में सब्जियों की उच्च स्तर पर व्यावसायिक खेती की जाती है। इन सब्जियों की खपत न केवल हरियाणा राज्य में होती है बल्कि देश के अन्य भागों व विदेश में इन्हें भेजा जाता है। हरियाणा प्रदेश सब्जी उत्पादन में सबसे अग्रणी है और राजधानी दिल्ली की कुल सब्जी की मांग का १२ प्रतिशत भाग हरियाणा से ही उपलब्ध होता है जिसमें टिण्डा ५६ प्रतिशत, गाजर ४० प्रतिशत, बैंगन ३३ प्रतिशत और खीरा व मैथी ३० प्रतिशत तक योगदान देते हैं। इन सब्जियों की मांग आने वाले समय में और भी अधिक हो जायेगी। इस प्रकार सब्जी उत्पादन व आपूर्ति व्यवसाय और उद्योगों पर आधारित उपायोजन अवसरों पर बढ़ती हुई रोजगार समस्या का समाधान हो सकता है। हरियाणा राज्य की बढ़ती जनसंख्या की सब्जी आपूर्ति के लिये सब्जी उत्पादन व क्षेत्र को दो से तीन गुणा बढ़ाना होगा। यह तभी संभव होगा यदि सब्जी विशेषज्ञों या शिक्षित, योग्य व अनुभवी लोगों को इस व्यवसाय के विभिन्न क्षेत्रों में कार्यों के लिये लगाया जाये एवँ उन्हें प्रेरित किया जाय ताकि संसाधन उद्योग, सहकारी समितियाँ, निर्यात समितियाँ, शीतगार भंडारण, गुणवत्ता सम्बन्धित प्रयोगशालाएँ तथा सब्जियों के विभिन्न उत्पादों की उपभोक्ता मांग को बढ़ावा मिले व इस प्रकार प्रदेश में व्याप्त कुपोषण और रोजगार की समस्या को सुलझाया जा सके।

विषय सूची

सब्जी उत्पादन

अध्याय संख्या

सब्ज़ी उत्पादन बढ़ाने की आवश्यकता

संसार में बहुत कम ऐसे देश हैं जहाँ भारत की तरह कृषि योग्य इतनी अधिक भूमि, अच्छी मिट्टी, बेहतर जलवायु, जल संसाधन और तकनीकी प्रवीणता तथा आदान संरचना इतनी अच्छी हो। आज दुनिया में हम चावल, गेहूँ, ज्वार, दाल, चीनी, मूंगफली, जूट, फल, सब्जी, दूध, अण्डों, कुसुम, रेपसीड तेल, तम्बाकू, कपास, मोटे अनाज, चाय, जानवर, भैंस, बकरी आदि के मामले में चौथे से प्रथम स्थान पर हैं। इस प्रचुर भण्डारों के बावजूद भारत में प्रति व्यक्ति सब्जी की उपलब्धता दुनिया में सबसे कम हैं, जिसका मुख्य कारण सब्जियों का प्रति इकाई कम उत्पादन है।

हमारे देश में सब्जी-उत्पादन में कमी के अनेक कारण हैं। सबसे पहला कारण यह है कि खाद्यान्नों की उन्नत और अधिक पैदावार देने वाली अनेक किस्मों के विकास से किसान वे ही फसलें ज्यादा क्षेत्र में बोने लगे हैं। इसके अतिरिक्त गन्ना जैसी नगदी फसलों ने भी अधिक क्षेत्र घेर लिया है। यदि कुछ किसान थोड़ी बहुत सब्जियाँ बोते भी हैं तो कमजोर और अनुपयुक्त भूमि में, बेमौसम और बिना खाद पानी या कम खाद पानी देकर बोते हैं। ऐसे उदासीन किसान उन्नत और प्रामाणिक किस्मों का बीज भी नहीं बोते। सब्जियों में कीट-रोगों का आक्रमण होना एक गहरी समस्या है। प्रायः किसान इस दिशा में भी उदासीनता बरतते हैं। वे आवश्यक कीट व फफूंदनाशी दवाइयाँ इस्तेमाल नहीं करते। इसके दो ही कारण नजर आते हैं कि या तो किसानों को इन दवाइयों के इस्तेमाल की उपयोगिता और उपयोग विधि का ज्ञान नहीं है अथवा वे दवाइयों की खरीद पर व्यय होने वाली धन-राशि को व्यर्थ समझते हैं। इस समय देश में उर्वरक उत्पादन के समान ही कीटनाशक दवाइयों के उत्पादन की भरमार है। उन्नत किस्मों व संकर जाति के बीज, कृषि की उन्नत तकनीक, उर्वरक, कीटनाशक दवाइयाँ सभी तो उपलब्ध हैं। केवल किसानों की उदासीनता ही आड़े आ रही है।

दूसरा मुख्य कारण, जो प्रायः देखने में आ रहा है, वह यह हैं कि किसान सब्जियों की फसलों में रासायनिक खाद का इस्तेमाल या तो बिल्कुल ही नहीं करते या फिर जमीन प्रतिकूल होने वाले उर्वरक इस्तेमाल कर बैठते हैं। इस ना समझी के कारण सब्जियों की इच्छित पैदावार नहीं मिल पाती और उर्वरकों पर खर्च की गई धनराशि व्यर्थ चली जाती है।

सब्जी उत्पादन की कमी में किसानों की उदासीनता का सबसे बड़ा कारण है, किसान को सब्जियों की बहुत कम कीमत मिलना, क्योंकि मण्डियों में सब्जियों की खरीद पर मण्डी के कुछेक दलालों का एकाधिकार रहता है। शासन की ओर से सब्जी-बाजार पर सरकारी नियंत्रण नहीं रहता। ये दलाल नीलामी द्वारा सब्जी खरीदते हैं। इन की मिली भगत से कोई भी खरीददार ज्यादा बोली नहीं लगा सकता। नम्बरदार इसी प्रणाली से मनमाने ढंग से सब्जी खरीदते हैं। किसान के पल्ले लागत भी नहीं पड़ती। जो सब्जी किसान से एक रुपया किलो में दलाल लेते हैं, वही सब्जी उपभोक्ता को ४ से ५ रुपये किलो के भाव लेनी पड़ती है। किसान की उदासीनता में किसान का उतना दोष नहीं है। सब्जी एक ऐसी उपज है, जिसे

किसान एक बार खेत से बाहर निकाल कर फिर दुबारा घर में नहीं रख सकता। प्रत्येक शहर व कस्बे में यदि नगरपालिकाओं द्वारा सब्जियों की मण्डियों पर भाव का नियंत्रण रहे तो किसान इस दिशा में अपनी उदासीनता त्याग देंगे और उपभोक्ता को मनमाने दाम नहीं देने पड़ेंगे। इतना सब कुछ होते हुए भी मानवीय आवश्यकताओं की पूर्ति के लिये सब्जियों का उत्पादन बढ़ाना होगा। सब्जियों की उन्नत किस्मों के बीज बोए जाय। बीज हमेशा सरकारी संस्थानों व विश्वसनीय दुकानों से ही लेना चाहिए। किसी भी फसल की बुआई का महत्त्व उसकी समय पर बुआई से सम्बन्धित है। असामयिक बुआई से उपज द्वारा लाभ तो क्या खाद-बीज की कीमत भी वापिस नहीं मिलेगी। इसके अतिरिक्त प्रस्तावित उर्वरकों का उपयोग सब्जी-उत्पादन में अपना अलग ही महत्त्व रखता है। यदि फसल-सुरक्षा और सिंचाई आदि सभी कारकों की पूर्ति करके सब्जियाँ बोयी जाएं तो पैदावार अवश्य ही बढ़ सकती है। आवश्यकता केवल इस दिशा में उदासीनता त्याग कर सजग रहने की है।

इसका दूसरा पहलू प्रतिदिन भारत की बढ़ती हुई जनसंख्या है। भारत की जनसंख्या जो स्वतंत्रता के समय मात्र पैंतीस करोड़ थी, इस समय १०० करोड़ को पार कर गई है तथा २०११ तक ११६ करोड़ हो जाएगी। यह तीव्र गति से बढ़ती जनसंख्या ही भारत में गरीबी और बेरोजगारी जैसी विकट समस्याओं का मूल कारण है। देश को स्वस्थ और शक्तिशाली बनाने के लिये यहाँ की जनता विशेषकर युवा और बच्चों का स्वस्थ होना अति आवश्यक है। युवा पीढ़ी का स्वास्थ्य मूल रूप से उनके खान पान और उचित पोषण पर निर्भर करता है। हम अपने देश में प्रति व्यक्ति लगभग १४५ ग्राम सब्जी प्रतिदिन उपलब्ध करा पाते हैं जबकि विश्व स्वास्थ्य संगठन ने प्रति व्यक्ति प्रतिदिन कम से कम २८५ ग्राम सब्जियों की सिफारिश की है। यही कारण है कि युवा और बच्चों गें कुपोषण के कारण रतौंधी, बेंघा, स्कर्वी व पोलियो आदि अनेक रोग पनप जाते हैं। कुपोषण की समस्या विशेषकर उस समय उत्पन्न होती है जब या तो बच्चों को आयु के अनुसार उचित पोषक भोजन न मिले या भोजन में पोषक तत्त्वों का संतुलन ठीन न हो। एक स्वस्थ शरीर के लिये सभी पोषक तत्त्वों का व आवश्यक संतुलित मात्रा में उपलब्ध होना नितान्त आवश्यक है। हमारे शरीर में इन पोषक तत्त्वों और विटामिनों की पूर्ति सब्जियों के द्वारा कार्बोहाइड्रेट, प्रोटीन, वसा तथा खनिज लवण के रूप में होती है। हमारे देश की अधिकतर जनसंख्या शाकाहारी है, इसलिये इन पदार्थों और तत्त्वों की पूर्ति मुख्यतः शाक-भाजी से ही करनी होती है। इसके लिये आवश्यक है कि समस्त देश की पोषक तत्त्वों की आवश्यकता को ध्यान में रखकर सब्जी उत्पादन की प्रणाली को अपनाया जाय जिससे निश्चय ही कुपोषण की समस्या का काफी हद तक समाधान निकाला जा सकता है।

अच्छे स्वास्थ्य व आय के लिये सब्ज़ियाँ उगाना आवश्यक क्यों ?

अधिक आय में सब्जियों का योगदान

भारत में लगभग ८० प्रतिशत लोग कृषि पर निर्भर हैं। एक व्यक्ति अपने मुख्य व्यवसाय के साथ-साथ अतिरिक्त व्यवसाय के रूप में सब्जियों का उत्पादन कर सकता है। कृषक लोग सब्जियों को अन्य खाद्यान्नों की अपेक्षा थोड़ी सी जगह जैसे घर में, गमलो, प्लास्टिक के लिफाफों, लकड़ी के डिब्बों इत्यादि में भी उगा सकते हैं। सब्जियों की बहुत सी फसले (४-५) एक ही वर्ष में अलग-अलग समय पर उगाई जा सकती है जबकि खाद्यान्नों की फसलों में तो कृषक एक साल के बाद ही दुबारा फसल प्राप्त कर सकता है जो कि उसके परिवार के लिये ही पर्याप्त होती है।

मनुष्य के आहार में सब्जियों का महत्त्व

संतुलित आहार एवं स्वास्थ्य के अनुरक्षण के लिये सब्जियाँ आवश्यक होती है। मांस, पनीर, तथा अन्य वसीय खाद्यो के पाचन के दौरान बने अम्लों को निष्प्रभावित करने के लिये सब्जियों का सेवन आवश्यक है। ये कार्बोहाइड्रेट, वसा, प्रोटीन, विटामिन और खनिज तत्त्वों की पूर्ति भी करती है, जो शरीर की अनिवार्य आवश्यकताएँ हैं। यद्यपि सब्जियों में विटामिनों की अपेक्षाकृत कम मात्रा पाई जाती हैं तो भी शरीर पर इनका पर्याप्त एवं विशिष्ट क्रियात्मक प्रभाव पड़ता है। यदि उचित ढंग से नियमापूर्वक इनका उपयोग किया जाए, तो किसी भी सौंदर्य प्रसाधन के प्रयोग की अपेक्षा इनसे त्वचा अधिक साफ व नरम और आँखें ओजवान बनती है तथा शरीर को बीमारियों से भी रक्षा करने में मददगार हैं। सब्जियाँ निम्नवत् तत्त्व प्रदान करती हैं -

(क) खनिज : मानव शरीर की उचित वृद्धि और विकास के लिये कम से कम दस खनिजों की आवश्यकता होती है। इनमें से कैल्शियम, लौह तथा फॉसफोरस तत्त्वों की आवश्यकता काफी अधिक मात्रा में पड़ती है और सब्जियाँ इनकी मुख्य स्त्रोत है। कुछ महत्त्वपूर्ण खनिजों का विवरण इस तरह है -

(१) कैल्शियम - भारतीय आहारों में इस तत्त्वों की कमी रहती है। हड्डियों को मजबूत तथा शरीर को रोग-रोधी बनाने हेतु इसकी आवश्यकता रहती है। इसके अभाव में बच्चे सूखा रोग व चिड़चिड़ेपन एवम् मन्दित बुद्धि के शिकार हो जाते हैं तथा दांत भी खराब हो जाते हैं। आहार में कैल्शियम की कमी के रहने से ऑस्टेमेलेशिया होने के कारण शिशु जन्म से भी कष्ट होता है। यह शरीर में लौह की बचत में सहायक होता है। बन्दगोभी गाजर, फूलगोभी, सलाद, प्याज, पालक, मटर तथा टमाटर से कैल्शियम की पूर्ति होती है। हरी सब्जियों में भी कैल्शियम की मात्रा अधिक होती है।

(२) लौह - फलों की अपेक्षा सब्जियों से अधिक लौह पाया जाता है। शरीर की

आवश्यकता का अधिकांश लौह हरी पत्तियों से प्राप्त होता है और हरी पत्तियाँ पोषण-जनित रक्ताल्पता तक का सुगमता से उपचार कर सकती हैं। लौह लाल रुधिर कोशिकाओं का भी एव. अनिवार्य अंग है तथा शरीर में पाया जाने वाला सर्वोत्तम ऑक्सीजन-संग्रहक है। यह शरीर का अनिवार्य तत्त्व है। इसे पालक, सलाद, बन्दगोभी, मटर, सेम व टमाटर से प्राप्त कर सकते हैं।

(३) फास्फोरस - शरीर के सभी सक्रिय ऊत्तकों के लिये अनिवार्य तत्त्व हैं। यह हड्डियों व मृदु ऊत्तकों की कोशिकाओं के गुणन तथा ऊत्तकों में उचित द्रव अंश के अनुरक्षण के लिये भी आवश्यक होता है। इसको आलू, गाजर, टमाटर, खीरा, पालक, फूलगोभी तथा सलाद जैसी सब्जियों में प्रचुर मात्रा में से पाया जा सकता है।

(ख) विटामिन : सब्जियों में निम्नलिखित विटामिन पाए जाते हैं

(१) विटामिन "ए" यह वसा विलेय वृद्धि और जनन के लिये आवश्यक है। भोजन में इसकी कमी के कारण रतौंधी, पथरी, मुंहासे, त्वचा का सूखापन जैसे कई विकार उत्पन्न हो जाते हैं। शरीर में विटामिन "ए" की समुचित मात्रा उपलब्ध होने से आँखें ओजवान रहती हैं, वृद्धि सामान्य होती है तथा आंतों व श्वास-प्रणाली के विभिन्न अंग उत्तम दशा में रहते हैं। यह गाजर, मटर, शलजम, चुकन्दर, टमाटर, शकरकंद, पालक, मैथी, हरी प्याज, बन्दगोभी तथा सलाद जैसी हरी सब्जियों से प्राप्त होता है। औसतन हरी सब्जी की १२० ग्राम मात्रा में विटामिन "ए" की २००० से १२००० आई.यू. पायी जाती है जो किसी व्यक्ति की दैनिक आवश्यकता की पूर्ति के लिये पर्याप्त है।

२. विटामिन "बी" इसको थायमिन भी कहते हैं। इसकी कमी से बेरीबेरी रोग, भूख की कमी, भार में कमी तथा शरीर के तापमान में गिरावट आदि रोग उत्पन्न होते है। यह हरी सब्जियों जैसे सलाद, बन्दगोभी, हरी मिर्च, गाजर व प्याज आदि में अधिक पाया जाता है।

३. विटामिन "सी" (एस्कोर्बिक अम्ल) यह जल विलेय होता है तथा अच्छे स्वास्थ्य के लिये अनिवार्य है। इसकी कमी से गठिया, स्कर्वी रोग, दांत व मसूड़ों का कमजोर हो जाना आदि रोग होते हैं। यह मेथी, पालक, सलाद, बन्दगोभी, हरी मिर्च तथा अन्य हरी सब्जियों में प्रचुर मात्रा में पाया जाता है। कच्चे टमाटर, पीले शलजम, आलू और शकरकन्द में भी इसकी कुछ मात्रा पाई जाती है।

४. विटामिन "डी" यह वसा-विलेय तथा रिकेट-रोधी है। इसकी कमी से सूखा रोग या रिकेट हो जाता है। हड्डियों की उचित रचना तथा मजबूत दांतों के लिये विटामिन "डी" की अच्छी पूर्ति अनिवार्य है। यह कैल्शियम तथा फॉस्फोरस लवणों का उचित उपयोग करके हड्डियों के कैल्सिकरण में भी सहायक होता है। यह हरी सब्जियों में प्रचुर मात्रा में पाया जाता है।

५. विटामिन "जी" यह वृद्धि-वर्धक, जल-विलेय होता है। इसकी कमी से भूख और भार में कमी होती है तथा मुंह दुखना, पेलाग्रा तथा गंजापन जैसे रोग होते हैं। यह शरीर वृद्धि तथा स्वास्थ्य त्वचा के लिये आवश्यक है। यह हरी पत्तियों के विकास के दौरान बनते हैं।

६. विटामिन "ई" यह भी वसा-विलेय है तथा जनन के लिये अनिवार्य होता है। यह बन्ध्यता-रोधी विटामिन है तथा पत्ती वाली सब्जियों, बन्दगोभी, सलाद तथा वनस्पति तेलों में पाया जाता है।

(ग) ऐमीनो अम्ल : यह मनुष्य की समुचित शारीरिक वृद्धि तथा विकास में सहायक होते हैं और अत्यन्त आवश्यक होते हैं।

(ध) कार्बोहाइड्रेट की पूर्ति : आलू, शकरकन्द तथा सूखे मटर एवं सेम के बीज का ऊर्जा स्रोत के रूप में विशेष महत्त्व है।

(ड़) सब्जियों द्वारा प्रोटीन की पाचन क्षतिपूर्ति : मनुष्य के शरीर के उत्तक क्षारीय होते हैं। प्रोटीन के पाचन क्रिया में काफी मात्रा में अम्ल उत्पन्न होता है। अच्छे स्वास्थ्य के लिये यह आवश्यक है कि ऊत्तकों में क्षार की समुचित मात्रा सुरक्षित रहे। हरी सब्जियां इस क्षारीय सन्तुलन को क्षति पहुँचाने वाले प्रोटीनयुक्त खाद्य जैसे मांस व अंडे का प्रतिकार करती हैं। अतः दैनिक आहार में हरी सब्जियों की काफी मात्रा होना आवश्यक है।

(च) शाकीय दुग्ध : सब्जियों के पौधों से दूध भी बनाया जाता है। मटर की फलियाँ व बन्दगोभी के बाहरी पत्तों का ऊपयोग इस कार्य के लिये करते हैं।

(छ) रुक्षांश के स्रोत के रूप में सब्जियाँ : रुक्षांश पाचन में सहायक होते हैं तथा कब्ज को रोकते हैं। पत्तेवाली सब्जियाँ जैसे पालक, सलाद, बन्दगोभी तथा विभिन्न भारतीय सागों में जल तथा सेल्यूलोज या रेशे की अधिकता होती है। हरी सब्जियों में हमें सेल्यूलोज तथा क्लोरोफिल मिलते हैं जो पाचन में भी सहायक होते हैं। सब्जियों के तने, पत्तियों, शकरकन्द तथा जड़े पकने पर स्पंजी हो जाती है तथा न केवल भूख मिटाती हैं, वरन् भोजन को पाचन पथ में नीचे खिसकाने में भी सहायक होती हैं।

परिवार की सब्जी सम्बन्धी आवश्यकता : यद्यपि एक वयस्क व्यक्ति को प्रतिदिन लगभग २८५ ग्राम सब्जियाँ (११५ ग्राम हरी, ८५ ग्राम फल-फूल तथा ८५ ग्राम कन्दमूल सब्जी) खानी चाहिए, फिर भी इस मात्रा को औसतन २५० ग्राम प्रति व्यक्ति प्रतिदिन तो होना ही चाहिए। अतः पांच व्यस्क सदस्यों वाले परिवार के लिये सब्जियों की वार्षिक आवश्यकता इस तरह हैं-

५ x २५० ग्राम = १.२५० कि.ग्रा. प्रतिदिन

१.२५ x ३५७ दिन = ५४५६.२५ कि.ग्रा. सब्जी प्रति वर्ष

अतः अच्छे स्वास्थ्य के लिये सब्जियाँ उगाना बहुत ही महत्त्वपूर्ण है क्योंकि शरीर की आवश्यकताएँ सब्जियों द्वारा ही पूरित होती है।

आधुनिक विधियों द्वारा सब्ज़ी उत्पादन

सब्जियों का उत्पादन देश में तेजी से बढ़ रहा है और वह दिन दूर नहीं जब हम सब्जी उत्पादन में विश्व में प्रथम होंगे। भारतवर्ष के विभिन्न भागों की जलवायु अलग-अलग होने से लगभग सभी प्रकार की जलवायु जो कि सब्जियों के लिये आवश्यक है, उपलब्ध है। इसलिये यहाँ सभी प्रकार की सब्जियों का उत्पादन संभव है। पिछले तीन दशको में सब्जी अनुसंधान के क्षेत्र में एक विशेष क्रांति हुई और हम कुछ सब्जियों का निर्यात करके विदेशी मुद्रा भी कमा रहे हैं। इसका ही परिणाम है कि सब्जियाँ हमारे स्वास्थ्य के साथ ही आमदनी बढ़ाने में भी बेहद महत्त्वपूर्ण बन गई हैं।

सब्जी अनुसंधान द्वारा उन्नतशील किस्मों व संकर किस्मों के विकास के साथ-साथ, फसल उत्पादन की उच्च तकनीकों का विकास भी किया गया है। कुछ सब्जियों की मौसमी खेती करने के लिये किस्में निकाली गई हैं जो किसान को बहुत अधिक लाभ देती हैं। कीड़े तथा बीमारियाँ सब्जी फसलों को बहुत अधिक हानि पहुँचाते हैं। इसी बात को ध्यान में रखकर कई सब्जियों में ऐसी किस्में तैयार की गई हैं जो कि कीड़े व बीमारी रोधक है तथा किसानों को ऐसी किस्मों की खेती करने पर कीड़ों और बीमारियों को रोकने के लिये दवाओं पर पैसा खर्च करने की जरूरत नहीं होती या कम होती है। कुछ सब्जियाँ जैसे कि शटवार (एसपैरागस), सेलरी, ब्रोकोली, चाइनीज कैबेज, ब्रुसल स्प्राउट् आदि को अभी तक कम ही जानते हैं। ऐसी सब्जियों की उत्पादन तकनीक अपनी जलवायु व मिट्टी के अनुकूल तैयार की गई हैं, जिससे आज इन नई सब्जियों को अपने यहाँ उगाकर अधिक आमदनी ली जा सकती है। कुछ सब्जियों की पैदावार बढ़ाने के लिये पौध नियामको के प्रयोग किये गये तथा आज कई प्रकार के पौध नियामकों के सही प्रयोग की तकनीकी किसानों के लिये उपलब्ध हैं। सब्जियों की खेती में नर्सरी अथवा पौधशाला में पौध तैयार करना भी एक विशेष तकनीकी काम है और जो किसान सफल पौध तैयार नहीं कर सकते वे ऐसी सब्जियों की सफल खेती भी नहीं कर सकते। सब्जियों की पौध को उपयुक्त या अनुपयुक्त मौसम दशाओं में सफलतापूर्वक उगाने के लिये अब वैज्ञानिक तकनीकी उपलब्ध है, जिन्हें अपनाकर सब्जियों की लाभदायक खेती की जा सकती है।

फसलों की अच्छे गुणों वाली पैदावार बढ़ाने में, अच्छे गुणों वाले उन्नत किस्मों के प्रमाणित बीजों का बहुत बड़ा हाथ है। महत्त्वपूर्ण सब्जियों की किस्मों तथा संकर किस्मों की बीज बनाने की तकनीकों पर अनुसंधान का काम जारी है तथा इनके सफल उत्पादन की विधियों को अपनाकर पढ़े-लिखे युवक बहुत सी सब्जियों के बीज स्वयं पैदा कर सकते हैं। जैविक खाद, जीवाणु खाद तथा रासायनिक खादों द्वारा सब्जियों का उत्पादन बढ़ाने के लिये इनकी भी सही जानकारी होना आवश्यक है। वर्तमान में सब्जी उत्पादन को केवल अपने लिये ही उपयोग नहीं करते, बल्कि बहुत सी सब्जियों का निर्यात कर देश के लिये धन अर्जित कर रहे हैं। सब्जियों से अचार, मुरब्बा, चटनी, सॉस, केचप, पूरी, मिठाइयां तथा ठंडे पेय जल व शर्बत जैसे कीमती पदार्थ बनाकर सब्जियों को अधिक कीमत वाला बनाया जा सकता है। विभिन्न प्रकार की खेती प्रणालियों, जैसे एकल खेती, मिश्रित खेती, अंतः खेती, सहयोगी तथा

रिले (लगातार) खेती आदि में सब्जियों के फसलचक्रो को सफलतापूर्वक सम्मिलित कर प्रति इकाई क्षेत्र में एक निश्चित समय में बहुत अधिक पैदावार व लाभ कमाया जा सकता है। सब्जियों के उपरोक्त उच्च तकनीक पहलुओं को अगर ध्यान से देखें तो सब्जी उत्पादन देश में अब एक बड़े उद्योग का दर्जा ले चुका है।

यहाँ कुछ महत्त्वपूर्ण उच्च तकनीकें बताई गई हैं, जो सब्जी अनुसंधानों के परिणाम पर आधारित हैं तथा इनको अपनाकर सब्जी उत्पादक फसल की पैदावार तथा आमदनी, दोनों में तेजी से बढ़ोतरी कर सकते हैं।

१. नई उन्नत किस्मे : वर्तमान में अधिकतर सब्जियों की उन्नत किस्मे, अगेती, मध्यम तथा पछेती मौसमों के लिये उपलब्ध हैं। फूलगोभी में अर्ली कुंवारी, पूसा दीपाली तथा पूसा कातकी किस्में अगेती मौसम की खेती के लिये तथा इम्प्रूव्ड जापानी, पूसा शुभ्रा, डी ९६ व हिसार - १ जैसी किस्मों के मध्यम मौसम की खेती के लिये तथा स्नोबाल - १६, पूसा स्नोबाल के -१ किस्मों को पछेती मौसम में उगाया जा सकता है। मटर में पूसा प्रगति, आर्कल व पी.एच. - १ अगेती मौसम के लिये तथा बोनविले, जवाहर-१, जवाहर-२ आदि कई प्रजातियाँ पछेती मौसम की बुआई के लिये विकसित की गई हैं। टमाटर, बैंगन, मिर्च, शिमला मिर्च में बहुत सी उन्नत किस्मों की सिफारिश की गई हैं। इनमें मुख्य हैं टमाटर को पूसा १२०, पूसा अर्ली ड्वार्फ, पूसा सदाबहार, हिसार अरुण, हिसार लालिमा। बैंगन में पूसा क्रान्ति, हिसार श्यामल, हिसार प्रगति, एच.एल.बी.-२५, पूसा परपल लौंग, मिर्च में पूसा ज्वाला, हिसार शक्ति, हिसार विजय, पूसा सदाबहार तथा शिमला मिर्च की किस्म कैलिफार्निया वन्डर, पत्तागोभी में गोल्डन एकर, प्राइड ऑफ इंडिया तथा गांठगोभी में व्हाइट वियाना, परपल वियाना जैसी किस्में बहुत प्रचलित हैं। प्याज में हिसार - २, पूसा रैड, अर्ली ग्रनो, पूसा रतनार तथा पूसा माधवी अधिक पैदावार देने वाली उन्नत किस्में हैं। भिंडी में पूसा सावनी, वर्षा उपहार, हिसार उन्नत, की खेती विशेषकर गर्मी के मौसम में अभी तक किसानों को अच्छा लाभ देती हैं। फ्रेंचबीन में पूसा पार्वती, कन्टेन्डर, कन्टुकी वन्डर तथा लोबिया में पूसा दो फसली, पूसा कोमल तथा ग्वार में पूसा नवबहार, पूसा सदाबहार अभी तक प्रचलित किस्में हैं। सेम में पूसा अर्ली प्रोलिफिक, पूसा सेम - १, हिसार, कीर्ति, पूसा सेम-२ तथा बाकला की नई किस्म पूसा सुमित अच्छे गुणों वाली व अधिक पैदावार देने वाली है। मूली की पूसा देशी, जापानी व्हाइट, शलगम में पूसा कंचन, पूसा चन्द्रिमा, पूसा स्वर्णिमा तथा गाजर में पूजा केसर, पूसा यमदाग्नि, नैन्टीस आदि प्रमुख किस्में हैं। पत्तेदार सब्जियों की पूसा भारती, पूसा ज्योति, आलग्रीन, मेथी में पूसा अर्ली बंचिंग, हिसार मेथी -५७ तथा पूसा कसूरी, चौलाई में पूसा लाल चौलाई, पूसा किरन, अन्नपूर्णना, पूसा कीर्ति नई व अधिक पैदावार देने वाली किस्में हैं। बेलवाली सब्जियों में बहुत सारी नई किस्मों का विकास किया गया है और लौकी में पूसा नवीन, पूसा संदेश, कद्दू (सीताफल) में पूसा विश्वास, पूसा विकास, करेला में पूसा दो मौसमी, पूसा विशेष, खीरा में जापानी लौंग ग्रीन, स्ट्रेट - ८, तरबूज में शुगर बेबी, असाही यमेटो, इम्प्रूव्ड शीपर तथा खरबूजा में पूसा मधुरस, हरा मधु, दुर्गापुरा मधु, तोरई में पूसा चिकनी, पूसा सुप्रिया, एच.आर.जी.-१४ (हिसार काली तोरी), पूसा नसदार मुख्य-मुख्य प्रजातियाँ हैं, जिनकी खेती से किसानों को बहुत लाभ मिलता हैं। आलू सब्जी की बहुत प्रमुख फसल हैं तथा इस पर केन्द्रीय आलू अनुसंधान संस्थान, शिमला में बहुत-सी उन्नत किस्मों का विकास किया गया है। हाल ही में आलू की कुफरी चिप्सोना-१, कुफरी चिप्सोना -२, कुफरी, पुखराज, कुफरी गिरिराज व कुफरी सतलुज किस्में विकसित की हैं।

२. **सब्जियों की संकर किस्में** : अनुसंधानों से अब कई महत्त्वपूर्ण सब्जियों में अधिक पैदावार देने वाली संकर किस्में खेती के लिये प्राप्त हैं। इनमें मुख्य है टमाटर में पूसा संकर -१, पूसा संकर -२, पूसा संकर-८ तथा बैंगन में पूसा संकर - ५, पूसा संकर - ६, पूसा संकर -९, शिमला मिर्च में के.टी. संकर -१, लौकी में पूसा संकर - ३, कद्दू (सीताफल) में पूसा संकर -१, करेला में पूसा संकर - २, फूलगोभी में पूसा संकर- २, पूसा सिंथेटिक, खीरा में पूसा संयोग तथा चप्पन कद्दू में पूसा अलंकार तथा खरबूजा में पंजाब हाईब्रिड, पूसा रसराज, तरबूज में अरका ज्योति तथा चिचिंडा में एम.डी.यू. -१।

राष्ट्रीय स्तर पर भारतीय कृषि अनुसंधान संस्थान, नई दिल्ली द्वारा विकसित संकर किस्में निम्नलिखित इस प्रकार हैं -

१	बैंगन	लंबा	पूसा हाईब्रिड, आजाद हाईब्रिड (कानपुर), एन.डी.वी.एच.-६ (फैजाबाद)
		गोल	पूसा हाईब्रिड - ६, पूसा हाईब्रिड-९, अर्का नवनीत, एन.डी.वी.एच.-१.
		छोटा (गोल)	एवी.एच.१, एवी.एच.२ (आनंद), पूसा हाईब्रिड - २
२	टमाटर		पूसा हाईब्रिड-१, पूसा हाईब्रिड-२, डी.टी.एच.-४, के.टी.-४, अर्का वरदान, अर्का विशाल, अर्का श्रेष्ठ, अर्का अभिजीत।
३	शिमला मिर्च		के.टी.-१, सेलेक्शन-२ (श्रीनगर)
४	मिर्च		पंजाब हाईब्रिड-१ (सी.एच.-१)
५	प्याज		अर्का कीर्तिमान, अर्का लालिमा
६	पत्तागोभी		पूसा सिन्थेटिक
७	फूलगोभी		पूसा हाईब्रिड-२, पूसा सिन्थेटिक, पूसा अर्ली सिन्थेटिक
८	खरबूजा		पंजाब हाईब्रिड
९	खीरा		पूसा संयोग
१०	लौकी		पूसा मंजरी, पूसा मेघदूत

इसके अतिरिक्त बहुराष्ट्रीय, राष्ट्रीय एवं निजी क्षेत्रों की बीज कंपनियों द्वारा सब्जियों की संकर किस्में विकसित की गई हैं जो किसानों के यहाँ अपेक्षाकृत अधिक पैदावार दे रही हैं।

३. **बे-मौसमी सब्जी प्रजातियाँ** : कई सब्जियों में बेमौसम की खेती के लिये नई व उन्नत किस्मों का विकास किया गया है तथा इनकी खेती किसान को बहुत अधिक लाभ देती हैं। इनमें मुख्य हैं, खरीफ प्याज में एन-५३ व ए.डी.आर. जो खरीफ की खेती के लिये, टमाटर में पूसा संकर - १ गर्मी में देर से खेती के लिये तथा पूसा शीतल शीत ऋतु में उगाने के लिये, पत्तागोभी में पूसा अगेती ग्रीष्म ऋतु में पैदा करने के लिये, मूली में पूसा चेतकी ग्रीष्म काल के लिये तथा पूसा हिमानी दिसम्बर से फरवरी के महीनों में बुआई के लिये, शलगम में पूसा श्वेती को गर्मी तथा बरसात के मौसम में जुलाई से सितम्बर तक बोने के लिये, पालक पूसा भारती की मुख्य जाड़े के मौसम के अलावा बसंत तथा गर्मी में भी बुआई की जा सकती है। पालक की पूसा हरित किस्म को गर्मी के मौसम में खेती के लिये सिफारिश की गई है। टमाटर की नई किस्म पूसा उपहार तथा मिर्च की पूसा सदाबहार किस्म की लगभग पूरे साल खेती की जा सकती है।

४. कुछ नई महत्त्वपूर्ण शीतकालीन विदेशी सब्जियाँ : अनुसंधान से कुछ नई शीतकालीन विदेशी सब्जियों को अपनी जलवायु तथा मिट्टी दशाओं में सफलतापूर्वक उगाने की तकनीक किसानों के लिये उपलब्ध हुई है। ऐसी सब्जियों में मुख्य नाम है ब्रोकोली, ब्रुसल स्प्राउट, चायनीज कैबेज, लीक, पार्सले, सेलरी, लैटूस, चैरी टमाटर, रेड कैबेज, एसपैरागस, फ्लोरेन्स, फीनल, आरटीचोक आदि मुख्य तौर पर इनकी खेती जाड़ों के मौसम में की जाती है। इन सब्जियों की अभी तक मांग बड़े शहरों के सितारा होटलों में तथा पर्यटक स्थलों पर अधिक हैं। इसलिये इन सब्जियों की खेती करने से पहले इनके लिये उचित बाजार की जानकारी आवश्यक हैं। अगर आप इनकी बिक्री जहां इनकी मांग है, कर सकते हैं या फिर इनका निर्यात कर सकते हैं, तो ये सब्जियाँ आमदनी का एक अच्छा साधन बन सकती हैं।

५. सब्जियों के लिये पॉलीग्रीन हाउस तकनीक : उद्यान फसलों में, विशेषकर सब्जी तथा फलों की खेती में, ग्रीन हाउन खेती का विकास तेजी से हुआ है। हमारे देश में इस तकनीक पर अनुसंधान जारी है। हमें अपनी आवश्यकता, जलवायु तथा इस तकनीक पर आने वाले खर्च व लाभ को ध्यान में रखकर बहुत उचित व लाभदायक उत्पादन तकनीक विकसित करने की आवश्यकता है। इस क्षेत्र में सस्ते पॉलीथीन हाउस विधि से कुछ सब्जियाँ जैसे टमाटर, बैंगन, शिमला मिर्च तथा बेल वाली सब्जियों (खीरा, ककड़ी, लौकी, तौरई, कद्दू, चप्पन कद्दू, टिंडा, खरबूजा व तरबूज आदि) की बेमौसम अर्थात् जाड़ों में नर्सरी (पौध) तैयार करके एक से दो महीने अगेती खेती कर आर्थिक लाभ कमाया जा सकता है। इसके लिए बांस तथा पॉलीथीन की चादरों से एक झौपड़ीनुमा घर अपनी आवश्यकतानुसार बनाया जा सकता है तथा ऐसे घर में उपरोक्त बताई गई सब्जियों की पौध जाड़ों (दिसंबर-जनवरी) में छोटे-छोटे पॉलीथींन के लिफाफों (१० से १५ सैं.मी.) में बालू रेत, खाद तथा मिट्टी का मिश्रण भरकर, बीज बुआई कर तैयार की जा सकती है। यह पौध तैयार कर खेत में जनवरी के अन्त में अथवा फरवरी के शुरु के सप्ताह में रोपाई करके लगभग ड़ेढ़ से दो महीने अगेती खेती की जा सकती है। सब्ज़ियों की खेती में अगर एक किसान अपने पड़ोसी किसान से केवल एक सप्ताह ही अगेती फसल तैयार कर लेता है तो वह अपनी आमदनी में एक खास बढ़ोतरी कर सकता है।

६. कीड़ों तथा बीमारियों के प्रतिरोधी किस्में : सब्ज़ी फसलों की सफल खेती में कीड़ों तथा बीमारियों से बचाव एक कृषि लागत है और इसको किसान बगैर जानकारी और साधन के कई बार आर्थिक समस्या के कारण ठीक ढंग से सुलझा नहीं पाता। फलतः फसलें खराब हो जाती है और उसे भारी नुकसान उठाना पड़ता है। कई सब्जी फसलों में कई कीड़ों व बीमारियों की अवरोधी किस्में तैयार की गई है। इन किस्मों की खेती सफलतापूर्वक बिना दवाओं पर खर्च किये जा सकती है। ऐसी मुख्य किस्मों में भिंडी में पीत शिरा मौजेक बीमारी की अवरोधी किस्में, हरियाणा से निकली किस्म वर्षा उपहार तथा पूसा की ए-४ हैं। बैंगन में "फोमोसीस ब्लाइट" नामक बीमारी से अवरोधी किस्म पूसा भैरव, पत्तागोभी में पूसा मूक्ता व फूलगोभी में पूसा स्नोबल के-१ तथा पूसा शुभ्रा किस्में काली सड़न नामक बीमारी से मुक्त है। टमाटर की पूसा-१२० व हिसार ललित किस्मों में निमेटोड (जड़ कृमि) का प्रकोप नहीं होता। मिर्च की पूसा सदाबहार, हिसार शक्ति व हिसार विजय किस्मों को विषाणु रोगों (वाइरस बीमारियों) से मुक्त कहा जाता है।

आलू की किस्म कुफरी बादशाह अगेती तथा पछेती झुलसे से तथा टमाटर की किस्म पंत बहार फ्यूजेरियम विल्ट से प्रभावित नहीं होती। बैंगन की किस्म पूसा परपल लौंग व हिसार श्यामल में लिटिल लीफ नामक बीमारी नहीं लगती है। बैंगन में फल छेदक कीड़े, खरबूजा में

चूर्णी फफूंद तथा टमाटर में लीफ कर्ल वायरस जैसी बीमारियों से बचाव हेतु अवरोधी किस्में तैयार करने का अनुसंधान कार्य चल रहा है।

७. उद्योग के लिये सब्जियाँ : सब्जियों से कई प्रकार के खाद्य पदार्थ बनाकर अधिक लाभ कमाया जा सकता है। इसमें मुख्य हैं, टमाटर जिससे कैचप, सॉस, चटनी, प्यूरी, पेस्ट आदि कई प्रकार के पदार्थ बनाये जाते हैं। गाजर, पेठा, लौकी, परवल आदि कई सब्जियों से कुछ मिठाइयाँ बनाई जाती हैं। आगरा के पास पेठा से बनाई जाने वाली मिठाई को काफी पसंद किया जाता है तथा इस पर एक छोटा उद्योग काम कर रहा है। फूलगोभी, करेला, परवल, कुन्दरू, मिर्च आदि से अचार बनाया जाता है। लहसुन, प्याज, अदरख, पुदीना, करेला, चौलाई आदि सब्जियाँ पौष्टिक होने के साथ औषधीय गुणों से भरपूर हैं। इनसे कई प्रकार के पदार्थ बनाकर इनकी बिक्री कीमत बढ़ाई जा सकती है। प्याज व मैथी को छोटे टुकड़ों में काटकर व सुखाकर मसाले की तरह बेचा जा सकता है। खरबूजे व खीरे के बीजों को कई मिठाइयाँ बनाने के अतिरिक्त ठंडे शर्बतों में प्रयोग किया जाता है। तरबूज व खरबूजे के रस को निकाल कर पेय पदार्थ की तरह प्रयोग किया जा सकता है। कई सब्जियाँ जैसे कद्दू (सीताफल), तरबूज, खरबूजा, चप्पन कद्दू, करेला के बीजो में वसा (तेल) की मात्रा भी पाई जाती है तथा इनसे खाद्य तेल निकाले जा सकते हैं। मिर्च से तीखा पदार्थ (ओलीरियोसीन) द्रव्य के रूप में निकाल कर विदेशी मुद्रा कमाई जाती है। इस विषय से संबंधित कुछ सब्जियाँ, जैसे टमाटर, गाजर, प्याज, मिर्च, करेला, चौलाई, मेथी, जैसी फसलों में उपयुक्त किस्में उपलब्ध हैं तथा अधिक अनुसंधान कार्य हो रहा है जिससे उचित किस्में विशेष पदार्थों को बनाने हेतु विकसित की जा सकें।

८. पादप नियामको व रसायनों का प्रयोग : कद्दूवर्गीय सब्जियों के पौधे के फूलों में कई तरह के लिंग प्रकार मिलते हैं, लेकिन इनमें अधिकतर फसलों में मोनोशियस लिंग प्रकार, जिसमें एक पौधे पर नर तथा मादा फूल अलग-अलग खिलते हैं, पाया जाता है। लौकी, करेला, तोरई, चप्पन कद्दू, तरबूज, टिंडा, चिचिंडा आदि में मोनोशियस लिंग प्रकार के फूल मिलते हैं। इन फसलों में अगर मादा फूलों की संख्या बढ़ाई जा सके तो फलों की पैदावार की वृद्धि हो जाती है। इन सब्जियों में कई पादप नियामको, जैसे जिब्रेलिक अम्ल, एथिरल, मैलिक हाइड्राजाइड व कई रसायन, जैसे बोरोन, कैल्शियम, मालीब्डीनम आदि के घोल का छिड़काव करके मादा फूलो की संख्या बढ़ा कर अधिक पैदावार ली जा सकती है। यहां यह ध्यान रखें कि इस प्रकार की तकनीक का प्रयोग सब्जी विशेषज्ञों की सलाह लेकर ही करना चाहिए।

९. पौध तैयार करने की उन्नत तकनीक : टमाटर, बैंगन, मिर्च, फूलगोभी, पत्तागोभी, गांठगोभी, ब्रोकोली आदि कई महत्त्वपूर्ण सब्जियों की पहले पौध तैयार करनी होती है तथा फिर तैयार खेत में पौध की रोपाई करके इनकी खेती की जाती है। ऐसी फसलों की सफल खेती के लिये पहले स्वस्थ पौध तैयार करना बहुत आवश्यक है। सब्जियों की अगेती, पछेती तथा बेमौसमी पौध तैयार करने की उन्नत विधि की सिफारिश की गई है। नर्सरी (पौधशाला) की क्यारियों को उठी हुई बनाना, कम चौड़ी रखना तथा प्रत्येक दो नर्सरी क्यारियों के बीच में एक गहरी नाली रखी जाती है। नर्सरी क्यारियों की मिट्टी का बीज बुआई से पहले दवाओं से उपचार, बीज बुआई तथा बाद की उच्च देख-रेख आदि बातों की जानकारी किसान लोग सब्जी वैज्ञानिकों से लेकर स्वयं स्वस्थ पौध तैयार कर अपनी फसलों की भरपूर पैदावार ले सकते हैं।

१०. बीज उत्पादन : सब्जियों की पैदावार बढ़ाने में उन्नत किस्मों में अच्छे गुणों के बीजों का बहुत बड़ा महत्तव है। स्वयं परागण वाली सब्जियाँ, जैसे मटर, मेथी, सेम, बाकला, टमाटर, बैंगन, मिर्च, लोबिया, ग्वार जैसी सब्जियों की उन्नत किस्मों के बीज थोड़ी-सी जानकारी के साथ लगभग सभी किसान स्वयं बना सकते हैं। पर-परागण वाली सब्जियाँ, जैसे कद्दूवर्गीय

सब्जियाँ (लौकी, तोरई, करेला, खीरा, ककड़ी, खरबूजा, तरबूज, टिंडा आदि), फूलगोभी, पत्तागोभी, गांठगोभी, मूली, शलगम, गाजर, प्याज, पालक, ब्रोकोली आदि तथा संकर किस्मों के बीज पढ़े लिखे युवक किसान थोड़ी सी जानकारी व प्रशिक्षण के साथ सफलतापूर्वक पैदा कर सकते हैं। ऐसा करने से सब्जियों के बीजों पर सब्जियों के बीजों पर किसानों को होने वाले भारी खर्च में कमी होगी तथा सब्जियों की खेती से मिलने वाली कुल आमदनी में बढ़ोत्तरी होगी। पढ़े लिखे नवयुवक किसान सब्जी बीज उत्पादन को अपना एक व्यवसाय भी बना सकते हैं।

११. निर्यात : देश में सब्जी का उत्पादन तेजी से बढ़ने के कारण सब्जी निर्यात भी बराबर बढ़ता जा रहा है। कई सब्जियाँ, जैसे प्याज, आलू, मिर्च, भिंडी, करेला, लौकी आदि का निर्यात कई देशों में कर रहे हैं। इन सब्जियों में निर्यात के लिये उपयुक्त किस्मों को भी तैयार किया गया है तथा अनुसंधान प्रयास अभी भी जारी है।

१२. सघन फसल चक्र तथा विभिन्न खेती विधियाँ : सब्जियों की खेती में फसल चक्र तथा विभिन्न खेती विधियों का कुल पैदावार व आमदनी बढ़ाने में एक विशेष महत्त्व है। सब्जियों की नई किस्मों में शीघ्र तैयार होने वाली किस्मों से अब एक खेत से एक वर्ष में कई बार ३ से ५ फसलें तक ली जा सकती है जो पहले बिल्कुल संभव नहीं था। कई सब्जी फसलों को अन्य प्रकार की फसलों के बीच में अंतः खेती करके जैसे गन्ने की फसल के बीच में गर्मी के मौसम में भिंडी, लोबिया जैसी फसलों की अंतः खेती, मक्का के खेत में खीरा व फूट की खेती, आलू की फसल में खरबूजा व तरबूज के पौधों की जनवरी महीने में बुआई या रोपाई करके इनकी अगेती फसल ली जा सकती है। मूली, गाजर, चुकंदर, शलगम जैसी फसलों को कई सब्जी व अन्य फसलों के बीच की मेड़ों पर बुआई करके पैदा किया जा सकता है। इन विधियों से एक समय एक इकाई क्षेत्र से अधिक लाभ कमाया जा सकता है।

उपरोक्त के अतिरिक्त सब्जियों की जैविक खादों व बिना जहरीली दवाओं के प्रयोग से खेती भी अपना एक अलग स्थान ले रही है। वह समय दूर नहीं जब हमको बाजार में दो तरह की सब्जियों की दुकानें देखने को मिलेगी जिनमें एक पर वो सब्जियां ले सकेंगे जिनमें कोई भी कीटनाशी आदि दवा नहीं लगाई गई हो तथा केवल जैविक खादों के सहारे पैदा किया गया हो। इस प्रकार की सब्जियों के दाम अवश्य ही रासायनिक खादों व कीट - बीमारी नाशक दवाओं के सहारे उगाई सब्जियों से अधिक होंगे। अगर आप स्वास्थ्य की चिंता करते हैं तो जरूर अच्छे गुणों वाली सुरक्षित सब्जियों को ही लेना पसंद करेंगे। सब्जी उत्पादन का यह क्षेत्र धीरे-धीरे बढ़ता जा रहा है और जो किसान इसमें जुड़कर इस प्रकार उगाई गई सब्जियों उपलब्ध करा सकें तो वे निश्चित रूप से अपनी आमदनी बहुत बढ़ा सकेंगे। सारांश में यह कहा जा सकता है कि उच्च तकनीकों के अपनाने से सब्जी उत्पादन में भारी वृद्धि हो सकती है और कृषक तेजी से प्रगति कर सकता है।

सब्जियों की पौध कैसे लगाएं?

सब्जी उत्पादन दूसरी फसलों की अपेक्षा अधिक लाभदायक है परन्तु सब्जियों की खेती करते समय अधिक सावधानी की आवश्यकता होती है। सब्जियाँ दो प्रकार से लगाई जाती हैं। पौध तैयार करके तथा सीधे खेत में बीज बोकर। जिन फसलों का बीज आकार में छोटा हो, ऐसी फसलों की पौध तैयार की जाती है। ऐसी फसलें हैं - टमाटर, बैंगन, बन्दगोभी, फूलगोभी, गांठगोभी, ब्रुसल स्प्राउट्, प्याज आदि। जिनका बीज सीधे खेत में बोया जाता है ऐसी फसलें हैं -कद्दू जाति की फसलें, जड़वाली फसलें, पत्तों वाली सब्जियाँ, सेम, फ्रांसबीन, गाजर, भिण्डी, लोबिया, मटर, आलू, शकरकन्द आदि।

पौधशाला में पौध तैयार करना —

१. **किस्मों का चुनाव** : क्षेत्र के अनुसार सब्जियों की अनुमोदित किस्मों का चुनाव करना अति आवश्यक है।

२. **भूमि का चुनाव** : पौधशाला के पास छायादार वृक्ष न हो तथा पानी का साधन पास में हो, खेत की मिट्टी दोमट तथा कंकड़-पत्थर आदि से मुक्त होनी चाहिए। क्षारीय व अम्लीय भूमि तथा खारा पानी हानिकारक होते हैं। खेत की जुताई करके मिट्टी को भुरभुरा बना लेना चाहिए। गर्मी के मौसम में समतल भूमि पर ८० सेमी. चौड़ी व सर्दी के मौसम में ८० से १०० सें.मी. गहरी क्यारियां बनाना चाहिए। क्यारी की लम्बाई सुविधानुसार रखी जा सकती है। दो क्यारियों के बीच ४० से ४५ सें.मी. चौड़ी नाली रखना अनिवार्य है ताकि नालियों में बैठकर खरपतवार निकाले जा सकें तथा आवश्यकता पड़ने पर खुला पानी दिया जा सके। ऐसा करने से क्यारी के ऊपर लगे सभी पौधों को आवश्यकतानुसार पानी मिल जाता है। वर्षा ऋतु में उठी हुई क्यारियों पर ही पौध तैयार करना लाभदायक होता है क्योंकि समतल व चौरस क्यारियों में पानी भरने से जड़ गलन की बीमारी आ जाती है और पौधे मर जाते हैं।

३. **खाद का प्रयोग** : तीन मीटर लम्बी क्यारी के लिये १० कि.ग्रा. गोबर की ठीक तरह से सड़ी-गली खाद पर्याप्त होती है खाद को अच्छी प्रकार से क्यारी के ऊपरी भाग में मिला देना चाहिए। पौधशाला में रासायनिक खादों का प्रयोग नहीं करना चाहिए।

४. **क्यारियों का उपचार** : पौधों को रोगों से बचाने के लिये क्यारियों की मिट्टी का उपचार करना आवश्यक होता है। बीज बोने से एक दिन पूर्व ३ मीटर लम्बी क्यारी में १०-१५ ग्रा. बाविस्टन या कैप्टान नामक दवाई को मिट्टी में अच्छी प्रकार से मिला देना चाहिए। ऐसा करने से फफूंद वाली बीमारियों का प्रकोप कम हो जाता है। इसकी जगह वर्षा ऋतु में फारमेल्डीहाइड नामक रसायन का एक भाग ८०-१०० भाग पानी में मिलाकर क्यारियों में डालना चाहिए। दवाई का यह घोल कम से कम १० से १२ सें.मी. गहराई तक मिट्टी में पहुँचना आवश्यक होता है। दवाई डालने के बाद क्यारियों को प्लास्टिक की चादरों से इस तरह ढकना चाहिये कि रसायन की गैस बाहर न निकल पाये। ४८ घन्टे बाद चादरों को हटा देना चाहिए तथा तीन दिन बाद क्यारियों की खुदाई करके बीज बोना चाहिए। बीज बोते समय दवाई की बदबू नहीं होनी चाहिए, तभी बीज का जमाव अच्छा होता है।

५. **पौधशाला का क्षेत्रफल** : टमाटर, बैंगन व मिर्च की एक एकड़ भूमि में रोपाई करने के लिये पौधशाला में लगभग १०० वर्ग मीटर की आवश्यकता होती है अर्थात् २० क्यारियाँ जिसकी प्रत्येक क्यारी का माप ५ x १ मीटर होना चाहिए। ऐसे ही प्याज के एक एकड़ भूमि में रोपाई के लिये पौधशाला में लगभग १५० से १८० वर्गमीटर क्षेत्र की आवश्यकता पड़ती है जिसमें ५० से ६० क्यारियों को (प्रत्येक क्यारी का माप ३ x १ मीटर) बनाया जा सकता है। गोभी वर्गीय फसलों के लिये भी टमाटर, बैंगन व मिर्च फसलों की भांति पौधशाला तैयार की जाती है।

६. **बीज का उपचार** : बीज बोने से पहले बीजोपचार एमिसान या थायरम, बाविस्टन तथा कैप्टान नामक दवा में से किसी एक के साथ करना चाहिए। एक कि.ग्रा. बीज के लिये ढाई ग्राम दवा पर्याप्त होती है जिसे बीज में डालकर अच्छी प्रकार मिला देना चाहिए।

७. **पौधशाला में बीज की बुआई** : बिजाई करते समय निम्न बातों को ध्यान में रखना अनिवार्य होता है

१. बीज को कतारों में एक सें.मी. की गहराई पर बोएं। कतारों में आपस की दूरी ८ से १० सें.मी. रखें।

२. बीज के ऊपर मिट्टी की ०.५-१.० सें.मी. मोटी पर्त अवश्य होनी चाहिए।

३. बीज बोने के बाद क्यारियों पर सड़ी गोबर की खाद या रेत या राख या सूखी घास की पर्त बिछा दें जिससे फुव्वारे/हजारे से पानी देने पर बीज के ऊपर की मिट्टी न हटे तथा जमाव भी अच्छा होता है। घास के कारण क्यारियों में नमी भी बनी रहती है जिससे जमाव में सहायता मिलती है।

४. बीज अंकुरित होते ही घास को हटा देना चाहिए, ऐसा न करने पर पौधे कमजोर व पीले पड़ जाते हैं।

५. जब बीज उगना शुरू हो जाए तब पौध को फफूंदी के रोग से बचाने के लिये ०.२ प्रतिशत (२ ग्राम दवा प्रति लीटर पानी में) कैप्टान के छिड़काव से नर्सरी की सिंचाई करें।

६. क्यारियो में आवश्यकता से अधिक पानी भरे रहने पर जड़ गलन की बीमारी आ जाती है। अतः पानी अधिक ना भरने दें।

७. पौधों को धूप, पाला तथा वर्षा से बचाने के लिये सिरकी से ढक दें।

८. आवश्यकता पड़ने पर छंटाई करें व कीटनाशी का प्रयोग भी करें।

९. सिंचाई नियमित रूप से करें और खरपतवार शुरू से ही निकालते रहें। मौसमानुसार पौध ४-६ सप्ताह में रोपाई के लिये तैयार हो जाती है।

१०. पौधशाला उस स्थान पर न हों जहाँ पिछले वर्ष इन फसलों को लगाया था।

८. **पौध रोपण** : पौधों की रोपाई के समय निम्नलिखित बातों को ध्यान में रखना अति आवश्यक है -

१. पौध द्वारा पानी के उड़ने की क्रिया को न्यूनतम करने के लिये पुराने पत्तों की कटाई करना लाभप्रद है।

२. पौध को छोटे फावड़े या खुरपी से इस प्रकार निकाले कि उनके जड़ों को कम से कम नुकसान हो।

३. पौधों को निकालने से पहले क्यारियों में हल्का पानी छिड़कना चाहिए। ऐसा करने से पौधों की जड़े कम टूटती है व पौधा स्वस्थ रहता है।

४. रोपाई करते समय पौधों के जड़ वाले भाग को अच्छी प्रकार मिट्टी में दबा दें ताकि पानी देने पर पौधा सीधा खड़ा रहे। पौधा जमीन पर गिरने से मिट्टी के सम्पर्क में आकर मर जाता है।

५. गर्मी के मौसम में रोपाई शाम को या बादल वाले दिन करना लाभदायक होता है। कड़ी धूप में रोपाई करने से पानी धूप की गर्मी से गर्म हो जाता है जो कि पौधों की मुलायम जड़ों को हानि करता है व पौधे मर जाते हैं। यदि आकाश में बादल हों तो रोपाई की जा सकती है।

६. रोपाई के तुरन्त बाद पानी अवश्य दें। देर से पानी देने पर पौधे मर जाते हैं।

७. रोपाई करते समय बीमार व टूटी जड़ों वाले पौधों को काम में न लें।

८. पौध उखाड़ने के बाद धूप में नहीं रखनी चाहिए।

सब्जी उत्पादन हेतु कुछ सुझाव —

१. **भूमि का चुनाव** : आमतौर पर सभी सब्जियों की भूमि संबंधी आवश्यकता एक समान होती है। भूमि बलुई दोमट, उपजाऊ, कंकड़-पत्थरों से रहित तथा जीवाश्म पदार्थों युक्त होनी चाहिए। अम्लीय, क्षारीय या जलमग्न तथा ६-७ पी.एच. से अधिक वाली भूमि सब्जियों की खेती के लिये उपयुक्त नहीं होती है।

२. **खेत की तैयारी** : खेत की गहरी जुताई करके भूमि को समतल व भुरभुरा बना लेना चाहिए। इसके बाद देसी हल या कल्टीवेटर चला कर व पाटा लगाकर खेत के ढेले तोड़ दें तथा खरपतवार आदि को निकाल दें। अंतिम जुताई के पहले फसल की आवश्यकतानुसार गोबर की सड़ी खाद या कम्पोस्ट, नाइट्रोजन की आधी मात्रा, फास्फोरस तथा पोटाश की पूरी मात्रा खेत में डालकर जुताई कर देनी चाहिए ताकि सभी खादें अच्छी प्रकार जमीन में मिल जाएं। इसके बाद खेत में क्यारियां व नालियाँ बना लेनी चाहिए।

३. **बीज की बुआई तथा रोपाई** : सब्जी की विभिन्न फसलों तथा उनकी जातियों के लिये चौ. चरण सिंह हरियाणा कृषि विश्वविद्यालय, हिसार ने बीज की बुआई तथा रोपाई का उचित समय निर्धारित किया है, उसी के अनुसार बीज बोना चाहिए। समय से अधिक पहले या अधिक देरी से फसल लगाने पर पैदावार अच्छी नहीं होती। फसल व जाति के अनुसार निर्धारित किया हुआ कतारों व पौधों का अन्तर तथा बीज की मात्रा रखना लाभप्रद होता है। अच्छे जमाव के लिये बीज की गहराई भी उचित रखनी चाहिए।

४. **जातियों का चुनाव** : अपने क्षेत्र में उपलब्ध साधनों व क्षेत्रीय जलवायु के अनुसार ही सही प्रजातियों व संकर जातियों का चुनाव करना उचित होता है। सब्जियों का उत्पादन क्षेत्रीय आवश्यकताओं को ध्यान में रखकर करना चाहिए ताकि अधिक धन अर्जित किया जा सके।

५. **सिंचाई** : सब्जियों की फसलों में सिंचाई की उपयुक्त व जल्दी-जल्दी आवश्यकता होती है। इसलिये बारानी क्षेत्रों में सब्जियों की खेती करना उचित नहीं होता। अधिकतर सब्जियों की फसलों में कम अन्तर से हल्की सिंचाइयों की आवश्यकता होती है। सिंचाई की प्रणाली,

पानी की मात्रा, सिंचाई का अन्तर, मौसम तथा फसल के अनुसार होता है। जड़ व कन्द वाली फसलो को मेड़ों पर लगाया जाता है। इन फसलों में सिंचाई करते समय ध्यान रखें कि पानी मेड़ के ऊपर ना चढ़े ताकि मेड़ पोली बनी रहे, जड़े व कंद नीचे जा सकें और आकार में बड़ी बन सकें। पानी का क्षारीय या अम्लीय होना बहुत हानिकारक होता है। इसलिये पानी की जांच कराने के बाद ही सब्जियों की खेती करें।

६. **खरपतवार नियंत्रण** : खरपतवारों का नियंत्रण दो प्रकार से किया जा सकता है। एक तो मनुष्य द्वारा हाथ से खुरपी आदि का प्रयोग करके तथा दूसरा खरपतवारनाशक दवाइयों के प्रयोग द्वारा। खरपतवारनाशक दवाइयों की मात्रा तथा प्रयोग करने की विधि प्रत्येक फसल में अलग-अलग होती है। इन दवाइयों का प्रयोग बुआई व रोपाई के पूर्व व बाद दोनों अवस्थाओं में किया जा सकता है। खरपतवारनाशक दवाइयाँ जैसे स्टोम्प ३० प्रतिशत, बासालिन ४५ प्रतिशत, लासो ५० प्रतिशत तथा ग्रेमेक्सोन २४ प्रतिशत बाजार में आसानी से उपलब्ध हैं मगर इनकी मात्रा व प्रयोग विधि के बारे में वैज्ञानिकों की सलाह लेना आवश्यक है।

७. **सब्जियों की तुड़ाई** : सब्जियों की तुड़ाई, उनके उपयोग, बाजार से दूरी तथा मांग के अनुसार कम पकी या पूर्णरूप से पकी अवस्था के अनुसार करनी चाहिए। जो सब्जियाँ कुछ कम टिकाऊ हैं उन्हें कुछ कम पकी अवस्था तथा अन्य को पूर्ण पकी अवस्था में तोड़ना चाहिए। बाजार में बेचने के लिये सब्जियों की तुड़ाई सांय को करनी चाहिए ताकि उन्हें ताजी अवस्था में बाजार पहुंचाया जा सके।

कुछ अन्य सुझाव –

१. आलू व शकरकन्द की फसल में २-३ बार मिट्टी चढ़ाना अतिआवश्यक होता है ऐसा करने से कन्द बड़े तथा सुड़ौल होते हैं व कंदों में हरा रंग नहीं आता जोकि मनुष्य के स्वास्थ्य के लिये हानिकारक होता है तथा इससे बाजार भाव भी कम मिलता है।

२. आलू, शकरकन्द, प्याज तथा अर्बी में खुदाई से १५ दिन पहले पानी देना बन्द कर देना चाहिए। ऐसा करने से भंडारण अच्छा होता है।

३. दलहनी फसलों जैसे मटर, लोबिया, फ्रांसबीन, ग्वार, सेम आदि में पहली हल्की सिंचाई बीज जमने के करीब १०-१५ दिन बाद करनी चाहिए। जल्दी सिंचाई करने से फसल पीली पड़ जाती है।

४. गाजर, मूली, शलगम तथा चुकन्दर को चिकनी मिट्टी में लगाने से जड़े फट जाती है तथा दो या तीन शाखाओं में बट जाती है जिसके कारण बाजार भाव बहुत कम मिलता है। अतः इन्हें दोमट मिट्टी में ही लगायें।

५. फूलगोभी व बन्दगोभी में अधिक उपज के लिये नाइट्रोजन युक्त रासायनिक खाद देने के पश्चात् दो बार मिट्टी चढ़ाना आवश्यक होता है।

६. पत्ती वाली सब्जियों जैसे मेथी, पालक आदि में केवल नाइट्रोजन वाली खाद ही देना उचित होता है। प्रत्येक कटाई के बाद प्रति एकड़ ४ कि.ग्रा. नाइट्रोजन (१६ कि.ग्रा. किसान खाद) देना अनिवार्य होता है। ऐसा करने से दूसरी कटाई जल्दी ली जा सकती है व पैदावार भी अधिक होती है।

७. टमाटर, बैंगन आदि में फल छेदक कीड़े लगे फलों को तोड़कर नष्ट करने के बाद कीटनाशक दवाइयों का छिड़काव करने से अधिक लाभ होता है।

८. भिन्डी के बीज गर्मी के मौसम में १२-२४ घंटे तक पानी में भिगो कर लगाने से जमाव जल्दी और अच्छा होता है। खेत में नमी अधिक होनी चाहिए। कम नमी वाले खेत में बीज बोने के बाद पानी देना हानिकारक होता है। इससे जमाव कम और देर से होता है। इस फसल में पहली सिंचाई बीज जमने के १५ दिन बाद करने से फसल अच्छी होती है।

९. कद्दू जाति की फसलों को खेत में नालियाँ बनाकर लगाने से अनेक लाभ होते हैं, जैसे फल सूखी भूमि पर रहने से सड़ते नहीं है, केवल एक चौथाई पानी की आवश्यकता होती है, खादों की मात्रा कम लगती है तथा निराई-गुड़ाई कम खर्चे पर आसानी से हो जाती है।

१०. कद्दू जाति की फसलों में गर्मियों में गंधक युक्त दवाइयों का प्रयोग वर्जित है।

११. टमाटर की फसल को ऊँची मेड़ों पर लगाने से फल कम सड़ते हैं तथा पानी की बचत होती है। फलों को फटने से रोकने के लिये जल्दी-जल्दी सिंचाई की आवश्यकता होती है। आवश्यकता से अधिक नाइट्रोजन देने पर फल कम मात्रा में और देर से लगते हैं।

१२. शकरकंद की लतायें काटकर लगाये। प्रत्येक टुकड़े की लम्बाई ३०-४५ सें.मी. हो और चार गांठे होनी चाहिए। बीच वली दो गांठे जमीन के अन्दर तथा दोनों सिरे वाली गांठे जमीन के ऊपर होनी चाहिए। लताओं का ऊपर भाग काट कर लगाने से पैदावार अधिक होती है।

१३. पौध रोपने से पहले नाइट्रोजन वाली रासायनिक खादों में केवल किसान खाद (कैल्शियम अमोनियम नाइट्रेट) देना उचित होता है क्योंकि इसका प्रभाव काफी समय तक रहता है।

१४. खड़ी फसल में यूरिया का प्रयोग सावधानीपूर्वक खेत में ओस सूख जाने पर ही करना चाहिए। यूरिया पत्तियों या पौधों की जड़ों पर नहीं पड़ना चाहिए।

१५. खरपतवारनाशक दवाइयों का छिड़काव अधिक नमी वाले खेत में या दवाई छिड़कने के तुरन्त बाद पानी देने पर ही प्रभावकारी होता है।

१६. सिफारिश की गई कीटनाशियों को बदल-बदल करके छिड़कें ताकि कीटों में अवरोधक शक्ति (रेजीस्टैन्स) पैदा ना हो। दवा व पानी की सिफारिश की गई पूरी मात्रा काम में लें। सब्जियों की फसलों पर सूण्डियों आदि के नियंत्रण के लिये कीटनाशक दवाइयों का छिड़काव करने के लगभग १० दिन बाद फल तोड़ने चाहिए परन्तु रस चूसने वाले कीड़ों के लिये यदि सिस्टेमिक कीटनाशी काम में ली हों तो तीन सप्ताह बाद ही सब्जी काम में लें।

सब्जियों में पादप वृद्धि नियामक

सब्जियों में पौधों की बढ़वार, फूल लगने, फल व उसके उत्पादन में परिवर्तन लाने में पौध वृद्धि नियामकों (पादप नियामकों) का काफी अधिक योगदान रहता है। आधुनिक अनुसंधान कार्य से यह सिद्ध हो चुका है कि सब्जी के अधिक उत्पादन व उसके गुणों में अधिकता लाने के लिये कुछ वृद्धि नियामकों का प्रयोग किया जा सकता है।

१. टमाटर - अधिक ठंड व गर्मियों के समय टमाटर काफी महंगे बिकते हैं क्योंकि इस समय इस क्षेत्र में टमाटर की फसल लेना संभव नहीं है। गर्मियो के मौसम में टमाटर के पौधों पर जब काफी फूल आ जायें तो ५० मि.ग्रा. पी.सी.पी.ए. दवा को थोड़े से अल्कोहल में घोलकर उसमें एक लीटर साधारण पानी मिलाकर छिड़काव करने से पौधो पर अधिक संख्या में टमाटर लगते हैं। एक एकड़ फसल के लिये २०० लीटर पानी में १० ग्राम पी.सी.पी.ए. की आवश्यकता पड़ेगी। छिड़काव करने से पहले चिपचिपाहट लाने वाले किसी एक पदार्थ (सैण्डोविट या ट्राइट्रोन या सेल्वेट - ९९ या सर्फ आदि) का प्रयोग अवश्य करना चाहिए। पी.सी.पी.ए. के प्रयोग करने से ज्यादा फल लगते हैं व फसल जल्दी पकती है। इसके अतिरिक्त बोरेक्स के ५ पी.पी.एम. (१० ग्राम बोरेक्स को १०० लीटर पानी में) के घोल का एक एकड़ भूमि में लगी फसल पर छिड़काव करने से भी फलों की संख्या व भार में काफी सुधार पाया गया है। एथरिल के २५० से ५०० पी.पी.एम. (१२५ से २५० मि.ली. एथरिल को २०० लीटर पानी की मात्रा में घोलकर) के घोल का एक एकड़ फसल पर छिड़काव करने से फल शीघ्र पकते हैं।

२. मिर्च : उत्तरी भारत में मिर्च की रोपाई अधिकतर जून-जुलाई महीनों में की जाती है। पौधों पर फूल आने के समय तापमान काफी अधिक होता है जिसके कारण फूल व फल झड़ जाते हैं। प्लेनोफिक्स के दो छिड़काव (पहला छिड़काव फूल आते समय व दूसरा छिड़काव के तीन सप्ताह बाद) करने से फसल की उपज में काफी वृद्धि होती है। एक एकड़ के लिये ४० मि.ली. प्लेनोफिक्स को १८० लीटर पानी में मिलाकर छिड़कना चाहिए।

३. आलू : आलू की फसल में सुधार लाने के लिये भिन्न-भिन्न प्रकार के वृद्धि नियामकों का अध्ययन किया है। बुवाई से पहले बीज का २५० पी.पी.एम. एथरिल (५० मि.ली. दवा को १०० लीटर पानी में मिलाकर) या २५ पी.पी.एम. जिबरैलिक एसिड (२५० मि.ग्रा. दवा को १०० लीटर पानी में मिलाकर) के उपचार करने से मध्यम श्रेणी के आलूओं की संख्या व कुल उपज में वृद्धि हो जाती है। इसके अतिरिक्त १०० मि.ली. साइकोसिल को १८० से २०० लीटर पानी में मिलाकर प्रति एकड़ की दर से बुवाई के ५० दिन पश्चात छिड़काव करने से फसल की उपज में सुधार पाया गया है। इसके अतिरिक्त एस्कार्बिक एसिड १०० पी.पी.एम. (२० ग्राम दवा को २०० लीटर पानी में मिलाकर) एवं साइटोजाइम ०.२ प्रतिशत (४०० मि.ली. दवा को २०० लीटर पानी में मिलाकर) को एक एकड़ भूमि में लगे आलूओं पर छिड़कने से भी उपज बढ़ती है।

४. बेल वाली सब्जियाँ : चप्पन कद्दू के पौधों पर २- व ४- पत्तियों की अवस्थाओं में एथरिल २५० पी.पी.एम. (१० मि.ली. दवा को २० लीटर पानी में मिलाकर) का एक एकड़ भूमि में लगी फसल में छिड़काव करने से मादा फूलों की संख्या व फलों (संख्या व कुल उपज) में

अनुपचारित पौधों की अपेक्षा १०० प्रतिशत तक अधिक उपज प्राप्त की जा सकती है परन्तु ऐसा करने के लिये कुछ पौधों को अनुपचारित रखना आवश्यक है। इसी प्रकार एथरिल २५० पी.पी.एम. (एक एकड़ भूमि के लिये १० मि.ली. दवा को २० लीटर पानी में मिलाकर) के दो छिड़काव (२- व ४-सच्ची पत्तियों की अवस्था) करने से पेठा के फलों की संख्या व कुल उपज में प्रशंसनीय परिणाम प्राप्त हुए हैं। गोल व लम्बी घीया और टिण्डा के अधिक उत्पादन के लिये मैलिक हाइड्राजाइड (एम.एच.) के ५० पी.पी.एम. (१० ग्राम दवा को २० लीटर पानी में मिलाकर) के घोल को २- व ४-पत्तियों की अवस्थाओं में एक एकड़ भूमि में लगी फसल पर छिड़काव करने से अगेती फसल व कुल उपज के उत्पादन में काफी लाभ पाया गया है। काली तोरी व घीया तोरी में भी एथरिल के १०० पी.पी.एम. (४ मि.ली. दवा को २० लीटर पानी में मिलाकर) के घोल का ऊपर बताई गई अवस्थाओं में एक एकड़ भूमि में लगी फसल पर छिड़काव करने से फलों की संख्या व तोरी उत्पादन में काफी सहायता मिली है। इसी प्रकार तरबूज में भी जिबरैलिक एसिड के २५ पी.पी.एम. (०.५ ग्राम दवा को २० लीटर पानी में मिलाकर) के घोल को दो बार एक एकड़ भूमि में लगी फसल पर छिड़काव करने से मुख्य शाखाओं पर मादा फूल निकल आते हैं जिसके कारण फलों की संख्या व कुल उपज में सुधार होने के अतिरिक्त फलों के मिठास में भी वृद्धि पाई गई है। वृद्धि नियामको का लाभ उन बेल वाली सब्जियों में अधिक होता है जिनके फलों को कच्ची अवस्था में ही तोड़ा जाता है।

साइकोसिल के ०.५ से १.० प्रतिशत (५ से १० मि.ली. दवा को एक लीटर पानी में मिलाकर) के घोल में पौधों में खारेपन को सहन करने की क्षमता बढ़ जाती है जिसके कारण सब्जियों की उपज में वृद्धि पाई गई है। शुष्क क्षेत्रों में भी साइकोसिल के २५० पी.पी.एम. (१२५ मि.ली. दवा को २०० लीटर पानी में मिलाकर) घोल का एक एकड़ भूमि में पौधों की वनस्पतिक बढ़वार के समय छिड़काव करने से पौधों में सूखा सहने की शक्ति बढ़ जाती है और उत्पादन में सुधार पाया गया है।

५. क्षारीय भूमियों व शुष्क क्षेत्रो में - वृद्धि नियामको का क्षारीय व शुष्क खेती में भी काफी योगदान रहा है। सब्जियों में पौध रोपण से पहले साइकोसिल के ०.५ से १.० प्रतिशत (५ से १० मि.ली. दवा को एक लीटर पानी में मिलाकर) के घोल में पौधों की जड़ों को १ से २ घंटे के लिये डुबोने के उपरान्त क्षारीय भूमियों में रोपाई करने से पौधों में खारेपन को सहन करने की क्षमता बढ़ जाती है जिसके कारण सब्जियों की उपज में वृद्धि पाई गई है। शुष्क क्षेत्रों में भी साइकोसिल के २५० पी.पी.एम. (१२५ मि.ली. दवा को २५० लीटर पानी में मिलाकर) एक एकड़ भूमि में पौधों को वनस्पतिक बढ़वार के समय छिड़काव करने से पौधों में सूखा सहने की शक्ति बढ़ जाती है और उत्पादन में सुधार पाया गया है।

१

सब्ज़ी आलू

POTATO

हमारे देश में आलू की खेती कृषि योग्य भूमि के ०.६ प्रतिशत भाग अर्थात लगभग १२ लाख हेक्टेयर भूमि पर की जाती है। इसका उत्पादन वर्तमान में २४१.५ लाख टन है। हरियाणा में आलू की खेती १६५०० हेक्टेयर भूमि में कर २.६० लाख टन उत्पादन लिया जाता है। उत्तरी भारत की रबी की फसलों में इसका प्रमुख स्थान है। इसे अब तक सब्जियों का राजा माना जाता रहा है व अनाज के स्थान पर पूर्ण आहार की तरह भी इस्तेमाल किया जा सकता है जिससे अनाज की काफी बचत हो सकती है। कई पश्चिमी देशों में आलू मुख्य आहार की तरह खाया जाता है जिसके कारण वहाँ इसकी काफी खपत है। हमारे देश में भी अनाज की बचत के लिए आहार में आलू के प्रयोग को बढ़ाने की आवश्यकता है।

आलू एक संपूर्ण आहार है। इसकी पोषकता किसी भी अनाज जैसे चावल, गेहूँ आदि से कम नहीं है। इसमें लगभग १८ से २३ प्रतिशत तक कार्बोहाइड्रेट, १.६ प्रतिशत प्रोटीन, ०.१ प्रतिशत चिकनाई व ०.६ प्रतिशत खनिज पदार्थ पाये जाते हैं। इसमें विटामिन "बी" तथा "सी" बहुतायत में होते हैं। आलू में कुछ अनिवार्य ऐमिनो अम्ल जैसे ट्रिप्टोफेन, लाइसीन, आइसोल्यूसीन आदि भी यथेष्ठ मात्रा में होते हैं, जो शरीर के विकास के लिए आवश्यक हैं। भारत में आलू का प्रति व्यक्ति उपयोग केवल ३.१७ किलोग्राम प्रति वर्ष है जबकि कुछ पश्चिमी देशों में यह मात्रा २४० किलोग्राम (पोलैंड) तक है। भारत में न केवल आलू की खेती बढ़ाने की आवश्यकता है, वरन इसकी बहुत अधिक संभावनायें भी हैं। अतः आलू का उत्पादन बढ़ाने के लिए इसकी खेती की वैज्ञानिक विधियों को अपनाना नितान्त आवश्यक है।

जलवायु : इसके पौधों की बढ़वार २४° सें०ग्रे० तापक्रम पर अच्छी होती है। कंद बनने के लिये २०° सें०ग्रे० अच्छा तापकम है और इससे ज्यादा तापक्रम बढ़ने से पैदावार में कमी आती है। ध्यान रहे ३०° सें०ग्रे० तापक्रम पहुंचने पर कंद का उत्पादन बिल्कुल बन्द हो जाता है। तापमान आलू उत्पादन को प्रभावित करने वाला एक महत्वपूर्ण कारक है। आलू को प्रायः कम तापमान की आवश्यकता होती है परन्तु

भारत में इसे विभिन्न प्रकार की जलवायु जैसे कम तापमान से कुछ अधिक तापमान पर बोया जाता है। इसे मैदानी क्षेत्रों से लेकर ऊँची पहाड़ियों एवम् विभिन्न प्रकार की मिट्टियों में ऊँच–नीच वाले स्थानों पर सफलतापूर्वक बोया जाता है। तापपान व प्रकाश की अवधि आलू की फसल को अधिक प्रभावित करती है। रात्री के तापमान का आलू के उत्पादन पर सीधा असर होता है। आलू का अधिकतम उत्पादन रात्री १०–१४° सें० ग्रे० तापमान पर होता है परन्तु रात्री के २०° सें०ग्रे० तापमान पर आलू नही लगते हैं। यह पाया गया है कि आलू के कन्दों का आकार भूमि के १५° से २२.५° सें०ग्रे० तापमान पर सामान्य होता है। आलू की अधिकतम उपज वातावरण के १५° से १६° सें०ग्रे० तापमान पर पाई जाती है।

भूमिः आलू की खेती कई प्रकार की भूमियों में की जा सकती है, परन्तु जहाँ तक संभव हो, क्षारीय (खारी) तथा अधिक अम्लीय (तेजाबी) भूमियों को आलू की फसल उगाने के लिए नहीं चुनना चाहिए। यदि मिट्टी का पी० एच० मान ५.२ ये ७.० तक हो तो बहुत अच्छा है। पानी के अच्छे निकास वाली बलुई दुमट भूमि जिसमें जीवॉश की मात्रा भी पर्याप्त हो, आलू की खेती के लिए उत्तम रहती है।

भूमि की तैयारीः एक बार मिट्टी पलटने वाले हल से खेत की जुताई करके दो–तीन बार तवेदार हैरो या देशी हल चलाकर व पटेला देकर भूमि को समतल तथा मिट्टी को भुरभुरी बना लेना चाहिए, जिससे उसमें नमी तथा हवा पर्याप्त मात्रा में रहे।

प्रमुख उन्नत किस्में: विभिन्न क्षेत्रों के लिए आलू की उन्नत किस्में विकसित की गई हैं। कृषकों को अपने क्षेत्र के लिए उपयुक्त किस्म का चुनाव करना चाहिए। उदाहरण के लिए मैदानी क्षेत्रों में अगेती फसल लेने के लिए कुफरी चन्द्रमुखी और पछेती फसल के लिए कुफरी सिंदुरी का चुनाव किया जा सकता है। जिन क्षेत्रों में पाला पड़ता है वहाँ कुफरी देवा और कुफरी शीतमान किस्मों को उगाया जा सकता है। अगेती फसल के लिए जी० २५२४ और पछेती फसल के लिए कुफरी ज्योति सर्वोत्तम किस्में हैं। हरियाणा प्रदेश के लिए आलू की निम्नलिखित उन्नत किस्मों को अनुमोदित किया है जिनकी विशेषतायें निम्नव्रत हैं :

१. **कुफरी चन्द्रमुखी (ए० २७०८)** : इस किस्म के आलू सफेद छिलके वाले, चमकीले, चपटे, हल्के पीले गुद्दे, चपटी आँखों वाले अण्डाकार और बड़े आकार के होते हैं। यह किस्म उत्तर प्रदेश, पंजाब, हरियाणा, राजस्थान, बिहार, पश्चिम बंगाल और महाराष्ट्र आदि राज्यों के मैदानी भागों के लिए उपयुक्त है। मैदानी भागों में यह किस्म ६० दिन में तैयार हो जाती है तथा १०० क्विंटल प्रति एकड़ की दर से उपज प्राप्त की जाती है। अगेती किस्म होने के कारण ७५ दिन बाद खोदने पर ८० क्विंटल प्रति एकड तक उपज मिल जाती है। इस पर पछेता झुलसा रोग अधिक

लगता है इसलिए इसे पर्वतीय भागों में नहीं बोना चाहिए। बुआई के लगभग ६०–७० दिन बाद इसके पौधों में औसत आकार के आलू पड़ जाते हैं।

२. **कुफरी जवाहर (जे० एच० २२२):** यह एक अगेती किस्म है। इसके तने छोटे और पत्ते बड़े आकार के होते हैं परन्तु उपज कुफरी चन्द्रमुखी से अधिक है व प्रति पौधा आलू अधिक होते हैं। आलू का आकार कुफरी चन्द्रमुखी की तुलना में थोड़ा छोटा होता है। इस किस्म के कन्द गोल, चमकीले तथा सफेद छिलके व गुद्दे वाले होते हैं। इस किस्म में पछेती अंगमारी का प्रकोप कम होता है। बिजाई के ७५ दिन बाद खोदने पर १००–१२० क्विंटल प्रति एकड़ तक उपज मिल जाती है।

३. **कुफरी सिंदूरी (सी० १४०):** यह एक पछेती किस्म है। इस किस्म के आलू गोल, मध्यम से बड़े आकार के होते हैं। आलुओं का रंग हल्का लाल या सिंदूरी होता है। इस पर पाले का असर कम पड़ता है लेकिन पछेता झुलसा रोग लगता है। मैदानी भागों में यह १२० से १२५ दिन में तैयार हो जाती है। आँखें धंसी हुई व गुद्दा पीला होता है। इस किस्म के आलुओं को अधिक दिनों तक रखा जा सकता है।

४. **कुफरी बादशाह:** इस किस्म की उपज कुफरी चन्द्रमुखी से अधिक मिलती है लेकिन इसकी अगेती बिजाई नहीं की जा सकती। बिजाई के ११५ दिन बाद उखाड़ने पर १२० क्विंटल प्रति एकड़ तक उपज मिल जाती है। इस किस्म के कंद बड़े, अण्डाकार आकार के, सफेद छिलके, चिकनी सतह मैले सफेद गुद्दे व चपटी आँखों वाले होते हैं। उखाड़ने के बाद खुला रखने पर आलुओं का रंग अन्य किस्मों की तुलना में शीघ्र खराब होता है। इस किस्म में पछेती अंगमारी का प्रकोप कम होता है।

५. **कुफरी सतलुज (जे० आई० ५८५७):** यह मध्यम पछेती किस्म है। इस किस्म को बिजाई के ६० दिन बाद खोदने पर औसत पैदावार १२०–१४० क्विंटल प्रति एकड़ की दर से ली जा सकती है। इसके कंद बड़े आकार के, गोल, चिकने व चपटी आँखों वाले होते हैं। कन्दों की भण्डारण क्षमता भी अच्छी है। इसके आलू जल्दी खराब नहीं होते। उत्तरी भारत के लिए आलू की अन्य प्रमुख किस्में निम्नलिखित हैं :

कुफरी अलंकार, कुफरी ज्योति, कुफरी चमत्कार, कुफरी शीतमान, कुफरी नवीन, कुफरी जीवन, कुफरी बहार, कुफरी देवा एवं कुफरी स्वर्णा।

बीज स्त्रोत: बिजाई के लिए उपयोग किये जाने वाला बीज स्वस्थ, खासतौर पर विषाणु की बीमारियों से मुक्त तथा शुद्ध होना चाहिए। आलू का स्वस्थ बीज किसी भी प्रमाणित संस्था से खरीद सकते हैं, जैसे कि राष्ट्रीय बीज निगम, हरियाणा बीज विकास निगम, हरियाणा बागवानी विभाग व चौ० चरण सिंह

हरियाणा कृषि विश्वविद्यालय, हिसार। यह सिफारिश की जाती है कि आलू के बीज को हर ३-४ साल बाद बदल लेना चाहिए क्योंकि हर साल उसी बीज का उपयोग करने से उनमें विषाणु रोग बढ़ते जाते हैं तथा इससे उपज काफी कम हो जाती है।

बीज की मात्रा व बिजाईः आलू के बीज की मात्रा कन्द के आकार पर निर्भर करती है। तीस से सत्तर ग्राम के कन्दों को ५५–६० सें.मी. की दूरी की कतारों में २० सें.मी. की दूरी पर बिजाई करनी चाहिए। इसके बाद में ६–१० इंच मोटी डोलियाँ बनाएं। इस प्रकार १२ क्विंटल प्रति एकड़ की दर से बीज की आवश्यकता पड़ेगी। अगर कन्द १०० ग्राम के हों तो उनको ३५–४० सें.मी. की दूरी पर लगायें। इससे बड़े कन्दों को काटा जा सकता है लेकिन कटे हुए कन्दों की बिजाई १० अक्तूबर के बाद करें। कटे हुए कन्दों में २–३ आँखें अवश्य होनी चाहिए तथा इसका वजन २५ ग्राम से कम न हो। कटे कंदों को ०.२५ प्रतिशत इण्डोफिल एम–४५ के घोल में ५–१० मिनट तक डूबो कर उपचारित अवश्य करें। इस उपचार के बाद कटे कन्दों को किसी छायादार स्थान पर १४–१६ घन्टों के लिए सुखाएँ व इसके बाद बिजाई में प्रयोग करें।

बीज का अंकुरणः बीज को बिजाई से ८–१० दिन पहले शीत भण्डार में से निकाल लेना चाहिए। कन्दों को टोकरियों या ट्रे में डालकर किसी खुले, ठन्डे व हवादार स्थान पर अंकुरण के लिए रखें। इस स्थान पर प्रकाश का होना अति आवश्यक है लेकिन धूप नहीं होनी चाहिए। अगर टोकरियां या ट्रे न मिले तो आलुओं को फर्श पर बिछा देवें लेकिन उनकी सतह ४ इंच से मोटी नहीं होनी चाहिए। जिन कन्दों के अंकुरण कमजोर हों या उन पर बाल हों उन्हें नहीं बीजना चाहिए।

बिजाई का समयः अलग–अलग किस्मों की बिजाई का उचित समय अलग–अलग है। कुफरी चन्द्रमुखी और कुफरी जवाहर की बिजाई का समय अक्तूबर का पहला सप्ताह है तथा कुफरी बादशाह व कुफरी सतलुज की बिजाई ५–१५ अक्तूबर के मध्य में करनी चाहिए। अगेती फसल के लिए कुफरी चन्द्रमुखी और कुफरी जवाहर नामक किस्मां की बिजाई सितम्बर के अन्तिम सप्ताह में की जा सकती है। इस समय मिट्टी का तापमान अधिक होता है जिससे कन्दों के गलने की सम्भावना अधिक हो जाती है। कन्दों को गलने से बचाने के लिए मल्च (डोलों को धान के छिलके या मक्की या बाजरा की कड़वी से ढ़कना) का इस्तेमाल काफी लाभदायक पाया गया है। मल्च एक तो तापमान कम करता है तथा दूसरा जमीन में नमी बनाये रखता है। अगेते आलुओं की बिजाई पलेवा करने के बाद ही करनी चाहिए।

खाद एवं उर्वरकः उर्वरक सदैव मिट्टी की जाँच के आधार पर ही डालने चाहिए। यदि मिट्टी की जांच न करा सकें तो सामान्य भूमि के लिए आलू के खेत में गोबर की २० टन सड़ी खाद प्रति एकड़ की दर से बिजाई के २--३ सप्ताह पहले खेत की तैयारी करते समय अच्छी तरह मिला दें। अगर खेत में २० टन प्रति एकड़ की दर से गोबर की खाद डाली हो तो फास्फोरस तथा पोटाश की मात्रा आधी ही डालें। इसके अतिरिक्त साधारण भूमि में ५०–६० किलोग्राम नाइट्रोजन (५० किलोग्राम अगेती अर्थात २०० किलोग्राम कैल्शियम अमोनियम नाईट्रेट तथा ६० किलोग्राम अर्थात २४० किलोग्राम कैल्शियम अमोनियम नाईट्रेट पछेती किस्मों के लिए), २० किलोग्राम फास्फोरस (१२५ किलोग्राम सिंगल सुपर फास्फेट) तथा ४० किलोग्राम पोटाश (६८ किलोग्राम म्यूरेट ऑफ पोटाश) प्रति एकड़ की दर से प्रयोग करें। अगर मिट्टी चिकनी, दोमट या रेतीली–दोमट हो तो नाइट्रोजन, फास्फोरस व पोटाश तीनों की पूरी मात्रा बिजाई के समय डाले। अगर मिट्टी हल्की रेतीली हो तो नाइट्रोजन की तीन चौथाई तथा फास्फोरस और पोटाश की पूरी मात्रा बिजाई के समय डालें तथा नाइट्रोजन की शेष मात्रा बिजाई से २५–३० दिन बाद मिट्टी लगाते समय डालें। कुफरी सिंदूरी पर सूक्ष्म तत्वों का काफी अच्छा असर पड़ता है। जिन क्षेत्रों की भूमि में सूक्ष्म पोषक तत्वों की कमी हो, वहाँ आवश्यकतानुसार इनकी पूर्ति के लिए आवश्यक उर्वरक डालने चाहिए।

अगर मिट्टी रिजर से लगानी हो तो उर्वरक डालने वाली मशीन से कतार पर सतह से ५ सें.मी. नीचे खाद डालें। अगर मशीन न हो तो बैलों द्वारा पोरे से भी उर्वरक डाली जा सकती है। उर्वरक डालने के बाद इस पर सुहागा लगायें ताकि उर्वरक पर मिट्टी आ जाये और फिर इन कतारों पर आलू रखकर ट्रैक्टर या बैलों वाले रिजर से मिट्टी लगायें। अगर आलू कस्सी से लगाने हो तो कतारों के दोनों ओर ४–५ सें. मी. की दूरी पर खाद डालकर तथा फिर इन कतारों पर आलू रखकर मिट्टी लगायें।

सिंचाई : बिजाई खेत में पलेवा करने के बाद ही करनी चाहिऐ और पहली सिंचाई बिजाई के ७–१० दिन बाद लगायें। अक्तूबर और नवम्बर के महीनों में सिंचाइ ७–१० दिन के अन्तर पर तथा दिसम्बर और जनवरी के महीनों में १०–१५ दिन के अन्तर पर करनी चाहिए। वैसे तो आलू के खेत में हर समय उचित नमी का होना अति आवश्यक है लेकिन बिजाई के २०–४० दिन के अन्दर उचित नमी का होना अति आवश्यक है। ध्यान रहे कि पहले दो पानी नालियों में आधी डौल से ऊपर नहीं जाने चाहिए और डौल के ३/४ भाग से ऊपर तो कभी पानी नही जाना चाहिए।

मिट्टी लगाना : यदि बिजाई के समय पूरी मिट्टी लगा दी गई है तथा खरपतवार किसी रसायन से नष्ट कर दिये गये हैं तो बिजाई के बाद मिट्टी लगाने

से उपज़ में कोई वृद्धि नहीं होती लेकिन यदि बिज़ाई के समय हल्की मिट्टी लगी हो तो बिजाई के २५–३० दिन बाद फिर मिट्टी लगायें। इससे हरे आलुओं की संख्या भी कम हो जाती है।

खरपतवार नियन्त्रण : यदि खेत में खरपतवार हों तो बिजाई के २५ से ३० दिन बाद पहली निराई करें तथा बाद में मिट्टी लगायें। आलू की फसल में बाथू, खड़बाथू, प्याजी, जंगली गाजर, पीथपारा, मेथा, दूब व मोथा आदि खरपतवार उगते हैं। इन सभी खरपतवारों के नियन्त्रण के लिए नीचे लिखे किसी एक रासायन को २५० लीटर पानी में मिलाकर बिजाई के १० दिन के भीतर प्रति एकड़ छिड़कें। खरपतवार नाशक दवा प्रयोग करते समय भूमि में पर्याप्त नमी का होना आवश्यक है:

(क) ऐलाक्लोर १.०० से १.२०० किलोग्राम प्रति एकड़ (लासो ५० प्रतिशत २.० से २.४ लीटर)

या

(ख) ऐलाक्लोर ०.५० किलोग्राम (लासो ५० प्रतिशत १.०० लीटर) + सिमाजीन ०.०५० किलोग्राम प्रति एकड़ (टैफाजीन ५० प्रतिशत ०.१०० किलोग्राम)

या

(ग) पैण्डीमैथालिन ०.४८ से ०.६० किलोग्राम प्रति एकड़ (स्टोम्प ३० प्रतिशत १.६ से २.० लीटर)

यदि खेत में खरपतवार उग आयें हैं तो पैराक्वाट २४० से ३०० ग्राम (ग्रेमेक्सोन २४ प्रतिशत १.० से १.२५० लीटर) प्रति एकड़ की दर से २५० लीटर पानी में मिलाकर बिजाई के लगभग १५ दिन बाद, जब आलू के पौधे ५–१० प्रतिशत अंकुरित हो चुके हों तब छिड़काव करना चाहिए।

खुदाई: यदि अगेती फसल के लिए बिजाई की गई है तो आलू की खुदाई करते समय वे कच्चे होते हैं तथा उनके डंठल भी हरे होते हैं। इसलिए इनकी खुदाई में विशेष ध्यान रखना चाहिए। खुदाई के समय खेत में अधिक नमी नही होनी चाहिए। ऐसे आलुओं का भण्डारण नहीं किया जा सकता अर्थात् खुदाई के तुरन्त बाद कटे–फटे आलू निकालकर बाज़ार में बेचने के लिए भेजना चाहिए। यदि खुदाई आलू के पूरे पकने के बाद करनी हो तो खेत में सिंचाई, खुदाई से २० दिन पहले बन्द कर दें। आलू की खुदाई ट्रैक्टर या बैलों से चलने वाले डिग्गर से भी कर सकते हैं। इसके प्रयोग करने से व्यय कम लगता है तथा आलू भी कम कटते हैं।

भण्डारण : आलू की खुदाई करने के पश्चात् कटे एवं भद्दी शक्ल वाले कन्दों को अलग करना चाहिए। शेष आलुओं को किसी कमरे में ढ़ेर लगाकर १० से १५ दिन के लिए रखें। आलुओं को ऊपर से ढ़कना आवश्यक है वरना इनके हरे हो

जाने का भय रहता हैं। आलू के संसाधन के लिए उसे अनुकूलतम तापमान २०° सैंटीग्रेड दें। आर्द्रता की मात्रा भी अधिक होनी चाहिए व इसें बढ़ाने के लिये ढ़ेर के ऊपर थोड़ा–थोड़ा पानी छिड़का जा सकता है। यदि कमरे में तापमान अधिक हो तो कूलर का प्रयोग करके तापमान को कम व आर्द्रता को अधिक किया जा सकता है। खाने के लिए ३–४ मास तक तो घरों में आलू किसी ठंडे हवादार स्थान पर रखे जा सकते हैं। भण्डारण करने से पहले आलुओं की दर्जाबन्दी करें तथा बोरियों में भरकर शीतग्रह में भेजें। कटे हुए आलुओं को निकालकर बाजार में बेच देना चाहिए। शीतग्रह में तापमान और नमी की सबसे अच्छी अवस्था ०–४° सैंटीग्रेड तापमान और ८५ से ९५ प्रतिशत आपेक्ष आर्द्रता है।

बीजोत्पादन

आलू का रोग रहित बीज "बीज क्षेत्र उत्पादन विधि" द्वारा पैदा किया जा सकता है। इस विधि में आलू बीजोत्पादन उस समय किया जाता है जब चेपा नामक कीट कम हो। इस विधि से आलू का बीज उत्पादन करने के लिए निम्न बातों को ध्यान में रखना चाहिएः

किस्मः आलू की उन्हीं किस्मों का प्रयोग बीजोत्पादन के लिए किया जाना चाहिए जो आलू उत्पादन के लिए अनुमोदित की गई हैं।

बीज स्त्रोतः जिस बीज का उपयोग बिजाई के लिए करें, वह स्वस्थ, खास तौर पर विषाणु की बीमारियों से मुक्त तथा शुद्ध होना चाहिए। इसे किसी भी प्रमाणित संस्था से खरीद सकते हैं।

भूमि की तैयारीः आलू उत्पादन के लिए की जाने वाली खेत की तैयारी की भांति ही भूमि को तैयार करें।

फसल-चक्र और दूरीः आलू की बीज वाली फसल ऐसे खेत में बोयें जहां पिछले २–३ वर्षो में आलू की फसल न ली गई हो। इस प्रकार का फसल–चक्र अपनाने से मिट्टी द्वारा फैलने वाली बीमारी से रोकथाम हो सकेगी। बीज की फसल आलू के अन्य खेतों से लगभग २०–३० मीटर की दूरी पर लगानी चाहिए जिससे किसी प्रकार की मिलावट न हो सके।

बीज की मात्राः आलू के बीज की मात्रा कन्द के आकार पर निर्भर करती है। लगभग १४ से १६ क्विंटल प्रति एकड़ बीज की आवश्यकता पड़ती है। अगर बिजाई के समय आलुओं पर अंकुरण अधिक हो तो प्रति पौधा बीज वाले आलुओं की संख्या बढ़ जाती है।

बीज का अंकुरणः जैसा आलू उत्पादन के लिये बताया गया है।

खाद एवं उर्वरक : आलू बीज उत्पादन के लिए नाइट्रोजन वाली खाद की मात्रा २० प्रतिशत कम कर देनी चाहिए परन्तु शेष खाद व उर्वरकों की मात्राएं उसी प्रकार से दी जानी चाहिए जैसे आलू उत्पादन के लिए बताया गया है।

बिजाई का ढंगः आलू बीजोत्पादन के लिए पौधे से पौधे की दूरी थोडी–सी कम कर दी जाती है व शेष बिजाई का ढग वैसा ही है जैसा आलू उत्पादन के लिए बताया गया है।

बिजाई का समयः आलू की सभी किस्मो की बिजाई बीजोत्पादन के लिए अक्तूबर के पहले सप्ताह में करना लाभप्रद है।

अवांछनीय पौधों को निकालना (रोगिंग): स्वस्थ व शुद्ध बीज बनाने के लिए अवांछनीय पौधों को उपयुक्त समय पर निकालना बहुत आवश्यक है। इसके लिए फसल की तीन बार जॉच अवश्य करनी चाहिए। प्रथम बार जब फसल २५–३० दिन की हो, दूसरी बार इसके लगभग १५–२० दिन बाद और तीसरी बार फसल के डंठलों व पत्तियों की कटाई से पहले। ध्यान रहे कि बीमार पौधे को छूने के बाद स्वस्थ पौधे को मत छूयें तथा बीमार पौधों के आलू अवश्य निकाल देवें।

डंठल व पत्तियों को काटनाः जिस समय आलू की फसल में चेपे की संख्या २० बच्चे व प्रौढ़ प्रति संयुक्त पत्ती पहुँच जाए तब आलू के डंठल व पत्तियों को डोलों के बिल्कुल साथ से काट देना चाहिए। हरियाणा में यह संख्या १० जनवरी तक पहुंच जाती है। कई बार ऐसा देखा गया है कि कटाई के बाद डंठल के कटे हुए भाग से दोबारा फुटाव शुरू हो जाता है, जिस पर चेपे का फिर से आक्रमण हो सकता है तथा विषाणु रोग फैल सकता है। इस प्रकार के फुटाव को तुरन्त तोड़ देना चाहिए।

खुदाई व संसाधनः डंठल व पत्तियां काटने के १० से १५ दिन बाद फसल को खोदना चाहिए ताकि आलुओं का छिलका सख्त हो जाये। खुदाई कुछ दिन और भी रोकी जा सकती है लेकिन ध्यान रहे कि उपचारित आलू शीत भण्डार में फरवरी के अन्त तक अवश्य पहुंच जाने चाहिए। खोदने के बाद आलुओं का संसाधन उसी प्रकार से करें जैसे आलू उत्पादन के लिए बताया गया है।

फसल संरक्षण

आलू के हानिकारक कीड़े व नियन्त्रण

१. **तेला :** ये हरे रंग के शिशु व प्रौढ़ अधिकतर कोमल पत्तियों की निचली सतह से रस चूसते हैं। यही कारण है कि पत्तियाँ मुड़ कर पीली हो जाती हैं और अन्त में किनारों से सूख भी जाती हैं। फलस्वरूप फसल छोटी रह जाती है। तेले से ग्रसित फसल से आलू की कम उपज होती है।

नियन्त्रण : तेले के आक्रमण से फसल को बचाने के लिए ३०० मि०ली० डाईमैथोएट (रोगोर) ३० ई०सी०या आक्सीडिमेटान मिथाइल (मैटासिस्टाक्स) २५ ई०सी० को ३०० लीटर पानी में मिलाकर एक एकड़ फसल में छिड़काव करें। यदि आवश्यकता हो तो अगला छिड़काव १० दिन के अन्तर पर फिर एक बार करें।

२. **चेपा :** इस कीड़े के बच्चे व प्रौढ भी हरे रंग के जूँ की तरह के होते हैं और पत्तों की निचली सतह से रस चूसकर काफी हानि पहुँचाते हैं। चेपा से ग्रसित फसल की पत्तियाँ पीली हो जाती हैं व ऐसे पौधों के पत्तों की भोजन बनाने की शक्ति कम होने से आलू की पैदावार में कमी हो जाती है। इसके अलावा चेपा विषाणु रोग भी फैलाता है। इसके अतिरिक्त हड्डा बीटल व उसकी सूण्डियां (ग्रब) पत्तों को खुरच कर खाते हैं जिससे ग्रसित पत्ते छलनी हो जाते हैं। इन पत्तों की भोजन बनाने की शक्ति नष्ट हो जाती है जिससे आलू की पैदावार पर बहुत बुरा प्रभाव पड़ता है।

नियन्त्रण : तेला के लिए बताई गई कीटनाशियों में से किसी एक को ३०० लीटर पानी में मिलाकर प्रति एकड़ छिड़कें। दोनों इन रस चूसने वाले कीड़ों का एक साथ आक्रमण हो तो अलग–अलग छिड़काव करने की आवश्यकता नहीं है।

सावधानियाँ :

१. कीटनाशियों का छिड़काव फसल काटने से ३ सप्ताह पहले बन्द कर दें।

२. इन दवाइयों के साथ बीमारियों के नियन्त्रण के लिए बोर्डो–मिश्रण को न मिलायें परन्तु कापर आक्सीक्लोराइड मिला सकते हैं।

३. कीटनाशी व पानी की प्रति एकड़ मात्रा सिफारिश के अनुसार ही लें।

रोग व नियन्त्रण : आलू की फसल को अनेक रोग हानि पहुँचाते हैं जो न केवल आलू की पैदावार को कम करते हैं बल्कि बीज उत्पादन की क्षमता को भी कम करते हैं। इन बीमारियों के मुख्य लक्षण व नियन्त्रण इस प्रकार हैं :

१. **अगेती अंगमारी या अर्ली ब्लाईट :** यह रोग पछेती अंगमारी की अपेक्षा अधिक व्यापक है जो फसल बोने के ३ से ४ सप्ताह बाद दिखाई देने लगता है। यह रोग फसल को किसी भी अवस्था में संक्रमित कर सकता है। इस रोग के मुख्य लक्षण पत्तियों के किनारों पर तथा ऊपरी तरफ फैले हुए छोटे–छोटे भूरे रंग के धब्बे बनना हैं। बाद में यह धब्बे काले भूरे रंग के और गोल आकार के हो जाते हैं जिनमें चक्रदार रेखाएँ दिखाई देती हैं। रोग की उग्र अवस्था में तनें व शाखाओं पर भी धब्बे बनते हैं। नीचे की पत्तियाँ झुलस जाती हैं तथा कभी–कभी टहनियाँ अथवा पूरा पौधा सूखकर गिर जाता है। इस रोग के प्रभाव से आलू छोटे व कम बनते हैं।

नियन्त्रण : रोग के प्रथम लक्षण दिखाई देते ही फसल पर मैन्कोजेब (इण्डोफिल एम–४५ या डाईथेन एम–४५) या कापर आक्सीक्लोराईड (ब्लाईटोक्स–५०) ६०० से ८०० ग्राम दवाई २०० लीटर पानी में घोलकर प्रति एकड़ की दर से छिड़काव करें। इस छिडकाव को १५ दिन के अन्तर पर दोहराने से पौधों की नई बढ़वार को बीमारी से रोका जा सकता है।

२. **पछेती अंगमारी या लेट ब्लाईट** : यह आलू का अत्यन्त ही विनाशकारी रोग है। अनुकूल वातावरण में रोग के भीषण प्रकोप से फसल ४–५ दिन में बिल्कुल ही नष्ट हो जाती है। सर्वप्रथम पत्तों की नोकों व किनारों पर फीके हरे रंग के जलसिक्त धब्बे बनते हैं जो धीरे–धीरे मध्य भाग की ओर बढ़ जाते हैं। अनुकूल वातावरण में धब्बे पूरी पत्ती पर फैलकर काले–काले चकतों के रूप में दिखाई देते हैं और पूरा पौधा मुरझा कर सूख जाता है। यदि वातावरण में नमी व थोड़ी बारिश हो जाए तो पत्तियॉ तीन चार दिन में सड़कर मर जाती है। प्रभावित पत्तों से बदबू भी आने लगती है। रोग का प्रकोप आलू के कन्द पर भी होता है। आलू की त्वचा का रंग बेंगनी कत्थई रंग का हो जाता है। ऐसे आलुओं में सूखा गलन होने लगता है जिससे आलू की फसल तैयार होने से पहले ही नष्ट हो जाती है।

नियन्त्रण : रोग मुक्त चुने हूए प्रमाणित आलू ही प्रयोग में लायें। दिसम्बर के दूसरे पखवाड़े में पछेती अंगमारी के अनुरुप वातावरण होते ही फसल पर मैन्कोजेब (इन्डोफिल एम–४५ या डाईथेन एम–४५) ६०० से ८०० ग्राम दवा २०० लीटर पानी में घोलकर प्रति एकड़ १५ दिन की अवधि पर ४ से ५ छिड़काव करें। ध्यान रहे कि पहला छिड़काव रोग उत्पत्ति से पहले हो जाना आवश्यक है। सफल रोग नियन्त्रण के लिए पत्तियों की निचली सतह पर भी दवा के घोल से अच्छी तरह तर कर दें। अत्याधिक नम व सर्द मौसम में विशेषकर जब बादल लगातार कई दिन तक छाये रहे, छिड़काव की अवधि ७ दिन कर दें। कुफरी ज्योति, कुफरी बादशाह व कुफरी जवाहर किस्मों में इस रोग का प्रभाव कम होता है।

३. **काला कोढ़ या ब्लैक स्कर्फ** : यह रोग भी अत्यन्त व्यापक है जिससे पौधों की संख्या कम हो जाती है तथा रोग ग्रस्त कन्द अपना आकर्षण खो देते हैं। बाजार में ऐसे आलू की कीमत बहुत कम हो जाती है। इस रोग से प्रभावित आलुओं पर काले रंग की अनियमित आकार की पपड़ी सी बन जाती है जो कि फफूंद के ही दीर्घजीवी बीजाणु (स्कलेरोशिया) होते हैं। रोगग्रस्त आलुओं को बोने से रोगी अंकुर निकलते हैं जिनसे पौधों के नष्ट होने की सम्भावना होती है। पौधों पर इस रोग के आक्रमण से तनों व शाखाओं पर भी अनियमित रूप के काले भूरे रंग के धब्बे बन जाते हैं तथा शाखाओं पर वात्तीय कंद बन जाते हैं।

नियन्त्रण : रोग मुक्त अच्छे स्वस्थ आलू प्रयोग में लाएँ। आलुओं का शीतागार में संरक्षण करने से पूर्व उनमें से उन आलुओं को अवश्य निकाल दें जिनमें बीमारी के स्कलेरोशिया दिखाई दें। बोने से पहले कन्दों को २५० ग्राम एमिसान–६ या २५० ग्राम ऐरेटान नामक दवा को १०० लीटर पानी में घोलकर फिर उसमें ३ से ५ मिनट भिगोकर उपचारित करें। दवाई के घोल को १० से १२ बार प्रयोग किया जा सकता है।

४. **चारकोल गलन :** आलू की ऑखों के चारों ओर काले धब्बे बन जाते हैं जो सारे आलू को काला बना देते हैं तथा इसके नीचे गुद्दे का भी काला पड़ना इस रोग का मुख्य लक्षण हैं। यह रोग भण्डारों में रखे आलुओं में भी लग जाता है। अगर आलुओं को जमीन में रखा जाऐ और बाद में मौसम आने पर खोदा जाए तो यह बीमारी जमीन में भी फैल जाती है। आलू के कन्द चारकोल जैसे काले पिण्ड में बदल जाते हैं। ऐसे रोग वाली फसल के आलू कभी भी बीज के लिये प्रयोग न करें।

नियन्त्रण : अधिक गर्मी पड़ने से पहले ही मध्य मार्च में फसल को खोद लेना चाहिए। शीत भण्डारों में ही आलू का भण्डार करें। यदि खुदाई करने में देरी हो जाए तो मिट्टी को सिंचाई द्वारा ठण्डा रखने से ये ठीक रहते हैं। आलू के बीज का ०.२५ प्रतिशत एमिसान–६ दवा के द्वारा भण्डार करने से पहले उपचार करें लेकिन ये आलू खाने में प्रयोग न लायें।

५. **सामान्य स्कैब या कामन स्कैब :** इस रोग से कन्द कुरूप हो जाते हैं व बाजार में इनका कम मूल्य मिलता है तथा इन्हें बीज के लिये भी इस्तेमाल नहीं किया जा सकता। इस रोग के लक्षण केवल कन्दों पर बड़े, गोल या अनियमित कार्क जैसे खुरदरे स्थान दिखाई देते हैं जो कभी–कभी हल्के गहरे रंग के होते हैं, जिनमें बड़ी गहरी दरारे आलू के भीतर तक आ जाती हैं। ऐसे आलू भण्डारण में अधिक सड़ जाते हैं। रोगग्रस्त बीज कन्द रोग को फैलाने का काम करते हैं।

नियन्त्रण : हमेशा स्कैब रहित स्वस्थ प्रमाणित बीज ही प्रयोग करें। शीत भण्डारण से पहले आलुओं को ३० मिनट तक बोरिक एसिड के ३ प्रतिशत के घोल से उपचार करना काला कोढ़ तथा स्कैब रोगों के लिए अत्यन्त प्रभावकारी है। यदि ऐसा नहीं किया गया है तो बिजाई से पहले ०.२५ प्रतिशत एमिसान–६ (२५० ग्राम दवा को १०० लीटर पानी में घोलकर) से १५ से ३० मिनट तक कन्दों का उपचार करना चाहिए। आलू की बिजाई के पहले खेत में हरी खाद का प्रयोग करने से इस रोग की रोकथाम में सहायता मिलती है। फसल चक्र को अपनाएँ।

६. **ब्लैक लैग व जीवाणुज मृदु गलन :** आलू का ब्लैक लैग नम व सर्द मौसम में आता है परन्तु यदि तापमान अधिक हो तो मृदु गलन का आक्रमण भी अधिक होता है। प्रभावित पौधों का रंग फीका–हरा या पीला पड़ने लगता है। रोगग्रस्त तने

सिकुड़ कर सड़ने लगते हैं। पत्तियाँ मुरझा कर पौधा मर जाता है। जमीन की सतह पर तने का रंग काला हो जाता है तथा प्रभावित पौधों में कंद का गलन भी हो सकता है। कन्दों के बनने के बाद संक्रमण होने पर जीवाणु ऐसे कन्दों के साथ भण्डारग्रहों तक पहुँच जाता है तथा इस रोग से ग्रसित बीज भण्डार में सड़ने लगता है। मृदु गलन खेत में अधिक नमी व तापमान होने पर होता है। बिजाई के समय रोग की अनुकूल परिस्थितियों में आलू की त्वचा के भीतर गुद्दा सड़ कर ढेर हो जाता है।

नियन्त्रण : हमेशा रोग रहित प्रमाणित कन्दों का ही प्रयोग करें। जिन पौधों पर रोग के चिन्ह दिखाई दे उन्हें कन्द सहित निकाल कर नष्ट कर दें। खेत में बार–बार न जायें। खुदाई व भण्डारण के समय आलुओं पर घाव न लगने दें। खुदाई के बाद कन्दों की त्वचा को पूर्ण रूप से परिपक्व होने पर ही भण्डारण करें।

७. आलू के विषाणु रोग : ये रोग न केवल उपज कम करते हैं बल्कि धीरे–धीरे बीज की उत्पादन क्षमता को भी कम कर देते हैं। रोगजनक, रोगी बीज में जीवित रहते हैं और रोगों का संचार रोगी पौधों का स्वस्थ पौधे के सम्पर्क द्वारा या चेपा (एफिड) द्वारा होता है। आलू के विषाणु रोग विभिन्न विषाणुओं द्वारा पैदा होते हैं जो इस प्रकार हैं :

(क) पोटेटो वायरस एक्स व पोटेटो वायरस एस या लैटन्ट मौजेक : लैटेन्ट मौजेक से प्रभावित पत्ते कुछ मुड़े हुए या हल्के हरे चकते दिखाई देते हैं। भारी आक्रमण से पौधे सिकुड़ जाते हैं। कई बार लक्षण बिल्कुल दिखाई नहीं देते यद्यपि पौधे रोगी होते हैं जिसके कारण फसल दोबारा लगानी पड़ती है। रोगी पौधों से स्वस्थ पौधों में विषाणु संचार उनके परस्पर सम्पर्क या रगड़ द्वारा होता है।

(ख) **पोटेटो वायरस वाई या वैन बैंडिंग मौजेक** : इस विषाणु के आक्रमण से पत्तों की नाड़े मुड़ जाती हैं तथा पत्तों पर पीले या हरे पीले से चकते पड़ जाते हैं। इस रोग के कारण कन्दों की संख्या बहुत कम हो जाती है और आकार में छोटे भी रह जाते हैं। इस विषाणु के प्रकोप से पैदावार कभी–कभी ६० प्रतिशत तक घट जाती है। खेत में रोग का फैलाव माहू (चेपा) नामक कीट से होता है।

(ग) **रूगोस मौजेक** : यह बीमारी पोटेटो वाईरस एक्स तथा पोटेटो वाईरस वाई के मिश्रित विषाणुओं के आक्रमण के कारण फैलती है। इस रोग के प्रकोप से पत्ते खुरदरे होकर मुरझा जाते हैं व पौधे बौने तथा सिकुड़ जाते हैं। ऊपर की पत्तियों में चित्तकबरापन तथा निचली पत्तियों का काला नीला होना इसके सामान्य लक्षण हैं। पत्तियाँ छूने में खुरदरी लगती हैं तथा इन पर रोयें अधिक होते हैं। इसी प्रकार विषाणु ए प्राकृत्तिक अवस्था में विषाणु एक्स के साथ क्रिन्कल के लक्षण पैदा करता है। रोगी पत्तियों पर पीले धब्बे बन जाते हैं। पत्तियों में उभार तथा किनारे लहरदार

हो जाते है तथा पौधे छोटे रह जाते हैं। इन दोनों बीमारियों से आलू को अधिक नुकसान होता है। इन रोगों का फैलाव माहू आदि से होता है।

(घ) **पत्तीमोड़ व फ्लोएम नैक्रोसिज** : यह आलू के विषाणु रोगों में अत्यन्त विनाशकारी व व्यापक रोग है। प्रभावित पौधों की पत्तियों का ऊपर व अन्दर की ओर मुड जाना इस रोग का मुख्य लक्षण है। ऐसे पत्ते सीधे ही खड़े रहते हैं। प्रभावित पत्तियाँ पीली व मोटी होने के साथ–साथ सख्त व कमजोर भी हो जाती हैं जिन्हें हिलाने पर झड़ कर गिर जाती हैं। इस रोग के कारण तने व कन्द पर रोग के नैक्रोसिज दिखाई देते हैं।

नियन्त्रण : उपरोक्त सभी विषाणुओं से रोगों के नियन्त्रण के लिए यह उपाय अपनाएं। विषाणु रोगों से बचाव के लिए सदा रोग रहित प्रमाणित बीज ही लें। जिन पौधों पर रोग के लक्षण दिखाई दें उन पौधों को कन्द सहित उखाड़ कर नष्ट कर दें। खेत के अन्दर बार–बार नहीं जाना चाहिए। चेपे की संख्या कम करने के लिए ३०० मि०ली० रोगोर या मैटासिस्टोक्स या ८० मि०ली० डाइमेक्रान प्रति एकड १० से १५ दिनों के अन्तर पर ३ से ४ छिड़काव करें।

२

शल्ककंदीय सब्ज़ियाँ

(क) सब्ज़ी प्याज़

ONION

प्याज़ देश में उगाई जाने वाली एक व्यावसायिक महत्व की सब्ज़ी है। यह कच्ची तरकारी या मसाले की भांति उपयोग की जाती है। भारतवर्ष में प्याज़ का कुल वर्तमान क्षेत्रफल लगभग ४.२ लाख हेक्टेयर है और इसका कुल वार्षिक उत्पादन ४४.३० लाख टन है। कुल उत्पादन का ३० प्रतिशत खरीफ फसल से जो कि महाराष्ट्र, गुजरात, आन्ध्रप्रदेश, तमिलनाडु और कर्नाटक में होती है, उपलब्ध होता है तथा शेष ७० प्रतिशत अन्य मौसम की फसल से प्राप्त होता है। अमेरीका, जापान आदि देशों की तुलना में भारत में प्याज़ की औसत पैदावार बहुत ही कम है। उदाहरण के लिए भारत में प्याज़ की औसत पैदावार १०.३२ टन प्रति हेक्टेयर है जबकि नीदरलैंड और जापान में प्याज़ की औसत पैदावार क्रमशः ५४.७० व ४४.०७ टन प्रति हेक्टेयर है। इसके अलावा भारत के मैदानों में गर्मियों में तापक्रम और आपेक्षित आर्द्रता बहुत बढ़ जाती है जिसके कारण भंडारण में रखी प्याज़ सड़ जाती है। प्रायः देखा गया है कि साधारण भण्डारों में रखने से प्याज़ ४०–५० प्रतिशत तक खराब हो जाती है।

हरियाणा प्रदेश में प्याज़ की खेती लगभग ६४०० हेक्टेयर भूमि में की जाती है तथा वार्षिक उत्पादन १.१० लाख टन है। प्याज़ का उपयोग हमारे प्रतिदिन के भोजन में लगभग सभी घरों में किया जाता है। इसको सलाद के रुप में, तल कर या भून कर तथा आचार के रुप में भी इस्तेमाल करते हैं। इस प्रकार यह हरी और पकी दोनों ही तरह की सब्ज़ी व मसाले के काम आता है। इसमें विटामिन–सी

तथा फासफोरस आदि कुछ प्रमुख पौष्टिक तत्त्व भी पर्याप्त मात्रा में होते हैं। इसके अतिरिक्त प्याज़ का पेट दर्द और स्कर्वी नामक बीमारी में नमक के साथ उपयोग एक घरेलू इलाज है। कच्चा खाये जाने पर यह मूत्रवर्धक तथा आर्तवजनक होता है। यह गर्मी व लू के प्रकोप को कम करता है। गुर्दे की बीमारियों वाले रोगियों के लिए यह बहुत लाभदायक है। रबी प्याज़ की अच्छी पैदावार लेने के लिए इसकी खेती के उन्नत तरीके ही अपनायें।

नाफेड एवम् राष्ट्रीय उद्यान अनुसन्धान एवम् विकास प्रतिष्ठान, नासिक की भूमिकाऐं: राष्ट्रीय कृषि विपणन संघ (नाफेड), जिसे भारत सरकार ने प्याज़ निर्यात् करने की जिम्मेदारी सौंपी है और जो समय पर प्याज़ की फसल को भारत सरकार के आदेशानुसार किसानों को समर्थित मूल्य देकर खरीदती है। राष्ट्रीय उद्यान अनुसन्धान एवम् विकास प्रतिष्ठान का मुख्य उद्देश्य अनुसंधान और विकास कार्यक्रम द्वारा निर्यात योग्य कृषि फसलों के गुण और उपज को बढ़ाना है। इस संस्था ने प्याज़ को, जो हर दृष्टि से बहुत ही जरुरी सब्ज़ी है, अपने कार्यक्रम में शामिल किया है। इस संस्था ने प्रसार के विभिन्न तरीकों से उत्तर भारत के किसानों को खरीफ मौसम में प्याज़ लगाने के लिए बड़े पैमाने पर प्रोत्साहित किया है। अगर खरीफ मौसम में किसान उत्तर और पूर्व भारत में प्याज़ उगाने लग जाएं तो महाराष्ट्र की प्याज़ निर्यात के लिए बच सकती है। उपभोक्ताओं को प्याज़ सस्ती मिलेगी और अन्य फसलों की अपेक्षा प्याज़ उगाने से किसानों को ज्यादा लाभ होगा। उत्तर भारत में रबी में और महाराष्ट्र में खरीफ और रबी में किसानों को उन्नत जातियों की प्याज़ उन्नत ढ़ग से लगाने के बारे में इस संस्था ने प्रसार के विभिन्न तरीकों द्वारा समझाना शुरु किया है। इस संस्था ने शुद्ध बीजोत्पादन भी शुरु किया है।

जलवायुः प्याज सर्दी के मौसम (रबी) की फसल है जो ज़ायद के आरम्भ तक चलती रहती है। प्याज़ को अनेक प्रकार की जलवायु में उगाया जा सकता है लेकिन वर्ष भर एक समान रहने वाली जलवायु (जहाँ न तो अत्याधिक ठंडा होता है और न ही गरम) इसकी खेती के लिए सर्वोत्तम रहती है। वृद्धि की प्रारम्भिक अवस्थाओं में शल्ककंद बनाने से पहले इसे ठंड़ी जलवायु की आवश्यकता पड़ती है। औसतन ७५ से १०० सें. मी. या इससे अधिक वर्षा वाले स्थान प्याज़ की वर्षाकालीन फसल उगाने के लिए अच्छे नही होते हैं। सर्वोत्तम पैदावार लेने के लिए १५–२१° सें. ग्रे. तापमान तथा ७० प्रतिशत आर्द्रता वाले लगभग १० घंटे लम्बे दिन बहुत अनुकूल रहते हैं।

भूमि : यद्यपि इसे घटिया दलदली और भारी चिकनी मिट्टी को छोड़कर अनेक प्रकार की मिट्टियों में उगाया जा सकता है, फिर भी बलुई दुमट, सिल्ट दुमट तथा गहरी भुरभुरी मिट्टी जिसमें नमी अधिक समय तक रुकती हो तथा शल्ककंदों के

बढ़ने में बाधा पैदा नही करती हो और जैवाश की धनी हो इसके लिए सर्वोत्तम रहती है। यह देखा गया है कि ६.५ से ७.८ तक पी. एच. वाली मिट्टी प्याज़ के लिए अच्छी रहती है। भारी की अपेक्षा बलुई मिट्टियों में प्याज़ जल्दी परिपक्व हो जाता है।

भूमि की तैयारी : प्याज़ की जड़ें गहरी नहीं जाती, इसलिए इसके लिए १५ से १८ सें. मी. गहरी जुताई करके मिट्टी भुरभुरी कर लेनी चाहिए। अन्तिम जुताई से पहले प्रति एकड़ क्षेत्र में सिफारिश की गई गोबर की खाद (सड़ी हुई) अच्छी तरह से खेत में मिला दें।

प्रमुख उन्नत किस्में : प्याज़ की कंदें रंग की दृष्टि से लाल, पीली और सफेद, तीन रंगों की होती है। अन्य किस्मों की अपेक्षा सफेद प्याज़ में अधिक औषधीय गुण होते हैं। माप की दृष्टि से छोटी और बड़ी कंदो वाली प्याज़ भी होती है। बड़ी कंदो वाली प्याज़ छोटी की अपेक्षा मिठासयुक्त तथा कम चरचरी होती हैं। आकार के अधार पर गोलाकार, चपटी और लम्बाई युक्त कन्दे होती हैं। हरियाणा प्रदेश में प्याज़ की अच्छी उपज लेने के लिए सिफारिश की गई उन्नत किस्मों को ही उगाना उपयुक्त है। इन किस्मों की विशेषताए निम्नलिखित है :

१. **हिसार-२ :** इस किस्म के प्याज के कंद तांबे जैसे भूरे लाल रंग व ऊपर की तरफ चिपटापन लिए हुए गोल आकार के होते हैं। प्याज़ में कम तीखापन होते हुए भी इसकी भंडारण क्षमता अधिक है। प्याज़ में कुल घुलनशील तत्त्व की मात्रा ११.५ से १३.६ प्रतिशत होती है। इसमें फूल वाले डण्ठल भी कम निकलते हैं। यह किस्म १३०–१४५ दिन में तैयार होकर लगभग १२० क्विंटल प्रति एकड़ पैदावार देती है। इस किस्म को केवल रबी के मौसम में ही उगाना चाहिए।

२. **पूसा रैड :** इस किस्म की गॉठें दर्मियानी, आकार थोड़ा चिपटापन लिए हुए तांबे जैसे लाल रंग की होती है। यह १२५ से १४० दिन में पक कर तैयार होती है और पैदावार लगभग १०० से १२० क्विटल प्रति एकड़ है। इसकी भी भंडारण क्षमता अच्छी है और कुल घुलनशील तत्त्व की मात्रा १३ से १४ प्रतिशत पाई जाती है। यह किस्म केवल रबी मौसम के लिए उपयुक्त है।

उत्तर भारत में प्याज़ की अन्य प्रमुख उन्नत किस्मों को भी उगाया जाता है जिनका वर्णन नीचे किया गया है। आमतौर पर प्याज़ की तीन प्रकार की किस्में उगाई जाती है जो इस प्रकार है :

क. लाल किस्में :

१. **पूसा रतनार :** यह भारतीय कृषि अनुसंधान संस्थान, नयी दिल्ली, द्वारा विकसित नवीन किस्म है जिसके कंद बड़े, लाल, कुछ चपटे, गोलाकार और आकर्षक होते हैं। पत्तियां सुन्दर गहरे हरे रंग की होती हैं, जो सफेद पाउडर से

ढ़की दिखाई देती हैं। फसल तैयार होते समय इसके कंद मिट्टी से कुछ बाहर दिखाई देते हैं। अनुकूल परिस्थितियों में यह किस्म २५० दिन मे तैयार हो जाती है। इस जाति से १२५–१४० क्विंटल प्रति एकड़ पैदावार मिल जाती है।

२. **पंजाब सलैक्शन** : इस किस्म के कंद मध्य, चपटे व गोल और लाल रंग के होते हैं। यह १६० से १६५ दिन में तैयार होने वाली किस्म हैं। इसके कंद भी मीठे और कम तीखे होते हैं। इसमें फूल खिलने की समस्या कम पाई जाती है।

३. **अर्का प्रगति** : इस किस्म के कंद बड़े, गोल और गदरे गुलाबी रंग के होते हैं। यह केवल १३० दिन में तैयार होने वाली काफी तीखी किस्म है। इस की भंडारण क्षमता बहुत अच्छी है व प्रति एकड़ १८० क्विंटल उपज दे देती है। उत्तरी भारत में इसे रबी मौसम में उगाया जा सकता है जबकि कर्नाटक में इसे रबी और खरीफ दोनों मौसमों में उगाया जा सकता हैं।

४. **अर्का निकेतन** : इसके कंद गोल, पतली गर्दन वाले गुलाबी रंग के होते हैं। कंद का भार १०० से १८० ग्राम तक होता है व इन्हें ५ महीने तक भण्डारित किया जा सकता है। यह १५४ दिन में तैयार होने वाली किस्म हैं तथा प्रति एकड़ १७० क्विंटल उपज़ दे देती है।

५. **अर्का कल्याण** : इस किस्म के कंद गोल और गदरे गुलाबी रंग के होते हैं जिनका भार १००–१६० ग्राम तक होता है। यह १४० दिन में तैयार होने वाली किस्म हैं। यह बैंगनी धब्बा नामक रोग की अवरोधी तथा खरीफ मौसम में उगाने के लिए उपयुक्त किस्म है व प्रति एकड़ १७० क्विंटल उपज दे देती है।

ख. सफेद किस्में :

१. **पंजाब–४८:** पंजाब कृषि विश्वविद्यालय, लुधियाना ने सफेद प्याज की नयी किस्म विकसित की है, जिसे अद्वितीय उपलब्धि माना गया है। इसमें कुल घुलनशील ठोस पदार्थ १३.५ प्रतिशत पाया जाता है। इस जाति की प्याज़ गोलाकार, गर्दन की मोटाई लगभग ०.८ से. मी. और व्यास ३.५ से. मी. होता है। प्रत्येक कंद का भार ७२ ग्राम होता है व हर पौधे से ८ से ६ पत्तियॉ निकलती हैं, जो हरे रंग की होती हैं। पौधे ५० से ६० से. मी. ऊंचे बढ़ते हैं। रोपाई से २५५ से २६५ दिन में फसल तैयार हो कर औसत उपज २८६ क्विंटल प्रति हेक्टेयर मिल जाती है। भंडारण की द्रृष्टि से अन्य किस्मों की तुलना में यह एक अच्छी जाति है। अधिक उपज और सर्वगुण सम्पन्न होने के कारण इसे पंजाब में उगाने की स्वीकृति प्रदान की जा चुकी है।

२. **पूसा व्हाइट फ्लेट:** इस किस्म का विकास भारतीय कृषि अनुसंधान संस्थान, नई दिल्ली द्वारा किया गया हैं। इसके कंद चपटे गोल और सफेद रंग के होते हैं।

३. **पूसा व्हाइट राउन्ड** : इस किस्म का विकास भी भारतीय कृषि अनुसंधान संस्थान द्वारा किया गया है। इसके कंद गोल और सफेद रंग के होते हैं।

४. **उदयपुर- १०२** : इसके कंद गोल और सफेद रंग के होते हैं। कंद मध्यम आकार से बड़े होते हैं तथा खाने में कम चरपरे और मिठास लिए होते हैं। राजस्थान में यह किस्म अधिक लोकप्रिय होती जा रही है। इसकी उपज ८० से १०० क्विंटल प्रति एकड़ तक मिल जाती है।

ग. पीली किस्में :

१. **अर्ली ग्रेनो** : यह अमेरिका की किस्म है। इस किस्म में फूल निकलने की समस्या नही पाई जाती तथा कंद ग्लोब आकार व पीले रंग के होते हैं। यह रोपण के केवल ६५ दिन बाद तैयार होने वाली किस्म हैं। इसके कंद कम तीखे होते हैं। यह अधिक उपज देने वाली किस्म है परन्तु इसकी भण्डारण क्षमता कम होती हैं।

२. **बरमूदा येलो** : यह फिलीपीन की किस्म है। इसके कंद गोल और पीले रंग के तथा सलाद के लिए उत्तम होते हैं। यह भी अधिक उपज देने वाली किस्म है परन्तु कंदो की भण्डारण क्षमता कम होती है।

बुआई : यद्यपि प्याज़ वर्ष में किसी भी समय बोई जा सकती है, फिर भी नर्सरी में बीज बोने और पौध को खेत में प्रतिरोपित करने का समय विभिन्न क्षेत्रों में भिन्न–भिन्न होता है। भारत में प्याज़ की बुआई सारणी १ के अनुसार की जानी चाहिए। यद्यपि तमिलनाडु और आन्ध्र प्रदेश में आमतौर पर प्याज़ की साल में दो फसलें (जून से अक्टूबर और अक्टूबर से जनवरी) ली जाती हैं, परन्तु कुछ स्थानों पर गर्मियों में जनवरी से जून तक एक तीसरी फसल भी ली जाती है।

सारणी १ - प्याज़ की बुआई और रोपाई का समय

क्रम संख्या	क्षेत्र	नर्सरी में बुआई का समय	पौध–प्रतिरोपण का समय
१.	उत्तर भारत (हरियाणा)	अक्टूबर–मध्य नवम्बर	मध्य दिसम्बर–मध्य जनवरी
२.	पूना और महाराष्ट्र का निफाद क्षेत्र	अक्टूबर	मध्य नवम्बर
३.	आन्ध्र प्रदेश	अक्टूबर	नवम्बर
४.	मध्य प्रदेश और महाराष्ट्र का विदर्भ क्षेत्र	मध्य दिसम्बर	जनवरी के अन्त तक
५.	पश्चिम बंगाल	सितम्बर–नवम्बर	अक्टूबर – दिसम्बर
६.	पर्वतीय क्षेत्र	फरवरी अन्त से मई तक	मार्च – जून

प्रतिरोपण विधि : प्याज़ के उत्तम स्वस्थ कंद प्राप्त करने के लिए रोपाई विधि अधिक प्रचलित और लाभदायक है। बहुफसलीय कार्यक्रम के लिए भी रोपाई विधि

उपयुक्त हैं। एक एकड़ भूमि पर तैयार पौध २० एकड़ भूमि में बोने के लिए पर्याप्त होती हैं अर्थात एक एकड़ क्षेत्र के लिए, २०० वर्ग मीटर भूमि पर बनी नर्सरी की क्यारियों में पौध उगानी चाहिए। नर्सरी की क्यारियाँ एक मीटर चौड़ी और ३ मीटर लम्बी तथा सामान्यतः भूमि की सतह से १० सें. मी. की उँचाई पर बनाई जाती हैं। इनमें बुआई से १० दिन पूर्व खाद डालनी चाहिए। चालीस वर्ग मीटर भूमि में लगभग १ किलोग्राम कैल्शियम अमोनियम नाईट्रेट और पाँच क्विंटल भलीभाँति पकी गोबर या पत्तियों की खाद डालें। मिट्टी की ऊपरी सतह पर राख भी अवश्य बिखेरनी चाहिए। प्रत्येक क्यारी को भलीभांति समतल कर लें और दो क्याारियों के बीच हज़ारे द्वारा पानी देने, निराई–गुड़ाई करने और पौध निकालने जैसे कार्य करने के लिए ३० सें. मी. चौड़ी मेड़ भी छोड़नी चाहिए। बीज के ४ से ५ किलोग्राम मात्रा को प्रति एकड़ की दर से बखेर कर बोएं। आर्द्रगलन बीमारी से पौध को बचाने के लिये बिजाई से पहले बीज का उपचार थायरम (२–३ ग्राम प्रति किलोग्राम बीज) से आवश्यक है। नर्सरी की भूमि का भी उपचार इसी दवा से ४ से ५ ग्राम प्रति वर्गमीटर की दर से आवश्यक है। प्रत्येक ३–४ दिन के बाद नर्सरी की क्यारियों को अच्छी तरह भिगोकर सींचे। बाद में सिंचाई ७ दिन के अन्तर से करें। पौध पूरी तरह अंकुरित होने पर समय समय पर नालियों द्वारा खुला पानी देते हैं। पौध उगने के बाद आर्द्रगलन से पौध को गलने से बचाने के लिए थायरम का २ ग्राम प्रति लीटर पानी में धोल बनाकर फव्वारे से १५ दिन के अन्तर पर छिड़काव करना चाहिए। पौध जब अच्छी तरह जम जाए और १२.५ से १८ से.मी. ऊँची (६–८ सप्ताह पुरानी) हो जाए तो उसे भलीभांति तैयार और खाद लगाए। खेतों में १५ × १० से. मी. (पंक्ति × पौध) की दूरी पर रोप दें। रोपाई के तुरन्त बाद हल्की सिंचाई करें।

खाद एवं उर्वरक : लगभग २० टन गोबर या कम्पोस्ट की खाद प्रति एकड़ की दर से खेत की जुताई के समय डालते हैं। नाईट्रोजन की आधी मात्रा अर्थात २५ किलोग्राम (१०० किलोग्राम कैल्शियम अमोनियम नाईट्रेट २५ प्रतिशत अर्थात किसान खाद), २० किलोग्राम फास्फोरस (१२५ किलोग्राम सिंगल सुपर फास्फेट) व १० किलोग्राम पोटाश (१७ किलोग्राम म्यूरेट आफ पोटाश) प्रति एकड़ रोपाई के समय देकर मिट्टी में अच्छी तरह मिला देते हैं.। नाईट्रोजन की शेष मात्रा (२५ किलोग्राम अथवा १०० किलोग्राम किसान खाद) दो बार में ३० दिन के अन्तर पर छिड़काव विधि से देते हैं।

सिंचाई : प्याज़ की फसल को कितनी सिंचाइयों की आवश्यकता है, यह बुआई के समय, बीज की किस्म, मिट्टी के प्रकार और वर्षा के वितरण की स्थिति पर निर्भर करता है। अक्टूबर में लगाई गई फसल को अपेक्षाकृत अधिक सिंचाई की आवश्यकता पड़ती है। परिणामों से यह भी पता चला है कि थोड़े–थोड़े समय पर

की गयी सिचाईयों से उपज़ में वृद्धि होती है। हल्की सिंचाई केवल पौधे के एक मास पुराने हो जाने तक ही की जानी चाहिए। हल्की मिट्टी को भारी मिट्टी की अपेक्षा अधिक पानी की आवश्यकता होती है। शल्ककंद बनते समय नियमित रुप से पानी अत्यन्त आवश्यक है। इस समय सिंचाई करने मे लापरवाही बरतने पर शल्ककंद फट सकते हैं और उपज घट सकती हैं। अन्तिम सिंचाई प्याज़ खोदने से १५ दिन पहले करनी चाहिए।

निराई–गुड़ाई एवं खरपतवार नियन्त्रण : प्याज़ की जड़ें अपेक्षाकृत कम गहरी जाती हैं। अतः अधिक गहराई तक गुड़ाई नहीं करनी चाहिए। फिर भी २–३ बार हल्की निराई और गुड़ाई शुरु में कर देनी चाहिए। फ्लुक्लोरालिन ४००–५०० ग्राम प्रति एकड़ (बासालीन ४५ प्रतिशत ०.६–१.० लीटर) का रोपाई के पूर्व छिड़काव करके मिट्टी में मिलाते हैं या पैन्डीमैथालिन ४०० से ५०० ग्राम प्रति एकड़ (स्टोम्प ३० प्रतिशत १.३--१.७ लीटर) का छिड़काव रोपाई के ८--१० दिन बाद, जब पौधे व्यवस्थित हो जाते हैं और खरपतवार निकलने शुरु हो जाते हैं, करना चाहिए। इस दवाई का घोल एक एकड़ फसल में छिड़काव करने के लिए २५० लीटर पानी में बनाते हैं। यदि ५० से ६० दिन बाद खरपतवार पुनः निकलते हैं तो एक निराई करना लाभप्रद है।

खुदाई : हरी प्याज़ के लिए ६० से ६० दिन बाद खुदाई करनी चाहिए। पकी प्याज़ के लिए १२५ से १५० दिन बाद खुदाई कर सकते हैं। गर्दन का नर्म, पत्तियों का नीचे की तरफ मुड़ना या मुरझाना व बदरंग होना, फसल के पकने का लक्षण माना जाता है। रोपाई के लगभग सौ दिन बाद पौधों में फूल आने लगते हैं। इन फूलों को तुरन्त तोड़ देना चाहिए। खुदाई के करीब १५ दिन पूर्व प्याज़ के पौधों के ऊपरी भाग को पैर से दबा कर मोड़ देना चाहिए, इससे गाँठें बड़ी हो जाती हैं। खुदाई करते समय इस बात का ध्यान रखें कि गाँठ कटने न पाएँ अन्यथा प्याज सड़ने लगती हैं। खुदाई के बाद प्याज़ की पत्तियां किसी तेज चाकू या हँसिए से काट देनी चाहिएँ। इसके बाद सुखाने के लिए किसी साफ–सुथरी जगह में रखना आवश्यक है।

उपज : भूमि की किस्म, खाद की मात्रा और जाति के अनुसार १०० से १२० क्विंटल प्रति एकड़ तक उपज मिल जाती है।

भंडारण व खुदाई के बाद रखरखाव : कंदों की भण्डारण क्षमता बढ़ाने के लिए मैलिक हाईड्राजायड नामक रसायन का छिड़काव १५०० से २००० पी. पी. एम. (३०० से ४०० ग्राम प्रति एकड़) की दर से २०० लीटर पानी मे घोल बनाकर, खुदाई के १५ से २० दिन पहले जब ५० प्रतिशत पत्तियां हरी हों, करना चाहिए। खुदाई करने के बाद प्याज को ४ से ६ दिन तक छाया में सुखाकर पत्तों को गर्दन से २ से २.५ से. मी. ऊपर से अलग कर देते हैं। प्याज़ के कन्दों की भण्डारण क्षमता बढ़ाने के लिए समय--समय पर फूल वाले डंठल निकालते रहना चाहिए।

(ख) खरीफ प्याज़

खरीफ प्याज़ उत्तरी भारत में उगाई जाने वाली व्यावसायिक सब्ज़ी है। भारत वर्ष में वर्तमान में इसे ४०,००० हेक्टेयर भूमि पर सफलतापूर्वक उगाया जाता है। यह नकदी फसलों में एक महत्वपूर्ण स्थान रखती है। हरियाणा में प्याज़ अधिकतर रबी के मौसम में ही उगाई जाती है लेकिन इसको खरीफ के मौसम में लगाकर अधिक लाभ लिया जा सकता है। रबी मौसम के प्याज के लम्बे भण्डारण की समस्याओं तथा अक्तूबर से फरवरी तक महंगे दामों व दक्षिण राज्यों से नये प्याज के आयात को ध्यान में रखते हुए खरीफ मौसम के प्याज़ का महत्त्व और भी अधिक बढ़ गया है। नए अनुसंधान से उपलब्ध किस्म के आधार पर हरियाणा में खरीफ मौसम में प्याज़ को सफलतापूर्वक उगाया जा सकता है।

जलवायुः खरीफ प्याज़ को अनेक प्रकार की जलवायु में उगाया जा सकता है लेकिन वर्ष भर एक समान रहने वाली जलवायु (जहाँ न तो अत्यधिक ठंड हो और न ही गर्मी) इसकी खेती के लिए सर्वोत्तम रहती है। अच्छी फसल लेने के लिए २१ से २५ से० ग्रे० तापमान तथा ७० प्रतिशत आर्द्रता बहुत अनुकूल रहते हैं। खरीफ फसल को अप्रैल से अगस्त के बीच में एक वर्षाश्रित फसल के रुप मे १५०० से २००० मीटर की ऊंचाई वाले स्थानों पर भी उगाया जा सकता है। यह देखा गया है कि ७५ से १०० सें. मी. या इससे अधिक वर्षा वाले स्थान प्याज़ की वर्षाकालीन फसल लगाने के लिए अच्छे नही होते हैं।

मिट्टी का चुनाव व भूमि की तैयारी : खरीफ प्याज़ साधारणतया हर प्रकार की भूमि जिसमें जीवांश खाद व जल–निकास अच्छा हो, उगाई जा सकती है। लेकिन इसकी अच्छी उपज लेने के लिए हल्की दोमट मिट्टी वाले खेत का ही चुनाव करना चाहिए। खेत की तैयारी के लिए एक जुताई मिट्टी पलटने वाले हल से तथा ३ या ४ जुताइयां देशी हल से करें और बार–बार पाटा लगायें ताकि मिट्टी पौध लगाने लायक भुरभुरी हो जाए।

प्रमुख उन्नत किस्में : हरियाणा प्रदेश में खरीफ मौसम के लिए प्याज़ की केवल दो ही किस्मों की सिफारिश की गई है।

१. एन-५३: वैसे तो प्याज की बहुत सी किस्में हैं लेकिन खरीफ प्याज की फसल लेने के लिए एन–५३ किस्म ही उगानी चाहिए। इसकी गाँठ खुदाई के समय हल्के बैंगनी रंग की होती है जो बाद में गहरे लाल रंग की हो जाती है। इसका आकार गोल होता है और कम तीखी होती है। बुआई के बाद फसल १४०–१४५ दिनों में खुदाई योग्य हो जाती है। एक गांठ का औसत वजन ८०–१२० ग्रा० होता है। इसकी भण्डारण क्षमता कम होती है व औसतन पैदावार लगभग ६० से १०० क्विंटल प्रति एकड़ है।

२. ए.डी.आर : इसके कंद गहरे लाल रंग व गोल आकार के होते है। यह किस्म १४० से १५० दिन में पक कर तैयार होती है। इसमें तीखापन एन–५३ से अधिक होता है व औसत पैदावार ११० से १२० क्विंटल प्रति एकड़ है। इस किस्म को रबी मौसम की प्याज के रूप में भी प्रयोग किया जा सकता है।

पौध तैयार करना, बीज की मात्रा तथा बोने का समय : खरीफ प्याज की पौध को तैयार करने के लिए बीज को ऊँची उठी हुई क्यारियों में बोया जाता है। क्यारियों की चौड़ाई ६० सें.मी. तथा लम्बाई सुविधानुसार रखते हैं। यद्यपि ३ मीटर लम्बी क्यारियाँ सुविधाजनक होती हैं। एक एकड़ की रोपाई के लिए ५–६ किलोग्राम बीज काफी होता है तथा लगभग २० क्यारियाँ (३ × १ मीटर) पर्याप्त होती हैं। यदि रोग लगने की सम्भावना हो तो बीज तथा पौधशाला की मिट्टी को कवकनाशी दवाई जैसे थायरम तथा ब्लाइटाक्स आदि से उपचारित करना चाहिए। करीब २ से ३ ग्रा० दवा प्रति किलोग्राम बीज के लिए पर्याप्त होती है परन्तु भूमि उपचारित करने के लिए ४०० से ५०० ग्रा० दवा प्रति १०० वर्ग मीटर भूमि के लिए आवश्यक है। बीज को ५ से ७ सें० मी० की दूरी पर कतारों में बोना चाहिए। बुवाई के पश्चात् आधा सें०मी० तक सड़ी तथा छनी हुई गोबर की खाद और मिट्टी से बीज को पूर्णतया ढक कर फुव्वारे से हल्की सिंचाई कर देते हैं। जब बीज अच्छी तरह से अंकुरित हो जाए तो घास हटा देना चाहिए। इसके पहले यदि सिंचाई की आवश्यकता हो तो सूखी घास हटाकर सिंचाई फुव्वारे से करके पुनः क्यारियों को ढक दिया जाता है। पौध ६ से ८ सप्ताह में तैयार हो जाती है। शुरू में लगभग ४ सप्ताह तक पौधे की सिंचाई फुव्वारे से करते हैं। इसके बाद आवश्यकतानुसार नालियों के माध्यम से सिंचाई करते हैं। पौधों को अधिक बरसात से बचाने के लिए ढकना चाहिए परन्तु जैसे ही बरसात खत्म हो, ढकना हटा देना चाहिए क्योंकि प्रायः देखा गया है कि अगर ढकना हटाया नहीं जाता तो अधिक तापक्रम एवं नमी होने से फ्युजेरियम का आक्रमण भी अधिक होता है व कभी–कभी तो ७५ प्रतिशत पौधे मरते देखे गए हैं।

खरीफ प्याज की फसल के लिए इसके बीज की बुवाई मध्य जून में की जाती है। बुवाई के लगभग ६–७ सप्ताह बाद पौध रोपाई के लिए तैयार हो जाती है। खरीफ प्याज़ की गॉठों (सैट) द्वारा भी फसल ली जा सकती है। इसके लिए पौधशाला में बीज की बुवाई जनवरी के अन्तिम सप्ताह से फरवरी के प्रथम सप्ताह तक की जाती है।

प्याज़ की मात्राः गंठी तैयार करने के लिए ३ से ४ किलोग्राम बीज प्रति एकड़ की दर से आवश्यकता होती है।

गंठी तैयार करनाः करीब ८० से १०० क्यारियों की आवश्यकता होती है व प्रत्येक क्यारी का माप ३.० × १.० मी० का होना चाहिए।

गंठियों को नर्सरी से निकालना व रखरखाव : गंठियों को नर्सरी की क्यारियों में से अप्रैल के अन्तिम सप्ताह से मई के प्रथम सप्ताह तक खोद कर निकाल लेते हैं। पत्तियों को गर्दन के ऊपर २–३ सें.मी. छोड़कर, काट या तोड़ देते है। गंठियों को छांट कर टोकरियों या पतले टाट के थैलों में रखकर हवादार कमरे में भंडारण करते हैं।

गंठियों का चुनाव : ऐसा करते समय १.५ से २ सें.मी. आकार (लगभग १० से १५ ग्राम वज़न) की रोग रहित गंठियों को ही छांटते हैं। बहुत छोटी गंठियों की रोपाई करने से पैदावार बहुत कम होती है। गंठियों को ३५ से ४५ सें.मी. की दूरी पर बनी डोलियों के दोनों किनारों पर १० सें.मी के अन्तर पर लगाते हैं। पौधे या गंठियों को लगाने के तुरन्त बाद सिंचाई करना अति आवश्यक है।

रोपाई विधिः पौध की रोपाई करते समय दो कतारों के बीच की दूरी १५ सें.मी. तथा कतार मे दो पौधों के बीच की दूरी १० सें.मी. रखते हैं।

खाद एवं उर्वरकः करीब १० से १२ टन गोबर या कम्पोस्ट की सड़ी खाद प्रति एकड़ की दर से खेत की तैयारी के समय देनी चाहिए। इसके अतिरिक्त ५० कि. ग्रा. नाइट्रोजन (२०० किलोग्राम कैल्शियम अमोनियम नाईट्रेट २५ प्रतिशत अर्थात किसान खाद), १६ किलोग्राम फास्फोरस (१०० किलोग्राम सिंगल सुपर फास्फेट) व १० किलोग्राम पोटाश (१७ किलोग्राम म्यूरेट आफ पोटाश) प्रति एकड़ की आवश्यकता होती है। नाइट्रोजन की आधी मात्रा, फास्फोरस व पोटाश की पूरी मात्रा पौध लगाते समय या गंठियों की डोलियां बनाने से पहले देते हैं। शेष आधी नाइट्रोजन को दो बार ३० दिन के अन्तर पर देनी चाहिए।

पौध की रोपाई : पौध रोपने से पहले खेत की अच्छी तरह से तैयारी करनी चाहिए तथा छोटी–छोटी क्यारियां व इनके साथ–साथ सिंचाई की नालियॉ सुविधानुसार बनाई जाती हैं। पौध की रोपाई १५ जुलाई से अगस्त के बीच में करें। पौध उखाड़ते समय व रोपाई करते समय इस बात का ध्यान रखें कि पौधों की जड़ों को हानि न पहुंचे। पौध की रोपाई कतारों में लगभग १५ सें. मी. (६ इंच) तथा पौधें से पौधें की दूरी लगभग १० सें. मी. (४ इंच) रखकर, २ से ३ सें. मी. (एक इंच) गहराई पर करें।

फसल की सिंचाई व निराई-गुड़ाईः खरीफ प्याज एक ऐसी फसल है जिसको लगातार काफी नमी चाहिए इसलिए रोपाई के साथ ही व उसके ३–४ दिन बाद एक हल्की सिंचाई करनी चाहिए। खरीफ प्याज के पत्ते जब ऊपर से सूख कर गिरने शुरू हो जायें तब सिंचाई बन्द कर दें ताकि गांठें अच्छी तरह पक जायें वर्ना जमीन पर गांठें गलना शुरू हो जाती हैं। सिंचाई समय–समय पर आवश्यकतानुसार करते हैं। वैसे अगस्त से अक्तूबर के बीच में सिंचाई लगभग ८ से १० दिनों के अन्तर पर बरसात न होने पर करते हैं। यदि भूमि ज्यादा रेतीली है

तो सिंचाई हर तीसरे दिन करते हैं। जिस समय गांठें अच्छी तरह से बढ़ रही हों उस समय सिंचाई जल्दी–जल्दी करनी चाहिए। पानी की कमी के कारण गाठें छोटी रह जाती हैं तथा इस तरह से पैदावार में भी कमी हो जाती है।

खरपतवार नियन्त्रण : आरम्भ में पौधे धीरे–धीरे बढ़ते हैं और खरपतवार अधिक दिखाई देते हैं। इसलिए सभी खरपतवारों को पतली खुर्पी द्वारा हल्की गुड़ाई के साथ निकाल दें और ध्यान रखें कि प्याज की जड़ें न कटें। इस प्रकार २–३ गुड़ाइयों की आवश्यकता पड़ती है। खरपतवारनाशक दवा का भी प्रयोग किया जा सकता है। फलुक्लोरालिन ४०० से ५०० ग्राम प्रति एकड़ (बासालीन ४५ प्रतिशत नामक दवा का ०.६ से १.१ लीटर) को रोपाई के पूर्व छिड़काव करके मिट्टी में मिलाते हैं। इसके अलावा पैन्डीमैथालिन ४०० से ५०० ग्राम प्रति एकड़ सक्रिय तत्व (स्टोम्प ३० प्रतिशत का १.३ से १.७ लीटर) का छिड़काव रोपाई के ८ से १० दिन के बाद, जब पौधे व्यवस्थित हो जाते हैं और खरपतवार निकलने शुरू हो जाते हैं, करना चाहिए। एक एकड़ फसल में छिड़काव करने के लिए २५० लीटर पानी प्रयोग में लाना चाहिए।

गांठों की खुदाई एवं प्याज का सुखाना

पौध की रोपाई के लगभग ५ माह के बाद खरीफ प्याज की गांठें पक जाती हैं। ये गांठें नवम्बर–दिसम्बर में तैयार होती हैं जिस समय तापक्रम काफी कम होता है। पौधे पूरी तरह से सूख नहीं पाते इसलिए जैसे ही गांठ अपने पूरे आकार की हो जाये एवं उनका रंग खूब लाल हो जाये तो उन्हें पैर से गिरा देना चाहिए तथा खुदाई से लगभग दो सप्ताह पहले सिंचाई बन्द कर देनी चाहिए। इससे गांठ सुडौल एवं कम्पैक्ट (भरी) हो जाती है तथा उनकी वृद्धि रूक जाती है। जब गांठों की अच्छी आकार के होने पर भी खुदाई नहीं करें तो वे फटना शुरू कर देती हैं। खरीफ प्याज के गांठों की खुदाई आमतौर पर खुर्पी से की जाती है। गांठों को जमीन से सावधानी से खोदें ताकि कम से कम गांठें कटें। खुदाई करके इनको कतारों में रख कर खेत में ही सुखा लेते हैं। पत्तों को गर्दन से एक इंच ऊपर हाथ से मोड़कर निकाल देना चाहिए और फिर ३ से ४ दिन तक किसी टोकरी आदि में भर कर छाया में ढेर लगा दे, ताकि गांठें पूरी तरह सूख जायें। कटी व खराब प्याज, कटे हुए दो गाठों वाली, काली एवं अन्य खराब किस्म की गांठ निकाल कर अलग कर दें तथा उचित स्थान पर ले जा कर भण्डारित करें।

उपजः अच्छी फसल से खरीफ प्याज की गांठों की प्रति एकड़ उपज लगभग ६० से १२० क्विंटल प्राप्त की जा सकती हैं।

(ग) लहसुन

GARLIC

भारतवर्ष में लहसुन की खेती १.१ लाख हेक्टेयर भूमि पर की जाती है जिससे ४.५० लाख टन लहसुन का उत्पादन होता है। लहसुन की खेती करने योग्य भूमि की दृष्टि से चीन की तुलना में भारत का पहला स्थान है। यह मसाले वाली एक प्रमुख फसल है। लहसुन एक वर्षीय शाकीय पौधा है जिसका भूमिगत तना जो कि कंद के रूप में विकसित होता है और कई छोटी–छोटी कलिकाओं (क्लोवस) से बनकर बनता है, खाने के काम आता है। यह एक सहनशील सदाबहार पौधा है जिसकी पत्तियां कम चौड़ी, चपटी व हरे रंग की होती है। इसकी गंध, प्याज और अन्य मसालों की अपेक्षा बहुत तेज होती है। इसमें पाई जाने वाली तीव्र गंध सल्फर के यौगिक एलिल प्रोपाइल डाई सल्फाइड और डाई एलिल डाई सल्फाइड के कारण होती है। इसमें प्रोटीन, वसा, कार्बोहाइड्रेट, कैल्शियम, फास्फोरस, विटामिन ए, बी, बी–१२ और सी आदि प्रचुर मात्रा में पाये जाते हैं।

सम्पूर्ण विश्व की प्रायः प्रत्येक रसोई में उपयोग होने वाली इस फसल का उपयोग सब्ज़ियों, मांस, अचार, सूप, चटनी, सिरका व विभिन्न प्रकार के व्यंजनों को सुवासित व स्वादिष्ट बनाने में खूब किया जाता है। लहसुन को कूट कर चटनी और कतर कर अचार बनाया जाता है। अमेरिका और यूरोप में इसकी कच्ची कलियों से चूर्ण बनाने के उद्योग काफी विकसित हो रहे हैं। इसका सर्वाधिक उपयोग मसाले और औषधि के रूप में किया जाता है। यूनानी एवं आयुर्वेदिक मतानुसार लहसुन भूख बढ़ाने, मोटापा कम करने और आमाशय सम्बंधी विकारों को दूर करने में सहायक होता है। इसके अलावा यह वायुदोष, रक्तचाप, अपच, फेफड़ों के रोगों, चर्मरोगों, मूत्र रोग, दमे के रोगियों आदि में अत्यंत उपयोगी होता है। सर्दी, खांसी व गले के रोगों के उपचार में भी यह काफी लाभप्रद है। इसके तेल की गठिया रोग में मालिश की जाती है। लहसुन के रस में विद्यमान् एलिसिन मनुष्य के रक्त में कोलेस्ट्रोल की मात्रा को कम करता है। हृदय और उच्च रक्तचाप वाले रोगियों के लिए इसका सेवन विशेष रूप से लाभकारी पाया गया है। यह पेट में मलाशय, ग्रास नलिका और त्वचा में होने वाले फोड़ों (ट्यूमर) को बढ़ने से रोकता है। चीन में मेनिनजाइटिस रोग का उपचार भी लहसुन के उपयोग से करते हैं। आजकल इससे कीटनाशी दवाईयां भी बनाई जाती है। औषधीय गुणों से ओतप्रोत इस फसल के निर्यात से अपार विदेशी मुद्रा की प्रबल संभावनाएं हैं। हमारे देश में लहसुन की उपज कम मिलती है, जिसका प्रमुख कारण है कि इसकी परम्परागत विधि से खेती नहीं की जाती है। इसकी अधिक उपज लेने के लिए आधुनिक तकनीक से खेती करना बहुत आवश्यक है।

जलवायुः सामान्यतः भारत में इसे विभिन्न वातावरणों में उगाया जाता है। यह एक पाला सहनशील फसल है जिसे वृद्धि काल में ठण्डी एवं आर्द जलवायु की आवश्यकता होती है।

लम्बे दिन और उच्च तापमान पर कलिका निर्माण शुरू हो जाता है और संपूर्ण कंद निर्माण के समय कम तापमान का होना नितांत आवश्यक है। इसके लिए मध्यम गर्म एवं ठण्डे वातावरण की आवश्यकता होती है। ठण्डे वातावरण में उत्पादन अच्छा होता है जबकि गर्म एवं आर्द्र वातावरण में इसकी उत्पादकता कम हो जाती है। छोटे दिन इसके कंद निर्माण के लिए उपयुक्त रहते हैं।

भूमि का चुनावः आमतौर पर सफल खेती हेतु लहसुन हर प्रकार की मृदाओं में उगाया जा सकता है परन्तु मध्यम काली दोमट मृदा, जिसमें जीवांश पदार्थ और पोटाश प्रचुर मात्रा में उपलब्ध हों, साथ ही उचित जल–निकास की व्यवस्था भी हो, इसकी खेती के लिए अच्छी मानी जाती है। मृदा का पी. एच.मान ६ और ७ के मध्य होना चाहिए। हल्की और रेतीली मृदाओं में जल धारण क्षमता काफी कम होती है जिससे बिना सिंचाई सुविधा के उत्पादन असंभव होता है, फिर भी यदि लहसुन उत्पादन किया जाए तो कंद बहुत ही छोटे आकार के और कम वजन के प्राप्त होते हैं। अधिक लवणीय अथवा क्षारीय मृदाएं भी लहसुन उत्पादन के लिए अनुपयुक्त होती है।

भूमि की तैयारी : लहसुन उत्पादन में भूमि की तैयारी का विशेष महत्व है। भूमि की तैयारी हेतु देशी हल या ट्रैक्टर की सहायता से जुताई करें, क्योंकि लहसुन की जड़ें भूमि में १०–१२ से.मी. से अधिक गहरी नहीं जाती है। अतः इसके लिए गहरी जुताई नहीं करनी चाहिए। इसके लिए २–३ बार आर–पार कल्टीवेटर से जुताई के उपरान्त पाटा लगा कर खेत को समतल कर लेना चाहिए। इस प्रकार तैयार खेत में अपनी सुविधानुसार उचित आकार की क्यारियां और सिंचाई नालियों का निर्माण करें।

प्रमुख उन्नत किस्में : हरियाणा प्रदेश के लिए लहसुन की केवल एक ही उन्नत किस्म की सिफारिश की जाती है जिसका विवरण निम्न प्रकार से है :

जी-१ : यह किस्म संघीय कृषि विकास प्रतिष्ठान द्वारा निकाली गई है। इसकी गांठें, सुगठित, मध्यम आकार की तथा प्रति गांठ १५–२० कलियां होती हैं। फसल के तैयार होने में १६०–१८० दिन लगते हैं एवं पैदावार ४० से ४४ क्विंटल प्रति एकड़ है।

आम तौर पर कृषक इसकी स्थानीय किस्में ही उगाते हैं जिसके कारण उन्हें कम उपज प्राप्त होती है। लहसुन की अधिक उपज लेने के लिए निम्न उन्नत किस्मों को भी बोना चाहिए जिनकी विस्तृत जानकारी नीचे दी गई हैं :

१. टी-५६-४ : इस किस्म का विकास पंजाब कृषि विश्वविद्यालय, लुधियाना द्वारा चयन विधि से किया गया है। इस किस्म के कंद छोटे और सफेद रंग के होते हैं जिनमें **२५** से ३४ कलियां (क्लोवस) पाई जाती है। इसकी प्रति एकड़ ३२ से ४० क्विंटल तक उपज मिलती है।

२. **सी.ओ.-२ :** इस किस्म का विकास कोयम्बटूर स्थित तमिलनाडु कृषि विश्वविद्यालय ने किया है। इसके कंद सफेद रंग के और आकर्षक होते हैं। यह एक अधिक उपज देने वाली किस्म है।

३. **आई.सी.४६३८१ :** इस किस्म का विकास भारतीय कृषि अनुसंधान संस्थान, नई दिल्ली द्वारा किया गया है। यह एक अधिक उपज देने वाली किस्म है।

४. **आई.सी.४२८६१ :** इस किस्म का विकास भी भारतीय कृषि अनुसंधान संस्थान, नई दिल्ली द्वारा किया गया है। यह भी एक अधिक उपज देने वाली किस्म है जो १६० से १८० दिन में तैयार हो जाती है।

५. **यमुना सफेद-१ :** इस किस्म के कंद सफेद व चमकदार होते हैं जिनका व्यास ४.० से ४.५ से. मी. होता है। यह कई कीट एवं रोगों की प्रतिरोधी किस्म हैं। इस किस्म की प्रति एकड़ ६० से ७० क्विंटल उपज मिलती है।

६. **यमुना सफेद २ (जी ७५०)** : इस किस्म के कंदों का व्यास ३.५–४.० से.मी. होता है। शल्ककंद ठोस, त्वचा सफेद,गूदा क्रीमी रंग का होता है। यह किस्म १६५ से १७० दिन में तैयार हो जाती है। बैंगनी धब्बा और झुलसा नामक रोगों की प्रतिरोधी यह किस्म मध्य प्रदेश के लिए उपयुक्त हैं। इससे प्रति एकड़ ६० से ६२ क्विंटल उपज मिल जाती है।

७. **एग्रीफाउण्ड सफेद(जी-४१) :** शल्ककंद सफेद, त्वचा चांदी जैसी, गूदा क्रीमी रंग का बड़े और प्रत्येक कंद के २० से २५ कलियां होती है। इस किस्म के कंद का व्यास ३.५ से ४.० से. मी. होता है तथा १५० से १६० दिन में पक कर तैयार हो जाती है। बैंगनी धब्बा और झुलसा नाम रोगों की प्रतिरोधी होने के साथ ही यह किस्म प्रति एकड़ ५२ क्विंटल उपज दे देती है।

८. **एग्रीफाउण्ड पार्वती(जी-३१३) :** इसके कंदों का व्यास ५ से ६ से. मी. होता है व इसकी बुआई सितम्बर से अक्टूबर में करते हैं। यह किस्म पहाड़ों में उगाने के लिए उपयुक्त हैं, जो २५० से २७० दिनों में तैयार हो जाती है। इसके शल्ककंद बड़े, हल्के सफेद, बैंगनी रंग मिश्रित और १० से १२ कलिकां वाले होते हैं। यह किस्म प्रति एकड़ ७० से ८० क्विंटल तक उपज दे देती है।

इन किस्मों के अतिरिक्त कुछ अन्य नई किस्मों का भी विकास अभी हुआ है जिनमें गोदावरी, स्वेता (महात्मा फुले विद्यापीठ, राहूरी), पूसा सलैक्शन–१० (भारतीय कृषि अनुसंधान संस्थान, नई दिल्ली), एच. जी.–२ (चौ० चरण सिंह हरियाणा कृषि विश्वविद्यालय, हिसार), जी.–५०, जी.–२८२ (राष्ट्रीय बागवानी अनुसंधान एवं विकास प्रतिष्ठान, नासिक), वी. एल.–६, वी. एल.–७ (विवेकानन्द पर्वतीय कृषि अनुसंधानशाला, अल्मोड़ा) एवं ए. आर. यू.–५२ (ए. आर. यू. अल्मोड़ा) है।

खाद एवं उर्वरकः लहसुन की अधिक उपज लेने के लिए संतुलित मात्रा में खाद और उर्वरकों का उपयोग आवश्यक होता है। अतः उपयुक्त मात्रा में खाद एवं उर्वरकों के उपयोग

के लिए मृदा जाँच आवश्यक है। आमतौर पर कृषक कम अथवा अधिक मात्रा में उर्वरकों का उपयोग करते हैं जिससे पौधों की वृद्धि पर प्रतिकूल प्रभाव पड़ता है। अतः पोषक तत्व स्तर संतुलित रखने, मृदा उर्वरकता को बनाये रखने, पौधों में पर्याप्त विकास और प्रति इकाई क्षेत्र से अधिकतम् उत्पादन प्राप्त करने हेतु खाद एवं उर्वरकों का विज्ञान सम्मत् उपयोग करना नितांत आवश्यक है।

इसकी अधिक उपज लेने हेतु २० टन प्रति एकड़ गोबर की खाद को प्रथम जुताई से पूर्व खेत में समान रूप से बखेर देना चाहिए। इस खाद का उपयोग करने से लहसुन की फसल पर अच्छा प्रभाव पड़ता है क्योंकि इसमें मुख्य, गौण एवं सूक्ष्म पोषक तत्व प्रदान करने की शक्ति होती है और मृदा की भौतिक अवस्था को सुधारते हुए उत्पादकता बढ़ाती है। इसके अलावा ३२ किलोग्राम नाइट्रोजन (१२८ किलोग्राम कैल्शियम अमोनियम नाईट्रेट २५ प्रतिशत अर्थात किसान खाद), २० किलोग्राम फास्फोरस (१२५ किलोग्राम सिंगल सुपर फास्फेट) व १० किलोग्राम पोटाश (१७ किलोग्राम म्युरेएट ऑफ पोटाश) प्रति एकड़ की दर से देना चाहिए। नाइट्रोजन की १/३ मात्रा, फास्फोरस व पोटाश की पूरी मात्रा बिजाई से पूर्व देनी चाहिए। शेष नाइट्रोजन की मात्रा को दो बराबर भागों में बांटकर २०–२५ और ४०–४५ दिन बाद उपरिवेशन (टॉप ड्रैसिंग) विधि से देना उपयुक्त पाया गया है। नाइट्रोजन की खाद बिजाई के ६० दिन के अन्दर ही देना चाहिए अन्यथा पत्तियों की अधिक वृद्धि से गांठों का आकार छोटा और कलियाँ पतली बनती हैं। लहसुन की उत्पादन वृद्धि में सूक्ष्म पोषण तत्वों का भी महत्वपूर्ण योगदान है। बोरेक्स की ४ कि.ग्रा. मात्रा प्रति एकड़ की दर से उपयोग करने से कन्दों के आकार एवं उत्पादन में वृद्धि हो जाती है।

बुवाई का समय : हरियाणा प्रदेश में लहसुन को अन्त सितम्बर से अक्टूबर तक लगाया जाता है। उत्तर प्रदेश के मैदानी और निचले पहाड़ी क्षेत्रों में इसे सितम्बर से नवम्बर तक लगाया जाता है जबकि मध्य प्रदेश, महाराष्ट्र, कर्नाटक एवं आंध्र प्रदेश में इसे सितम्बर से अक्टूबर में लगाया जाता है। पहाड़ी क्षेत्रों में इसके लगाने का उचित समय मार्च से अप्रैल है। उड़ीसा और पश्चिम बंगाल में इसके लगाने का सर्वोत्तम समय अक्टूबर से नवम्बर माना गया है। पंजाब कृषि विश्वविद्यालय, लुधियाना में बुवाई के समय पर किये गये परीक्षणों में १ अक्टूबर को बोई गई फसल से सर्वाधिक उपज मिली और १५ एवं २६ अक्टूबर और १२ नवम्बर को बोई गई फसल से उपज में कमी आंकी गई।

बीज की मात्रा : एक एकड़ क्षेत्र के लिए लगभग १.५ से २.० क्विंटल स्वस्थ कलियों की आवश्यकता होती है। प्रत्येक शल्ककन्द में १५ से २० कलियां होती हैं। बुवाई से पहले कलियों को सावधानी पूर्वक अलग कर लेना चाहिए। ध्यान रहे कि कलियों के ऊपर की सफेद पतली झिल्ली को किसी प्रकार की क्षति न पहुंचे। बुवाई के लिए ८ से १० से. मी. आकार की रोगरहित सुगठित और बड़े आकार की कलियों को ही चुने।

कलियों का उपचारः बुवाई से पूर्व कलियों का फफूंदीनाशक जैसे कैप्टान या एमिसान या थायरम के घोल (२.५ ग्राम दवा प्रति लीटर पानी) से एक मिनट तक उपचारित करें। कुछ अनुसंधानकर्त्ताओं ने पाया है कि यदि लहसुन की कलियों को बोरोन, जिंक, तांबा तत्वों के ०.०१ प्रतिशत घोल में डुबोकर रोपित किया जाये तो उनकी अंकुरण क्षमता में उत्तरोत्तर वृद्धि के साथ ही उनका जड़ विकास भी तीव्र गति से होता है। खड़ी फसल में इन तत्वों के घोल का छिड़काव करने से भी उत्पादन में काफी वृद्धि हो जाती है।

बुवाई की विधि : सर्वप्रथम तैयार क्यारियों में १५ सें. मी. की दूरी पर कतारे बना लें। इसके बाद कतारों में ८ से १० से. मी. दूरी पर कलियों की बुआई करें। इसकी बुआई का अन्तर भी विभिन्न क्षेत्रों में अलग–अलग है। पंजाब में १५ × ८ सें. मी. अंतर की अनुशंसा की गई है जबकि हरियाणा के करनाल क्षेत्र के लिए १० × ७.५ से.मी. अंतर उचित पाया गया है। कम अंतर पर फसल उगाने से बैंगनी धब्बा रोग का प्रकोप अधिक पाया जाता है। बड़े आकार की कलियां एवं कंद प्राप्त करने के लिए १५ × १० सें.मी. अंतर सर्वोत्तम माना गया है। कतारों और कलियों में अधिक अंतर रखने से पौधें के तने की मोटाई अधिक हो जाती है।

सिंचाईः लहसुन एक उथली जड़ वाली फसल है जिसकी अधिकांश जड़ें भूमि की ऊपरी सतह (५ सें.मी.) पर फैली रहती हैं जहां से वे अपनी आवश्यकतानुसार पानी एवं पोषक तत्वों को लेती रहती हैं। अतः प्रत्येक सिंचाई में इस बात का ध्यान रखना चाहिए कि मृदा में नमी की कमी न हो। लहसुन की बुवाई के तुरंत बाद सिंचाई अवश्य करनी चाहिए ताकि कलियों का अंकुरण अच्छा हो सके। ध्यान रहे कि पौधों की प्रारम्भिक अवस्था में भूमि में नमी की कमी न रहे अन्यथा पौधों के विकास एवं वृद्धि पर प्रतिकूल प्रभाव पड़ता है। लहसुन में जल्दी–जल्दी हल्की सिंचाई करनी चाहिए। सर्दियों में १०–१५ दिन के अन्तर पर सिंचाई करनी चाहिए परन्तु गर्मियों में मार्च के बाद प्रति सप्ताह सिंचाई करते हैं। जब कंद पक जाएं, पत्तियां पीली पड़ जाये तब सिंचाई बंदकर देनी चाहिए ताकि कंदों की खुदाई सुगमता से की जा सके और उन्हें किसी प्रकार से क्षति न पहुंचे।

खरपतवार नियंत्रण : लहसुन की फसल को खरपतवारों से मुक्त रखने के लिए पहली निराई–गुड़ाई बुवाई के २० सें २५ दिन बाद और दूसरी ४० से ४५ दिन बाद करनी चाहिए। इसके उपरांत निराई–गुड़ाई नहीं करनी चाहिए। यह फसल काफी सघन बोई जाती है जिससे खरपतवार नियंत्रण में कठिनाई होती है। अतः इसके खरपतवार नियंत्रण के लिए रासायनिक विधि का सहारा ही लेना सुगम व सस्ता पड़ता है। पैन्डीमैथालिन ४०० से ५०० ग्राम प्रति एकड़ सक्रिय तत्व (स्टोम्प ३० प्रतिशत १.३ से १.७ लीटर प्रति एकड़) की बुवाई के ८ से १० दिन बाद डालने से संकरी एवं चौड़ी पत्तियों वाले खरपतवार नियंत्रित हो जाते हैं और कंदों की अधिक उपज मिलती है। फ्लूक्लोरोलिन ४०० ग्राम (बासालिन ४५ प्रतिशत ६००

मि. ली.) प्रति एकड़ का घोल २५० लीटर पानी में बनाकर अंकुरण के पूर्व उपयोग करने से खरपतवारों का नियंत्रण हो जाता है।

वृद्धि नियामकों का प्रभाव : वृद्धि नियामकों के उपयोग में लहसुन की वृद्धि एवं कलियों के निर्माण से उपज में वृद्धि हो जाती है। अनुसंधान द्वारा यह भी ज्ञात हुआ है कि जिब्रेलिक एसिड (जी.ए.) के २०० से ४०० पी.पी.एम. छिड़काव द्वारा या जिब्रेलिक एसिड के ५० से ८० पी.पी.एम. घोल द्वारा उपचारित करने पर पार्श्व कलिकाओं के विकास में वृद्धि होती है। यदि जिब्रेलिक एसिड का उपयोग पुष्प क्रम निकलते समय किया जाए तो कंद के आकार में वृद्धि होती है और कलियों की संख्या में वृद्धि आंकी गई है। ऐसा पाया गया है कि वृद्धि नियामक बेंजाइल एडिनाइन (५० पी.पी.एम.) द्वारा लहसुन की पार्श्व कलियों का विकास तेजी से होता है। यदि खुदाई के ३ सप्ताह पूर्व मैलिक हाइड्राजाइड के ३००० पी.पी.एम. (६०० ग्राम को २०० लीटर पानी में घोल बनाकर प्रति एकड़) घोल का फसल पर छिड़काव किया जाये तो कंदों की भण्डारण क्षमता में वृद्धि हो जाती है।

खुदाई एवं भण्डारण : लहसुन के कंद १६०–१८० दिन में खुदाई के योग्य हो जाते हैं। इसका पौधा जब ऊपर से सुख कर झुकने या गिरने लगता है तो यही अवस्था लहसुन की खुदाई के लिए उपयुक्त होती है। यदि खुदाई में विलम्ब किया जाए तब कंद फैलने लगते हैं और कुछ किस्मों में तो पुर्नअंकुरण तक भी देखा गया है। इसलिए लहसुन की सही समय पर खुदाई करना अच्छी गुणवत्तायुक्त कंदों का उत्पादन करने का पैमाना मान सकते हैं। पत्तियों के सूखने के शुरू होने पर सिंचाई बन्द कर देनी चाहिए। इसके कुछ दिन बाद लहसुन की खुदाई करते हैं। खुदाई के उपरान्त गांठों को ३ से ४ दिन तक छाया में सुखाने के बाद पत्तियों को बांधकर गुच्छियां बना लेते हैं। लहसुन का भण्डारण गुच्छियों के रूप में या कंदों को टाट की बोरियों में या लकड़ी की पेटियों में रखकर कर सकते हैं। भण्डारण शुष्क हवादार एवं अंधेरे कमरे में करना अच्छा साबित हुआ है। शीतगृह में इसका भण्डारण ०° से २° सैन्टीग्रेड तापक्रम व ६५ से ७५ प्रतिशत आर्द्रता पर ३ से ४ महीने तक कर सकते हैं।

फसल संरक्षण

प्याज व लहुसन के हानिकारक कीट व नियन्त्रण

१. **थ्रिप्स(चुरड़ा):** यह प्याज और लहसुन का सबसे खतरनाक कीट है जो आकार में छोटा, हल्के पीले व भूरे रंग का बेलनाकार शक्ल वाला होता है। यह प्रायः पत्तियों की निचली सतह पर पाया जाता है। इस कीट के शिशु व प्रौढ़ दोनो ही पत्तियों का रस चूसते है जिसके कारण पत्तियों पर सफेद, चमकदार धब्बे बन जाते हैं और बाद में पत्तियां मुड़ जाती हैं। इसके साथ–साथ पत्तियों की बढ़वार भी रूक जाती है और अधिक प्रकोप होने पर पत्ते चोटी से चॉंदीनुमा (सिल्वर टाप) हो कर के सूखकर नष्ट हो जाते हैं, जिसके फलस्वरूप

कंद छोटे आकार के रह जाते हैं और उत्पादन में भारी कमी हो जाती है। प्याज की बीज वाली फसल में फूलों के समय इस कीट के प्रकोप से बीज की पैदावार पर अधिक कुप्रभाव पड़ता है। कीट का आक्रमण फरवरी से मई तक रहता है। इस कीट के नियंत्रण के लिए निम्नलिखित में से किसी एक कीटनाशी का छिड़काव २५० लीटर पानी में मिला कर प्रति एकड़ में करें। यही छिड़काव आवश्यकतानुसार १० से १५ दिन के अन्तर पर दोहरायें।

(क) १. ७५ मि०ली० फेनवैलरेट २० ई०सी०

२. १७५ मि०ली० डैल्टामेथ्रिन २.८ ई०सी०

३. ६० मि०ली० साइपरमेथ्रिन २५ ई०सी०/१५०मि०ली० साइपरमेथ्रिन १० ई० सी०

(ख) १. ३०० मि०ली० मैलाथियान ५० ई०सी०

२. ३७५ मि० ली०. एण्डोसल्फान ३५ ई०सी०

सावधानियाँ

- एक ही कीटनाशी का बार–बार प्रयोग न करें। आवश्यकतानुसार बारी–बारी से "क" और "ख" में दी गई कीटनाशियों को छिड़कें।
- प्रायः छिड़काव की जरूरत मार्च–अप्रैल में पड़ती है, अतः उसी समय छिड़काव करें।
- छिड़काव के कम से कम १५ दिन बाद ही प्याज प्रयोग में लाएं।

प्याज एवं लहुसन के रोग व नियंत्रण

बैंगनी धब्बा (पर्पिल ब्लॉच): यह रोग एक फफूंद के कारण होता है जो कि लहसुन की फसल पर अधिक लगती है। इस रोग का प्रकोप फूल डंडी पर पड़ता है। रोग ग्रस्त भाग पर छोटे धसे हुए जामुनी या गहरे भूरे रंग के धब्बे बनते हैं। ये धब्बे तीव्र गति से बढ़ते हैं। धब्बों की सीमायें लाल रंग की होती हैं जो पीले रंग की सीमाओं से घिरे रहते हैं। ग्रसित पौधों की पत्तियां एवं तना झुलसने लगता है और बाद में पूरा पौधा झुलसा हुआ दिखाई देता है।

नियंत्रण : लहसुन की कलियों को बोने से पूर्व बेविस्टिन नामक दवा (१ ग्राम प्रति लीटर पानी) में एक मिनट तक डुबा कर उपचारित करना चाहिए। इसके अतिरिक्त फसल पर ४०० ग्राम मैन्कोजेब (एण्डोफिल एम–४५ या डाइथेन एम–४५) या ५०० ग्राम कापर आक्सीक्लोराइड–५० प्रति एकड़ की दर से २०० लीटर पानी में घोल कर किसी चिपकने वाले पदार्थ (टाइट्रान ५० मि० ली० या सैलवेट–६६, १० ग्राम प्रति १०० लीटर पानी) के साथ मिला कर प्रति एकड़ की दर से १० से १५ दिन के अन्तर पर छिड़काव करें।

३

सब्ज़ी मटर

PEAS

देश में इस समय मटर की खेती १.७८ लाख हेक्टेयर भूमि में की जाती है तथा इसका वार्षिक उत्पादन लगभग २१.५० लाख टन है। हरियाणा में मटर की खेती ७५०० हेक्टेयर भूमि पर की जाती है तथा वार्षिक उत्पादन ६४६०० मिट्रिक टन है। भारतवर्ष में अधिकतर जनसंख्या शाकाहारी लोगों की है और जहां की भूमि उर्वरता में क्षीण है, वहाँ प्रोटीन की धनी सब्ज़ियों में प्रमुख स्थान रखने वाली मटर न केवल लोगों के आहार में प्रोटीन की आपूर्ति करने बल्कि भूमि की उर्वरता को बढ़ाने तथा ह्रास को रोकने के लिए भी अति सहायक हैं। मटर की खेती करने वाले राज्यों में उत्तरप्रदेश, बिहार, मध्य प्रदेश, आंध्रप्रदेश, महाराष्ट्र, कर्नाटक, पंजाब, हरियाणा, दिल्ली, असम, उड़ीसा व राजस्थान प्रमुख हैं। इसे मुख्यतयाः कच्चे बीजोंवाली हरी फलियों के लिए उगाया जाता हैं जिनके उत्पादन में उत्तरप्रदेश, बिहार, मध्यप्रदेश, पंजाब व हरियाणा का विशेष स्थान है। मटर को सूखा कर दाल के रुप में या इसकी डिब्बा बन्दी करके बाद में भी उपयोग किया जाता है।

दलहनी फसलों में मटर की उत्पादन क्षमता सबसे अधिक है। मटर में २० से २५ प्रतिशत प्रोटीन, विटामिन 'ए', सी' व मैग्नेशियम तथा फास्फोरस तत्व भी प्रचुर मात्रा में पाये जाते हैं। फसल के बचे हुए कचरे और फलियों के हरे छिलकों का उपयोग पशुओं के लिए पौष्टिक चारे के रुप में भी किया जा सकता है। इस की मुख्य रुप से दो प्रजातियॉ हैं। एक तो ''गार्डन पी'' या झुर्रीदार मटर और दूसरी ''फील्ड पी'' या दाल वाली मटर। कम सिंचाई वाले क्षेत्रों में दालवाली मटर अधिक उगाई जाती है परन्तु उपयुक्त सिंचाई सुविधा उपलब्ध भागों में कृषक फलियों वाली हरी मटर की खेती उन्नत वैज्ञानिक ढ़ग से करते हैं।

जलवायुः मटर के लिए शुष्क ठण्डी जलवायु अधिक अनुकूल हैं। लम्बी सर्दी अधिक उपज बढ़ाने में सहायक है वहीं गर्मी में फसल जल्दी पक जाती है। अच्छी फसल के लिए १३°–१६° सें० ग्रे० तापमान अधिक उपयुक्त है। झुर्रीदार दानों वाली

किस्में जो अधिक नरम, मीठी तथा बढ़िया होती है ठंडे मौसम में पक कर अधिक उपज देती हैं। ऊँचे पहाड़ी तथा मध्यवर्ती इलाकों में ठण्डी जलवायु के कारण बेमौसमी मटर की फसल उगाने के लिए उपयुक्त पाया गया है जिसे मैदानी इलाकों में अप्रैल से अक्टूबर तक बेची जाती हैं।

भूमि : इसकी खेती सामान्य मृदाओं में की जा सकती है परन्तु अच्छी उपज के लिए बलुई दोमट भूमि जिसका पी. एच. मान ६.० से ७.५ हो, उपयुक्त रहती है। अम्लीय और क्षारीय मृदाओं में मटर की खेती नहीं करनी चाहिए।

भूमि की तैयारी : पहली जुताई मिट्टी पलटने वाले हल से करें। इसके उपरान्त २ से ३ जुताइयां कल्टीवेटर से आर–पार करें ताकि मृदा के नीचे की कठोर परत टूट जाये और पौधों की जड़ें सुगमता से नीचे तक जा कर पोषक तत्वों को ग्रहण कर सकें। प्रत्येक जुताई के उपरान्त पाटा चलाकर मिट्टी को भुरभुरा और समतल बना लेना चाहिए। पिछली फसल के अवशेष और खरपतवारों को निकाल कर नष्ट कर देना चाहिए।

प्रमुख उन्नत किस्में : मटर की किस्मों का वर्गीकरण फसल तैयार होने के अनुसार अगेती, मध्य मौसमी या पछेती किस्मों में किया गया हैं जो निम्नलिखित हैं:

अगेती किस्में : आजकल मटर की अगेती किस्मों की मांग उचित दाम व अधिक लाभ के कारण बढ़ती जा रही है। अगेती किस्मों की मुख्यतया: दो बार पहली ६० से ७० दिन में तथा दूसरी १५ से २० दिन के अन्तर पर तोड़ाई की जा सकती हैं। कुछ अधिक उपज देने वाली अगेती किस्में निम्नलिखित हैं :

१. **आर्किल** : यह बौनी तथा जल्दी तैयार (६० से ६५ दिन) होने वाली किस्म हैं। पौधों को टेक की आवश्यकता नहीं होती। इसका बीज़ झुर्रीदार होता हैं। फलियाँ गहरे हरे रंग की, ८ से १० से. मी. लम्बी व ७–६ दानें प्रति फली होते हैं। इसकी औसत उपज २० से २५ क्विंटल प्रति एकड़ हैं।

२. **हिसार हरित (पी. एच. १)**: यह एक अगेती किस्म है। बिजाई से पहली तुड़ाई तक ७० दिन लगते हैं। फलियां बड़ी, लम्बी, हरी व अच्छी तरह भरी हुई होती है। बीज हरा व सूखने पर थोड़ा सिकुड़ा हुआ होता हैं। इसकी हरी फलियों की औसत पैदावार ३० से ३५ क्विंटल प्रति एकड़ हैं।

इन दो अगेती किस्मों के अतिरिक्त भारत के अन्य प्रान्तों में मटर की कई उन्नतशील किस्मों को बड़े पैमाने पर उगाया जाता है। इन किस्मों की विशेषताएं निम्नलिखित हैं।

- **आज़ाद पी.**: सब्ज़ी मटर की यह एक नवीन प्रजाति हैं। इसकी हरी फलियां ६० से ६५ दिन में तैयार हो जाती हैं तथा पैदावार ३२ से ४० क्विंटल प्रति एकड़ होती हैं।

- **अर्लीबेज़र :** यह सिकुड़े दानों वाली एक बौनी किस्म है जो ६५—७० दिन में तैयार हो जाती हैं। चमकीली व हल्के हरे रंग की ७ से. मी. लम्बी फलियॉ पूरी भरी होती हैं। दाने मोटे व झुर्रीदार तथा हरी फलियों की औसत पैदावार ४० क्विंटल प्रति एकड़ हैं।
- **मिटियोर :** यह भी गोल चिकने बीजों वाली किस्म है जिसकी हरी फलियॉ ६० से ७० दिन में तैयार हो जाती हैं। फलियॉ ५ से ७ से. मी. लम्बी होती हैं जिनमें ५ से ६ दाने पाये जाते हैं। उपज २२ से २४ क्विंटल प्रति एकड़ होती है।
- **अर्ली जायन्टः** यह मध्यम ऊँचाई वाली, ६० से ६५ दिन में हरी फलियॉ देने वाली किस्म है। फलियॉ ६ से १० से. मी. लम्बी व ८ से ६ दानोंवाली हरे रंग की तथा मीठी होती है। इसकी औसत पैदावार ४० से ४५ क्विंटल प्रति एकड़ होती हैं।
- **हरभजन (ई.सी. ३३८६६)ः** यह विदेशी जीव द्रव्य से चुनी गई एक अगेती किस्म हैं। इसकी फलियों की पहली तुड़ाई बिजाई के ४५ दिनों के बाद ली जा सकती हैं। इसकी पैदावार १२ क्विंटल प्रति एकड़ हैं। फलियाँ छोटी तथा पौधे दाने वाली मटर से मिलते हैं। इसके बीज पीले रंग के गोल तथा छोटे होते हैं।
- **आसोजीः** यह एक बौनी किस्म है। फलियाँ ३ से ५ से. मी. लम्बी तथा ६ से ७ दानों वाली पूरी भरी होती है जो ६० दिन के बाद तैयार हो जाती हैं।
- **पी. २३** : यह भी जल्दी तैयार होने वाली बौनी किस्म हैं जिसकी फलियाँ बिजाई के ८० दिन बाद तुड़ाई के योग्य हो जाती हैं। इसके दाने छोटे, गोलाकार तथा पकने पर पीले रंग के होते हैं तथा औसत उपज २० क्विंटल प्रति एकड़ हैं।
- **पंत मटर २ (पी. एम. २)ः** यह एक बौनी अगेती किस्म हैं। प्रत्येक फली में ६ हरे मीठे दाने होते हैं। पके दाने हरे तथा सिकुड़े होते हैं। इसकी हरी फलियों की उपज २० से २४ क्विंटल प्रति एकड़ हैं।
- **जवाहर मटर - ५४ः** यह आर्किल जैसी बौनी और टेढ़ी मुड़ी हुई लम्बी, ८ से १० मीठे दाने की फलियों वाली अगेती नई किस्म हैं। यह किस्म सफेद चूर्णी रोग (पाऊडरी मिल्डयु) प्रतिरोधी हैं। इसके दाने बड़े, सिकुड़े तथा हरे पीले रंग के होते हैं। यह किस्म प्रति एकड़ २८ क्विंटल हरी फलियों की उपज देती हैं।

- **जवाहर मटर-३ (जे.एम.३ या अर्ली दिसम्बर या टी.३५):** इस किस्म की फलियों की तुड़ाई बिजाई के ४५ से ५५ दिन बाद की जा सकती है। इस किस्म में रोगों का प्रकोप कम पाया जाता है। फलियॉ ७ से ८ से. मी. लम्बी, ७ से ८ हरे व झुर्रीदार दाने वाली होती हैं। इस बौनी किस्म से करीब २२ से २४ क्विंटल प्रति एकड़ हरी फलियां प्राप्त होती है।
- **जवाहर मटर -४ (जी.सी.११५):** यह एक बौनी किस्म हैं, जिसमें २६.७ प्रतिशत सर्वाधिक प्रोटीन पाया जाता है। विटामिन "सी" भी २३ मिली ग्राम/१०० ग्राम खाने योग्य भाग में पाया जाता है। इसकी फलियॉ ८ से ६ दानों वाली ७ से ८ सें. मी. लम्बी होती हें। पौधें झाड़ीनुमा, बीज झुर्रीदार तथा ५५ से ६० दिन में तैयार होने वाली किस्म हैं जिससे २४ से २८ क्विंटल प्रति एकड़ हरी फलियाँ मिलती हैं। इनके अतिरक्त ई.३ व ई.४ किस्में भी बहुत अगेती है।
- **वी.एल अगेती मटर-७:** इस किस्म को "पंत उपहार" और "अर्किल" के संकरण से तैयार किया गया है। इस नवीन किस्म के पौधे बौने (६५ से ७० सें.मी.), हरी पत्तियों वाले, सफेद फूल और दोहरी फलियों वाले होते हैं जो "अर्किल" नामक पौधों की तुलना में जल्दी बढ़ते हैं। इसकी फलियां हल्के हरे रंग की होती हैं जो चिकनी, आकर्षक, मध्यम आकार की होती है। प्रत्येक फली में ६ से ७ दाने होते हैं। इसके दाने सिकुड़े हुए, मजबूत और कुल घुलनशील ठोस १६.८ प्रतिशत होता है जबकि अर्किल में कुल घुलनशील ठोस की मात्रा १४.४ प्रतिशत होती है। प्रति एकड़ ४०—५० क्विंटल फलियां प्राप्त हो जाती है।

मध्य मौसमी किस्में: यह मुख्य फसल की किस्में हैं जो देर में तैयार होती हैं। इनसे उपज भी अधिक प्राप्त होती है। कुछ उन्नतशील किस्में निम्नलिखित हैं :

१. **न्यू लाईन परफेक्शन:** यह किस्म लगभग ८० से ६० दिन में तैयार हो जाती है। फलियां ८ सें.मी. लम्बी व पूरी भरी होती हैं जो २—२ के गुच्छों में लगती हैं। बीज झुर्रीदार होते हैं। हरी फलियों की औसत पैदावार २४ क्विंटल प्रति एकड़ मिल जाती है। यह बोनविले से मिलती—जुलती किस्म है एवं डिब्बाबंद के लिए बहुत उपयुक्त होती है।

२. **बोनविले :** इसका अनुमोदन हरियाणा राज्य के लिए किया गया है। इसकी फलियां २—२ के गुच्छों में लगती हैं जो ८ से १० दाने लिए ८ से १० सें.मी. लम्बी होती हैं। पौधे मध्यम ऊँचाई के तथा फलियॉ हल्के हरे रंग की होती है जो ८५ दिन में तैयार हो जाती हैं। फलियां सीधी तथा पैदावार ४० से ४४ क्विंटल प्रति एकड़ है।

३. **लिंकनः** यह एक नई बौनी किस्म है जो निचली तथा मध्यवर्ती पहाड़ी क्षेत्रों के लिए उपयुक्त है। इसकी फलियां लम्बी व दो–दो लगती हैं जो गहरे हरे रंग की व आकर्षक तथा उपज ४८ से ५२ क्विंटल प्रति एकड़ होती हैं।

४. **बोच सलेक्शनः** यह एक दाने वाली बौनी किस्म है जिसकी फलियॉ गहरे हरे रंग की, ८ से १० दाने प्रति फली व फलियॉ काफी लम्बे समय तक उपलब्ध होती हैं। यह ६० से ६५ दिन में तैयार होती हैं तथा ४४ क्विंटल प्रति एकड़ तक हरी फलियां देती हैं।

५. **हरी छालः** यह भी एक बौनी किस्म है जो हिमाचल प्रदेश के पहाड़ी क्षेत्रों में मक्की व गेहूँ के मध्य लगाकर अच्छी आय देती है। हर फली में ७ दाने होते हैं व उपज ४० क्विंटल प्रति एकड़ है।

६. **आई.पी.३ः** इसकी फलियां लगभग ८ सें.मी. लम्बी तथा पौधे ७५ से ८० सें.मी.लम्बे होते हैं। इसकी उपज ४० से ४४ क्विंटल प्रति एकड़ होती है।

७. **पंत उपहारः** यह किस्म सतलुज और गंगा के मैदानी भागों के लिए उपयुक्त हैं। पौधों की ऊँचाई ७० से ८० सें.मी., पत्ते पतले व छोटे आकार के तथा हर गॉठ पर दो फूल आते हैं। फलियों की लम्बाई ७ से ८ सें.मी. होती है। यह भी ४४ से ४८ क्विंटल प्रति एकड़ हरी फलियॉ देती हैं।

८. **जवाहर मटर (जे.एम.१ या जी.सी.१४१)ः** इस किस्म की फलियॉ ७ से ८ सें.मी.लम्बी तथा सिरे पर मुड़ी होती हैं जो फसल की बिजाई के ८० से ६० दिन बाद मिलने लगती है। पौधा सीधा और मध्यम ऊँचाई का होता है। एक फली में ६ से १० दाने पकने पर झुर्रीदार होते हैं। इसके मीठे दानों में २४.५ प्रतिशत प्रोटीन पाया जाता है। यह बोनविले से १० प्रतिशत अधिक उपज देती है जो ४० से ४८ क्विंटल है तथा यह ७० क्विंटल प्रति एकड़ तक भी हरी फलियों की उपज दे सकती हैं।

६. **जवाहर मटर २ (जे.एम.२ या जी.सी. ४७७)ः** इस किस्म की विशेषता है कि फलियाँ मटर–१ व बोनविले से भी लम्बी होती हैं। इसका पौधा खड़ा, झाड़ीनुमा और ७० सें.मी. ऊँचा होता है। इससे बुआई के ६५ दिन बाद हरी फलियों की तोड़ाई की जा सकती है। उचित जल–निकास प्रबन्ध वाली भूमि के लिए यह सर्वोत्तम किस्म है। यह दूर की मंडियों में फलियां भेजने के योग्य किस्म है व औसत पैदावार ३६ से ४० क्विंटल प्रति एकड़ है जो ७२ क्विंटल प्रति एकड़ तक भी ली जा सकती है।

१०. **जवाहर मटर ८३(जे.पी. ८३)ः** यह सफेद चूर्णी रोग विरोधी बौनी किस्म है। इसकी फलियाँ लम्बी व मुड़ी होती हैं जिनमें ८ से १० हरे दाने भरे

होते हैं। पके बीज बड़े, हरे रंग के तथा झुर्रीदार होते हैं। यह किस्म ६० से १०० दिन में तैयार होकर ५२ क्विंटल प्रति एकड़ हरी फलियाँ देने में सक्षम है।

११. **टाईप-१६३ (टी.१६३):** यह एक पुरानी किस्म है। इसके पौधे हल्के हरे रंग के तथा फूल सफेद रंग के होते हैं। इसकी फलियों की पैदावार ४० क्विंटल प्रति एकड़ है।

१२. **मटर ८८ (पी.८८):** इसके पौधे ७५ से ८५ सें. मी. ऊँचे, फलियों में ७ से ८ दाने लिए होते हैं जो पकने पर बड़े आकार के, हरे और झुर्रीदार होते हैं। इसकी हरी फलियों की उपज २८ से ३२ क्विंटल प्रति एकड़ है।

पछेती किस्में: अगेती किस्मों की भांति ये भी बहुत महत्वपूर्ण किस्में हैं। इनमें उपज से ज्यादा फसल के दाम को ध्यान में रखा जाता है। कुछ अच्छी पछेती किस्में निम्नलिखित हैं:

१. **एन.पी.२६** : इसकी हरी फलियाँ बिजाई के १०० दिन बाद उपलब्ध होती है। दाने बड़े व मीठे होते हैं। यह किस्म सुखाने के लिए सबसे अधिक उपयुक्त है। इसकी पैदावार २८ से ३२ क्विंटल प्रति एकड़ तक है।

२. **किन्नोरी** : यह किस्म लम्बी बढ़ने और फैलने वाली है जिसके पौधों को टेक की आवश्यकता पड़ती है। यह हिमाचल प्रदेश के पहाड़ी क्षेत्रों के लिए उपयुक्त किस्म है। इसकी फलियाँ लम्बी, पीलापन लिए हरी होती हैं, जिनमें कम स्वादिष्ट, ५–७ दाने प्रति फली पाये जाते हैं। यह ऊँचे क्षेत्रों में भारी वर्षा को भी सहन कर सकती हैं तथा १०० से १२० दिनों में तैयार होकर ४८ से ५२ क्विंटल प्रति एकड़ हरी फलियों की पैदावार देती हैं।

३. **सिलविया** : इसके पौधे लम्बे व फलियाँ हरी, पीलापन लिए हुए तथा मुड़ी हुई होती हैं। इसकी फलियाँ बहुत मुलायम होती हैं जिनके छिलके की झिल्ली बहुत पतली होती है। इसे सीधे काट कर भी सब्ज़ी पकाई जा सकती है। यह किस्म ८० से ६० दिन में तैयार हो जाती हैं।

४. **मल्टीफ्रीजर** : यह देर में लगाई जाने वाली किस्म है व सर्दी में पाले का असर नहीं पड़ता। इसकी फलियाँ लम्बी तथा दाने मीठे होते हैं। फलियाँ प्रत्येक गाँठ पर २ से ३ के गुच्छों में आती हैं। इसकी औसत उपज २४ से २८ क्विंटल प्रति एकड़ होती है।

फसलचक्र

किस्मों का सही चयन करके बिजाई के समयानुसार मटर को बहुफसलीय कार्यक्रम के अर्न्तगत निम्न फसल चक्रों में सफलतापूर्वक उगाया जा सकता है।

- क. मूली (जून–सितम्बर), मटर (अक्तूबर–मार्च), भिण्डी (मार्च–जून)
- ख. अगेती फूलगोभी (जुलाई–अक्तूबर), मटर (अक्तूबर–जनवरी), कद्दू (फरवरी–जून)
- ग. भिण्डी (जुलाई–सितम्बर), मटर (अक्तूबर–जनवरी), कद्दू (फरवरी–जून)
- घ. लौकी (जुलाई–अक्तूबर), मटर (अक्तूबर–जनवरी), कद्दू (फरवरी–जून)
- ड. संकुल मक्का (जून–अक्तूबर), मटर (अक्तूबर–जनवरी), भिण्डी (फरवरी–जून)
- च. मूँगफली (जुलाई–अक्तूबर), मटर (अक्तूबर–फरवरी), बैंगन (फरवरी–जून)

बीज की मात्रा और बीजोपचार : एक एकड़ खेत की बुआई के लिए अगेती पकने वाली किस्म की ३० से ४० कि.ग्रा. तथा मुख्य फसल व देर से पकने वाली किस्मों की २० से ३० कि.ग्रा. बीज की मात्रा की आवश्यकता होती है। अगेती फसल के लिए विल्ट (उखेड़ा) नामक रोग से बचाव के लिए बिजाई से पहले बीज का २ ग्राम दवा प्रति कि.ग्रा. बीज की दर से बेविस्टिन या थायरम फफूंदनाशक दवा से उपचार करें। मटर एक दलहनी फसल होने के नाते वायुमण्डल से नाइट्रोजन एकत्रित करके भूमि में स्थापित करती है। मटर की फसल प्रति एकड़ एक वर्ष में ३० से ५२ कि.ग्रा. वायुमण्डल की नाइट्रोजन को जमीन में स्थापित करती हैं। यह नाइट्रोजन मटर की अपनी खपत व बाद में लगाई जाने वाली फसल के काम में आती है। मटर की इस क्षमता को बढ़ाने के लिए बिजाई से पहले बीजों को राईजोबियम कल्चर से उपचारित करें। एक लीटर पानी में १०० ग्राम गुड़ घोलें व उबालकर ठंडा कर लें। इसमें २५० ग्राम कल्चर, जो एक एकड़ बीज के लिए पर्याप्त है को घोलकर बीज में डालें और खूब हिलाएं। बीज पर इसकी परत जम जाएगी। बीजों को छाया में सुखा लें तथा इसके बाद बिजाई के उपयोग में लाना चाहिए।

बिजाई की विधिः बुआई के समय भूमि में नमी का होना आवश्यक है। यदि भूमि में नमी की कमी हो तो एक हल्की सिंचाई करके पर्याप्त नमी बना लेनी चाहिए। मटर की बुआई सदैव पंक्तियों में करनी चाहिए और पंक्तियों की आपसी दूरी ३० से ४० सें.मी. रखनी चाहिए। ऐसा करने से फसल में निराई–गुड़ाई करने, दवा आदि का छिड़काव करने में सुविधा रहती है, साथ ही पौधों का विकास एवं बढ़वार अच्छी होती है जिससे उपज में भी वृद्धि हो जाती है। अगेती किस्मों की बुआई के लिए पंक्तियों की आपसी दूरी २० से २५ सें. मी. रखनी चाहिए। सभी

प्रकार की किस्मों के लिए पौधों की आपसी दूरी ३ से ५ सें. मी. रखनी चाहिए। ड्रिल से बिजाई करें व बीज को ५ से ७ सें. मी. गहरा लगाऐं। अगर खाद के मिश्रण को ड्रिल करके लगाऐं तो कतारों से ५ सें. मी. की दूरी पर व बीज की सतह से ४ से ५ सें. मी. की गहराई पर दें जिससे फसल पर अच्छा प्रभाव पड़ता है।

बिजाई का समय : मटर की बिजाई उत्तरी भारत के मैदानी इलाकों में मध्य सितम्बर से मध्य नवम्बर तक की जाती है। अगेती फसल के लिए सितम्बर के दूसरे पखवाड़े से लेकर अक्तूबर के पहले सप्ताह तक करते हैं। पछेती किस्म के लिए अक्तूबर के अन्त से लेकर मध्य नवम्बर उपयुक्त होता है।

खाद एवं उर्वरकः सामान्य भूमि में ८ टन गोबर की सड़ी खाद प्रति एकड़ की दर से खेत की तैयारी के समय मिट्टी में मिला देनी चाहिए। मटर की अच्छी उपज लेने के लिए मृदा–जांच के उपरान्त ही खाद और उर्वरकों का उपयोग करना चाहिए। आमतौर पर कृषक मटर की फसल में अधिक उर्वरक विशेष रुप से नाइट्रोजन युक्त खादों का प्रयोग करते हैं जिससे पौधों की वानस्पतिक बढ़वार अधिक हो जाती है और फलियां भी कम लगती है। दलहनी फसलों को कम मात्रा में नाइट्रोजन की आवश्यकता होती है, क्योंकि ये फसलें अपने पौधों की जड़ों में उपस्थित ग्रंथियों की सहायता से वायुमंडलीय नाइट्रोजन को भूमि में स्थिर करने में सक्षम होती है। मटर के लिए १२ किलोग्राम नाइट्रोजन (४८ किलोग्राम कैल्शियम अमोनियम नाईट्रेट २५ प्रतिशत अर्थात किसान खाद), २० किलोग्राम फास्फोरस (१२५ किलोग्राम सिंगल सुपर फास्फेट) और १२ किलोग्राम पोटाश (२० किलोग्राम म्यूरेट आफ पोटाश) जहॉ पोटाश की कमी हो प्रति एकड़ देना चाहिए। पूरी फास्फोरस व पोटाश तथा आधी नाइट्रोजन की मात्रा बिजाई से पहले आखिरी जुताई के समय लगाएं तथा शेष आधी नाइट्रोजन की मात्रा को पौधों पर फूल आने के समय लगाएं। खड़ी फसल में नाइट्रोजन खाद लगाने के पश्चात् सिंचाई करना आवश्यक है।

सिंचाई : मटर की फसल को कम सिंचाइयों की आवश्यकता होती है। पहली सिंचाई पौधों में फूल लगने से पूर्व और दूसरी सिंचाई यदि आवश्यक हो तो फली निर्माण के समय करनी चाहिए। सिंचाई सदैव हल्की करनी चाहिए क्योंकि गहरी सिंचाई करने से पौधों के पोषक तत्व पौधों के जड़ क्षेत्र से नीचे चले जाते हैं जिनका पौधे उपयोग नही कर सकते, अतः उपज में भारी कमी हो जाती है। हल्की ज़मीन में सिंचाई की अधिक आवश्यकता पड़ती है।

खरपतवार नियंत्रण व निराई-गुड़ाई : मटर के खेत में शुरु की अवस्था में ४० से ४५ दिनों तक खरपतवारों पर नियंत्रण रखना आवश्यक है। इन दिनों तक मटर के पौधे भूमि को पूरी तरह ढक नही पाते और खरपतवार शीघ्र उग जाते हैं, जो

फसल की बढ़त में रुकावट डालते हैं। अतः बुआई के दो तीन सप्ताह बाद एक बार निराई–गुड़ाई करके खरपतवार निकाल दें। मटर में रासायनिक उपचार द्वारा भी खरपतवार का नियंत्रण संभव है। इसके लिए पैन्डीमैथालिन ४००–५०० ग्राम सक्रिय तत्व (१.३ से १.७ लीटर स्टोम्प ३० प्रतिशत) को २५० लीटर पानी में घोलकर मटर बिजाई के २ से ४ दिन बाद एक एकड़ खेत में छिड़काव करें। खेत में उचित नमी का होना आवश्यक है। इस दवा के उपयोग के साथ यदि बिजाई के ४० से ५० दिन बाद एक निराई–गुड़ाई करें तो मटर की पैदावार में उत्साहजनक वृद्धि होती हैं।

टेक लगानाः ज्यादातर नई किस्में बौनी हैं, इसलिए टेक की जरुरत नहीं पड़ती परन्तु ऊँची बढ़ने वाली किस्मों को टेक की आवश्यकता होती है जिसके लिए पेड़ों आदि की टहनियां काट कर उपयोग में लाई जानी चाहिए। बाँस की खपचियों को भी कई सालों तक उपयोग में लिया ज़ा सकता है।

फलियों की तुड़ाई : फलियों को उस समय तोड़ें जब उनका रंग गहरे हरे से हल्के हरे में बदल रहा हो और वे दानों से अच्छी प्रकार भर गई हो परन्तु नरम हो। जब २ से ३ ऐसी फलियाँ प्रति पौधा तैयार हो गई हो तभी तुड़ाई शुरु कर देनी चाहिए। फलियों पर जालीदार छिलका बनने से पहले ध्यान से तोड़नी चाहिए ताकि पौधों को झटका या क्षति न पहुँचे। जहाँ तक हो सके फलियाँ सवेरे या शाम को ही निकालें तथा छाया में इकट्ठा करें। अगेती, मध्य मौसमी और पछेती किस्मों में हरी फलियों को क्रमशः बुआई के ६५, ७५ और १०० दिन बाद तोड़ा जा सकता है। पूरे मौसम में फलियाँ तीन या चार बार में तोड़ी जा सकती हैं। दो तुड़ाई के बीच में १० से १२ दिनों का अन्तर रखें। पहली तुड़ाई से उपज अपेक्षाकृत कम मिलती है और अंतिम तुड़ाई में सबसे कम। तुड़ाई के बाद फलियों को छंटाई करके बोरियों में भर कर बाज़ार में १२ घंटे तक बेच देना चाहिए।

उपजः अगेती फसल की किस्मों से २० से २५ क्विंटल तथा मध्यम व देर से तैयार होने वाली किस्मों में ३० से ३५ क्विंटल प्रति एकड़ तक हरी फ़लियों की उपज प्राप्त होती है।

फसल संरक्षण

मटर की फसल को कई प्रकार के कीड़े व बीमारियाँ नुकसान करते हैं। यदि इनको समय पर न रोका जाए तो कभी–कभी पूरी फसल ही नष्ट हो जाती है। फसल उत्पादन के साथ–साथ मटर के गुणों का भी ह्रास होता हैं। इनके आक्रमण से फलों में दानों का आकार व रंग खराब हो जाता है। इस फसल के कीड़े व बीमारियाँ तथा इनका नियंत्रण निम्नलिखित हैं :

कीट व उनकी रोकथाम

१. **थ्रिप्स या चुरड़ा** : इस कीट के शिशु तथा प्रौढ़, आकार में बहुत छोटे होते हैं जो पत्तियों को मटर के तने से ज़रा हटाने पर इधर–उधर चलते हुए देखे जा सकते हैं। यह कीट पौधों का रस चूसते हैं तथा कभी–कभी तो इसके प्रकोप से पौधे सूखने लगते हैं। इसका आक्रमण मटर के उगते ही शुरु हो जाता है।

नियंत्रण : इस कीट का आक्रमण शुरु होने पर फसल पर ६० मि० ली० साइपरमेथ्रीन २५ ई० सी०/१५० मि० ली० साइपरमेथ्रीन १० ई० सी० या ५०० मि० ली० एण्डोसल्फान ३५ ई० सी० को २५० लीटर पानी में मिलाकर एक एकड़ में छिड़काव करें। आवश्यकता पड़े तो अगला छिड़काव १५ दिन के अन्तर पर करना चाहिए।

२. **लीफ माईनर (पत्तियों में सुरंग बनाने वाला कीट)** : यह कीड़ा पत्तियों में बारीक–बारीक सुरंगे बनाकर कोशिकाओं को खाता रहता है जिससे टेढ़ी मेढ़ी सफेद धारियॉं बन जाती हैं। इसका प्रकोप दिसम्बर से शुरु होकर मार्च तक रहता हैं। यदि इसे शुरु में ही ना रोका जाए तो फसल को काफी नुकसान करता है।

नियंत्रण : जब पत्तों पर सफेद टेढ़ी मेढ़ी सुरंगे बनी हुई हों और किनारों पर काले रंग के गिडार दिखाई दें तो ऐसी फसल पर ४०० मि० ली० डाइमैथोएट (रोगोर) ३० ई० सी० या ५०० मि० ली० आक्सीडैमेटोन मिथाइल (मैटासिस्टाकस) २५ ई० सी० या फोरमोथियान (एन्थियों) २५ ई० सी० को २५० लीटर पानी में मिलाकर एक एकड़ में छिड़काव करें। आवश्यकता हो तो अगला छिड़काव १५ दिन के अन्तर पर करना चाहिए।

३. **चेपा (माहू/अल)**: कभी–कभी चेपा के शिशु व प्रौढ़ भी मटर की फसल पर आक्रमण कर देते हैं। इनका रंग भूरा, काला या गहरा नीला होता है। यें कोमल पत्तों का रस चूसकर फसल को नुकसान करते हैं तथा अन्त में पत्तियाँ पीली होकर कभी–कभी सुख भी जाती हैं।

नियंत्रण : इस कीट का प्रकोप होने पर अलग से दवा छिड़कने की आवश्यकता नही है, क्योंकि सुरंग बनाने वाले कीट को मारने वाली कीटनाशियॉं ही चेपा को भी मार देती है।

४. **फली छेदक कीट (पोड बोरर)**: जब फलियाँ बननी शुरु हो जाएँ तब फसल का निरीक्षण करते रहें क्योंकि फली छेदक कीड़े का आक्रमण उसी समय शुरु हो जाता है। भूरे या हरे रंग की लट या सूंडी फली में छेद कर के अन्दर घुस कर बन रहे मटर के दानों को खा जाती है।

नियंत्रण : इस कीट के नियंत्रण के लिए ५०० मि० ली० एण्डोसल्फान ३५ ई० सी० या ५०० ग्राम कार्बेरिल ५० घु० पा० अथवा ७० मि० ली० सायपरमेंथ्रिन २५

ई० सी० को २५० लीटर पानी में प्रति एकड़ फसल पर १५ दिन के अन्तर से छिड़कें।

सावधानी : सुरंग बनाने वाले कीट या चेपा के लिए दवा छिड़कने के बाद २० दिन तक तथा फली छेदक कीट की रोकथाम के लिए दवा छिड़कने के बाद १० दिन तक फलियों का प्रयोग न करें।

५. दीमक तथा कटुआ कीट : मटर की फसल में इनका प्रकोप प्रायः कम ही होता है परन्तु कहीं–कहीं फसल की प्रारंभिक अवस्था में ये बहुत नुकसान पहुँचाते हैं। दीमक का प्रकोप ऐसे खेतों में अधिक होता है जहाँ कच्चे गोबर की खाद प्रयोग की गई हो। कटुआ सूंडी के रुप में ३ से ३.५ से. मी. लम्बा, मटमेले व भूरे रंग का कीड़ा दिन के समय ज़मीन में ढेलों व कूड़ा कर्कट आदि के नीचे छुपा रहता है व रात के समय बाहर निकल कर पौधों को ज़मीन की सतह से काटकर हानि करता है। यह कीट जितने पौधों को खाता है उनसे कहीं अधिक पौधो को काट कर खत्म कर देता है जिससे पौधों की संख्या घट जाती हैं।

नियंत्रण : जिन खेतों में इनका प्रकोप दिखाई दे, उनमें एक लीटर क्लोरपाईरीफास २० ई० सी० या एक लीटर एण्डोसल्फान ३५ ई० सी० प्रति एकड़ सिंचाई करते समय डालें। दीमक वाले खेतों में कच्चे गोबर की खाद काम में ना लें।

रोग व उनका नियंत्रण

१. **सफेद चूर्ण रोग या पाऊडरी मिल्ड्यू :** इस रोग के बीजाणु मिट्टी में रोग–ग्रस्त अवशेषों या कचरे के अन्दर एक मौसम से दूसरे मौसम तक जीवित रहते हैं। प्रायः जनवरी–फरवरी के महीने में इस रोग के लक्षण दिखाई देने लगते हैं। पत्तियों के दोनो ओर, तनों व फलियों के ऊपर सफेद रंग का चूर्ण/पाऊडर सा आ जाता है। रोग के बढ़ने से यह चूर्ण पौधों के सभी भागों पर छा जाता है। पौधों के रोगी हो जाने पर २५ प्रतिशत तक हानि हो जाती है।

नियंत्रण : रोग के लक्षण दिखते ही नियंत्रण के लिए फसल पर ५०० ग्राम घुलनशील सल्फर (सल्फेक्स) या २०० ग्राम बाविस्टिन या ८० मि० ली० कैराथेन ४० ई० सी०प्रति एकड़ की दर से २०० लीटर पानी में मिलाकर छिड़काव करें। बीज हेतु देर से पकने वाली फसल में ०.१ प्रतिशत कैलेक्सिन नामक दवा (एक ग्राम दवा को एक लीटर पानी में घोलकर) का छिड़काव भी इस रोग का नियंत्रण करता है।

२. **रतुआ रोग (रस्ट):** कभी–कभी पछेती फसल में रतुआ रोग देखने में आता है। इस रोग से पौधों के सभी भागों पर पीले गोल या लम्बें धब्बे पाये जाते हैं, जिन पर भूरे रंग का चूर्ण सा बन जाता है। रोग के व्यापक होने पर पौधे मर

भी जाते हैं। इसके बीजाणु रोगग्रस्त अवशेषों पर मिट्टी में एक मौसम से दूसरे मौसम तक जीवित रह कर मटर की फसल को रोग ग्रस्त कर देते हैं।

नियंत्रण : बीमारी के लक्षण दिखाई देते ही फसल पर ४०० ग्राम इण्डोफील एम–४५, या २०० मि० ली० कैलेक्सिन प्रति एकड़ की दर से २०० लीटर पानी में मिलाकर १० दिन के अन्तर पर २–३ बार छिड़काव करने से रोग की रोकथाम की जा सकती है।

३. **जड़-गलन या सूखा रोग** : इस रोग को उखेड़ा रोग भी कहते हैं। इस रोग के प्रकोप से पौधे पीले पड़ने लगते हैं तथा पत्तियाँ गिरने लगती हैं। जड़े सड़ जाती हैं तथा पौधे मुरझा कर गिर जाते हैं। यह रोग ज़मीन में रहने वाली फफूंदों से होता है। इसका प्रकोप विशेषतः अगेती बुआई वाली मटर की फसल में देखने में आता है।

नियंत्रण : जहाँ रोग फैला हो वहाँ अगेती बुआई न करें। रोग ग्रस्त खेतों में अगले साल मटर न लेकर ३ वर्ष का फसल चक्र अपनाऐं। बिजाई से पहले बीज को २ ग्राम कैप्टान या बाविस्टिन प्रति किलो बीज की दर से उपचारित करें। इससे जड़–गलन रोग को रोकने में मदद मिलेगी।

४

जड़वाली सब्ज़ियाँ

मूली, गाजर और शलजम का जड़ वाली सब्ज़ियों में महत्वपूर्ण स्थान है। मूली की खेती हमारे देश में लगभग २.८४ लाख हेक्टेयर भूमि पर की जाती है जिससे ३५.२५ लाख टन मूली का वार्षिक उत्पादन होता है। हरियाणा राज्य में मूली व शलजम की खेती ६६०० हेक्टेयर भूमि में की जाती है तथा इसका वार्षिक उत्पादन १.१० लाख टन है। भारतवर्ष में गाजर को २.६६ लाख हेक्टेयर भूमि में उगाया जाता है जिससे लगभग ३.४५ लाख टन गाजर का वार्षिक उत्पादन होता है। हरियाणा में गाजर का क्षेत्रफल ४८०० हेक्टेयर है तथा वार्षिक उत्पादन ८८७०० टन होता है। जड़ वाली सब्ज़ियों को कच्चे सलाद के रूप में, अन्य सब्ज़ियों के साथ पकाकर तथा अचार बनाकर खाया जाता है। मूली की जड़ व पत्तियों की मिली हुई सब्ज़ी बनाकर खाते हैं जोकि काफी स्वादिष्ट होती है। गाजर से हलवा, गजरैला, मुरब्बा व मिठाई आदि कई प्रकार के व्यंजन बनाते हैं जो खाने में बहुत ही स्वादिष्ट व स्वास्थ्यवर्धक होते हैं। गाजर की कांजी भी बनाते हैं जो भूख को बढ़ाती है। जड़वाली सब्ज़ियो में औषधीय गुण बहुत पाये जाते हैं। बवासीर, यकृत रोग व पीलिया आदि रोगों में मूली बहुत उपयोगी है। यह कब्ज़ को दूर करती है व भूख को भी बढ़ाती है। जड़ वाली सब्ज़ियों में विटामिन तथा खनिज लवणों की पर्याप्त मात्रा पाई जाती है। ये सब्ज़ियाँ बहुत जल्दी तैयार हो जाती है, इसीलिए इनको अन्य सब्ज़ियों के साथ उप फसल के रूप में लगाकर अतिरिक्त आमदनी प्राप्त कर सकते हैं। गृहवाटिका की ये प्रमुख सब्जियाँ हैं तथा इनको दो क्यारियों के बीच में बनी मेंड़ों पर सफलतापूर्वक उगाया जा सकता है।

(क) मूली

RADISH

मूली भारत की मुख्य जड़ वाली सब्ज़ी है। इससे विटामिन ए, बी, सी, लोहा, कैल्शियम, फास्फोरस और प्रोटीन काफी मात्रा में प्राप्त होते हैं। मूली भूख–वर्धक

है और कब्ज़ी को दूर करती है। इसकी गूदेदार जड़ें भोजन के साथ कच्ची सलाद के रुप में, सब्जी बनाकर, आचार और पराठों में भरकर खाई जाती है। मूली की प्रकृति शीतल होती है। इसे दवा के रुप में बवासीर, तिल्ली, जिगर और पीलिया आदि रोगों को दूर करने के लिए उपयोग करना बहुत लाभप्रद पाया गया है। मूली की हरी पत्तियां और बीज की फलियां (सांगरी, मोंगरा) बहुत पौष्टिक होती हैं। इन्हें कच्चा और सब्जी बनाकर उपयोग किया जाता है।

जलवायु : मूली ठँडे प्रदेशों की फसल है, फिर भी जड़ों की अच्छी बनावट, स्वाद, रंग व गंध के लिए १०° से १५° सें. ग्रे. तापमान उपयुक्त होता है।

भूमि : मूली की खेती के लिए हल्की, गहरी, उपजाऊ और अच्छे जल निकास वाली मिट्टियां, जिनमें जीवांश की प्रचुरता हो और जो वर्षा या सिंचाई के पश्चात् कठोर और कड़ी न हो जाएं, उपयुक्त पाई गई हैं। बहुत भारी और उथली भूमियों में मूली की जड़ें बेडौल, रेशेदार और शाखानुमा होती है। इस की खेती के लिए मिट्टी न विशेष अम्लीय और न विशेष क्षारीय ही हो। मूली अम्लीय मिट्टी में भी अच्छी उपज देने की क्षमता रखती है।

भूमि की तैयारी : जड़ों की अच्छी वृद्धि के लिए भूमि बिल्कुल पोली व हल्की होनी चाहिए। खेत की तैयारी करने के लिए ४ से ५ जुताइयां की जानी चाहिएं। पहली दो जुताइयां मिट्टी पलटने वाले हल से की जाएं। हर जुताई के बाद पाटा लगाकर मिट्टी भुरभुरी और समतल कर लेनी चाहिए। उथली जुताई करने से जड़ें हरी और छोटी रह जाती हैं और उपज भी कम होती है। गोबर की सड़ी खाद को खेत की तैयारी के समय ही खेत में मिला देना चाहिए।

प्रमुख उन्नत किस्में : अच्छे गुणों व अधिक उपज के लिए उत्तम किस्मों का चयन करना बहुत ही आवश्यक है। किस्मों का चुनाव, स्थान व बुवाई का समय बाजार में इनकी माँग को ध्यान में रखकर करना चाहिए। यदि किस्म व बीज अच्छा नहीं होगा तो निश्चित ही कृषकों को नुकसान उठाना पड़ता है। मूली की किस्मों को मुख्य रुप से दो वर्गों में बांटा जाता है – शीतोष्ण प्रकार की या यूरोपियन किस्में और एशियाई या उपोष्ण प्रकार की किस्में। शीतोष्ण किस्मों की जड़ें आकार में छोटी होती हैं तथा उनको समय से उखाड़ना आवश्यक होता है अन्यथा जड़ें कड़ी हो जाती हैं।

१. **एशियाई वर्गः** इस वर्ग की किस्में नरम, ठोस, चरपरी व मध्यम तेजी वाली होती है। ये अधिक तापमान पर भी उगाई जा सकती हैं। हरियाणा प्रदेश के लिए इस वर्ग की प्रचलित किस्में निम्नलिखित हैं :

एशियाई किस्में :

(क) पूसा चेतकी: इस किस्म को भारतीय कृषि अनुसंधान संस्थान, नई दिल्ली द्वारा विकसित किया गया है। इस किस्म को अधिक तापमान की दशा में मार्च से लेकर अगस्त महीने तक सफलतापूर्वक उगाया जा सकता है। इसकी जड़ें मध्यम आकार की, सफेद, चिकनी तथा मुलायम और सिरा मोटा होता है। यह बुवाई के ४० से ४५ दिन बाद तैयार हो जाती है। गर्मी और बरसात के समय में इसकी खेती सफलतापूर्वक की जाती है। अतः नगदी फसल के रुप में इस किस्म को उगाकर किसान अच्छा लाभ प्राप्त कर सकते हैं। इसकी औसतन उपज ६० क्विंटल प्रति एकड़ है।

(ख) पंजाब सफेद: इस किस्म की मूली ३० से ४० सें. मी. लम्बी, ३ से ५ सें. मी. मोटी, चिकनी तथा सफेद रंग की होती है। यह एक शीघ्र तैयार होने वाली किस्म है तथा इसकी जड़ों की विशेषता यह है कि तैयार होने के १० दिन बाद तक भी मुलायम बनी रहती है। प्रति एकड़ १०० से १२० क्विंटल पैदावार ली जा सकती है।

(ग) जापानीज़ व्हाइट : इस किस्म को भारतीय कृषि अनुसंधान संस्थान, क्षेत्रीय केन्द्र, कटराई द्वारा अनुमोदित किया गया है। इसके पौधों की पत्तियाँ मध्यम आकार की और गहरी कटी हुई होती हैं। जड़ें २० से ३० सें. मी. लम्बी, मोटी, चिकनी तथा आकार में बेलनाकार होती हैं। जड़ों के नीचे का भाग मोटा होता है, गूदा काफी सफेद, कुरकुरा, सख्त और कम तीखा होता है। जड़ें बुवाई के ६० से ६५ दिन बाद तैयार हो जाती हैं। इस किस्म को मैदानी क्षेत्रों में सितम्बर के महीनें में बुवाई के लिए उपयुक्त पाया गया है। इसकी औसत उपज ६० से १२० क्विंटल प्रति एकड़ है।

भारतीय कृषि अनुसंधान संस्थान, नई दिल्ली ने उत्तर भारत के लिए निम्नलिखित दो उन्नतशील किस्मों का विकास किया है :

(क) पूसा देशी: इस किस्म की जड़ें ३० से ३५ सें. मी. लम्बी तथा मध्यम मोटाई लिए होती हैं। जड़ें सफेद रंग की होती हैं और पत्तियों के साथ लगा सिरा हल्का हरे रंग का होता है। पत्तियों का किनारा काफी कटाव लिए होता है। इसकी जड़ें बुवाई के लगभग ५० से ६० दिन बाद खाने योग्य तैयार हो जाती हैं।

(ख) पूसा रेशमी: इस किस्म की मूली की जड़े ३० से ४५ सें. मी. लम्बी और आकार में सुडौल होती हैं तथा ऊपरी हिस्सा थोड़ा हरापन लिए होता है। इसे जाड़े के समय में अगेती फसल के रुप में उगाया जा सकता है वैसे इस किस्म को थोड़ा अधिक तापक्रम पर भी उगाया जा सकता है। बुवाई के लगभग ५५ से ६० दिन बाद इसकी जड़ें खाने योग्य तैयार हो जाती हैं।

इन किस्मों के अतिरिक्त मूली की निम्न उन्नत किस्मों को भी हरियाणा राज्य के लिए अनुमोदित किया गया है :

(क) हिसार मूली नं. १ : इस किस्म को हरियाणा कृषि विश्वविद्यालय, हिसार द्वारा विकसित किया गया है। इसकी जड़ें, लम्बी, मुलायम, सफेद और सीधी बढ़ने वाली होती हैं। इसकी बुआई सितम्बर से अक्टूबर तक की जा सकती है। बुआई के ५० से ५५ दिन बाद इसकी जड़ें खाने योग्य तैयार हो जाती हैं। इसकी औसत उपज ६० से १०० क्विंटल प्रति एकड़ है।

(ख) कल्याणपुर १: इस किस्म के पौधों की पत्तियाँ चौड़ी तथा जड़ें २२ से २३ सें. मी. लम्बी, चिकनी, सफेद रंग की होती हैं। ऊपरी हिस्सा थोड़ा हरापन लिए होता है। इस किस्म पर सरसों की आरा मक्खी, माहूँ तथा व्हाइट रस्ट का कम प्रकोप होता है।

(ग) कल्याणी व्हाइट : इस किस्म की जड़े काफी सफेद, २५ से ३० सें. मी. लम्बी, एक समान मोटाई की होती हैं। जड़ों का निचला हिस्सा काफी मोटा होता है। इसे गर्मी के कुछ महीनों को छोड़कर पूरे वर्ष भर उगाया जा सकता है। इसकी जड़ें बुआई के ४५ से ५० दिन बाद खाने योग्य तैयार हो जाती हैं।

(घ) को—१ : इस किस्म को तमिलनाडु द्वारा विकसित किया गया है। इसके पौधे काफी ओजस्वी, गहरे हरे रंग की पत्तियों वाले होते हैं। पत्तियाँ काफी लहरदार तथा जड़ें बेलनाकार और सफेद रंग की होती हैं जिनका सिरा पतला होता है। इसे पूरे वर्ष उगाया जा सकता है। इस किस्म पर रस्ट और माहूँ कीट का प्रकोप अधिक होता है।

(ड़) अर्का निशांत : इस किस्म को भारतीय बागवानी अनुसंधान संस्थान, बंगलौर द्वारा विकसित किया गया है। इसकी जड़ें लम्बी, सफेद, कुरकुरी और मध्यम चरपराहट वाली होती हैं। इस किस्म में जड़ों के फटने, सख्त ऊतक बनने तथा जल्दी से बीज के डंठल निकलने की समस्या नही आती है। मैदानी क्षेत्रों में इसका बीज सुगमता पूर्वक बनाया जा सकता है।

(च) जौनपुरी मूली : यह किस्म उत्तर प्रदेश के जौनपुर जिले की स्थानीय किस्म है। इसकी जड़ें काफी लम्बी (४० से ४५ सें.मी.) और मोटी (७ से १० सें.मी.) तथा सफेद रंग वाली होती हैं। गूदा मुलायम, कुरकुरा, कम चरपराहट तथा मिठास लिए होता है। औसतन इस किस्म की प्रति मूली का भार २.५ से ३.० किलोग्राम होता है परन्तु कभी—कभी इनका वज़न २५ किलोग्राम तक भी हो जाता है।

शीतोष्ण किस्में (यूरोपियन किस्में) : ये किस्में हमारे देश में आसानी से उगाई जा सकती हैं।

(क) व्हाइट आइसिकिल : इस किस्म की मूली की जड़ों की पत्तियाँ छोटी तथा जड़ें १२ से १५ सें. मी. लम्बी, २ से ३ सें. मी. मोटी, चिकनी तथा आइसिकिल के

आकार की होती हैं। जड़ों के ऊपरी सिरे पर जहॉ से पत्तियॉ निकलती हैं वह भाग हरा नही होता है। गूदा सफेद, कुरकुरा, रसीला तथा अच्छी सुवाष वाला होता है। जड़ में चरपराहट मध्यम होती है। यह बुआई के ३० दिन बाद तैयार हो जाती है। इस किस्म की सबसे कमी यह है कि यदि तैयार होने के बाद समय से जड़ों की खुदाई नही की गई तो जड़ों के अन्दर सख्त ऊतक (पिथ) बन जाते हैं।

(ख) स्कारलेट ग्लोब : इसकी जड़ें गोल लगभग २ सें. मी. व्यास की लाल रंग की होती हैं। गूदा कुरकुरा, सफेद रंग का होता है। बुआई के लगभग २५ से ३० दिन बाद खाने योग्य हो जाती है। इस किस्म की यह कमी है कि यदि समय से खुदाई न की जाये तो सख्त ऊतक (पिथ) बनने लगते हैं।

(ग) पूसा हिमानी : इस किस्म को भारतीय कृषि अनुसंधान संस्थान, नई दिल्ली के क्षेत्रीय केन्द्र, कटराई द्वारा विकसित किया गया है। इसकी जड़ें ३० से ३५ सें. मी. लम्बी तथा १० से १२ सें. मी. मोटी होती हैं और जड़ का ऊपरी भाग जहां से पत्तियां निकलती हैं, हरा होता है। जड़ें आधे से नीचे थोड़ा मुड़ी हुई होती हैं। जड़ों का रंग सफेद, गुदा कुरकुरा, अच्छी स्वाद वाला तथा औसत चरपराहट वाला होता है। यह बुआई के ५५ दिन बाद तैयार हो जाती है। इसे पहाड़ी क्षेत्रों में पूरे वर्ष (केवल नवम्बर से जनवरी को छोड़कर) तथा मैदानी क्षेत्रों में इसे मध्य दिसम्बर से लेकर फरवरी तक उगाया जा सकता है।

(ध) स्कारलेट लॉंग : इस किस्म के पौधों की पत्तियां १५ से २० सें. मी. लम्बी हल्के हरे रंग की होती हैं, जड़ें लम्बी, लाल रंग की तथा गूदा सफेद और मुलायम होता है।

(ड़) रैपिड रेड व्हाइट टिप : यह एक अगेती किस्म है। इसकी पत्तियां छोटी तथा जड़ें गोल आकार की चिकनी तथा गहरे लाल रंग की होती हैं। जड़ का निचला हिस्सा सफेद होता है। गूदा सफेद, कुरकुरा तथा चरपराहट लिए होता है। मैदानी क्षेत्रों में इसे नवम्बर से दिसम्बर के महीनों में बोया जा सकता है।

बुआई का समय और विधि : मूली की अधिक उपज प्राप्त करने के लिए क्षेत्रों में देशी (एशियाई) किस्में अगस्त से सितम्बर और यूरोपियन किस्में अक्तूबर से नवम्बर तक बो देनी चाहिये। पहाड़ी इलाकों में इन फसलों की बुआई मार्च से मध्य जुलाई तक की जानी चाहिए। लगातार फसल लेने के लिए १५ से २० दिन के अन्तर पर बुआई करते रहना चाहिए। अधिकांश क्षेत्रों में मूली की खेती डौलियों या मेड़ों पर की जाती है। इस विधि से समतल बुआई की अपेक्षा जड़ों का विकास अच्छा और अधिक होने के कारण उपज अधिक मिलती है। यदि समतल भूमि में बीज छिटक कर बुआई करनी हो तो तैयार की गई क्यारियों में २५ से ३० सें. मी. की दूरी रख कर कतारें बनाएं। इन पंक्तियों में २ से ३ सें. मी. की गहराई पर बीज बोए। पौधे पनपने पर घने पौधों को उखाड़ कर पौधे से पौधे की दूरी ६ से ८

सें. मी. करनी चाहिए। डौलियों पर बुआई करने के लिये ३० से ४५ सें. मी. की दूरी रखकर नमी आ जाने पर मेड़ों पर नुकीली लकड़ी या खुरपी से एक पतली नाली (२–३ सें. मी. गहरी) बनाएं, जिसमें बीज बोकर ऊपर से मिट्टी से ढ़क देना चाहिए। मूली की बुआई वर्ष भर की जा सकती है, क्योंकि आजकल मूली की ऐसी किस्में उपलब्ध हैं, जिन का उल्लेख नीचे किया गया है :

मूली की किस्म	**बोने का समय**
जापानी सफेद	अक्तूबर से दिसम्बर
पूसा रश्मि, एच. आर.–१ व पंजाब सफेद	सितम्बर से अक्तूबर
पूसा हिमानी	दिसम्बर से मध्य फरवरी
व्हाइट आइसिकल व रैपिड रेड राउन्ड	दिसम्बर से जनवरी
पूसा चेतकी	मार्च से अगस्त

इस बात का ध्यान रहे कि छिटकवां विधि से बुआई करने पर चोब कर बोने की अपेक्षा बीज अधिक लगता है। साधारणतया मूली की देशी किस्मों का ३ किलोग्राम और विदेशी किस्मों का ५ किलोग्राम बीज प्रति एकड़ की दर से उपयुक्त पाया गया है।

खाद एवं उर्वरक : मूली की फसल काफी मात्रा में पोषक तत्वों का ह्रास करती है। परीक्षणों में पाया गया है क़ि मूली १०० क्विंटल प्रति एकड़ जड़ों के उपज स्तर पर ४६, २७, ४४, १६, १२ किलोग्राम नाइट्रोजन, फास्फोरस, पोटाश, कैल्शियम और मैगनीशियम क्रमशः प्रति एकड़ की दर से अवशोषित करती हैं। यह पर्याप्त मात्रा में अच्छी वृद्धि के लिए सूक्ष्म तत्व बोरोन भी लेती है। पोषक तत्वों को समुचित मात्रा में सही समय पर मिट्टी परीक्षण करवा कर खेत के वर्तमान उर्वरता स्तर के अनुसार उपयोग किया जाना अति आवश्यक है। मिट्टी परीक्षण के अभाव में सामान्य म दा जलवायवीय परिस्थितियों में मूली के लिए क्रमशः २४ किलोग्राम नाइट्रोजन (९६ किलोग्राम कैल्शियम अमोनियम नाईट्रेट २५ प्रतिशत अर्थात किसान खाद) व १२ किलोग्राम फास्फोरस (७५ किलोग्राम सिंगल सुपर फास्फेट) प्रति एकड़ की दर से उपयोग किया जाना चाहिए। प्रति एकड़ २० टन गोबर की गली–सड़ी खाद या कम्पोस्ट खेत की तैयारी करते समय बुआई के २० से २५ दिन पहले जुताई के साथ मिला देना चाहिए। आधी नाइट्रोजन व फास्फोरस की पूरी मात्रा बुआई के समय खेत में ड्रिल कर देना चाहिए। शेष नाइट्रोजन को मूली की खड़ी फसल में बुआई के ३ से ४ सप्ताह बाद मिट्टी चढ़ाते समय देनी चाहिए। विदेशी

किस्मों में दूसरी किश्त देने की आवश्यकता नही होती। मिट्टी चढ़ाने के एक सप्ताह बाद हल्की सी सिंचाई करना लाभप्रद रहता है।

सिंचाई और खरपतवार नियंत्रण : बुआई के समय यदि भूमि में पर्याप्त नमी न हो तो खेत में पलेवा किया जाना चाहिए और भूमि में उचित नमी स्तर पर ही बुआई की जानी चाहिए। मूली के खेत में पहली सिंचाई बुआई के तीसरे दिन और दूसरी सिंचाई बुआई के आठवें दिन करनी चाहिए। पानी का स्तर डौलियों में बीज से ५ से ७ से. मी. नीचे तक रखा जाना चाहिए। जब तक कि बीज पूरी तरह जम नहीं जाता, डौलियाँ नम रखी जानी चाहिए। बाद की सिंचाइयाँ बुआई के समय, मौसम और मिट्टी की किस्म पर निर्भर करती हैं। हल्की मिट्टियों में एक सप्ताह के अन्तर पर, दोमट और भारी जमीन में १० से १२ दिन के अन्तर पर सिंचाई की जानी चाहिए। जाड़ों में सिंचाई १० से १५ दिन और गर्मियों में एक सप्ताह के अन्तर पर करना पर्याप्त रहता है। खेत को बिल्कुल सूखने न दें वरना जड़ों की वृद्धि रुक जाती है। हमेशा हल्की सिंचाई करनी चाहिए। भारी सिंचाई करने से पत्तियाँ अधिक बढ़ती हैं और जड़ें अधिक बालों वाली, कमजोर बनती हैं तथा उपज कम होती हैं व फसल भी देर से पकती है।

खरपतवारों की रोकथाम के लिए आवश्यकतानुसार निराई—गुड़ाई की जानी चाहिए। मूली के खेत में दूसरी सिंचाई करने के बाद (बुआई के ८ से १० दिन बाद) पौधे से पौधे की दूरी देशी (एशियाई) किस्मों में ७ से ८ सें. मी. और विदेशी (यूरोपियन) किस्मों में दो तीन सें० मी० रखकर छंटाई और निराई—गुड़ाई करें। देशी किस्मों में एक निराई पर्याप्त रहती है।

खुदाई और उपज : मूली की जड़ों की खुदाई तब की जानी चाहिए जब जड़ों के ऊपरी हिस्सों का व्यास २.५ से ३ सें. मी. हो जाए। खुदाई करने के कुछ दिन पहले हल्की सिंचाई की जानी चाहिए। मूली की जड़ों को पत्तियों सहित खींच कर उखाड़ें व पानी में धोते समय जड़ों पर से बाल, पुरानी पत्तियां और जड़ की नोकें काट देनी चाहिएं। टूटी फूटी, कटी, खोखली और रोगी जड़ों को अलग निकाल दें और मूली की जड़ों को मध्य के कुछ नये पत्तों के साथ मण्डी में भेजना चाहिए। इसकी औसत उपज ६० से १२० क्विंटल प्रति एकड़ है।

(ख) गाजर
CARROT

गाजर एक जल्दी उगने और अधिक पैदावार देने वाली सब्ज़ी है। इसका उपयोग सब्ज़ी, अंचार, मुरब्बा, कांजी, गजरेला और हलवा बनाने के लिए किया जाता है। गाजर पौष्टिक गुणों से भरपूर होती है क्योंकि इसमें प्रोटीन, वसा, कार्बोहाइड्रेट, रेशा, पोटाश, कैल्शियम, लोहा, फास्फोरस और विटामिन "ए" प्रचुर

मात्रा में पाया जाता है। यह अपने औषधीय गुणों के लिए भी प्रसिद्ध है। गुर्दे की बीमारी में इसका सेवन लाभकारी बताया गया है। गाजर व इसकी पत्तियां पशुओं का अच्छा चारा भी हैं। गाजर की उत्तम खेती के लिए उन्नत कृषि क्रियाओं का विवरण इस प्रकार है।

जलवायु : गाजर सर्दी में उगाई जाने वाली फसल है, लेकिन एशियाई किस्में काफी अधिक तापक्रम सहन कर सकती है। इसके बीज के अंकुरण के लिए ७ से २६° सें. ग्रे. व अच्छी बढ़वार के लिए १८ से २४° सें. ग्रे. तापमान अच्छा रहता है। गाजर को अधिक तापमान पर उगाने पर लम्बी व पतली गाजर मिलती है। बीज के उचित अंकुरण के लिए भूमि में २० प्रतिशत नमी अवश्य होनी चाहिए। सूखे मौसम के तुरंत बाद आर्द्र मौसम हो जाने पर इसकी जड़ों में दरार पड़ जाती है। धूप की अधिकता से गुणों में वृद्धि होती है।

भूमि : गाजर की खेती हर तरह की उपजाऊ भूमि में की जा सकती है लेकिन दोमट व बलुई भूमि सर्वोत्तम रहती है। अच्छी जल–निकास वाली गहरी भुरभुरी मिट्टी में गाजर के पौधे अच्छे पनपते हैं। मिट्टी का ढीलापन गाजर की सुन्दर, गोल जड़ों के निर्माण और भरपूर पैदावार में सहायक है। उच्च अम्लीय मिट्टी में इसकी फसल अच्छी प्रकार नहीं पनप पाती है। गाजर की अधिकतम उपज ६.५ पी. एच. मान की भूमियों से प्राप्त होती है जबकि बहुत अम्लीय मिट्टियों में उपज बहुत ही कम होती है।

भूमि की तैयारी : खेत की पहली जुताई मिट्टी पलटने वाले हल से करके ३ से ४ जुताइयाँ देसी हल से करें। आवश्यकतानुसार पाटा चला कर मिट्टी को भुरभुरा बना लें। बुआई से पूर्व खेत समतल बना लेना चाहिए, क्योंकि सिंचाई का पानी खेत में एक सार फैलने के लिए खेत का समतल होना जरूरी है अन्यथा ऊँचे स्थानों पर पौधों को कम पानी मिलेगा और निचले स्थानों में पानी भरा रहेगा। दोनो ही स्थिति में जड़ों का विकास अच्छी प्रकार नहीं होता।

गाजर की प्रमुख उन्नत किस्में : मूली की तरह गाजर की किस्मों को भी एशियाई (उपोष्ण) और यूरोपियन (शीतोष्ण प्रकार की) दो वर्गो में बॉटा जाता है। एशियाई किस्मों में खाने योग्य जड़ें तथा बीज दोनों सुगमतापूर्वक मैदानी क्षेत्रों में बनते हैं। यूरोपियन किस्मों की खाने योग्य जड़ें तो मैदानी क्षेत्रों में पैदा की जाती हैं, लेकिन बीज नही बनते। एशियाई किस्मों में एन्थोसायनिन तथा शर्करा की मात्रा अधिक होती है और अन्दर का भाग रंगीन नही होता।

एशियाई किस्में

(क) हिसार गैरिक : यह एक देशी किस्म है तथा इसकी जड़े लम्बी व संतरी रंग की होती हैं। औसत पैदावार ११० क्विंटल प्रति एकड़ है।

(ख) पूसा केसर : इस किस्म को भारतीय कृषि अनुसंधान संस्थान, नई दिल्ली द्वारा विकसित किया गया है। इसकी पत्तियाँ लोकल रेड की तुलना में काफी छोटी होती हैं। जड़ें गहरे लाल रंग की होती हैं और नीचे का भाग भी लाल रंग का होता है। इसमें कैरोटीन (३८ मि. ग्रा. प्रति १०० ग्राम खाने योग्य भाग में) की मात्रा अधिक पाई जाती है। इस किस्म की यह विशेषता है कि जड़ें तैयार होने के एक महीने के बाद तक भी खेत में खाने योग्य अवस्था में बनी रहती हैं उनमें नरपुंज जल्दी नही निकलते हैं। इसमें जड़ों के फटने की भी कम समस्या होती है। इसे मैदानी क्षेत्रों में सितम्बर—नवम्बर के महीने में बोया जा सकता है। बुआई के ८० से ६० दिन बाद जड़े खाने योग्य तैयार हो जाती हैं। औसतन उपज १०० क्विंटल प्रति एकड़ है।

(ग) पूसा मेघाली : इस किस्म को भारतीय कृषि अनुसंधान संस्थान, नई दिल्ली से विकसित किया गया है। इसका ऊपरी भाग छोटा होता है, जड़े चिकनी, पीले रंग की और अंतिम हिस्से पर थोड़ी पतली होती हैं। इस किस्म में प्रति १०० ग्राम खाने योग्य भाग में ११,५७१ माइक्रोग्राम कैरोटीन की मात्रा पाई गयी है जबकि पूसा केसर किस्म में मात्रा ७७५३ माइक्रोग्राम कैरोटीन प्रति १०० ग्राम भाग में पाया जाता है। यह किस्म अगेती खेती (अगस्त—सितम्बर बुआई) तथा देर से बुआई (अक्टूबर—नवम्बर) दोनों के लिए उपयुक्त है। इसे अगेती खेती के लिए काफी पसन्द किया जाता है और इसे तैयार होने में मात्र ११० से १२० दिन लगते हैं। इसकी औसत उपज १०० से ११२ क्विंटल प्रति एकड़ है। इस किस्म के बीज मैदानी क्षेत्रों में तैयार किये जा सकते हैं।

(घ) सलैक्शन—२२३ : इस किस्म को पंजाब कृषि विश्वविद्यालय, लुधियाना द्वारा विकसित किया गया है। इसमें नैन्टस किस्म के सभी अच्छे गुणों का समावेश है। इसकी जड़ें लगभग १५ सें. मी. लम्बी, चिकनी, बेलनाकार और हल्के नारंगी रंग की होती है। इसमें जड़ों के फटने की समस्या नही होती है। इसमें देर से खुदाई करने पर जड़ें खाने योग्य बनी रहती हैं तथा नरपुंज जल्दी से नही निकलते।

(ड़) नं०—२६ : इस किस्म को भी पंजाब कृषि विश्वविद्यालय, लुधियाना से विकसित किया गया है। यह एक देशी किस्म है जिसकी जड़ें हल्के लाल रंग की ऊपर मोटी तथा नीचे पतली होती हैं।

यूरोपियन किस्में (शीतोष्ण टाइप)

गाजर की यूरोपियन किस्में द्विवर्षीय होती हैं जबकि एशियाई किस्में एक वर्षीय होती हैं। प्रमुख यूरोपियन किस्मों का वर्णन नीचे दिया गया है :

(क) अर्ली नैन्टस : इस किस्म की जड़ें बेलनाकार होती हैं और निचला हिस्सा काफी पतला होता है। जड़ें १२ से १५ सें. मी. लम्बी, अच्छे गुदे वाली और नारंगी

रंग की होती हैं। इसमें बुआई के ६० से १०० दिन बाद जड़ें खाने योग्य तैयार हो जाती हैं। इसके अन्दर के भाग का रंग भी नारंगी होता है।

(ख) चैण्टने : इस किस्म की जड़ें ११.५ से १५ सें. मी. लम्बी तथा ३ से ५ सें. मी. व्यास की शंकु आकार, मोटी, आकर्षण, चिकनी नारंगी रंग की होती हैं। जड़ों का ऊपरी हिस्सा मोटा तथा निचला सिरा पतला होता है। गूदा मीठा तथा मुलायम होता है। यह किस्म कैनिंग और भण्डारण के लिए काफी उपयोगी हैं। इसकी औसत उपज ६० क्विंटल प्रति एकड़ है।

(ग) पूसा यमदग्नी : इस किस्म को भारतीय कृषि अनुसंधान संस्थान के क्षेत्रीय केन्द्र, कटराई द्वारा विकसित किया गया है। इस किस्म में नैन्टस के गुणों का समावेश है जिसमें अन्दर के भाग का रंग ऊपरी जैसा एक समान होता है। जड़ें १५ से १६ सें.मी. लम्बी नारंगी रंग की होती है और ऊपरी सिरा मोटा तथा नीचे धीरे–धीरे पलता होता जाता है। जड़ का निचला भाग अन्य किस्मों से थोड़ा मोटा होता है। यह अन्य शीतोष्ण किस्मों की अपेक्षा जल्दी तैयार हो जाती है तथा इसकी उत्पादन क्षमता अच्छी है। इसमें कैरोटोन की मात्रा अधिक पाई जाती है।

(घ) इम्पेरेटर : इस किस्म को नैन्टस × चैण्टेने के संकर से विकसित किया गया है। यह मध्यम या देर से तैयार होने वाली किस्म है। जड़ें १५ से १७.५ सें. मी. लम्बी तथा २.५ से ४.५ सें. मी. व्यास की होती हैं, जिनका निचला सिरा पतला होता है। अन्दर का भाग गहरे नारंगी रंग का होता है।

खाद एवं उर्वरक : गाजर की फसल काफी मात्रा में पोषक तत्वों का ह्रास करती है। यह १०० क्विंटल प्रति एकड़ जड़ों के उपज स्तर पर १६, ६, ५०, २५ और १२ कि.ग्रा. नाइट्रोजन, फास्फोरस, पोटाश, कैल्शियम और मैगनीशियम क्रमशः प्रति एकड़ की दर से अवशोषित करती है। गाजर की फसल को नाइट्रोजन व फास्फोरस की अपेक्षा पोटाश की अधिक आवश्यकता होती है। भरपूर उपज प्राप्त करने के लिए पर्याप्त मात्रा में भूमि में पोषक तत्व डालने आवश्यक हैं। गाजर पर्याप्त मात्रा में अच्छी वृद्धि के लिए सूक्ष्म तत्व, मुख्यतः बोरोन भी लेती है। अतः गाजर की उन्नत किस्मों से अधिक उपज लेने हेतु भूमि में प्राकृतिक रूप से उपलब्ध पोषक तत्वों से काम नहीं चलता, वरन् पोषक तत्वों को समुचित मात्रा में सही समय पर मिट्टी परीक्षण करवा कर खेत के वर्तमान उर्वरता स्तर के अनुसार उपयोग किया जाना अति आवश्यक है। मिट्टी परीक्षण के अभाव में सामान्य मृदा जलवायवीय परिस्थितियों में गाजर के लिए २४ किलोग्राम नाइट्रोजन (६६ किलोग्राम कैल्शियम अमोनियम नाइट्रेट २५ प्रतिशत अर्थात किसान खाद) व १२ किलोग्राम फास्फोरस (७५ किलोग्राम सिंगल सुपर फास्फेट) प्रति एकड़ की दर से उपयोग करने की सिफारिश की है। इसके अतिरिक्त २० टन गोबर की गली सड़ी खाद व १२ किलोग्राम पोटाश (२० किलोग्राम म्यूरेट आफ पोटाश) की अतिरिक्त

मात्रा प्रति एकड़ की दर से लगाना अति आवश्यक है। पोटाश की यह मात्रा ऐसी भूमियों में भी देनी चाहिए जहाँ इसकी पर्याप्त मात्रा पहले से ही उपलब्ध हो। कभी भी फास्फोरस व पोटाशधारी और संयुक्त उर्वरकों को खेत की सतह पर बखेर कर नहीं देना चाहिए। ऐसा करने से इन तत्वों का स्थरीकरण हो जाने के कारण फसल उनका उपभोग नहीं कर पाती। गाजर में नाइट्रोजन की आधी मात्रा तथा सिंगल सुपर फास्फेट व म्यूरेट आफ पोटाश की पूरी मात्रा बिजाई के समय लगायें। नाइट्रोजन की शेष मात्रा लगभग ३ से ४ सप्ताह बाद खड़ी फसल में लगाकर मिट्टी चढ़ा दें। जिन क्षेत्रों में गाजर अन्दर से काली हो जाती हो या फट जाती हो, ऐसे खेतों में १५ किलोग्राम बौरैक्स प्रति एकड़ की दर से युवा पौधों की कतारों में दोनों ओर डालना चाहिए।

बुआई का समय और बीज दर : गाजर के बोने का समय जलवायु और किस्म पर निर्भर करता है। पहाड़ों में मार्च के आरम्भ से लेकर जुलाई के अन्त तक और मैदानों में मध्य अगस्त से नवम्बर तक बुआई की जाती है। यूरोपीय किस्मों को सितम्बर से नवम्बर तक बो दें और एशियाई किस्मों को अगस्त से बोना शुरु कर देना चाहिए। देशी किस्मों की बुआई का उचित समय अक्तूबर ही होता है। प्रति एकड़ ४ से ५ किलोग्राम बीज की आवश्यकता पड़ती है।

बुआई का ढ़ंग : गाजर की बुआई समतल क्यारियों में, छिटकवाँ विधि से, कतारों में या डोलों पर की जाती है। अच्छी प्रकार तैयार की गई क्यारियों में बीज को एक सार बिखेर कर हल्की मिट्टी की परत से ढ़क देना चाहिए। इसके बाद हल्की सिंचाई कर दें। कतारों में बुआई करने पर दस्ती हो की सहायता से ३० से ४५ सें. मी. की दूरी पर बनी कतारों में एक से डेढ़ सें. मी. की गहराई पर बीज बोयें जाते हैं। डोलों पर बुआई करने के लिए उचित दूरी पर डोलें बना कर उनके ऊपर बीज बो देना चाहिए। डोलियों के बीच का अन्तर ३० से ४५ सें. मी. और पौधे से पौधे के बीच का अन्तर ६ से ८ सें. मी. रखे। छिटकवां विधि की अपेक्षा समतल क्यारियों में कतारों में डोलों पर बुआई करने से उपज अधिक मिलती है। ध्यान रहे पौधे अधिक पास–पास न हों अन्यथा उपज कम प्राप्त होगी। बोने से पहले गाजर के बीज को हाथ से मलकर रगड़ लेना चाहिए। इससे बीज का जमाव अच्छा होता है। यदि लम्बे पैमाने पर अधिक क्षेत्र में गाजर की बुआई करनी हो तो १० से १२ किलोग्राम बीज प्रति एकड़ की दर से छिटक कर हल द्वारा छोटी मेंड़े बना देनी चाहिएं। बाकी कार्य पहली विधि की तरह ही होते हैं।

सिंचाई : पहली सिंचाई बुआई के तुरन्त बाद और दूसरी सिंचाई इसके ५ से ६ दिन बाद करें। बीज अंकुरित होने तक खेत में पर्याप्त नमी बनी रहनी चाहिये। सूखे मौसम में १५ दिन में एक बार अवश्य सिंचाई कर दें। जाड़ों में कम सिंचाई की आवश्यकता पड़ती है। जड़ों को गूदेदार बनाये रखने के लिये भूमि में लगातार

नमी बनी रहनी चाहिये। गाजर के खेत में लगातार सिंचाई करने और अधिक पानी रहने से जड़े घटिया मिलती हैं।

निराई-गुड़ाई व खरपतवार नियन्त्रण : गाजर के पौधों की प्रारम्भिक वृद्धि बहुत धीमी गति से होती है और खरपतवारों को नष्ट करना अति आवश्यक है। गाजर के खेतों में पौधों की जब ४ से ५ पत्तियां निकल आएं, तब पौधे से पौधे की दूरी ६ से ८ सें. मी. रखकर छंटाई और निराई करें। घने पौधों के कारण जड़ों का आकार और शक्ल बिगड़ जाती है। छंटाई व निराई गीली भूमि में करें और डौलियों पर मिट्टी चढ़ा दें।

खरपतवार नियन्त्रण के लिए २ या ३ बार निराई–गुड़ाई करें। गाजर में पहली गुड़ाई बिजाई के लगभग चार सप्ताह बाद करें एवं उसके पश्चात् मिट्टी चढ़ानी चाहिए। इसके अतिरिक्त दूसरी व तीसरी गोड़ाई आवश्यकतानुसार करें।

जड़ों की खुदाई : गाजर के पौधों की ऊपरी पत्तियां काट देनी चाहिएं और जड़ों की खुदाई फावड़े या खुरपी से करनी चाहिए। लम्बे पैमाने पर खेत में हल चलाकर मिट्टी ढ़ीली करके भी खुदाई का खर्च कम किया जा सकता है। बेडौल, कटी और टूटी जड़ों को अलग करके अच्छी जड़ों को मंडी में बेचने के लिए टोकरियों या बोरियों में डालना चाहिए।

(ग) सब्ज़ी शलजम
TURNIP

शलजम का जड़वाली सब्ज़ियों में प्रमुख स्थान है। शलजम को मुख्यतः इसकी जड़ों के लिए उगाया जाता है। यह ठण्डे और नम वातावरण में उगाई जाती है। इसकी सब्ज़ी स्वादिष्ट होने के साथ–साथ इसका उपयोग सलाद तथा अचार के रुप में किया जाता है। इसकी हरी पत्तियों में विटामिन ए की मात्रा (१५,६६०) अन्तर्राष्ट्रीय इकाई प्रति १०० ग्राम भाग में पाई जाती है। खनिज तत्वों जैसे कैल्शियम, फास्फोरस, लोहा आदि और विटामिन बी०, सी० भी भरपूर मात्रा में होती हैं। इसकी फसल बहुत कम समय में तैयार होती है।

भूमि और उसकी तैयारी : शलजम सभी प्रकार की मिट्टी में उगाई जा सकती है, परन्तु अच्छी उपज और गांठों के समुचित विकास के लिए बलुई दोमट मिट्टी जो नमी से परिपूर्ण हो, अच्छी होती है। बुवाई के लिए खेत तैयार करते समय पहली जुताई मिट्टी पलटने वाले हल से करते हैं और फिर ३ से ४ जुताइयां सामान्य हल से करते हैं, जिससे मिट्टी भुरभुरी और खरपतवार रहित हो जाती है।

प्रमुख उन्नत किस्में : मूली और गाजर की तरह शलजम की किस्में भी दो वर्गो में बाँटी जाती हैं : एशियाई और यूरोपियन। एशियाई किस्मों के बीज को

मैदानी क्षेत्रों में सुगमतापूर्वक बनाया जाता है जबकि एशियाई किस्मों में यूरोपियन किस्मों की तुलना में चटपराहट अधिक होती है और आचार आदि बनाने के लिए उपयोगी होती है। इनकी प्रमुख एशियाई और यूरोपियन किस्मों का वर्णन नीचे दिया गया है :

एशियाई किस्में

(क) व्हाईट-४: यह एक देशी और जल्दी तैयार होने वाली किस्म है। इसकी जड़ें सफेद व गोल होती हैं तथा यह लगभग ६० दिन में तैयार हो जाती है। इसकी औसत पैदावार ८० क्विंटल प्रति एकड़ है।

(ख) पूसा कंचन: इस किस्म को भारतीय कृषि अनुसंधान संस्थान, नई दिल्ली से विकसित किया गया है। इस किस्म के शलजम की जड़ें लाल रंग की होती हैं, गूदा पीले रंग का स्वादिष्ट और अच्छी सुवाष वाला होता है। इसके पौधे लोकल रेड राउण्ड की तुलना में छोटे होते हैं तथा लगभग १० दिन देर से तैयार होते हैं। इस किस्म की यह विशेषता है कि जड़ों के तैयार होने के बाद यदि विलम्ब से खुदाई की जाए जो जड़ों में सख्त उत्तक (पिथ) नहीं बनते हैं। यह किस्म मैदानी क्षेत्रों में सितम्बर—अक्टूबर तक बुआई के लिए उपयुक्त है। इसके बीजों को मैदानी क्षेत्रों में सुगमतापूर्वक तैयार किया जा सकता है।

(ग) पूसा स्वेती: इस किस्म को भारतीय कृषि अनुसंधान संस्थान, नई दिल्ली से विकसित किया गया है। इसकी जड़ें सफेद रंग की चपटे गोल आकार की होती हैं। गूदा सफेद, मुलायम और कुरकुरा होता है। इसकी पत्तियाँ मध्यम आकार की तथा कई भागों में बंटी रहती हैं। मैदानी क्षेत्रों में बीज बुआई के ४० से ४५ दिन बाद जड़ें खाने योग्य तैयार हो जाती हैं।

(घ) पंजाब सफेद : यह एक अगेती किस्म है, जिसे पंजाब और हरियाणा में उगाया जाता है। इसकी जड़े आकर्षण मध्यम आकार की गोल और सफेद रंग की होती हैं। इसका स्वाद अच्छा होता है।

यूरोपियन किस्में

(क) पूसा स्वर्णिमा : इस किस्म को भारतीय कृषि अनुंसधान संस्थान, नई दिल्ली के क्षेत्रीय शोध केन्द्र, कटराई द्वारा विकसित किया गया है। इसकी जड़ें गोल, ६ से ७ सें. मी. लम्बी ७ से ८ सें. मी. व्यास की पीले क्रीम रंग की होती है। गूदा अम्बरी रंग का, मुलायम और हल्का सुवाष लिए होता है।

(ख) पूसा चन्द्रिमा : यह किस्म भारतीय कृषि अनुसधान संस्थान, नई दिल्ली के क्षेत्रीय शोध केन्द्र, कटराई द्वारा विकसित की गई है। इसकी जड़ें ८ से ६ सें. मी. लम्बी तथा ६ से १० सें. मी. व्यास की होती हैं। ऊपर का छिलका चिकना, खूब सफेद, मुलायम और स्वादिष्ट होता है। बुआई के लगभग ५० से ५५ दिन बाद

जड़ें खाने योग्य तैयार हो जाती हैं। इस किस्म को मैदानी भागों में अक्टूबर से दिसम्बर तक बोया जा सकता है।

(ग) पर्पिल व्हाइट ग्लोब : इस किस्म को भारतीय कृषि अनुंसधान संस्थान, नई दिल्ली के क्षेत्रीय शोध केन्द्र, कटराई द्वारा विकसित किया गया है। शीतोष्ण किस्मों में यह एक प्रमुख किस्म है। इसके पौधों का ऊपरी भाग तथा पत्तियाँ गहरे हरे रंग की व सीधी ऊपर बढ़ने वाली तथा गहरा कटाव लिए होती है। खाने वाला भाग बड़ा, गोलाकार चिकना जड़ का ऊपरी हिस्सा बैंगनी रंग तथा नीचे का हिस्सा सफेद होता है। गूदा सफेद, सख्त एवं कुरकुरा तथा सुवाष लिए होता है। बीज बुआई के ६० से ६५ दिन बाद फसल तैयार हो जाती है। मैदानी क्षेत्रों में इसकी बुआई अक्टूबर से दिसम्बर तक की जा सकती है। औसत उपज १०० से १२० क्विंटल प्रति एकड़ है।

(ध) गोल्डन बाल : इस किस्म को भी भारतीय कृषि अनुंसधान संस्थान, नई दिल्ली के क्षेत्रीय शोध केन्द्र, कटराई द्वारा विकसित किया गया है। इस किस्म के पौधों का ऊपरी भाग छोटा तथा सीधे ऊपर की तरफ बढ़ने वाला होता है। पत्तियाँ कटावदार होती हैं। जड़ ग्लोब के शक्ल की, चिकनी तथा मध्यम आकार की होती हैं। जड़ का रंग पीलापन लिए होता है तथा गूदा मुलायम और सुवाष लिए होता है। फसल बुआई के ७० से ७५ दिन बाद खाने योग्य तैयार हो जाती है। मैदानी क्षेत्रों में इसकी बुआई अक्टूबर से दिसम्बर तक की जा सकती है। इस किस्म की औसत उपज ८० से १०० क्विंटल प्रति एकड़ है।

(ड़) स्नो बाल : यह एक अगेती किस्म है, जिसकी जड़ें मध्यम आकार की होती हैं। जड़ों के ऊपर वाला भाग छोटा होता है तथा पत्तियाँ गहरे हरे रंग की सीधी ऊपर की तरफ बढ़ने वाली तथा कटाव लिए होती हैं। जड़ गोल आकार की, चिकनी व पूर्ण सफेद होती है। गूदा सफेद, कुरकुरा तथा मीठी सुवाष लिए होता है।

(च) अर्ली मिलन रैड टाप : यह एक अत्यन्त अगेती किस्म है, जिसमें बुआई के ४५ दिन के बाद जड़ें खाने योग्य हो जाती हैं। जड़ें चपटे गोल आकार की होती हैं जिनका ऊपर का हिस्सा बैंगनी रंग का तथा नीचे का हिस्सा सफेद रंग का होता है। गूदा सफेद, मुलायम तथा हल्की चरपराहट लिए होता है। इसके पौधों की बढ़वार काफी सीमित होती हैं जिससे काफी संख्या में इसके पौधों को इकाई क्षेत्र में उगाया जा सकता है।

बुआई का समय और विधिः शलजम के बीजों की बुआई ठण्डे नम और गर्म नम वातावरण में की जाती है। बुआई के लिए मैदानों में खरीफ मौसम के समय अगस्त से सितम्बर तक और रबी मौसम के लिए अक्तूबर से नवम्बर का महीना उपयुक्त होता है, जबकि पर्वतीय क्षेत्रों के लिए अप्रैल से मई और जुलाई से

अगस्त उपयुक्त होता है। अच्छी उपज के लिए मेड़ों पर बुआई करना उपयुक्त माना जाता है। इसमें दो मेड़ों के बीच की दूरी ३० से ४५ से.मी. रखते हैं। बीजों का आकार इतना छोटा है कि सामान्य ढ़ंग से बुआई नहीं की जा सकती। इसके लिए बीजों को बारीक मिट्टी में मिलाकर बुआई करते हैं। एक सप्ताह बाद जब पौधे अच्छी तर उग जाए, उस समय अधिक उगे पौधों को उखाड़ कर दो पौधों के बीच की दूरी १० से १२ से.मी. कर देते हैं।

बीज दर : प्रति एकड़ दो किलोग्राम बीज की आवश्यकता होती है।

खाद एवं उर्वरक : अच्छी उपज के लिए खाद तथा उर्वरक का सही व ठीक उपयोग होना अति आवश्यक है जिसमें अच्छी तरह सड़ी गोबर या कम्पोस्ट खाद की २० टन प्रति एकड़ मात्रा उपयोग करनी चाहिए जबकि उर्वरकों में २४ किलो नाइट्रोजन (९६ किलोग्राम कैल्शियम अमोनियम नाईट्रेट २५ प्रतिशत अर्थात किसान खाद) व १२ किलोग्राम फास्फोरस (७५ किलोग्राम सिंगल सुपर फास्फेट) प्रति एकड़ के रूप में उपयोग करते हैं। इनका उपयोग खेत में अन्तिम जुताई के समय करना अच्छा रहता है, जिसमें नाइट्रोजन व फास्फोरस की पूरी मात्रा उपयोग करनी चाहिए।

सिंचाई और खरपतवार नियंत्रण : बुआई के समय खेत में नमी कम हो तो बुआई के बाद तुरन्त सिंचाई कर देनी चाहिए। इसके बाद आवश्यकतानुसार सिंचाई करनी चाहिए। यह ध्यान रहे कि पानी की कमी से मेड़े सुखने न पाएं अन्यथा जड़ों की बढ़वार रुक जायेगी। पहली सिंचाई के बाद की सिंचाइयॉ मौसम व भूमि की नमी कें अनुसार हर १० से १२ दिन के अन्तराल पर करनी चाहिए। भूमि में उपस्थित नमी गांठों के विकास और स्वाद को प्रभावित करती है।

बुआई के बाद खरपतवारों का उगना स्वाभाविक है जो खेत की उर्वराशक्ति और नमी को प्रभावित करते हैं। इसके लिए दो बार निराई करनी चाहिए। गांठों का आकार अच्छा हो इसके लिए मेड़ों पर मिट्टी चढ़ानी चाहिए। यह क्रिया दोनों मेड़ों के बीच के स्थान की गुड़ाई करके करनी चाहिए।

फसल की खुदाई व उपज : जड़ों की खुदाई करने की अवस्था फसल व किस्म पर निर्भर करती है। साधारणतया देशी किस्में देर से पकती हैं तथा यूरोपियन किस्में पक कर जल्दी तैयार हो जाती हैं। शलजम की गांठों की खुदाई उचित समय पर करनी चाहिए। जब जड़ें ६ से ७ से.मी. चौड़ाई की हो जाएं खुदाई के लिए उपयुक्त होती हैं। खुदाई में देर करने से गांठें कड़ी, रेशेदार और अन्दर से खोखली हो जाती हैं। इससे बाजारी मूल्य और स्वाद प्रभावित होता है। साधारणतः शलजम की खुदाई किस्म के आधार पर ४५ से ६० दिन में करनी चाहिए। खुदाई करने के बाद इनकी जड़ों के ऊपर लगी मिट्टी को साफ करके

बाजार में बेचने के लिए भेज देना चाहिए। प्रति एकड़ खेत से ८० से ९० क्विंटल गांठे प्राप्त होती हैं।

फसल संरक्षण

जड़ वाली सब्ज़ियों की कीड़ों से रक्षा एवं नियन्त्रण

चेपा (माहू या अल) : सभी जड़ वाली फसलों में केवल यही कीट हानि करता है। इस कीट के बच्चे व प्रौढ़ के आक्रमण से पत्तियॉ मुड़ जाती हैं। ये पत्तियों की निचली सतह पर जूँ की तरह दिखाई देते हैं व पत्तियों का रस चूसते रहते हैं। इसका अधिक आक्रमण मूली में बीज के लिए बोई गई फसल की फलियों पर होता है जिससे बीज ठीक से नही बन पाते हैं। अधिक आक्रमण होने पर किसानों को बहुत आर्थिक हानि होती है।

नियन्त्रण : आक्रमण शुरु होने पर कीटग्रस्त टहनियों को तोड़ कर नष्ट कर देना चाहिए। अधिक आक्रमण होने पर २५० से ४०० मि० ली० मिथाइल डेमेटान (मेटासिस्टाक्स) २५ ई० सी० या डाइमेथोऐट (रोगोर) ३० ई० सी० को २५० से ४०० लीटर पानी में मिला कर प्रति एकड़ फसल पर छिड़काव करें।

नोट : सिंगरों के लिए उगाई गई फसल पर २५० से ४०० मि० ली० मैलाथियान (सायथियान) ५० ई० सी० को २५० से ४०० लीटर पानी में मिला कर प्रति एकड़ फसल पर छिड़कें।

जड़ वाली सब्ज़ियों की बीमारियाँ व नियंत्रण

(क) पत्तों का धब्बा रोग (आल्टरनेरिया ब्लाईट) : इस बिमारी के आक्रमण से पत्तियों पर भूरे रंग के गोल धब्बे चारों ओर पीलेपन लिए हुऐ बन जाते हैं। इन धब्बों पर चक्रदार रेखाऐं बन जाती हैं।

नियंत्रण : इसकी रोकथाम के लिए खेत में सफाई रखें। खरपतवार जैसे हिरनखुरी व सांठी के पौधों को बिल्लकुल खत्म कर दें। फसल पर १० से २० दिन के अन्तर पर ४०० ग्राम इण्डोफिल एम०–४५ या कापर आक्सीक्लोराइड (ब्लाईटाक्स–५०) नामक दवा को दो सौ लीटर पानी में घोल कर प्रति एकड़ की दर से छिड़काव करें।

नोट : इन सब्ज़ियों की खुदाई करने से एक सप्ताह पहले दवा का छिड़काव करना बन्द कर देना चाहिए।

(ख) आर्द्रगलन : इस बीमारी के कारण बीज जमने से पहले या जमने के बाद पौधे मर जाते हैं। इसकी रोकथाम के लिए बुआई से पहले बीज को २.५ ग्राम कैप्टान या थायरम नामक दवा प्रति किलोग्राम बीज की दर से उपचार करना चाहिए।

५

गोभी वर्गीय सब्ज़ियाँ

(क) फूलगोभी
CAULIFLOWER

गोभी वर्गीय सब्ज़ियों में फूलगोभी सबसे महत्त्वपूर्ण एवम् पौष्टिक सब्ज़ी है। यह शीतकाल में उगाकर एक अधिक उत्पादन देने वाली व लाभकारी सब्ज़ी है। भारत में फूलगोभी की खेती व्यावसायिक स्तर पर करीब ३.०४ लाख हेक्टेयर भूमि में की जाती है। देश में फूलगोभी का वर्तमान उत्पादन करीब ५०.० लाख टन है। हरियाणा प्रदेश में फ़ूलगोभी को १२००० हेक्टेयर भूमि में उगाया जाता है तथा वार्षिक उत्पादन लगभग २.२१ लाख टन है। मैदानी भागों में इस फसल की खेती जुलाई माह से ही प्रारम्भ हो जाती है। फूलगोभी की फसल से लगातार आठ महीने (सितम्बर से अप्रैल) तक सब्ज़ी प्राप्त होती रहती है। अन्य सब्ज़ियों की तुलना में इसमें प्रोटीन (५.१ प्रतिशत) व वसा (१.३ प्रतिशत) अधिक मिलता है। इसमें विटामिन बी भी पर्याप्त मात्रा में मिलता है। फूलगोभी से सब्ज़ी के अलावा अचार, पकौड़े, परांठे आदि बनाये जाते हैं। इसे बेमौसम में खाने हेतु सुखाकर भी सुरक्षित रख सकते हैं जिससे इसकी काफी मांग रहती है। इसकी अगेती, मध्यम तथा देर से तैयार होने वाली तीनों वर्गों की खेती की जाती है। यह एक बहुत आमदनी वाली फसल है। फूलगोभी उत्पादकों को इस फसल के प्रति सामान्य शिकायत रहती है कि कभी–कभी फूलगोभी अच्छी नहीं होती या बिल्कुल नहीं होती जिसका मुख्य कारण इस फसल की विभिन्न किस्मों का चयन के प्रति उनकी पूर्ण जानकारी न होना है। अतः अधिक उपज के लिए मौसम के अनुसार उचित किस्म का चयन करके ठीक समय पर बुआई और पौध रोपाई करना अति आवश्यक है।

जलवायु : फूलगोभी की अच्छी वृद्धि **एवं** उपज के लिए ठण्ड व नम जलवायु होना आवश्यक है। अच्छे अंकुरण एवं उचित विकास के लिए १५ से २२° सें. ग्रे. तापमान काफी उपयुक्त है। अधिक **तापमान** होने पर फूल भुरभुरे, रोयेदार,

पत्तीदार, ढीले तथा पीले हो जाते हैं। यदि वृद्धि के समय आवश्यकता से कम तापमान हो तो फूल में परिपक्वता देर से आती है तथा आकार काफी छोटा हो जाता है। इससे फूलगोभी का बाजार भाव कम मिलता है। गर्म व शुष्क जलवायु में फूल छोटा व कड़ा हो जाता है।

भूमि : फूलगोभी की अच्छी पैदावार के लिए उपजाऊ, जीवांशयुक्त, अच्छे जल निकास वाली बलुई दोमट या दोमट भूमि उपयुक्त है। फूलगोभी अधिक अम्लीय एवं अधिक क्षारीय भूमि के प्रति काफी संवेदनशील है। अतः अधिक उपज के लिए ५.५ से ६.५ पी.एच.मान वाली भूमि का ही उपयोग करना चाहिए। यदि भूमि का पी. एच.मान ५.५ से कम है तो मिट्टी में आवश्यकतानुसार चूना तथा पी.एच.मान ७.० से अधिक होने पर मिट्टी में बोरेक्स मिलाना काफी लाभकारी रहता है। अच्छी उपज के लिए भूमि का पी.एच.मान ६.०–७.० के बीच होना चाहिए। अगेती फूलगोभी की खेती के लिए बलुई दोमट मिट्टी उपयुक्त है परन्तु मध्यम भारी मिट्टी विशेष उपयुक्त होती है, क्योंकि ऐसी भूमि में नमी अधिक समय तक बनी रहती है। हल्की मिट्टी में जब तक कि बहुत अधिक गोबर की खाद न दी गई हो तब तक इसकी खेती के लिए विशेष उपयुक्त नहीं रहती है।

भूमि की तैयारी : भूमि की एक जुताई मिट्टी पलटने वाले हल से करें और तीन–चार बार देशी हल चला दें। प्रत्येक जुताई के बाद सुहागा अवश्य लगाएं ताकि मिट्टी समतल, मुलायम और भुरभुरी हो जाए।

प्रमुख उन्नत किस्में : फूलगोभी की किस्में, बुआई के साथ–साथ तापक्रम, प्रकाश अवधि इत्यादि के प्रति संवेदनशील होती हैं। अतः उपयुक्त समय पर उचित किस्म बोने से अच्छी उपज प्राप्त की जा सकती है। उदाहरण स्वरूप यदि अगेती किस्मों की बुवाई देर से की गई तो फूल छोटे, भुरभुरे एवं रोयेदार हो जाते हैं तथा यदि पछेती किस्मों की बुवाई पहले कर दी गई हो तो पौधों में पत्तियां अधिक हो जाती हैं और फूल बहुत देर में बनता है। उन्नतशील किस्में उगाये जाने के आधार पर फूलगोभी को क्रमशः अगेती, मध्यम एवं पछेती वर्गो में विभाजित किया गया है। प्रत्येक वर्ग में उपवर्ग भी हैं। इस प्रकार के वर्गीकरण के आधार पर फूलगोभी की चार फसलें सम्भव हो सकती हैं। अतः किसान भाइयों को किस्में चुनते समय इन बातों पर ध्यान देना चाहिए।

१. प्रथम वर्ग

(क) अगेती किस्में : इस वर्ग के अंतर्गत आने वाली किस्मों से सितम्बर से मध्य अक्टूबर तक फूल (शीर्ष) प्राप्त होते हैं। इस वर्ग की मुख्य विकसित किस्में निम्नलिखित हैं :

१. **अर्ली कुंवारी** : इसके फल गठे हुए छोटे आकार व सफेद हल्के रंग के होते हैं। इसके फूल की पैदावार लगभग ४० क्विंटल प्रति एकड़ होती है।

२. **पूसा अर्ली सिंथेटिक** : यह भारतीय कृषि अनुसंधान संस्थान पूसा, नई दिल्ली द्वारा विकसित एक अगेती किस्म है। इसके फूल छोटे आकार के ठोस व सफेद रंग के होते हैं। इस किस्म की फूलगोभी ५० से ६० क्विंटल प्रति एकड़ उपज देती है।

(ख) पछेती किस्में : इससे मध्य अक्तूबर से मध्य नवम्बर माह तक फूल प्राप्त होते हैं। कुछ उपयुक्त किस्में निम्नलिखित हैं :

१. पूसा कार्तिकी : इसके फूल ठोस, छोटे आकार के और सफेद हल्के रंग के होते हैं। इस किस्म से औसतन ५० क्विंटल फूल प्रति एकड़ प्राप्त होते हैं।

२. पूसा दीपाली : इस उपवर्ग की यह बहुत ही महत्वपूर्ण किस्म है। इसके पौधे सीधे खड़े आकार के होते हैं। इसके फूल मध्यम आकार के ठोस व गठे और सफेद रंग के होते हैं। इसके फूल अक्तूबर माह से नवम्बर तक उपलब्ध होते हैं। इस किस्म से औसतन प्रति एकड़ ६० से ७० क्विंटल तक फूल मिल सकते हैं। इसकी रोपाई का उपयुक्त समय मध्य जुलाई है। इसकी पत्तियाँ फूलो को ढक कर रखती हैं।

३. पंतगोभी–२ : इस किरग को कृषि विश्वविद्यालय, पंतनगर द्वारा विकसित किया है। इसके फूल अक्टूबर के महीने में उत्तरी भारत के मैदानी क्षेत्रों में उपलब्ध होते हैं जिनके लिए पौध जून के मध्य में तैयार की जाती हैं। इसकी औसत उपज ४० क्विंटल प्रति एकड़ है। इसे उत्तर भारत के मैदानी क्षेत्रों में सुगमतापूर्वक उगाया जा सकता है।

४. पंत गोभी–३ : इस किस्म को भी गोबिन्द बल्लभ पंत कृषि एवं प्रौद्योगिक विश्वविद्यालय, पंतनगर द्वारा विकसित किया गया है। उत्तर भारत के मैदानी क्षेत्रों में इसके फूल सितम्बर माह में उपलब्ध होते हैं जिसके लिए पौध मई के मध्य में तैयार की जाती हैं। इसकी औसत उपज ६० क्विंटल प्रति एकड़ है। इसके पौधे लम्बे और कम पत्तियों वाले होते हैं। फूल (कर्ड) क्रीमी सफेद रंग के, मध्यम रुप से गठे हुए होते हैं तथा इनमें रिसिनेस की समस्या नही आती है।

२. द्वितीय वर्ग

इस वर्ग में मध्यम समय की अगेती व पछेती दोनों किस्में आती हैं जिनसे नवम्बर– दिसम्बर–जनवरी तक उपज मिलती रहती है। प्रथम वर्ग की किस्में लगाते समय मौसम साधारणतया गर्म और नम होता है परन्तु इस वर्ग को उगाते समय मौसम ठण्डा होने लगता है। इस वर्ग की मुख्य विकसित किस्में निम्नलिखित हैं :

१. **इम्प्रूवड जापानीज़** : इस किस्म को भारतीय कृषि अनुसंधान संस्थान, नई दिल्ली द्वारा विकसित किया गया है तथा अखिल भारतीय समन्वित सब्ज़ी विकास परियोजना के अन्तर्गत भारत में गंगा के मैदानी क्षेत्रों में उगाने के लिए अनुमोदित किया गया है। इसके पौधे सीधी बढ़वार वाले तथा आसमानी रंग की पत्तियों वाले होते हैं। इसके पौधे अधिक तापक्रम सहन नही कर सकते। इनके पौधों के रोपण का उपयुक्त समय मध्य अगस्त है। फूल (शीर्ष) गठे हुए ठोस तथा सफेद रंग के होते हैं और नवम्बर के अंत से दिसम्बर तक तैयार हो जाते हैं। इसकी औसत उपज ६० क्विंटल प्रति एकड़ होती है।

२. **पूसा सिंथेटिक** : यह एक नई विकसित किस्म है। इसके पौधे बड़े आकार के चौड़े पत्तों वाले होते हैं व फूल बड़े, मध्यम आकार के ठोस और सफेद रंग के होते हैं। इसके पौधे का रोपण सिताम्बर गाह में किया जाता है। फूल कटाई के लिए मध्य जनवरी तक तैयार हो जाते हैं। इस किस्म से लगभग ६० क्विंटल प्रति एकड़ उपज प्राप्त होती है।

३. **हिसार–१** : चौ० चरण सिंह हरियाणा कृषि विश्वविद्यालय, हिसार द्वारा विकसित यह एक अधिक उपज देने वाली किस्म है। इसके पौधे का आकार पूसा सिंथेटिक किस्म जैसा ही है। इसके फूल खड़े आकार के ठोस, गठे और सफेद रंग के होते हैं। इस किस्म में फूल की पत्तियों द्वारा ढ़के रहने का गुण भी होता है व औसत पैदावार ६० से ८० क्विंटल प्रति एकड़ होती है।

४. पन्त शुभ्रा : पौध रोपण सितम्बर माह में करते हैं। इसकी पत्तियाँ फूल को ढ़के हुए तिरछी खड़ी होती है। इसके फूल क्रीमी रंग के एवं सख्त होते हैं।

५. पूसा शुभ्रा : इसकी रोपाई का उचित समय सितम्बर का अन्तिम सप्ताह है। कटाई के लिए इसके फूल मध्य जनवरी में तैयार हो जाते हैं। यह किस्म पत्तों के काला गलन रोग के प्रति अवरोधी है।

६- **सलैक्शन-७**: भारतीय कृषि अनुसंधान संस्थान, कटराई द्वारा विकसित यह एक नई किस्म है। इसके फूल मध्यम आकार के, ठोस सफेद पत्तियों वाले और चमकीले सफेद रंग के होते हैं। इस किस्म के फूल पत्तियों से ढके रहते हैं जिसके कारण इसका रंग अधिक सफेद होता है। इस किस्म की औसत पैदावार ६० क्विंटल प्रति एकड़ होती है।

७. **सलैक्शन–२३५ एस** : फूल गोभी की इस किस्म को गोविन्द बल्लभ पंत कृषि एवं प्रौद्योगिक विश्वविद्यालय, पंतनगर द्वारा विकसित किया गया है तथा अखिल भारतीय समन्वित सब्जी विकास परियोजना द्वारा इसे उत्तर भारत के मैदानी क्षेत्रों में उगाने के लिए अनुमोदित किया गया है। इसके फूल मध्य अक्टूबर तक तैयार हो जाते हैं, जिसके लिए पौध जुलाई महीने में डालते हैं तथा रोपण मध्य अगस्त तक करते हैं। औसत उपज ६० से ६५ क्विंटल प्रति एकड़ है।

८. **पूसा हिमज्योति :** इस किस्म को भारतीय कृषि अनुसंधान संस्थान, नई दिल्ली के क्षेत्रीय केन्द्र, कटराई द्वारा विकसित किया गया है। इसके पौधे उपर की तरह बढ़ने वाले तथा पत्तियां नीले हरे रंग की होती हैं। अन्दर की पत्तियां शीर्ष को अच्छी प्रकार से ढके रहती हैं। फूल काफी सफेद रंग के होते हैं और तैयार होने के काफी समय तक उसी अवस्था में बने रहते हैं। इस किस्म को पहाड़ी क्षेत्रों में (१००० मीटर समुद्र की ऊँचाई तक) बसन्त–ग्रीष्म के समय में उगाने के लिए अनुमोदित किया गया है।

९. **पूसा अगहनी :** इस किस्म को भारतीय कृषि अनुसंधान संस्थान, नई दिल्ली द्वारा विकसित किया गया है। इसकी फसल नवम्बर–दिसम्बर तक तैयार हो जाती है जिसके लिए पौधशाला में बीजों की बुआई जुलाई के अंतिम सप्ताह से १५ अगस्त तक करते हैं। इसके फूल (कर्ड) बड़े आकार के ठोस व सफेद रंग के होते हैं। इसकी औसत उपज ६० से ६५ क्विंटल प्रति एकड़ है।

१०. पंत गोभी–४ : यह एक प्रभावी किस्म है, जिसे गोविन्द बल्लभ पंत कृषि एवं प्रौद्योगिक विश्वविद्यालय पंतनगर द्वारा विकसित किया गया है। इसके पौधे मध्यम बढ़वार वाले तथा पत्तियां उपर की तरफ बढ़ने वाली होती हैं। फूल गोल, क्रीमी सफेद रंग के तथा ठोस होते हैं। इसमें रिसिनेस की समस्या नही आती है। यह नवम्बर माह में तैयार होने वाली किस्म है ज़िसमें बीज बुआई से फूल बनने तक ११५ से १२० दिन का समय लगता है। यह किस्म इम्प्रूव्ड जापानीज की तुलना में २० प्रतिशत अधिक उपज देती है तथा एक पखवाड़े पहले ही तैयार हो जाती है। इस किस्म को उत्तर भारत के पहाड़ी तथा मैदानी दोनों क्षेत्रों में उगाने के लिए उपयुक्त पाया गया है।

११. पंजाब जाइण्ट–२६ : इस किस्म को पंजाब कृषि विश्वविद्यालय, लुधियाना द्वारा विकसित किया गया है। इसके पौधों की ऊँचाई लगभग ५७ सें. मी. होती है। फूल मध्यम आकार के, ठोस तथा सफेद रंग के होते हैं।

३. तृतीय वर्ग

इस वर्ग में फूलगोभी की पछेती स्नोबाल वर्ग की किस्में आती है, जिनसे मार्च–अप्रैल माह तक उपज प्राप्त होती है। इस वर्ग की अधिक पैदावार देने वाली विकसित किस्में निम्नलिखित है :

१. **स्नोबाल-१६ :** इसके पौधे छोटे आकार के, कम पत्तियों वाले तथा फूल मध्यम आकार के ठोस, चमकीले सफेद रंग के होते हैं। इसके रोपण का समय मध्य नवम्बर है जबकि कटाई फरवरी से मार्च तक करते हैं। इसकी औसतन पैदावार ६० से ८० क्विंटल प्रति एकड़ तक होती है।

२. **पूसा स्नोबाल-१ :** यह भारतीय कृषि अनुसंधान संस्थान, कटराई द्वारा विकसित किस्म है जिसके फूल मध्यम आकार के चमकीले सफेद रंग के होते हैं। इस किस्म की फूलगोभी की औसत उपज ६० से ८० क्विंटल प्रति एकड़ है।

३. **पूसा स्नोबाल के-१ :** यह किस्म काला गलन रोग के प्रति सहिष्णु है। इसकी भीतरी पत्तियां फूल को ढ़क कर रखती हैं। रोपाई का उचित समय नवम्बर का प्रथम पखवाड़ा है।

४. **पूसा स्नोबाल–२ :** इस किस्म को बाहर से आयातित लाइन ई. सी. १२०१२ से चयन करके भारतीय कृषि अनुसंधान संस्थान, नई दिल्ली के क्षेत्रीय केन्द्र, कटराई द्वारा विकसित किया गया है। इस किस्म के पौधों की बाहरी पत्तियाँ उपर की तरफ बढ़ने वाली तथा अन्दर की पत्तियां फूल को अच्छी प्रकार से ढके रहती हैं। इसके फूल गठे हुए, ठोस तथा सफेद रंग के होते हैं। उत्तरी भारत में इसके बीजों को पौधशाला में बोने का उपयुक्त समय सितम्बर के अंतिम सप्ताह से अक्टूबर तक होता है तथा रोपाई का कार्य अक्टूबर से लेकर मध्य नवम्बर तक किया जा सकता है। फसल जनवरी के अंत तक तैयार हो जाती है। यह पूसा स्नोबाल–१ की तुलना में एक सप्ताह देर से तैयार होती है। इसकी औसत उपज ६० क्विंटल प्रति एकड़ है।

संकर किस्में

भारतीय कृषि अनुसंधान संस्थान पूसा, नई दिल्ली ने हाल ही में फूल गोभी की एक संकर किस्म विकसित की हैं जो निम्नलिखित हैं :

पूसा हाइब्रिड-२ : यह संकर जाति डाउनी मिल्डयू के प्रतिरोधक है तथा ब्लैक राट (गलन रोट) के सहनशील है। इसकी उपज ८० से १२० क्विंटल प्रति एकड़ है।

इसके अतिरिक्त निजी संस्थाओं ने भी कई संकर जातियों का विकास किया है जिन्हें उत्तर भारत में उगाया जाता है। वे इस प्रकार हैं :

१. **हिमानी :** यह किस्म रोपाई के ४५ दिन बाद तैयार हो जाती है। इसके फूल ठोस एवं क्रीमी रंग के होते हैं। यह शीघ्र तैयार होने वाली तापमान के प्रति अत्यन्त सहनशील किस्म है। इसके प्रत्येक फूलो का वजन ४०० से ६०० ग्राम तक होता है व पौधे मध्यम आकार के तथा सीधे होते हैं।

२. **स्वातिः** यह किस्म रोपाई से ५१ दिन बाद तैयार होती है। इसके प्रत्येक फूल का औसत वजन ५०० से ७०० ग्राम तक होता है तथा पौधे के गुण हिमानी जैसे ही होते है। ये दोनो किस्में इण्डो अमेरीकन हाईब्रिड सीड्स, बंगलौर द्वारा विकसित की गई हैं। उत्तरी मैदानी क्षेत्र में इनके बुवाई का सही समय अप्रैल अन्त से मई अन्त तक तथा दक्षिणी मैदानी क्षेत्र में अप्रैल–मई या जून–जुलाई है।

वैज्ञानिक विधि द्वारा पौध तैयार करना : फूलगोभी की पौध तैयार करने में विशेष सावधानी रखनी पड़ती है। पौध तैयार करने के लिए अच्छा जल–निकास वाली उपजाऊ भूमि का चयन करना चाहिए। इस तरह की भूमि में २.५ × १.० मीटर की १५ से २० क्यारियॉं तैयार कर लगभग ३०० से ३५० ग्राम बीज बोया जा सकता है। क्यारियॉं जमीन से १० से १५ सें.मी. ऊपर उठी हुई तथा दो क्यारियों के बीच लगभग ३० सें.मी. चौड़ी नाली अवश्य रखें ताकि वर्षा का पानी शीघ्र निकल जाये। क्यारियों में लगभग ८ सें. मी. ऊपरी सतह में सड़ी गोबर की खाद या पत्ती की सड़ी खाद पर्याप्त मात्रा में मिला दें व इसके पश्चात् क्यारियों को समतल कर २.५ से ४.० सें.मी. की दूरी पर कतारों में बीज बोया जाता है। बीज को ३/४ भाग सड़ी गोबर की खाद व १/४ भाग मिट्टी में ढक देना चाहिए। एक एकड़ खेत की रोपाई हेतु लगभग १०० वर्ग मीटर की नर्सरी की आवश्यकता होती है। इन क्यारियों को धूप व वर्षा से बचाने के लिए घास–फूस से ढक दें। यदि सिंचाई की आवश्यकता हो तो फुहारेदार "हजारे" से ही सिंचाई करें। अगेती किस्मों को अधिक वर्षा व धूप से सुरक्षित रखने के लिए क्यारियें को "सिरकी" से सुविधानुसार ढक देना चाहिए। अगेती फूलगोभी की स्वस्थ पौध तैयार करने के लिए निम्नलिखित बातों पर ध्यान देना आवश्यक है :

- बीज सही मात्रा में उचित समय पर बोएं।
- नर्सरी में बुआई के लिए दोमट या रेतीली दोमट भूमि ठीक रहती है। उसमें पानी के निकास का उचित प्रबंध होना चाहिए।
- बुआई के समय भूमि में अच्छी नमी होनी चाहिए।
- क्यारियाँ चारों तरफ उठी तथा मध्य में बैठी होनी चाहिए। इन क्यारियों की चौड़ाई १०० सें.मी. तथा लंबाई सुविधानुसार रखें। क्यारियों के बीच में ३० सें. मी. चौड़ा रास्ता रखें ताकि पानी लगाने, खरपतवार निकालने और पानी के निकास के समय असुविधा न हो।
- दवा से उपचारित करने के बाद बीज में थोड़ी रेत मिला लेनी चाहिए ताकि बुआई के समय एक स्थान पर अधिक बीज न पड़े। बीज एक सें.मी. की गहराई पर और ८ से १० सें. मी. की दूरी पर कतारों में बोएं।
- बोने से पहले १०० ग्राम बीजों को एक ग्राम एमिसान, सेरेसान या कापर आक्सीक्लोराइड से उपचारित कर लें।
- बुआई के बाद बीज को अच्छी तरह पकी हुई गोबर की खाद की हल्की परत से ढक दें तथा फिर हजारे से पानी दें। पानी एक दिन में दो बार सुबह व शाम देना चाहिए।

- पौध को फफूंदी से होने वाले रोगों से बचाने के लिए ०.१ प्रतिशत ब्रासीकाल या ०.२ प्रतिशत कैप्टान या डाइफोलाटान के घोल से सिंचाई करनी चाहिए।
- पौध को अधिक गर्मी व बरसात से बचाने के लिए क्यारियों को दोपहर के समय छप्पर आदि से ढक देना चाहिए।
- रोपाई के एक सप्ताह पहले पौध की सिंचाई और उसको ढकना बंद कर दें। ऐसा करने से पौधों में अवरोध शक्ति बढ़ जाती है। खरपतवार शुरू से ही निकालते रहें।

बीज की मात्रा और बुवाई का समय

फूलगोभी की पौध तैयार करने के लिए विभिन्न वर्गों की बुवाई का समय और बीज की मात्रा निम्नलिखित है :

स०	वर्ग	बुआई का समय	बीज की मात्रा (ग्राम प्रति एकड़)
१.	प्रथम वर्ग (अगेती)	मई से जून	३००–३५०
२.	प्रथम वर्ग (पछेती)	जून से जुलाई	३००–३५०
३.	द्वितीय वर्ग	मध्य जुलाई से अगस्त का पहला सप्ताह	२५०–३००
४.	तृतीय वर्ग	अक्तूबर से नवम्बर का पहला सप्ताह	२५०–३००

रोपाई : फूलगोभी की पौध जब ४ से ५ सप्ताह की हो जाए तो उसकी रोपाई कर देनी चाहिए। इससे ज्यादा दिनों की पौध लगाने से फूल देर में, खराब और छोटे आकार के बनेगें। अगेती फूलगोभी की पौध को डोलियों पर लगाएं ताकि वर्षा अधिक होने पर पौधों को नुकसान न पहुंचे। खेत में कतारों की दूरी ४५ सें.मी. तथा एक पौधे से दूसरे पौधे की दूरी ३० सें.मी. होनी चाहिए। पौध शाम को लगाएं और रोपाई के तुरंत बाद सिंचाई करना आवयश्क है।

रोपाई की दूरी : निम्नलिखित कतार व पौध की आपस की दूरी रखी जानी चाहिए।

अगेती किस्म = ४५ x ३० सें.मी. क्रमशः
मध्यम वर्गीय किस्म = ६० x ६० सें.मी. क्रमशः
पछेती किस्म = ४५ x ४५ सें.मी. क्रमशः
संकर किस्म = ६० x ४५ सें.मी. या ६० x ३० सें.मी. क्रमशः

मध्यम समय में उगायी जाने वाली प्रजातियों के लिए समतल क्यारियों में यह दूरी क्रमशः ६० सें.मी. x ६० सें.मी. और पछेती प्रजातियों लिए समतल क्यारियों में यह दूरी क्रमशः ४५ सें.मी. x ४५ सें.मी. रखना ठीक होता है। दूरी में यह विभिन्नता केवल मौसम के अनुसार की जाती है क्योंकि जैसे–जैसे ठंडक बढ़ती जाती है वैसे–वैसे पौधों की बढ़वार अधिक होती है। इससे पत्तियाँ भी अधिक निकलती हैं और फूलगोभी भी अपेक्षाकृत बड़े आकार की बनती हैं।

खाद एवं उर्वरक : फूलगोभी भूमि से अधिक मात्रा में पोषक तत्व ग्रहण करती है। अतः अच्छी फसल तथा अधिक पैदावार के लिए पर्याप्त मात्रा में खाद व उर्वरक देना आवश्यक है। अगेती की अपेक्षा पछेती फसल में खाद व उर्वरकों की अधिक आवश्यकता होती है परन्तु यह मात्रा भूमि की उर्वरा शक्ति पर भी निर्भर करती है। अतः खाद व उर्वरक की उचित मात्रा की जानकारी के लिए मिट्टी का परीक्षण आवश्यक है। गोभी की अच्छी फसल प्राप्त करने के लिए यदि मृदा परीक्षण न हो तो खेत की तैयारी के समय २० टन सड़ी गोबर की खाद प्रति एकड़ की दर से डालें। इसके अतिरिक्त ५० किलोग्राम नाइट्रोजन (२०० किलोग्राम कैल्शियम अमोनियम नाईट्रेट २५ प्रतिशत अर्थात किसान खाद), २० किलोग्राम फास्फोरस (१२५ किलोग्राम सिंगल सुपर फास्फेट) और २० किलोग्राम पोटाश (३२ किलोग्राम म्यूरेट आफ पोटाश) प्रति एकड़ की दर से डालना चाहिए। फास्फोरस तथा पोटाश की पूरी मात्रा व नाइट्रोजन की एक तिहाई मात्रा रोपाई से पहले पौध लगाने वाले स्थान पर मिट्टी में मिला दें और नाइट्रोजन की एक तिहाई मात्रा पौध लगाने के एक माह बाद दें। नाईट्रोजन की शेष मात्रा फूल आते समय दें। उर्वरक देने के बाद हल्की सिंचाई अवश्य करें। खड़ी फसल में उर्वरक का प्रयोग करते समय यह ध्यान रखें कि उर्वरक पौधों पर न पड़ने पाये तथा उर्वरक प्रयोग करते समय भूमि में पर्याप्त नमी हो अन्यथा पौधों के मरने की सम्भावना रहती है। उर्वरक को शाम के समय ही प्रयोग करना अच्छा रहेगा। इसके अलावा सूक्ष्म तत्वों की कमी से उत्पन्न विकृतियों से बचने के लिए ४ से ५ कि.ग्रा. बोरेक्स एवं ४०० से ६०० ग्राम अमोनियम मालीब्डेट प्रति एकड़ की दर से रोपाई के समय उर्वरकों के साथ मिलाकर देना चाहिए। प्रायः बोरान व मालीब्डेनम तत्व की भूमि में कमी के फलस्वरूप फूलगोभी की पैदावार पर बुरा प्रभाव पड़ता है। बोरान की कमी होने पर फूल तथा तने पर हल्के घब्बे बन जाते हैं जो धीरे–धीरे बढ़कर फूल पर जंग की तरह भूरे धब्बे पैदा करते हैं। इससे फूल भूरा, छोटा और कड़ुवा हो जाता है। मालीब्डेनम की कमी से पत्तियाँ सिकुड़ कर फीते के आकार की हो जाती है।

सिंचाई : पौध की अच्छी वृद्धि के लिए मिट्टी में पर्याप्त मात्रा में नमी होना अत्यन्त आवश्यक है, लेकिन सिंचाई इस प्रकार की जानी चाहिए कि जिससे पानी का जमाव पौधों की जड़ों के पास न हो। फूलगोभी की अगेती किस्मों में वर्षा होने

पर आरम्भ के दिनों में सिंचाई की आवश्यकता नहीं होती है। फूलगोभी के खेत में आवश्यकतानुसार ६ से १२ दिन के अन्तर से सिंचाई करते रहना चाहिए। फूल बनते समय खेत में नमी का होना बहुत आवश्यक है। इसके अभाव में फूल छोटे आकार के बनते हैं और पत्तियां इत्यादि भी मुरझाई दिखाई देती हैं। फूलगोभी एक उथली जड़ों वाली फसल है, अतः हल्की और नियमित सिंचाई करनी चाहिए। यदि मौसम सूखा हो तो आवश्यकतानुसार सिंचाई करनी चाहिए। फूल बनते समय नमी का रहना बहुत जरूरी है।

खरपतवार नियंत्रण : किसी एक प्रकार की रासायनिक दवा का प्रयोग करके फूलगोभी की फसल में खरपतवारों की रोकथाम की जाती है। इसके लिए फल्यूक्लोरोलिन नामक दवा ०.५ से ०.६ किलोग्राम (बासालीन ४५ प्रतिशत १ से १.३ लीटर) या एलाक्लोर १.२५ किलोग्राम (लासो ५० प्रतिशत २.५ लीटर) या पेण्डीमैथालिन ०.४ किलोग्राम (स्टोम्प ३० प्रतिशत १.३ लीटर) प्रति एकड़ की दर से प्रयोग करे। इसके बाद भी यदि खेत में खरपतवार हो जायें तो एक निराई–गुड़ाई करके उन्हें निकाल देना चाहिए। उपरोक्त दवा का २५० लीटर पानी में घोल बनाकर प्रति एकड़ की दर से प्रयोग करना चाहिए।

निराई-गुड़ाई और मिट्टी चढ़ाना : फूलगोभी की जड़ें उथली होती है, अतः गहरी गुड़ाई नहीं करनी चाहिए। पौधे रोपित करने के बाद जब पूरी तरह मिट्टी में लग जायें तब निराई करें। पौध रोपित करने के लगभग ४ सप्ताह बाद पौधों पर मिट्टी चढ़ा देनी चाहिए। फूलगोभी के खेत में अनावश्यक खरपतवारों को बढ़ने से रोकने के लिए तथा पौधे के चारों ओर की मिट्टी को हवादार बनाने के लिए खेत की दो–तीन बार गुड़ाई करना पर्याप्त है। सिंचाई के बाद गुड़ाई उस समय करनी चाहिए जब मिट्टी थोड़ी सूख जाए। निराई–गुड़ाई हमेशा उथली करनी चाहिए और इसी दौरान पौधों की जड़ों पर थोड़ी–थोड़ी मिट्टी चढ़ाते रहना चाहिए।

कटाई और उपज : फूलगोभी की अगेती किस्मों में प्रतिरोपण के ६० से ८० दिन बाद में व मध्यम किस्मों में ६० से १०० दिनों बाद फूल तैयार हो जाते हैं। पछेती किस्मों में फूल बनने में ११० से १२० दिन लग जाते हैं। जब फूल पूर्ण परिपक्व हो जाये तथा उसका रंग बदलने लगे तब उसे ठूठ सहित काट लेना चाहिए ताकि परिवहन के समय फूल की रक्षा हो सके। कटाई का कार्य प्रातः या शाम के समय करें ताकि बाजार में पहुंचने तक फूलों पर धूप न पड़े। इसकी उपज खेत की उर्वरता और किस्म पर निर्भर करती है। फूलगोभी की अगेती किस्मों से लगभग ५० से ६०, मध्य किस्मों से ६० तथा पिछेती किस्मों से ६० से १०० क्विंटल प्रति एकड़ तक उपज प्राप्त हो जाती है। जब फूल उचित आकार के हो जायें, तब उन्हें काटकर और टोकरियों में भरकर बाजार भेजने का प्रबन्ध करें।

भण्डारण : फूलगोभी के ठोस, भली–भांति परिपक्व, झुर्री रहित और रोग, कीट व चोट रहित कल्ले भण्डारण के लिए उपयुक्त हैं। फूलगोभी को ०° सें. ग्रे. तापमान पर ८५–९५ प्रतिशत आर्द्रता पर एक महीने के लिए भण्डारित किया जा सकता है।

विवर्णीकरण (फूलों को धूप से बचाना) : फूलों को धूप से बचाना बहुत आवश्यक है अन्यथा तेज धूप के कारण फूलों का रंग पीला व बदरंग हो जाता है जिससे बाजार में कीमत कम मिलती है। अन्य किस्मों की अपेक्षा अगेती किस्म में यह समस्या अधिक रहती है। फूलों को धूप से बचाने के लिए फूलगोभी के नीचे की पत्तियों को तोड़कर फूलों के ऊपर रख दें या ऊपरी पत्तियों को रबड के छल्ले से बांध दें। ऐसा करने से फूल दूधिया तथा सफेद रंग के बने रहते हैं व बाजार में अच्छी कीमत मिलती है।

फसल संरक्षण

फूलगोभी, बन्द गोभी व गांठ गोभी के हानिकारक कीड़ें व नियंत्रण

१. **डायमैंड बैक मोथ :** यह हरे रंग का छोटा कीट है जो जरा सा छुने पर एकदम से उछल पड़ता है। ये पत्तियों को खुरच–खुरच कर खाता है तथा अधिक आक्रमण होने पर सिर्फ सफेद झिल्ली छोड़ देता है। बड़े कीड़े (सूण्डियाँ) गोल सुराख बनाते हैं। इसका प्रकोप अगस्त से शुरू होता है व फसल की कटाई तक हानि होती रहती है। वास्तव में गोभी में हानि करने वाला सबसे भंयकर कीट यही है।

नियंत्रण : करीब ४०० ग्राम बेसीलस थूयरिनजिएंसिस (बायोआस्प) धु. पा. या ३०० मि०ली० डायजिनान (बासुडीन) २० ई० सी० या ६० मि०ली० डायक्लोरवास (नुवान) ७६ ई० सी० या ४०० मि०ली० मैलाथियान ५० ई० सी० या इतनी ही एण्डोसल्फान ३५ ई० सी० को २५० लीटर पानी में मिलाकर एक एकड़ फसल में छिड़काव करें। कीटनाशियाँ बदल के ७ से १० दिन के अन्तर पर यही छिड़काव करें परन्तु हर छिड़काव के पहले बाजार में ले जाने योग्य गोभी की तुड़ाई अवश्य कर लें।

२. **तम्बाकू की सूण्डी :** यह कीड़ा कहीं–कहीं आता है। छोटी सूण्डियॉ एक जगह झुण्ड के रुप में इकट्ठी रहती हैं परन्तु बड़ी होने पर सारे खेत में फैल जाती हैं। बड़ी सूण्डी पीले–भूरे रंग की होती है जो हरी से बैंगनी चकम देती है। इसका प्रकोप सितम्बर से नवम्बर तक मिलता है। सूण्डियाँ पत्तों में छेद करके रात मे अधिक हानि करती हैं। इसके आक्रमण से पौधों की बढ़वार रुक जाती है।

३. **बन्दगोभी की सूण्डी :** पूर्ण विकसित सूण्डी ३ से ४ सें.मी. लम्बी, मखमली नीले– हरे रंग की तथा शरीर पर काले धब्बे, पीली धारियां और सफेद बाल लिए होती हैं। छोटे कीड़े झुंड में बहुत जल्दी ही पत्तों को खाते हैं तथा फूल में भी चले जाते हैं। बड़ी सूण्डियाँ इधर–उधर फसल पर फैल जाती हैं और पत्तों को छलनी कर देती हैं। इस कीट का प्रकोप सितम्बर से अप्रैल तक मिलता है।

४. **कुबड़ा कीड़ा :** हरे रंग का कीड़ा (सूण्डी) लूप (कुबड़) बनाकर चलता है। इस कीड़ें की सूण्डियॉ भी बन्द गोभी की सूण्डी की तरह नुकसान करती है।

५. **चेपा :** यह कीट भारतवर्ष में हर जगह फसल पर लगता है। इस कीट के शिशु व प्रौढ़ हरे रगं के होते हैं तथा शक्ल में आपस में मिलते हैं परन्तु आकार में शिशु छोटे तथा प्रौढ़ बड़े होते हैं। इस कीट का प्रकोप फरवरी से मार्च तक अधिक होता है। ये कीट पत्तियों, मुलायम तनों तथा गोभी के फूलों से रस चूसते हैं, जिससे पत्तियां पीली पड़ जाती है तथा पौधें मर जाते हैं। गोभी के फूलों से रस चूसने के कारण फूल का रंग भी खराब हो जाता है और फफूंदी लग जाती है, क्योंकि चेपा द्वारा एक चिपचिपा पदार्थ निकलता है वो इस फफूंद को आकर्षित करता है।

नियंत्रण : ऊपर लिखे क्रमांक २ से ५ तक कीड़ों की रोकथाम के लिए ४०० मि०ली० मैलाथियान (सायथियान) ५० ई०सी० या ४०० मि०ली० एण्डोसल्फान (थायोडान या थायोटाक्स) ३५ ई०सी० को २५० लीटर पानी में घोलकर प्रति एकड़ फसल पर छिड़काव करें। आवश्यकतानुसार दस दिन के अन्तर पर फिर दवा बदल कर छिड़काव को दोहराना चाहिए।

गोभी वर्गीय सब्ज़ियों की बीमारियाँ व नियंत्रण

१. **ब्लैक राट (गलन रोग) :** अंग्रेजी भाषा के वी (V) के आकार के पीले धब्बे पत्तों के किनारों पर दिखाई देते हैं जो बाद में गहरे–काले व भूरे हो जाते हैं। पत्तों की नाड़ें काली पड़ जाती हैं और पत्ते सूखकर गिर जाते हैं।

नियंत्रण : हमेशा बीज ऐसे क्षेत्र से प्राप्त करें जो जीवाणुज रोग से मुक्त हों और पौध भी रोगरहित हों। बिजाई से पहले २.५ ग्राम एमिसान या कैप्टान या थायरम नामक दवा प्रति किलो ग्राम बीज की दर से उपचार करना चाहिए। फसल पर ०.०२ प्रतिशत स्ट्रैप्टोसाईक्लीन (२०० मि. ग्रा. को एक लीटर पानी में) तथा ०.१ प्रतिशत कापर आक्सीक्लोराईड (ब्लाईटाक्स–५० एक ग्राम दवा प्रति लीटर पानी) के २ से ३ छिड़काव करें। फसल की कटाई के बाद बचे हुए रोगग्रस्त पौधे व कूड़े–कचरे के ढेरों को जलाकर नष्ट कर देना चाहिए।

२. **डाऊनी मिल्डयू :** इस रोग के प्रकोप से छोटे पिन के आकार के अनेक धब्बे बन जाते हैं जो बाद मे आपस में मिलकर बड़ा रूप ले लेते हैं और उनका रंग पीला– सफेद हो जाता है। अत्याधिक रोग–ग्रस्त पत्तियां सूख जाती है एवं

रोग की उग्र अवस्था में फूल भी भूरे हो जाते हैं। असामयिक बारिश रोग की उग्रता बढ़ाने में सहायक होती है।

नियंत्रण : बीमारी के लक्षण दिखाई देने पर ४०० ग्राम मैन्कोजेब (इण्डोफिल एम–४५) प्रति एकड़ को २०० लीटर पानी में मिलाकर लगभग १० से १२ दिन की अवधि पर ३–४ बार छिड़कें। कोई चिपकने वाला पदार्थ, जैसा कि प्याज व लहुसन की बीमारी में बताया गया है अवश्य ही दवा व पानी के घोल में मिलाना चाहिए।

३. **आर्द्रगलन या पदगलन :** यह रोग अधिकांशतः पौधशाला में ही लगता है। इस रोग के कारण कभी–कभी पूरा बीज सड़ जाता है जिससे अंकुर भूमि से बाहर नहीं निकल पाता तथा यदि अंकुर निकल भी जाता है तो अंकुरण के बाद तने का निचला हिस्सा जो भूमि की सतह से लगा रहता है सड़ जाता है, जिसके फलस्वरूप पौधे यहीं से झुककर गिर जाते हैं। इस रोग से कभी–कभी पूरी नर्सरी समाप्त हो जाती है।

नियंत्रण : फसल की बिजाई से पहले बीज को २.५ ग्राम एमिसान या कैप्टान प्रति किलोग्राम बीज की दर से उपचार करें। पौधों के निकलने पर ०.२ प्रतिशत कैप्टान के घोल (२ ग्राम दवा प्रति लीटर पानी) का बिजाई के तीसरे व दसवें दिन छिड़काव करें। नर्सरी तथा रोगी खेत में तीन वर्ष का फसल–चक्र अपनाना चाहिए।

४. **आल्टरनेरिया अंगमारी :** इस रोग के आक्रमण से पत्तों पर गोल आकार के पीले – भूरे धब्बे बन जाते हैं। बीज वाली फसल की फलियों पर भी भूरे रंग के धब्बे बनते हैं।

नियंत्रण : इस रोग की रोकथाम के लिए वही उपाय अपनाएं जो कि डाऊनी मिल्डयू के लिए बताया गया है।

(ख) पत्तागोभी
CABBAGE

गोभी वर्गीय सब्ज़ियों में पत्ता गोभी का दूसरा स्थान है। इसका प्रयोग सब्ज़ी, सलाद, अचार आदि के लिए बहुत किया जाता है। यह पाचन शक्ति को बढ़ाती है तथा इसके सेवन से मधुमेह रोगियों को काफी लाभ पहुँचता है। पत्ता गोभी ज़ाड़े के मौसम में पूरे भारत में सामान्य रुप से उपलब्ध होने वाली सब्जी है। हिमाचल के ऊँचे पहाड़ी क्षेत्रों में गर्मियों में इसकी खेती बेमौसमी सब्जी के रुप में की जाती है। इसके प्रति १०० ग्राम भोज्य पदार्थ के सेवन से २००० आई० यू० विटामिन–ए, २७ आई० यू० विटामिन–बी, १०० मि० ग्रा० विटामिन–सी मिलता है। इसकी मुलायम पत्तियों का उपयोग सलाद व सब्जी दोनों रुप में किया जाता है। इसकी

खेती देश के लगभग सभी स्थानों पर की जाती है। वर्तमान में भारतवर्ष में इसकी खेती लगभग २.४२ लाख हेक्टेयर भूमि पर की जाती है तथा इसका कुल उत्पादन ४२.० लाख टन है। हरियाणा प्रदेश में बन्द गोभी को ६००० हेक्टेयर भूमि में उगाया जाता है एवं इसका वार्षिक उत्पादन १.२८ लाख टन है।

भूमि एवं उसकी तैयारी : बन्द गोभी की खेती विभिन्न प्रकार की मिट्टियों में की जा सकती है, परन्तु यह आवश्यक है कि भूमि अधिक अम्लीय न हो। अच्छे जल –निकास वाली जीवाशं युक्त दोमट भूमि खेती के लिए सबसे ठीक रहती है। खेत की तैयारी फूलगोभी के समान ही की जाती है। यदि खेत की मिट्टी अम्लीय हो तो उसमें चूना मिलाना चाहिए। इसके बाद सुविधानुसार क्यारियां और नालियां बनाते हैं।

प्रमुख उन्नत किस्में : हमारे देश में पत्ता गोभी की मुख्यतया दो प्रकार की किस्में उगाई जाती हैं – (१) कोपेनहैगन मार्केट टाइप जिसके शीर्ष गोल और सख्त होते हैं तथा मात्र कुछ बाहर की पत्तियों से ढके होते हैं। (२) फ्लैट डच ग्रुप है जिसके शीर्ष काफी बड़े होते हैं और कम सख्त होते हैं तथा शीर्ष के बाहर काफी पत्तियां लगी होती हैं।

(क) कोपेनहैगन मार्केट ग्रुप की किस्में

१. **प्राइड आफ इण्डिया :** इस किस्म के शीर्ष गोल, मध्यम आकार के और ठोस होते हैं, जोकि रोपाई के ६०–७० दिन बाद काटने योग्य हो जाते हैं। इसका बीज सितम्बर में बोया जाता है तथा औसत उपज ८० क्विंटल प्रति एकड़ है।

२. **गोल्डन एकर :** इस किस्म का तना छोटा, शीर्ष ठोस, मध्यम आकार का और गोल जिसका औसत वजन ७००–७५० ग्राम होता है। बीज बोने का उचित समय मध्य अगस्त से सितम्बर तक है। इसकी औसत उपज ८० क्विंटल प्रति एकड़ तक मिल जाती है।

३. **अर्ली ड्रम हैड :** यह छोटे तने वाली किस्म है। इसके शीर्ष का आकार कुछ चमटा, बड़ा और ठोस तथा रंग हल्का हरा होता है और यह फसल बोने के लगभग ११० दिन बाद तैयार होती है। इस किस्म की बुआई अक्तूबर–नवम्बर तक करते हैं व औसत उपज ६०–१०० क्विंटल प्रति एकड़ है।

४. **कोपेनहैगन मार्केट :** इसका शीर्ष चपटा, ठोस और बड़ा व रंग हल्का हरा होता है। इसके बीजों की बुआई मध्य अगस्त से सितम्बर तक की जा सकती है। इस किस्म की औसत उपज ७२–८० क्विंटल प्रति एकड़ है।

५. **पूसा मुक्ता :** इस किस्म को भारतीय कृषि अनुसंधान संस्थान, नई दिल्ली के क्षेत्रीय केन्द्र, कटराई द्वारा विकसित किया गया है। इस किस्म के पौधों का तना छोटा, पत्तियां मध्यम आकार की तथा हल्के रंग की होती हैं। पत्तियों का

बाहरी किनारा लहरदार व कटाव लिए होता है। शीर्ष गोल ऊपर से थोड़ा चपटा तथा वजन १.५ से २.० किलोग्राम तक होता है। यह किस्म गोल्डन एकर की तुलना में एक सप्ताह देर से तैयार होती है और इसकी औसत उपज १०० से १२० क्विंटल प्रति एकड़ है। यह किस्म उन क्षेत्रों के लिए काफी उपयोगी है जहां काला विगलन रोग की समस्या है।

६. **पूसा सिंथेटिक :** इस किस्म को भारतीय कृषि अनुसंधान संस्थान, नई दिल्ली के क्षेत्रीय केन्द्र, कटराई द्वारा विकसित किया गया है। यह एक संश्लेषित किस्म है, जिसकी अगेती फसल से लगभग १४० से १८५ क्विंटल प्रति एकड़ उपज मिलती है। इस किस्म के शीर्षो का फैलाव और आकार मध्यम होता है।

(ख) फ्लैट डच ग्रुप की किस्में

इस ग्रुप की किस्में देर से तैयार होती हैं और इनकी काफी बड़े पैमाने पर खेती की जाती है। इस वर्ग की मुख्य किस्मों का वर्णन नीचे दिया गया है

१. पूसा ड्रम हैड : यह किस्म रोपाई के १५० दिन बाद तैयार होती है। पहाड़ी क्षेत्रों में यह ११० दिन में ही तैयार हो जाती है। इस किस्म का तना छोटा और शीर्ष ठोस, चपटा होता है। बीज बोने का उचित समय अक्तूबर से नवम्बर तक है। इसकी औसत उपज १००—१२० क्विंटल प्रति एकड़ तक होती है।

२. ड्रम हैड लेट : इसका शीर्ष ठोस, बड़े आकार का और चपटा होता है। शीर्ष का रंग हल्का हरा होता है, जो कि रोपाई के ११० दिन बाद काटने योग्य हो जाता है। इसके बीजों की बुआई अक्तूबर से नवम्बर तक करते हैं। इस किस्म का तना छोटा होता है व औसत उपज १०० से ३०० क्विंटल प्रति एकड़ है।

३. **लेट लार्ज ड्रम हेड :** यह अपेक्षाकृत देर से तैयार होनी वाली किस्म है, जो रोपण के १०० से १०५ दिन बाद तैयार होती है। इसके पौधे छोटे तथा सीमित फैलाव लिए होते हैं। शीर्ष चपटे, एक समान आकार के, बड़े ड्रम के आकार के और सख्त होते हैं।

४. **सितम्बर अर्ली :** यह नीलगिरी क्षेत्र की प्रमुख किस्म है जिसे तमिलनाडु में उगाने के लिए अनुमोदित किया गया है। इस किस्म के पौधे सख्त और अच्छी बढ़वार वाले होते हैं जिसकी जड़ें अच्छी प्रकार से विकसित व फैली होती हैं। पत्तियां नीले हरे रंग तथा किनारे कटे व मुड़े होते हैं। शीर्ष चपटे व लम्बोत्तर होते हैं। शीर्ष काफी सख्त होते हैं और प्रत्येक शीर्ष का भार ४ से ६ किलोग्राम तक होता है। रोपण के १०५ से ११० दिन बाद इसके शीर्ष तैयार होते हैं। यह किस्म काला विगलन रोग के प्रति काफी संवेदनशील हैं। अतः ऐसे क्षेत्रों में इसकी खेती नही करनी चाहिए जहाँ इस बीमारी के प्रकोप होने की आशंका हो। इस किस्म की औसत उपज १६० से २०० क्विंटल प्रति एकड़ है।

५. **पिछेती के. १ :** इस किस्म का विकास भारतीय कृषि अनुसंधान संस्थान, नई दिल्ली के क्षेत्रीय केन्द्र, कटराई द्वारा विकसित किया गया है। इसके शीर्ष बड़े आकार के व अन्दर का भाग बर्फ के समान सफेद होता है। यह किस्म काला विगलन रोग के प्रतिरोधी है। अतः उन स्थानों पर जहां इस बीमारी का प्रकोप होने की आशंका हो, इस किस्म का चयन करना चाहिए। इसकी प्रति एकड़ उपज १२० से १२६ क्विंटल प्रति एकड़ है।

६. **अर्ली ड्रम हेड :** यह अपेक्षाकृत जल्दी से तैयार होने वाली किस्म है। इसके पौधे छोटे व सीधे तने वाले तथा सीमित फैलाव लिए होते हैं। शीर्ष चपटे और थोड़ा बड़े आकार के (२ से ३ किलोग्राम) होते हैं और औसत उपज ८० से १२० क्विंटल प्रति एकड़ प्राप्त होती है।

अखिल भारतीय समन्वित सब्ज़ी विकास परियोजना, वाराणसी ने "श्री गनेश गोल" नामक संकर जाति को भारतवर्ष में उगाने के लिए अनुमोदित किया है। बन्द गोभी संख्या– ८, कुवैस्ट व विशेष भी अन्य प्रमुख उन्नत संकर जातियाँ हैं। इसी प्रकार कुछ निजी संस्थाओं/कम्पनियों ने भी बन्दगोभी की संकर जाति के बीजों का विकास किया है जिनमें बी.आर.एच.–५, नाथ–४०१, बी.एस.एस.–३२, कावेरी व यमुना प्रमुख संकर किस्में हैं। ऊपर बताई गई किस्मों के अतिरिक्त प्राइवेट बीज कम्पनियों द्वारा भी संकर जाति की किस्में विकसित की गई हैं, जो निम्नव्रत हैं :

१. **हरी रानी** . यह मेहका हाइब्रिड बीज कम्पनी द्वारा विकसित की गई है जो दक्षिण भारतीय राज्यों में अधिक प्रचलित है। इसके शीर्ष चपटे, गोल और २.५–३.० किलोग्राम के होते हैं।

२. **मीनाक्षी :** यह सेन्चुरी बीज कम्पनी द्वारा विकसित की गई है। इस किस्म के शीर्ष मध्यम आकार के गोल होते हैं।

३. **ग्रीन एक्सप्रेस :** यह किस्म नेशनल बीज कम्पनी द्वारा विकसित की गई है। इसके शीर्ष मध्यम आकार के तथा गोल होते हैं।

बीज और बुआई : पत्ता गोभी की अगेती किस्मों की पौध तैयार करते समय तापमान अधिक और धूप तेज होती है, जिससे कुछ पौधे मर जाते हैं। इसलिए अगेती किरग की बुआई के लिए बीज की मात्रा अधिक रखते हैं। एक एकड़ क्षेत्र में अगेती किस्मों की रोपाई के लिए २००–२५० ग्राम बीज की पौध पर्याप्त रहती है। पछेती किस्मों की इतने ही क्षेत्र में रोपाई के लिए १६०–२०० ग्राम बीज की पौध पर्याप्त होती है। पौध तैयार करने के लिए बीज नर्सरी में बोये जाते हैं। साधारणतः एक एकड़ भूमि में रोपाई के लिए २५ वर्ग मीटर नर्सरी पर्याप्त होती है। बुआई से पूर्व नर्सरी के लिए खेत को भली प्रकार से जोत कर तैयार करते हैं। इसके बाद ५ मीटर लम्बी, एक मीटर चौड़ी और १५ सें.मी. ऊँची क्यारियाँ बनाते हैं। दो क्यारियों के बीच में ३० सें.मी. चौड़ी नाली छोड़ी जाती है, जिससे वर्षा का

पानी बाहर निकल जाए। क्यारियों की ऊपरी सतह में गोबर की सड़ी हुई खाद अवश्य मिला देनी चाहिए। इसके बाद इन्हें समतल करके बीजों को १५ सें.मी. की दूरी पर कतारों में १ सें.मी. की गहराई में बोते हैं। बोने से पहले ही बीज को थायरम या कैप्टान से (२.५ ग्रम दवाई प्रति किलोग्राम बीज की दर से) उपचारित कर लेना चाहिए। बीज बोने के बाद मिट्टी और गोबर की सड़ी हुई खाद के मिश्रण से ढक देते हैं। इसके बाद क्यारियों के ऊपर सूखी घास की परत बिछा देते हैं। बुआई के बाद जमाव तक हजारे से पानी दिया जाना चाहिए। जमाव के बाद घास हटा दी जाती है और आवश्यकतानुसार समय–समय पर सिंचाई की जाती है। बुआई के लगभग ५ से ६ सप्ताह बाद पौध रोपने योग्य हो जाती है।

रोपाईः पौध की रोपाई पहले से तैयार की गई क्यारियों में शाम के समय करते हैं। अगेती किस्में ४५ x ४५ सें.मी. की दूरी पर और पछेती किस्में ६० x ४५ सें.मी. की दूरी पर (कतार व पौधे का आपसी अन्तर क्रमशः) रोपी जाती है। रोपाई के तुरन्त बाद हल्की सिंचाई अवश्य कर देनी चाहिए।

खाद एवं उर्वरक : बन्द गोभी, भूमि से काफी अधिक मात्रा में पोषक तत्व ग्रहण करती है। अतः अच्छी उपज के लिए पर्याप्त मात्रा में खाद और उर्वरकों का उपयोग किया जाना आवश्यक है। खेत की तैयारी के समय २० टन गोबर की सड़ी हुई खाद प्रति एकड़ की दर से मिट्टी में अच्छी तरह मिला देनी चाहिए। इसके अतिरिक्त ५० किलोग्राम नाइट्रोजन (२०० किलोग्राम कैल्शियम अमोनियम नाईट्रेट २५ प्रतिशत अर्थात किसान खाद), २० किलोग्राम फास्फोरस (१२५ किलोग्राम सिंगल सुपर फास्फेट) व २० किलोग्राम पोटाश (३२ किलोग्राम म्यूरेट आफ पोटाश) प्रति एकड़ की दर से उर्वरकों के रूप में दें। नाइट्रोजन की एक तिहाई, फास्फोरस और पोटाश की पूरी मात्रा रोपाई से पहले खेत में अन्तिम जुताई के समय ही देनी चाहिए। नाइट्रोजन की शेष दो तिहाई मात्रा दो बार में रोपाई के ५ व ७ सप्ताह बाद टाप ड्रैसिंग के रूप में देते हैं। जिंक सल्फेट ८ से १० किलोग्राम प्रति एकड़ की दर से इस फसल के लिए उपयोगी पाया गया है।

सिंचाई और निराई–गुड़ाई : सिंचाई और निराई–गुड़ाई आदि कार्य फूलगोभी के समान ही करें।

कटाई : बन्द गोभी के शीर्ष की कटाई उस समय करनी चाहिए जब वह पूरे आकार का और ठोस हो जाए। कटाई समय से न करने से शीर्ष फट कर ढीले पड़ जाते हैं। फसल की कटाई तेज दरांती या चाकू से सावधानीपूर्वक की जानी चाहिए, जिससे शीर्ष को क्षति न पहुंचे। कटाई के समय शीर्ष के साथ लगी बाहरी दो–तीन पत्तियां भी साथ ही लगी रहने दें। ऐसा करने से शीर्ष कुछ दिनों तक खराब नहीं होते हैं।

फसल संरक्षण

कीट व नियंत्रण : बन्द गोभी पर भी सूंडियॉ और माहू आदि कीड़ों का फूलगोभी की तरह ही आक्रमण होता है। इनकी रोकथाम के लिए फूलगोभी के समान ही उपाय भी करने चाहिए।

रोग व नियंत्रण : पत्तागोभी की फसल में आर्द्रगलन और काला सड़न रोग काफी हानि पहुंचाते हैं। आर्द्रगलन रोग नर्सरी में लगता है। इसकी रोकथाम का उपाय फूलगोभी के समान करें। काला सड़न रोग से मुक्ति पाने के लिए बीज ऐसे क्षेत्र से प्राप्त करें जो जीवाणुज रोग से मुक्त हों और पौध भी रोगरहित हो। बिजाई से पहले २.५ ग्राम एमिसान या कैप्टान या थायरम प्रति किलोग्राम बीज की दर से बीज का उपचार करें। फसल पर ०.०२ प्रतिशत स्ट्रेप्टोसाईक्लीन (२०० मि. ग्रा. को एक लीटर पानी में मिलाकर) तथा ०.१ प्रतिशत कापर आक्सीक्लोराइड–५० (एक ग्राम प्रति लीटर पानी में घोलकर) २–३ छिड़काव करें। फसल कटाई के बाद बचे हुए, बीमारी वाले कूड़े–कचरे के ढेरों को जला कर नष्ट करें। ऐसी फसल जिसमें यह रोग लगा हो, जला कर नष्ट करनी चाहिए और ऐसे खेत में कम से कम तीन वर्ष तक सरसों कुल की कोई भी फसल नहीं बोनी चाहिए। कभी–कभी पत्ती का धब्बा रोग भी पत्ता गोभी में दिखाई पड़ता है। इसको रोकने के लिए ४०० ग्राम डाइथेन एम–४५ को २०० लीटर पानी में घोल कर एक एकड़ फसल में छिड़कना चाहिए।

उपज : पत्ता गोभी की उपज उसकी किस्म और भूमि की उर्वरा शक्ति पर निर्भर करती है। अगेती किस्मों की उपज पछेती किस्मों की अपेक्षा कम होती हैं। साधारणतः अच्छे ढंग से इसकी खेती करने पर अगेती किस्मों से १००–१२० क्विंटल और पछेती किस्मों से १२०–१४० क्विंटल प्रति एकड़ तक उपज मिल जाती है।

(ग) सब्ज़ी गाँठगोभी
KNOL KHOL

फूलगोभी तथा पत्तागोभी की तरह गाँठगोभी भी गोभी वर्गीय सब्ज़ियों के अन्तर्गत आती है। इसकी खेती हमारे देश में जम्मू–कश्मीर, पं. बंगाल और कर्नाटक तक ही सीमित है। इसका खाने वाला भाग जमीन के ऊपर तने के फूलने से बनता है। इस फूले हुए भाग से पत्तियां निकलती हैं।

भूमि : गाँठ गोभी लगभग सभी प्रकार की भूमि में उगाई जा सकती है, परन्तु दोमट या मटियार दोमट भूमि इसके लिए सर्वोत्तम रहती है। अम्लीय भूमि इसकी खेती के लिए ठीक नही है।

भूमि की तैयारी : खेत तैयार करने के लिए पहली जुताई मिट्टी पलटने वाले हल से गहरी करनी चाहिए और उसके बाद चार–पाँच बार हैरो या देशी हल से जोतकर पाटा लगाना चाहिए, ताकि खेत समतल हो जाए और ढेले आदि टूट जाएं। इसके बाद सिंचाई की सुविधा के अनुसार क्यारियां और नालियां बनानी चाहिए।

प्रमुख उन्नत किस्में : हमारे देश में गाँठ गोभी की किस्मों के विकास कार्य पर अभी ध्यान नही केन्द्रित किया गया है और अधिकतर किस्में बाहर से मंगाई गयी हैं। कुछ प्रमुख किस्मों का वर्णन नीचे दिया जा रहा है:

१. **अर्ली व्हाइट वियना :** यह अगेती और कम बढ़ने वाली किस्म है। इसकी गांठे ग्लोब के आकर की चिकनी, हल्के हरे रंग की होती हैं और पत्तियों का रंग हल्का हरा तथा गांठों का गूदा मुलायम और सफेद रंग का होता है। यह किस्म मध्य अगस्त से सितम्बर तक नर्सरी में बोई जाती है। इसकी औसत उपज ४०–५० क्विंटल प्रति एकड़ हैं।

२. **पर्पिल वियना :** यह अपेक्षाकृत पछेती किस्म है। इसके पौधे में पत्ते अधिक होते हैं। पत्तियों और तने का रंग बैंगनीपन लिए होता है। इसकी गांठों का छिलका मोटा और बैंगनी होता है परन्तु गूदा हरापन लिए सफेद और मुलायम होता है। गांठों में रेशा देर से बनता है। इसकी बुआई अगस्त के अंतिम सप्ताह से अक्तूबर तक की जा सकती है। इस किस्म की औसत उपज लगभग ६० क्विंटल प्रति एकड़ है।

३. **लार्ज ग्रीन :** यह एक पिछेती किस्म है, जिसके पौधे काफी बढ़वार वाले होते हैं। पत्तियां गहरे हरे रंग की और गांठें बड़ी तथा हरे रंग की होती हैं। यह किस्म हिमाचल प्रदेश में काफी प्रचलित हो रही हैं।

४. **किंग आफ नार्थ :** यह भी एक आयतित किस्म है, जिसके पौधों की ऊँचाई २० से ३० सें. मी. होती है। पौधों की पत्तियां चौड़ी तथा गहरे हरे रंग की होती हैं। शीर्ष चपटे गोलाकार तथा हरे रंग के होते हैं। पत्तियों का निचला हिस्सा काफी लम्बा होता है जो शीर्ष को ढके रहता है। इसमें रोपण के ६५ से ७० दिन बाद गाठें तैयार हो जाती हैं।

५. **अर्ली पर्पल वियना :** इसकी पत्तियां बैंगनी रंग की होती हैं। गाठें बड़े आकार की गोल और बैंगनी रंग की तथा गूदा हल्के हरे रंग का होता है। इसमें रोपण के ५५ से ६० दिन बाद गाठें तैयार हो जाती हैं।

६. **व्हाइट वियना :** यह एक बाहर से आयातित अगेती किस्म है। इसके पौधे छोटे तथा पत्तियां हरापन लिए होती हैं। शीर्ष चिकने, हरे रंग के और ग्लोब के शक्ल के होते हैं। गूदा मुलायम तथा सुगंधित होता है। इसकी औसत उपज ६० से

८० क्विंटल प्रति एकड़ है। इसमें रोपण के ५० से ६० दिन बाद गाँठ बनना शुरु होती है।

पौध तैयार करना और रोपाई : इसके बीजों की बुआई नर्सरी में अगस्त अन्त से अक्तूबर तक की जाती है। एक एकड़ क्षेत्र में गांठ गोभी की रोपाई के लिए लगभग ८०० ग्राम बीज पर्याप्त हैं। इसके लिए लगभग ५० वर्ग मीटर नर्सरी क्षेत्र की आवश्यकता पड़ती है। नर्सरी की भूमि को भली प्रकार तैयार करके उसमें गोबर की सड़ी हुई खाद मिला देनी चाहिए। इसके बाद इसे समतल करके ५ x १ मीटर की १० क्यारियां बना लेते हैं। इन क्यारियों में १५ सें.मी. की दूरी पर कतारों में १.५ सें.मी. की गहराई पर बीज बोये जाते हैं। इसके बाद गोबर की सड़ी हुई खाद और मिट्टी के मिश्रण से बीजों को ढक कर क्यारियों पर सूखी घास बिछा देते हैं। जब तक जमाव न हो जाए, तब तक प्रति दिन हजारे से पानी छिड़कते हैं। जमाव के बाद घास हटा कर आवश्यकतानुसार सिंचाई करते रहते हैं। गांठ गोभी की पौध ४–६ सप्ताह बाद रोपने योग्य हो जाती है।

पौध की रोपाई पहले से तैयार की गई क्यारियों में ३० सें.मी. की दूरी पर बनी कतारों में पौधे से पौधे की १०–१५ सें.मी. की दूरी पर शाम के समय करते हैं। इसके तुरन्त बाद पानी देना चाहिए।

खाद एवं उर्वरक : अच्छी पैदावार लेने के लिए समय–समय पर उचित मात्रा में खाद व उर्वरकों का उपयोग अत्यन्त आवश्यक है। अतः खेत की अन्तिम तैयारी के समय ही लगभग २० टन गोबर की सड़ी खाद डाल कर अच्छी तरह मिला देनी चाहिए। इसके अतिरिक्त लगभग ५० किलोग्राम नाइट्रोजन (२०० किलोग्राम कैल्शियम अमोनियम नाईट्रेट २५ प्रतिशत अर्थात किसान खाद), २० किलोग्राम फास्फोरस (१२५ किलोग्राम सिंगल सुपर फास्फेट) और २० किलोग्राम पोटाश (३५ किलोग्राम म्यूरेट आफ पोटाश) प्रति एकड़ की दर से देनी चाहिएं। नाइट्रोजन की एक तिहाई और फास्फोरस और पोटाश की पूरी मात्रा रोपाई के समय ही देनी चाहिए। नाइट्रोजन की शेष २/३ मात्रा को बराबर के दो भागों में बॉट कर आधी मात्रा रोपाई के ४ व ६ सप्ताह बाद टाप ड्रेसिंग के रूप में देनी चाहिए।

सिंचाई : गांठ गोभी की अच्छी फसल के लिए नमी का होना आवश्यक है। पहली सिंचाई पौध रोपने के तुरन्त बाद व फिर दो सिंचाइयां ५–६ दिन के अंतर पर करते हैं। इसके बाद आवश्यकतानुसार १०–१५ दिन के अन्तर पर पानी देते रहना चाहिए। सिंचाई करते समय पानी मध्यम रखा जाए ताकि खेत में अनावश्यक पानी न रहे।

निराई–गुड़ाई : भरपूर पैदावार के लिए गांठ गोभी की फसल में समयानुसार निराई–गुड़ाई करना आवश्यक है। जब पौधे लगभग २५ सें.मी. ऊँचे हो जाए तब जड़ों के पास थोड़ी मिट्टी चढ़ा देनी चाहिए और इसके बाद निराई–गुड़ाई बन्द कर

देनी चाहिए। निराई–गुड़ाई के दौरान इस बात का ध्यान रखा जाना चाहिए कि पौधों की जड़ें न कटने पाएं अन्यथा इसका बुरा प्रभाव पड़ता है।

कटाई और उपज : गांठ गोभी की कटाई उस समय की जानी चाहिए, जब गांठें लगभग ७.५ सें.मी. व्यास की हो जाती है। इसकी कटाई मुलायम अवस्था में ही कर लेनी आवश्यक है क्योंकि कटाई में देर करने से गांठों में रेशा बन जाता है और वे सख्त हो जाती हैं।

उपज : अच्छे ढंग से गाँठ गोभी की खेती करने पर लगभग ४० से ५० क्विंटल प्रति एकड़ उपज प्राप्त हो जाती है।

फसल संरक्षण

कीट नियंत्रण : गाँठ गोभी की फसल को कभी–कभी कुछ कीड़ों की सूण्डियां व चेपा आदि कीट क्षति पहुँचाते हैं। सूंडी पत्तियों को खा जाती है और तने को भी हानि पहुंचाती हैं जबकि चेपा पत्तों का रस चूसकर हानि करता है। इन्हें नियंत्रित करने के लिए फूलगोभी के ही समान उपाय करें।

रोग नियंत्रण

आर्द्रगलन रोग : यह रोग एक फफूंदी द्वारा फैलता है। इसके कारण पौधे नर्सरी में गिर कर मर जाते हैं। इसकी रोकथाम के लिए बीज बोने से पूर्व उसे थायरम या कैप्टान दवा से (२.५ ग्राम दवा प्रति किलोग्राम बीज) उपचारित करना चाहिए।

६

पत्तीवाली सब्ज़ियाँ

हमारे देश में पत्तों वाली सब्ज़ियों को १.५२ लाख हेक्टेयर भूमि पर बोया जाता है जिससे १०.३४ लाख टन उत्पादन होता है। हरियाणा राज्य में पत्तों वाली सब्ज़ियों को लगभग ६५०० हेक्टेयर भूमि में उगाकर ७१३०० मिट्रिक टन उत्पादन लिया जाता है। शाकाहारी भोज़न में हरी सब्ज़ियों का महत्त्वपूर्ण स्थान है। संतुलित भोजन में ११५ ग्राम के लगभग हरी सब्ज़ियाँ होनी चाहिएं।

(क) सब्ज़ी पालक
SPINACH BEET

पत्ती वाली सब्ज़ियों में पालक का महत्वपूर्ण स्थान है। इसकी खेती उत्तरी भारत में विशेषकर उत्तर प्रदेश, पश्चिम बंगाल, हरियाणा, पंजाब, दिल्ली, मध्य प्रदेश, बिहार में काफी की जाती है। हरी सब्ज़ियों में पालक बहुत प्रचलित है और लगभग पूरे साल उपलब्ध भी रहती है। इसे लगभग पूरे साल उगा भी सकते हैं। आसानी से सुलभ व सस्ता होने के कारण इसकी लोकप्रियता और भी बढ़ जाती है। पालक की हरी पत्तियों से साग, रायता, पकौड़े, परांठे आदि कई प्रकार के व्यंजन बनाए जाते हैं। यह विटामिन ए, सी, लौह आदि खनिज़ लवण युक्त सब्ज़ी है। इसकी खेती छोटे व बड़े पैमाने पर करना आसान है। यदि इसकी मांग को देखकर खेती की जाए तो अच्छी आमदनी के साथ–साथ अच्छे पोष्टिक तत्व उपलब्ध हो सकते हैं।

जलवायु : पालक पूरे साल उगाई जाने वाली सब्ज़ी है। इसकी खेती मैदानी और पहाड़ी क्षेत्रों में की जाती है। यह अन्य सब्ज़ियों की तुलना में पाले के प्रति सहनशील भी होती है। भारत के मैदानी भागों में मुख्यतः यह सर्दी की फसल है व गर्म जलवायु भी सहन कर लेती है लेकिन २ से ३ कटाई के बाद बीज के डंठल निकल जाते हैं और पौधों में खाने लायक पत्तियाँ बहुत कम निकलती हैं।

भूमि : इसे सभी प्रकार की मिट्टी में उगा सकते हैं। अच्छी फसल उगाने के लिए बलुई दुमट या दुमट ज़मीन की आवश्यकता पड़ती है। भूमि समतल और अच्छी तरह जुती हुई होनी चाहिए।

भूमि की तैयारी : भूमि को ३ से ४ बार जुताई करके तैयार किया जाता है। प्रत्येक जुताई के बाद पाटा या सुहागा लगातें हैं जिससे मिट्टी समतल एवम् भुरभरी हो जाये।

प्रमुख उन्नत किस्में : पालक की बहुत सी किस्में हैं जो देश के भिन्न भिन्न भागों में उगाई जाती हैं, लेकिन उनमें से अधिकतर कम उपज देने वाली हैं। इसलिए इसकी खेती करने से पहले किस्मों का चुनाव बहुत आवश्यक है। पालक की कुछ प्रमुख उन्नत किस्में निम्नव्रत हैं :

१. **जोबनेर ग्रीन** : यह उदयपुर कृषि विश्वविद्यालय द्वारा विकसित की हुई अधिक उपज देने वाली किस्म है। पत्ते मोटे, हरे रंग के, मुलायम और रसदार होते हैं। बुआई के लगभग ३० दिन बाद पहली कटाई और इसके बाद की कटाइयां १५ दिन के अन्तर से मिलती हैं। कुल मिला कर ६ से ८ कटाई प्राप्त हो जाती हैं। इसके बोने का सही समय अगस्त से जनवरी है।

२. **आल ग्रीन** : यह किस्म भारतीय कृषि अनुसंधान संस्थान, नई दिल्ली द्वारा विकसित की गई है। इसकी पत्तियों का औसत आकार १५ x १० से. मी. पत्तियां मुलायम, पतली और गहरे हरे रंग की होती हैं। इसकी बुआई अगस्त से जनवरी तक कर सकते हैं। बुआई के बाद पहली कटाई ३५ से ४० दिन पर और बाद की कटाई १८ से २० दिन के अन्तर पर होती है। कुल मिलाकर ६ से ७ कटाई होती हैं। यह एक अधिक उपज देने वाली किस्म है और उपज क्षमता ५० क्विंटल प्रति एकड़ है।

३. **एच. एस.-२३** : यह किस्म चौ० चरण सिंह हरियाणा कृषि विश्वविद्यालय, हिसार द्वारा विकसित की गई है। इसकी बढ़वार ज्यादा होती है। बुआई के लगभग ३० दिन बाद पहली कटाई होती है और बाद की कटाइयां १५ दिन के अन्तर पर होती हैं। कुल मिलाकर ६ से ८ कटाई मिल जाती हैं। पत्तियों का रंग गहरा हरा होता है जो मोटी, मुलायम और रसदार होती हैं। इसकी बुआई का समय अगस्त से जनवरी है।

४. **पूसा ज्योति** : यह किस्म भी भारतीय कृषि अनुसंधान संस्थान, नई दिल्ली द्वारा विकसित की गई है। इस किस्म की पत्तियां बहुत बडी (२४ x १५ सें० मी० आकार की), हरी, मोटी, मुलायम और रसदार होती हैं। इसकी बुआई का उपयुक्त समय भी अगस्त से जनवरी तक है। बुआई के २५–३० दिन बाद पहली कटाई और बाद की कटाइयां १५ दिन के अन्तर पर होती हैं। पौधे कटाई के बाद जल्दी बढ़ जाते हैं। इससे ५ से १० कटाइयां तक मिल जाती है।

५. **पूसा हरित** : यह किस्म भी भारतीय कृषि अनुसंधान संस्थान, नई दिल्ली द्वारा विकसित की गई है। इस किस्म में पौधो की बढवार अच्छी होती है। पत्तियां हरे रंग की और मोटी होती हैं। कटाई के बाद शीघ्र बढ़वार हो जाती है। पहाड़ी इलाकों के लिए अच्छी किस्म है। इसके बोने का समय सितम्बर से नवम्बर है।

६. **पूसा पालक** : इस किस्म को भी भारतीय कृषि अनुसंधान संस्थान, नई दिल्ली द्वारा विकसित किया गया है। इसमें एक समान हरे पत्ते आते हैं और जल्दी से डंठल निकलने की समस्या नही है।

७. **बनर्जी जाइण्ट** : यह काफी प्रचलित किस्म है जिसे पश्चिम बंगाल में विकसित किया गया है। इसके पत्ते काफी बड़े, मोटे तथा मुलायम होते हैं। इसके तने तथा जड़े भी काफी मुलायम होती हैं। इसकी पैदावार ६० से ८० क्विंटल प्रति एकड़ है।

८. **पंत कम्पोजिटी–१** : यह गोविन्द बल्लभ पन्त कृषि एवं प्रौद्योगिक विश्वविद्यालय, पन्तनगर द्वारा विकसित किस्म है। यह काफी उपजाऊ किस्म है तथा इसकी फसल पर सर्कोस्पोरा लीफ स्पाट रोग का प्रकोप कम होता है।

९. **पालक नं.–१६** : इस किस्म को महाराष्ट्र के कृषि विभाग द्वारा विकसित किया गया है। इस किस्म की पत्तियां हरे रंग की होती हैं और इसमें बीज के डठल देर से निकलते हैं। इसकी पत्तियों की कटाई कई बार की जा सकती है और इसकी उपज ६५ क्विंटल प्रति एकड़ है।

१०. **लांग स्टैण्डिंग** : इनकी पत्तियां गहरे हरे रंग की, मोटी व लम्बी होती हैं। इस किस्म में फूल धीरे–धीरे निकलते हैं। यह अधिक पैदावार देने वाली किस्म है। इसे खेती के लिए भारत वर्ष में भौगोलिक क्षेत्र ३ व ४ में उगाने की संस्तुति की गई है। इनकी औसत उपज ४० से ५० क्विंटल प्रति एकड तक प्राप्त होती है। यह किस्म शुष्क एवं शीत तथा ऊंचाई वाले पर्वतीय क्षेत्रों के लिए भी उपयुक्त है।

बीज की मात्रा और बुआई का समय : प्रति एकड़ लगभग ८ से १० किलोग्राम बीज की आवश्यकता पड़ती है। उन स्थानों पर जहां ज्यादा गर्म जलवायु नही है, इसकी खेती पूरे साल कर सकते हैं। मैदानी क्षेत्रों में इसकी बुआई का उपयुक्त समय अगस्त से दिसम्बर तक होता है।

बुआई : खेत को अच्छी तरह तैयार कर लेने पर उचित नाप की क्यारियों में बांट लिया जाता है। बीज की बुआई दो प्रकार से छिटकवां या कतारों में करते हैं। कतारों में बीज बोने से खरपतवार निकालने में आसानी रहती है। कतारो में बीज बोने के लिए एक कतार से दूसरी कतार की दूरी २० से. मी. होनी चाहिए तथा पौधे से पौधे की दूरी ५ से. मी. रखते हैं। कतार और छिटकवा, दोनों विधियों में बीज लगभग ४ से. मी. गहरा बोना चाहिए। इसकी बुआई हल या ट्रैक्टर से

चलने वाले कल्टीवेटर से भी कर सकते हैं लेकिन कतारों की दूरी और बीज बोने की गहराई सही होनी चाहिए।

खाद एवं उर्वरक : खेत तैयार करते समय २० टन गोबर की सड़ी खाद प्रति एकड़ की दर से देकर फिर जुताई करनी चाहिए। बुआई से पहले खेत में प्रति एकड़ ३२ किलोग्राम नाइट्रोजन (१२८ किलोग्राम कैल्शियम अमोनियम नाईट्रेट २५ प्रतिशत अर्थात किसान खाद) तथा १६ किलोग्राम फास्फोरस (१०० किलोग्राम सिंगल सुपर फास्फेट) देकर खेत तैयार करें और उन्हें उचित नाप की क्यारियों में बांट लें। हर कटाई के बाद १० किलो नाइट्रोजन (४० किलोग्राम किसान खाद) प्रति एकड़ की दर से देनी चाहिए तथा इसके उपरान्त सिंचाई करना आवश्यक है।

सिंचाई : हल्की जमीन में यदि बुआई के समय अच्छी नमी न हो तो बुआई के बाद सिंचाई करना आवश्यक है और भारी जमीन में यदि नमी की कमी हो तो बुआई से पहले पलेवा देकर बुआई करनी चाहिए वर्ना बीज का जमाव अच्छा नही होता। बाद की सिंचाईयां सर्दियों में १० से १२ दिन के अन्तर पर और गर्मी के मौसम में ५ से ७ दिन के अन्तर पर करना आवश्यक है। खेत में हर समय नमी होनी चाहिए। वर्षा ऋतु में यदि पानी ज्यादा पड़ जाय तो पानी के निकासी का उचित प्रबन्ध करना चाहिए और सूखा मौसम होने पर सिंचाई करना लाभप्रद है।

निराई-गुड़ाई : निराई–गुड़ाई कर खेत से खरपतवार निकालते रहना आवश्यक है। बीज को कतारों में बोने पर यह कार्य सुगमता से किया जा सकता है। निराई–गुड़ाई करने से सिंचाई की आवश्यकता भी कम पड़ती हैं।

कटाई और उपज : पालक की पहली कटाई बुआई के लगभग ३० से ३५ दिन बाद होती हैं। पालक की कटाई नीचे से करीब ५ से ७ सें. मी. छोड़कर करनी चाहिए। बाद की कटाई १५ से २० दिनों के अन्तर पर करते हैं। पालक की औसत उपज ३२ से ४० क्विंटल प्रति एकड़ हो जाती हैं।

फसल संरक्षण

हानिकारक कीट व नियंत्रण

(क) चेपा या माहू - इस सूक्ष्म कीट के बच्चे व प्रौढ़ समूहों में कोमल शाखाओं तथा पत्तियों पर पाये जाते हैं। ये कोशिकाओं से रस चूस कर उनकी वृद्धि को रोक देते हैं जिससे पैदावार घट जाती है। इनके नियंत्रण के लिए २५० मि० ली० मैलाथियान ५० ई० सी० को २५० लीटर पानी में मिलाकर प्रति एकड़ फसल पर छिड़काव करने से चेपा पर नियन्त्रण किया जा सकता है।

(ख) पत्ती काटने वाली सूंडी व भृंग (बीटल) : ये कीड़े पत्तियों को खाकर हानि पहुंचाते हैं। ग्रसित पत्तियों में बारीक–बारीक छेद होते हैं या कभी–कभी पत्ती

के किसी भाग को पूरा खा लिया जाता है। बरसात में इनका प्रकोप अधिक होता है। इनके नियन्त्रण के लिए लगभग ४०० मि० ली० मैलाथियान ५० ई० सी० को २५० लीटर पानी में घोलकर प्रति एकड़ की दर से १० दिनों के अन्तर पर छिड़काव करें। ध्यान रहे कीटनाशियों के छिड़कने के बाद ७ से १० दिन तक पालक का साग नहीं खाना चाहिए। इसके बाद जब भी खाया जाये तो पत्तों को पानी से अच्छी तरह धोकर प्रयोग करना चाहिए।

बीमारियाँ व नियंत्रण

(क) आर्द्रगलन रोग - अंकुरण से पहले बीज या बाद में पौध का मर जाना इस रोग की मुख्य पहचान है। इस बीमारी की रोकथाम के लिए बोने से पहले बीज को २.५ ग्राम कैप्टान या थायरम नामक दवा से प्रति किलोग्राम बीज की दर से उपचारित करें।

(ख) पत्ती धब्बा रोग - इस रोग के प्रकोप से पत्तियों पर एक या अनेक गहरे रंग के गोल आकार के धब्बे बनते हैं। इनमें बाद में चक्करदार रेखाऐं बनने लगती हैं। रोकथाम के लिए प्रथम लक्षण देखते ही फसल पर इण्डोफील एम–४५ या कापर आक्सीक्लोराइड– ५० नामक ४०० ग्राम दवा को २०० लीटर पानी में घोलकर प्रति एकड़ की दर से छिड़काव करें। फसल पर आवश्यकतानुसार २ या ३ छिड़काव दोहरा सकते हैं।

(ख) सब्ज़ी मेथी
FENUGREEK

मेथी एक बहुउद्‌देशीय दलहनी पत्तियों वाली सब्ज़ी है। इसकी हरी पत्तियों का सब्ज़ी के रूप में उपयोग तो किया ही जाता है साथ ही दानों का उपयोग मसाले और औषधि के रूप में भी किया जाता है। मेथी प्रति हेक्टेयर २८५ किलोग्राम नाइट्रोजन वायुमंडल से लेकर भूमि में जमा करती है, जिससे न केवल भूमि की उर्वरता में वृद्धि होती है बल्कि मेथी के बाद उगाई जाने वाली फसल में कम मात्रा में उर्वरक डालने की आवश्यकता होती है। अतः फसल चक्र में मेथी को अवश्य शामिल करना चाहिए। इसकी पत्तियों में विटामिन "ए" और "सी", प्रोटीन, वसा, कैल्शियम, फास्फोरस और अन्य खनिज लवण पाये जाते हैं। इन्हें कूटकर पुलटिस बनाते हैं जो भीतरी और बाहरी सूजन को ठीक करती है। यदि घी या मक्खन में तल कर खायें तो पित्त–दोष दूर हो जाते हैं। इसकी पत्तियां ठंडक पहुंचाने वाली और भूख वर्द्धक भी होती हैं। मेथी का चूर्ण सिर में डालने से बालों की बढ़वार होती है और उनका गिरना भी बंद हो जाता है। इसके दानों में अनेक रोगों को दूर करने की क्षमता पाई जाती है, जिनमें ताप, मूत्रक और पेट रोग प्रमुख हैं। यदि मधुमेह के रोगी २१ दिन तक २५ ग्राम मेथी प्रति दिन खाएं तो उनके रक्त और

पेशाब में "शुगर" की मात्रा में काफी कमी हो जाती है। इस मात्रा का आधा भाग दोपहर के खाने के साथ और आधा रात के खाने के साथ चपाती, चावल, दाल या चटनी में मिलाया जा सकता है। अतः मेथी को बहुउद्देशीय फसल की संज्ञा दी जा सकती है। मेथी की फसल से अधिक पत्तियाँ या दाने लेने के लिए इसे वैज्ञानिक तरीके से उगाना आवश्यक है ताकि कृषक इसकी अधिक पैदावार व आर्थिक लाभ ले सकें।

जलवायु : मेथी भारत के मैदानी भागों में मुख्यतः सर्दी की फसल हैं तथा अन्य सब्जियों की अपेक्षा ये पाले के प्रति सहनशील है। कसूरी मेथी के लिए ठंडी जलवायु अधिक उपयुक्त होती है।

भूमि : मेथी को विभिन्न प्रकार की भूमियों में उगाया जा सकता है, परन्तु उचित जल–निकास वाली दोमट भूमि इसकी सफल खेती के लिए सर्वोत्तम मानी गई है। बड़े ढेलों रहित जलौढ या भारी मिट्टी में भी मेथी को सफलतापूर्वक उगाया जा सकता है। भूमि न तो अधिक क्षारीय होनी चाहिए और न ही अधिक अम्लीय, क्योंकि ये दोनों प्रकार की भूमियां मेथी विकास और बढ़वार में बाधक मानी गई हैं। इसके लिए ६.० से ७.० के मध्य क्षारांक उत्तम रहता है।

भूमि की तैयारी : अगेती और अधिक पैदावार लेने के लिए भूमि की तैयारी का विशेष महत्व है। पहली जुताई मिट्टी पलटने वाले हल से करें और उसके बाद ३ से ४ बार देशी हल से जुताई करें ताकि मिट्टी बारीक एवं भुरभुरी हो जाए। प्रत्येक जुताई के बाद पाटा भी लगाना चाहिए। यदि भूमि ऊँची–नीची हो तो उसे इसी समय समतल कर लें। सिंचाई सुविधा के अनुसार ३ से ५ मीटर लम्बी और १.२५ से १.७५ मीटर चौड़ी क्यारियां व सिंचाई नालियाँ साथ–साथ बना लेनी चाहिए।

प्रमुख उन्नत किस्में : मेथी दो प्रकार की होती है– एक साधारण मेथी और दूसरी कसूरी या चम्पा मेथी। साधारण मेथी जल्दी उगने व सीधी तथा लम्बी बढ़ने वाली होती है और प्रायः पूरे देश में उगाई जाती है, लेकिन दक्षिण भारत की तुलना में उत्तर भारत में अधिक उगाई जाती है। कसूरी मेथी धीमी गति से उगती है और उसमें सुगंध भी आती है एवं उत्तर पश्चिमी ठंडे क्षेत्रों में उगाने के लिए अधिक उपयोगी है। इसमें लम्बे पुष्पवन्तों में चटकीले नारंगी–पीले रंग के फूल गुच्छों में लगते हैं, जबकि साधारण मेथी में प्रत्येक पत्ती के कोण पर २ से ३ फूल लगते हैं। मेथी की कुछ प्रमुख जातियों के चारित्रिक गुणों का उल्लेख नीचे किया गया है :

साधारण मेथी

(क) पूसा अर्ली बंचिग : इसका विकास भारतीय कृषि अनुसंधान संस्थान, नई दिल्ली द्वारा किया गया है जो १२५ दिन में तैयार होने वाली जाति है। यह देसी

मेथी की किस्म है व इसके पौधे सीधे और तेजी से बढ़ने वाले होते हैं। सफेद फूल पत्तों की बगल में निकलते हैं। फलियां लम्बी, चपटी और हरे रंग की होती है। इसके बीजों का आकार बड़ा है और यह अधिक उपज देने वाली किस्म है। हरी पत्तियों और दानों की पैदावार इसकी कटाई पर निर्भर करती है। हरी पत्तियों की उपज २८ से ३२ क्विंटल जबकि सूखे दानों की उपज ६ से ८ क्विंटल प्रति एकड़ होती है।

(ख) हिसार मेथी-५७(एच.एम.५७) : यह जल्दी बढ़ती है व इसके पौधे सीधे बढ़ते हैं। इसमें अधिक फलियां होने से दाने भी अधिक होते हैं। पूसा अर्ली बंचिग की तुलना में इसके दाने कुछ बड़े आकार के होते हैं। औसत उपज ८ से १० क्विंटल प्रति एकड़ होती है।

कसूरी : यह कसूरी मेथी की अधिक उपज देने वाली किस्म है। इसकी झाड़ीनुमा गुच्छेदार बढ़वार है, पत्ते तीन–फांकों वाले, फूल पीले और डालियों की शिराओं पर घने लगते हैं। फलियाँ घासीय, चपटी, छोटी और हरे रंग की होती है। पछेती फूलने वाली होने की वजह से इसकी कई कटाइयां ली जा सकती है। हरी पत्तियों की पैदावार २० से २५ क्विंटल व सूखे दानों की पैदावार २.५ से ३.० क्विंटल प्रति एकड़ होती है।

इन किस्मों के अतिरिक्त नीची लिखी मेथी की कई अन्य श्रेष्ठ किस्में भी उत्तर भारत में उपलब्ध हैं जिन्हें कृषक अपनाकर लाभान्वित हो सकते हैं :

१. **ई. सी. ४६११ :** इस किस्म का विकास भी भारतीय कृषि अनुसंधान संस्थान, नई दिल्ली द्वारा किया गया है। यह जाति १२५ दिन में तैयार हो जाती है।

२. **कसूरी चयन :** इस किस्म का विकास भारतीय कृषि अनुसंधान संस्थान, नई दिल्ली द्वारा किया गया है। यह एक पछेती किस्म है, जो धीमी गति से बढ़कर तैयार होने में लगभग १६५ दिन ले लेती है। इसकी फलियां देशी मेथी से छोटी होती हैं और दरांती के आकार की होती हैं। इस मेथी में एक विशेष प्रकार की सुगंध आती है।

३. **नं० १४ :** इस किस्म का तिकास महाराष्ट्र कृषि विभाग द्वारा किया गया है। पत्ती व तने का अनुपात ५२.७ : ४७.३ होता है व १०० ग्राम खाने योग्य भाग में १५६.६ मि. ग्रा. विटामिन श्सीश पाई जाती है। यह स्थानीय किस्म से १८ प्रतिशत अधिक पैदावार देती है।

४. **नं० ४७ :** इस किस्म का विकास भी महाराष्ट्र कृषि विभाग द्वारा किया गया है। पत्ती व तने का अनुपात ५४.२ : ४५.८ होता है व १०० ग्राम खाने योग्य भाग में १६६.६ मि. ग्रा. विटामिन सी पाई जाती है, जबकि स्थानीय किस्म में केवल

१४०.५ मि. ग्रा. विटामिन सी पाई जाती है। यह स्थानीय किस्म की तुलना में २१ प्रतिशत अधिक पैदावार देती है।

५. कोयम्बटूर–७ : इस किस्म का विकास कृषि महाविद्यालय, कोयम्बटूर (तमिलनाडु) द्वारा किया गया है। यह किस्म दक्षिण भारत में काफी लोकप्रिय होती जा रही है।

खाद एवं उर्वरक : मेथी की शीघ्र वृद्धि व अच्छी पैदावार के लिए भूमि में पोषक तत्वों की पर्याप्त मात्रा होनी चाहिए। यदि भूमि में इनकी कमी होगी तो वृद्धि में भारी कमी हो जाएगी जिससे उसकी तैयारी में विलम्ब होगा और पैदावार भी कम मिलेगी। पोषक तत्वों की उचित मात्रा का पता लगाने के लिए मृदा जाँच अनिवार्य है। यदि किसी कारण मृदा जाँच न हो सके तो इस स्थिति में प्रति एकड़ सामान्य भूमि में निम्न मात्रा में खाद और उर्वरक अवश्य डालने चाहिए ताकि मेथी की भरपूर उपज ली जा सके।

गोबर की खाद	=	८ टन (८० क्विंटल)
नाइट्रोजन	=	२५ किलोग्राम (१०० किलोग्राम कैल्शियम अमोनियम नाईट्रेट २५ प्रतिशत अर्थात किसान खाद)
फास्फोरस	=	२० किलोग्राम (१२५ किलोग्राम सिंगल सुपर फास्फेट)

गोबर की खाद को खेत की अंतिम जुताई के समय भूमि में भली भांति मिला देना चाहिए। नाइट्रोजन की आधी मात्रा और फास्फोरस की पूरी मात्रा को बुआई से पूर्व कतारों में देनी चाहिए व शेष नाइट्रोजन की आधी मात्रा को पहली बार निराई–गुड़ाई करते समय डालनी चाहिए।

बीज और बुआई का समय : मेथी की बीज की मात्रा उसकी जाति और बुआई विधि पर निर्भर करती है। आमतौर पर एक एकड़ क्षेत्र के लिए देशी और कसूरी मेथी के लिए क्रमशः ८ से १० किलोग्राम और ५ किलोग्राम बीज की आवश्यकता होती है। छिटकवाँ की तुलना में पंक्तियों में की जाने वाली बुआई में अधिक बीज की आवश्यकता होती है। मेथी के बीज के जल्दी अंकुरण और उन्हें रोगों से बचाने के लिए निम्न उपाय अपनाएं :

(१) बीज बोने से पूर्व ६ से ७ घण्टे तक पानी में भिगो दें और बाद में छायादार सुरक्षित स्थान पर सुखा लें।

(२) सुखानें के बाद बोने से पहले बीज को बाविस्टिन या कैप्टान नामक फफुंदी नाशक दवा से उपचारित कर लें। करीब २ ग्राम दवा को प्रति किलोग्राम बीज के लिए प्रयोग में लाना चाहिए।

मेथी की खेती रबी मौसम में की जाती है, परन्तु कुछ क्षेत्रों में इसे अगेती फसल के रुप में भी उगाया जाता है। अगेती फसल के लिए अप्रैल और पछेती फसल के लिए मध्य सितम्बर से नवम्बर (हरी पत्तियों के लिए) तथा दानों के लिए अक्तूबर का प्रथम सप्ताह बिजाई का उत्तम समय है। पर्वतीय क्षेत्रों में इसकी दोनों जातियों को पतझड़ में या बसंत के आरम्भ (मार्च) में बोया जाता है। मेथी की बुआई आमतौर पर छिटकवां विधि से की जाती है जबकि बीजोत्पादन के लिए बुआई पंक्तियों में करनी चाहिए। पंक्तियों की आपसी दूरी २० से २५ सें. मी. और पौधों के बीच १० सें. मी. की दूरी रखनी चाहिए। बीज को क्यारियों में बिखेर दिया जाता है और फिर रैक द्वारा मिट्टी में मिला दिया जाता है।

सिंचाई : मेथी की अधिक पैदावार लेने के लिए नियमित रुप से सिंचाई करना बहुत जरुरी है। बुआई के तुरंत बाद एक हल्की सिंचाई करनी चाहिए ताकि अंकुरण जल्दी हो सके। इसके बाद भूमि में नमी की स्थिति और फसल की आवश्यकतानुसार सिंचाई करें। प्रायः दो सिंचाई के मध्य ७ से १० दिन का अंतर रखना चाहिए। प्रत्येक कटाई के बाद सिंचाई अवश्य करें। यदि फसल बीज के लिए उगाई गई हो तो उस स्थिति में दाना बनते समय सिंचाई अवश्य करें। अधिक कटाइयाँ लेने के लिए विशेष रुप से कसूरी मेथी में अधिक सिंचाइयों की आवश्यकता होती है। यदि खेत को भली भांति तैयार करने के बाद बीज को घना बोया जाता है तो उसे बाद में अधिक सिंचाई की आवश्यकता नही पड़ती है।

खरपतवार नियंत्रण : मेथी की फसल के साथ अनेक खरपतवार उग आते हैं, जो भूमि से नमी और पोषक तत्त्वों को ले लेते हैं जिसके कारण मेथी की पैदावार पर प्रतिकूल प्रभाव पड़ता है। यदि फसल छिटकवाँ विधि द्वारा बोई गई है तो खेत से खरपतवारों को उखाड़ कर अलग कर देना चाहिए। पंक्तियों में बोई हुई फसल के खरपतवारों के नियंत्रण के लिए आवश्यकतानुसार निराई–गुड़ाई करनी चाहिए। बुआई के २५ और ४५ दिन के बाद निराई–गुड़ाई अवश्य करें। ऐसा करने से निश्चय ही अधिक पैदावार मिलेगी। बीज उत्पादन वाली फसल की निराई–गुड़ाई करते समय पौधों की छटाई भी कर देनी चाहिए। छटाई करते समय पौधों की आपसी दूरी १० से १२ सें.मी. कर दें। ऐसा करने से पौधों के विकास और बढ़ोत्तरी में सहायता मिलेगी व मेथी की अधिक पैदावार मिलेगी। रासायनिक खरपतवारनाशक दवाओं के प्रयोग से भी खरपतवारों की रोकथाम की जा सकती है। फसल और खरपतवार के बीज के जमाव से पहले ४०० ग्राम पैन्डीमैथालिन प्रति एकड़ (स्टोम्प ३० प्रतिशत की १.३ लीटर मात्रा) को २५० लीटर पानी के साथ खेत में छिड़काव करके लगायें। खरपतवार नियन्त्रण के लिए खरपतवारनाशक दवा लगाने के समय खेत में उचित नमी का होना आवश्यक है।

कटाई : देशी मेथी के पौधे बुआई के लगभग ४ से ६ सप्ताह बाद कटाई के लिए तैयार हो जाते हैं। पौधे उस अवस्था में तैयार समझना चाहिए। जब पौधों में ३ से ४ पत्तियां आ जाएं। पौधों को जमीन से थोड़ा ऊँचा काटना चाहिए, ताकि उनका दुबारा फुटाव शीघ्र और सुगमता से हो सके। मेथी की तोड़ाई हाथ से ही करनी चाहिए। वैसे रोज चाकू के साथ भी कटाई की जा सकती है। बाद की कटाइयाँ १० से १५ दिन के अंतर से करनी चाहिए। कसूरी मेथी की पहली कटाई बुआई के ३५ से ४५ दिन के बाद की जाती है। जिस फसल से बीज बनाने हों उस स्थिति में २ से ३ कटाई के बाद पौधों को बढ़ने के लिए छोड़ दिया जाता है।

उपज : हरी पत्तियों के लिए उगाई गई मेथी की फसल से लगभग २८ से ३२ क्विंटल प्रति एकड़ पैदावार मिल जाती है। अधिक पैदावार लेने के लिए पूरे पौधे को काटा जा सकता है यद्यपि कुछ केवल बाहरी पत्तियों को काटना पंसद करते हैं। पत्तियों और बीज के लिए उगाई गई फसल से २.५–३.६ क्विंटल पत्तियां और १.२ से २.४ क्विंटल बीज प्रति एकड़ मिल जाते हैं। बीज के लिए उगाई गई देशी मेथी से ६ से ८ क्विंटल और कसूरी मेथी से २.५ से ३.० क्विंटल बीज प्रति एकड़ मिल जाता हैं।

भण्डारण : इसकी पत्तियों को भली भांति धूप में सूखा कर पोलीथीन की थैलियों में सुरक्षित रख लेना चाहिए। इन पत्तियों को गैर–मौसम म सब्ज़ी बनाकर खाया जा सकता है। यह काफी स्वादिष्ट लगती है। इसके दानों का भण्डारण के पूर्व भली भाँति सुखाने के बाद बोरियों में भर कर २ वर्ष तक सुरक्षित रखा जा सकता है।

फसल संरक्षण

मेथी की फसल पर कीड़ों और बीमारियों का प्रकोप कम ही होता है परन्तु फिर भी कुछ कीड़े व बीमारियां फसल को अधिक हानि पहुँचाते हैं।

हानिकारक कीट व उनका नियंत्रण

चेपा (माहू) : यह अत्यन्त छोटे–छोटे कीड़े होते हैं जो कभी–कभी मेथी की मुलायम पत्तियों पर पाये जाते हैं। काले रंग के इस कीट के शिशु व प्रौढ़ दोनों ही पौधों से रस चूसकर हानि पहुँचाते हैं जिससे पत्तियाँ पीली हो कर सूखने लगती हैं। अधिक आक्रमण होने से फसल की काफी हानि होती है। इसकी रोकथाम के लिए ३०० मि० ली० मैलाथियान ५० ई० सी० या ४०० मि० ली० एण्डोसल्फान ३५ ई० सी० को २०० लीटर पानी में मिलाकर प्रति एकड़ की दर से छिड़काव करना चाहिए। ग्रसित टहनियों को तोड़कर नष्ट कर देना चाहिए। यदि पत्तियां सब्ज़ी के

लिए काम में लेनी हो तो सिर्फ मैलाथियान ही छिड़कें व एक सप्ताह बाद पत्तियों को काम में ले सकते हैं।

बीमारियां व उनका नियन्त्रण

१. **सफेद चूर्ण रोग** : इस रोग का प्रकोप फसल में देर से एक फफूंद द्वारा होता है अतः पैदावार में अधिक नुकसान नहीं होता। रोग के लक्षण पत्तियों की दोनों सतह पर सफेद धब्बें के रुप में उत्पन्न होते हैं तथा कई धब्बे आपस में मिलकर पत्तियों के ऊपर सफेद चूर्ण जैसे दिखाई देते हैं।

नियंत्रण : करीब ५०० ग्राम घुलनशील गंधक (सल्फेक्स या वटसल्फ) प्रति एकड़ को २०० लीटर पानी में घोल कर पौधों पर छिड़काव करना चाहिए। केवल एक बार ८ से १० किलोग्राम प्रति एकड़ बारीक गंधक का धूड़ा बीमारी लगे हर भाग पर सुबह या शाम के समय धूड़ने से भी बीमारी रूक जाती है।

२. **मृदुरोमिल आसिता (डाऊनी मिल्डयू)** : यह रोग प्रायः फरवरी–मार्च में फसल पर देखा गया है। इस रोग के लक्षण पत्तियों के ऊपरी भाग पर पीले रंग के धब्बों के रुप में देखे जा सकते हैं। इन पीले धब्बों के विपरीत पत्तों के निचले भाग का निरीक्षण किया जाये तो वहां पर धूसर या मटमैले रंग की फफूंद का कवक जाल देखा जा सकता है। कई बार यह रोग व सफेद चूर्ण का रोग साथ आता है जिसके कारण पत्तियों की आकृति खराब हो जाती है और फसल के पकने से पूर्व ही पत्तियाँ सूखने से पैदावार घट जाती है।

नियंत्रण : रोग की रोकथाम के लिए कम से कम दो छिड़काव पहला रोग आरम्भ होते ही तथा दूसरा १० से १५ दिन पश्चात् इण्डोफिल एम–४५ (०.२ प्रतिशत) का करने से रोग का नियन्त्रण हो जाता है।

२. **लीफ स्पाट (पत्ती का धब्बा रोग)** : इस बीमारी के कारण पत्तियों पर छोटे–छोटे भूरे रंग के धब्बों का बनना और बाद में इनका बड़ा हो जाना इस बीमारी का मुख्य लक्षण है। इस बीमारी के आक्रमण से पत्तियां सूखकर गिरने लगती हैं। इसकी रोकथाम के लिए फसल पर ४०० ग्राम इण्डोफिल एम–४५ या ब्लाइटाक्स–५० को २०० लीटर पानी में घोलकर प्रति एकड़ छिड़काव करना चाहिए।

३. **कालर रोट** : यह रोग एक भूमि जनित फफूंद द्वारा होता है। रोग के लक्षण जमीन की सतह से नजदीक वाले तने पर जलसिक्त धब्बों के रुप में दिखाई पड़ते हैं। इन धब्बों के कारण तने का भाग सड़ जाता है जिससे पौधे मर जाते हैं। इस तरह के लक्षण कोमल पौधों पर जमाव के तत्काल भी आते हैं जिससे कि पौधे जमीन पर गिर कर नष्ट हो जाते हैं। रोग का प्रकोप ऐसी

जगहों पर जहां पौधों की संख्या अत्याधिक होती है, उग्र रुप धारण कर लेता है।

नियन्त्रण : रोगग्रस्त खेतों में २ से ३ वर्ष तक मेथी न उगायें क्योंकि इस रोग का फफूंद जमीन में लम्बे समय तक जीवित रहता है। बाविस्टिन द्वारा बीजोंपचार (२ ग्राम दवा प्रति किलोग्राम बीज) से रोग की आंशिक रोकथाम की जा सकती है।

नोट : पत्तियों की कटाई के १० दिन पहले किसी भी कीटनाशक व फफूंदनाशक दवाई का छिड़काव नहीं करना चाहिए।

(ग) सब्ज़ी चौलाई
CHAULAI SAG

चौलाई हमारे देश की गर्मियों के मौसम की सब्ज़ी है। इस मौसम में केवल चौलाई से ही हरी पत्ती वाली सब्ज़ी मिलती है क्योंकि अन्य पत्तियों वाली सब्ज़ियाँ गर्मी में बहुत कम होती हैं। इसकी ताज़ी व मुलायम पत्तियों तथा तनों को अन्य सब्जियों की तरह पका कर खाते हैं। इसकी सब्ज़ी बहुत ही स्वादिष्ट व स्वास्थ्य वर्धक होती है व खून को भी साफ करती है। चौलाई कैल्शियम, फासफोरस, लोहा, विटामिन ए., बी. और सी का अच्छा स्त्रोत है। बच्चों के भोजन में नियमित रुप से थोड़ी सी चौलाई शामिल की जाये तो उनमें विटामिनों की कमी काफी दूर की जा सकती है। इसके अलावा इसमें प्रोटीन भी अच्छी मात्रा में होता है। इसके पौधे लम्बे या छोटे, नरम और दृढ़ होते हैं और समस्त भारत में हरी पत्तियों तथा रसीले तनों के लिए उगाये जाते हैं। चौलाई की खेती करना बहुत ही आसान है। यदि थोड़ी सी मेहनत और सावधानी से इसकी खेती करें तो गर्मियों में खाली जगह से अधिक आमदनी हो सकती है। यह गृह–वाटिका के लिए बहुत उपयुक्त है। इस गुणों से भरपूर साग की खेती पर अभी तक कोई विशेष ध्यान नहीं दिया गया है क्योंकि इसे अक्सर लोग खाना पसन्द नही करते।

प्रमुख उन्नत किस्में : चौलाई कई प्रकार की होती हैं जैसे – बड़ी चौलाई, छोटी चौलाई और कटीली चौलाई। ये सभी किस्में आकार, ऊंचाई, पत्तियों के रंग, शाखाओं के प्रकार तथा कटाई के बाद तुरन्त बढ़ने के गुणों में एक दूसरे से भिन्न होती हैं। इसकी कुछ उन्नत किस्में निम्नलिखित हैं :

१. **बड़ी चौलाई:** यह मोटे, मुलायम तनों तथा लम्बी पत्तियों वाली गर्मी के मौसम के लिए सबसे अच्छी किस्म है। इसकी बिजाई गर्मी में जल्दी कर दी जाए तो इसकी कटाई बरसात के अन्त तक की जा सकती है।

२. **छोटी चौलाई** : यह बहुत ही छोटे व सीधे पौधों तथा तेज़ी से बढ़ने वाली किस्म है। बड़ी चौलाई की अपेक्षा इसके तने पतले व पत्तियां छोटी होती हैं।

यह गर्मी में उगाई जाने वाली अच्छी और जल्दी तैयार होने वाली किस्म है तथा कटाई के बाद बहुत जल्दी बढ़ती है। उपरोक्त दोनों किस्में भारतीय कृषि अनुसंधान संस्थान, पूसा, नई दिल्ली से विकसित हुई हैं।

३. **कोयम्बटूर** : यह गहरे हरे रंग की तेजी से बढ़ने वाली किस्म है जो भारतीय कृषि अनुसंधान संस्थान, कोयम्बटूर ने विकसित की है। इसके अतिरिक्त अन्नपूर्णा भी अधिक उपज देने वाली एक उन्नतशील किस्म है।

भूमि एवं जलवायु : चौलाई की खेती लगभग सभी प्रकार की भूमि में की जाती है परन्तु दुमट मिट्टी इसके लिए अधिक उपयुक्त होती है। पानी के निकलने का प्रबन्ध अवश्य होना चाहिये क्योंकि यह फसल ज्यादा पानी इकट्ठा होने से नष्ट हो जाती है। इस फसल की बढ़वार अम्लीय (५.५ से ७.५ पी० एच०) भूमि में सबसे अच्छी होती है परन्तु कुछ जातियां क्षारीय भूमि में अच्छी होती हैं। इस फसल की बढ़वार के लिए गर्म वातावरण की आवश्यकता होती है। इसलिए मैदानी भागों में गर्मी की यह मुख्य फसल है यद्यपि वर्षा ॠतु में भी इसकी खेती की जा सकती है।

खेत की तैयारी : आलू, टमाटर, मटर आदि फसलों की कटाई के बाद चौलाई की फसल ली जाती है। सबसे पहले खेत को एक बार मिट्टी पलटने वाले हल से तथा ३ से ४ बार देशी हल से जुताई करके तथा पाटा चलाकर मिट्टी को भुरभुरी बना लेना चाहिये। खेत में ढ़ेले बिल्कुल नहीं रहने चाहिये। गोबर की खाद खेत की जुताई से पहले खेत में डाल देना चाहिए। खेत की तैयारी के बाद उचित आकार की क्यारियां बना लेनी चाहिए जिससे सिंचाई करने में असुविधा न हो।

बुवाई का समय व बीज की मात्रा : उत्तरी भारत में इसकी बिजाई फरवरी से मार्च (गर्मी की फसल) तथा जून से जुलाई (वर्षा ॠतु की फसल) के लिए करते हैं। दक्षिणी भारत में जहां इसके लिए उपयुक्त वातावरण होता है, फसल की बिजाई वर्षभर करते हैं। एक एकड़ की बिजाई के लिये ६०० से ८०० ग्राम बीज पर्याप्त होता है।

बुवाई की विधि : इसकी बिजाई खेत में बीज छिड़क कर या २० से ३० सें. मी. की दूरी पर कतारों में करते हैं। इसके बीज बहुत ही छोटे होने के कारण उथला (लगभग १.५ सें. मी. गहरा) बोना चाहिये और बोने से पहले महीन बीज में मिट्टी या रेत मिला लेनी चाहिये जिससे बीज खेत में समान रुप से वितरित हो जाये। दक्षिणी भारत में बड़ी चौलाई की रोपाई करने का प्रचलन है। इसके बीज को पहले नर्सरी में बोया जाता है। इसके बाद पूरे खेत में या अन्य सब्जियों के साथ मेढ़ों पर रोपाई कर देते हैं। इसमें पौधों से पौधों की दूरी दोनों ओर ३० सें. मी. रखते हैं। बुवाई के समय खेत में पर्याप्त नमी रहनी चाहिये अन्यथा बोने के बाद हल्की सिंचाई कर देनी चाहिये।

खाद एवं उर्वरक : इस फसल की खाद व उर्वरक की आवश्यक मात्राएं खेत में चौलाई बोने से पहले बोई गई फसल पर निर्भर करती हैं। यदि इसके पहले फलीदार (दलहन) फसल ली गई हो तो खाद तथा उर्वरक की मात्रा कम देनी चाहिये। फिर भी अच्छी पैदावार के लिये ८ से १० टन गोबर की सड़ी खाद प्रति एकड़ खेत की तैयारी के समय ही खेत में मिला देनी चाहिये। इसके अतिरिक्त ११ किलोग्राम नाईट्रोजन (४४ किलोग्राम कैल्शियम अमोनियम नाईट्रेट २५ प्रतिशत अर्थात किसान खाद), ११ किलोग्राम फास्फोरस (७० किलोग्राम सिंगल सुपर फास्फेट) तथा २२ किलोग्राम पोटाश (३५ किलोग्राम म्यूरेट आफ पोटाश) का मिश्रण बनाकर प्रति एकड़ की दर से देनी चाहिये। इस खाद के मिश्रण को बिजाई के पहले मिट्टी में मिला देना चाहिये। बाद में ३० किलोग्राम नाइट्रोजन (१२० किलोग्राम कैल्शियम अमोनियम नाईट्रेट २५ प्रतिशत अर्थात किसान खाद) को छिटक कर (टाप—ड्रेसिंग) खड़ी फसल में तीन बार बराबर की मात्रा में देनी चाहिये। पहली मात्रा बिजाई के एक महीने बाद तथा बाद में पहली और दूसरी कटाई के बाद देनी चाहिये। किसान खाद देने के बाद सिंचाई अवश्य करनी चाहिये।

सिंचाई : गर्मी के मौसम में फसल की प्रत्येक कटाई के बाद ४ से ५ दिन के अन्तर पर सिंचाई करते रहना चाहिये। वर्षा ॠतु में आवश्यकतानुसार सिंचाई करनी चाहिये।

निराई-गुड़ाई : यदि फसल को कतारों में बोया गया है तो उनमें खरपतवारों के लिए दो—तीन निराई—गुड़ाई करनी चाहिए। गर्मियों की फसल की बढ़वार अधिक होती है और पौधों की उचित बढ़वार के लिए आवश्यक है कि इनके जरुरत से अधिक शाखाओं व पत्तियों को छांट दें।

कटाई : इनकी पहली कटाई, बिजाई के ३ से ४ सप्ताह बाद शुरु हो जाती है तथा बाद में ८ से १० दिन के अन्तर पर कटाई करते रहते हैं। इनकी कटाई छोटी चौलाई में ८ दिन तथा बड़ी चौलाई में १० दिन के अन्तर पर करनी चाहिये व एक फसल में ८ से १० बार कटाई की जा सकती है।

उपज़ : इसकी पैदावार ३६ से ४० क्विंटल प्रति एकड़ तक हो जाती है।

फसल संरक्षण

कीट व उनका नियंत्रण

चेपा (एफिड): यह बहुत ही छोटे हल्के हरे रंग वाले कीड़े होते हैं जो मुलायम शाखाओं तथा पत्तियों पर पाये जाते हैं। शिशु तथा प्रौढ़ दोनों ही पत्तों के रस को चूसते हैं जिससे पत्तियां सूख जाती हैं। इससे बचने के लिए आक्रमण के शुरु होने पर कीट—ग्रस्त टहनियों को तोड़कर नष्ट कर देना चाहिए। अधिक आक्रमण होने

पर ३०० से ४०० मि० ली० मैलाथियान (सायथियान) ५० ई० सी० को ३०० से ४०० लीटर पानी में मिलाकर प्रति एकड़ फसल पर छिड़काव करें। यदि आवश्यकता पड़े तो यही छिड़काव फिर करें परन्तु कीटनाशी छिड़कने के एक सप्ताह बाद ही चौलाई को सब्ज़ी के लिए काम में लें।

बीमारियां व उनका नियंत्रण

१. **लीफ स्पाट (पत्तियों पर धब्बे का रोग)** : इस बीमारी से पत्तियों पर भूरे रंग के सफेद धब्बे पड़ जाते हैं। शुरु में ये धब्बे छोटे अण्डाकार होते हैं। बाद में बड़े आकार के हो जाते हैं जिससे पत्तियां सूख कर गिरने लगती हैं। करीब ०.२ प्रतिशत डाईथेन एम्–४५ या ब्लाईटाक्स–५० (२ ग्राम दवा को एक लीटर पानी में मिला कर) का छिड़काव करने से इस बीमारी की रोकथाम की जा सकती है।

२. **सफेद किट्ट रोग** : इस बीमारी से पत्तियों पर गोल आकार व भूरे रंग के धब्बे बन जाते हैं जो बीच में हल्के रंग के होते हैं। इन धब्बों के आस–पास की पत्तियों का भाग थोड़ी लाली लिये हुए होता है। जैसे–जैसे यह बीमारी बढ़ती है कई धब्बे आपस में मिलकर बड़े धब्बे बना देते हैं। इसकी रोकथाम के लिए ०.२५ प्रतिशत ब्लाईटाक्स–५० का छिड़काव करना चाहिये तथा फसल चक्र भी अपनाना चाहिये।

३. **डाउनी मिल्ड्यू** : पौधों पर पहले पीले रंग की धारियां बन जाती हैं जो बाद में भूरे रंग की हो जाती हैं या सभी पत्तियों का हरा रंग उड़ जाता है और सुबह उन पर सफेद सी फंफूदी दिखाई देती है। इसकी रोकथाम के लिए डाइथेन जेड–७८ के ०.२ प्रतिशत घोल (२ ग्राम दवा को एक लीटर पानी में) का १५ दिन के अन्तर पर छिड़काव करना चाहिये।

७

सोलानेसी कुल की फलवाली सब्ज़ियाँ

(क) सब्ज़ी टमाटर
HYBRID TOMATO

भारतवर्ष में टमाटर की खेती लगभग ४.८६ लाख हेक्टेयर भूमि पर की जाती है जिससे वार्षिक उत्पादन लगभग ७४.४२ लाख टन है। देश के सभी राज्यों में टमाटर की खेती सफलतापूर्वक की जाती है, जिनमें मुख्यतयः उत्तर प्रदेश, महाराष्ट्र, कर्नाटक, आन्ध्र प्रदेश, हरियाणा, पंजाब, बिहार और गुजरात सबसे अग्रणी हैं। हरियाणा में टमाटर की खेती लगभग ६००० हेक्टेयर भूमि पर की जाती है तथा वार्षिक उत्पादन लगभग २.० लाख टन है।

सब्ज़ियों में टमाटर का प्रमुख स्थान है। इसकी सब्ज़ी स्वादिष्ट, रुचिकर और शक्तिवर्धक होती है। सब्ज़ियों के अलावा इसका उपयोग सूप, सलाद, चटनी आदि के रुप में भी किया जाता है। टमाटर में विटामिन ए व सी प्रचुर मात्रा में पाऐ जाते हैं। टमाटर का प्रयोग कैंसर जैसी बीमारी से बचने के लिए भी किया जाता है। इस उपयोगी सब्जी की अच्छी उपज कई बातों पर निर्भर करती है, जिनमें किस्म का चुनाव, खाद व उर्वरक का उपयोग और फसल के प्रबन्ध में अपनाई गई विधि प्रमुख है। टमाटर की अधिक पैदावार लेने के लिए विशेषकर संकर व उन्नत किस्मों की पौध लगाने का समय एवं खाद तथा उर्वरक के सही उपयोग के बारे में पूरी जानकारी होनी अति आवश्यक है।

भूमि और उसकी तैयारी : टमाटर को सभी प्रकार की भूमि में उगाया जा सकता है परन्तु अच्छे जल–निकास वाली दोमट मिट्टी इसकी खेती के लिए विशेष रुप से उत्तम मानी जाती है। खेत की तैयारी के लिए पहली जुताई मिट्टी पलटने वाले हल से करें। बाद में ३ से ४ जुताइयाँ देशी हल से करके और पाटा चलाकर खेत को समतल और मिट्टी को भुरभुरा बना लेना चाहिए।

जलवायु : अच्छी वृद्धि और फसल उत्पादन के लिए गर्म जलवायु की आवश्यकता पड़ती है। तापक्रम और प्रकाश की तीव्र गति का प्रभाव फलों के लाल रंग और उसके स्वाद पर काफी पडता है। ज्यादा ठंड पड़ने पर पौधों की वृद्धि पर प्रतिकूल प्रभाव पड़ता है। तेज गर्मी में फल गिरने लगते हैं। यद्यपि टमाटर को १८ से २७° सें. ग्रे. तापमान पर सफलतापूर्वक उगाया जाता है परन्तु १५ से १६° सें. ग्रे. तापमान अधिक उपज लेने के लिए उत्तम है। रात्रि का तापमान दिन के तापमान की तुलना में अधिक अनिवार्य है। दिन का तापमान ३०° सें. ग्रे. से अधिक हो जाने पर टमाटर के फलों में लाल रंग बनने की क्रिया में कमी आ जाती है।

प्रमुख उन्नत किस्में : देश में टमाटर की बहुत ही उन्नत किस्में विकसित की जा चुकी हैं, परन्तु हरियाणा राज्य के लिए अनुमोदित किस्मों का विवरण नीचे दिया गया है।

१. हिसार अरुण (सलैक्शन–७) : इसके पौधे छोटे और पौधों पर फल काफी मात्रा में लगते हैं। इस किस्म के फल सामान्य तौर पर लगभग एक समय पर पकते हैं जो मध्यम से बड़े आकार के होते हैं। यह किस्म काफी अगेती है और प्रति एकड़ औसत उपज १२० क्विंटल है। इस किस्म को बोने की सिफारिश बसन्त और वर्षा ऋतु में की गई है।

२. हिसार ललित (एन० टी०–८) : इस किस्म में जड़–गाँठ सूत्र कृमि नामक बीमारी नही लगती अतः इस किस्म की सिफारिश उन स्थानों पर की गई है जहाँ पर बीमारी लगती हैं। इस किस्म को बीमार खेतों में उगाने पर भी औसत उपज १००–१२० क्विंटल प्रति एकड़ प्राप्त होती हैं।

३. हिसार लालिमा (सलैक्शन–१८) : यह एक बहुत उपयोगी व अगेती किस्म है जिसके पौधों की बढ़वार कम होती है व कोने से पत्ते कटे होते हैं। फल गोल, आकार में बड़े, लाल व गुद्देदार होते हैं। रोपाई के ६५ से ७० दिन के पश्चात् फलों की पहली तोड़ाई की जा सकती है। इस किस्म में लगभग १२० क्विंटल उपज प्रति एकड़ हो जाती है। फलों का आकार हिसार अरुण किस्म से बड़ा है, इसलिये संकर हाईब्रिड की तुलना में इस किस्म की सिफारिश की जा सकती है।

इन किस्मों के अतिरिक्त टमाटर की कुछ अन्य किस्में भी है जिनसे अधिक उपज ली जा सकती हैं। ये इस प्रकार से हैं :

१. एच० एस० १०१ : यह किस्म चौ०चरण०सिंह हरियाणा कृषि विश्वविद्यालय, हिसार द्वारा विकसित की गई है। इस किस्म के पौधे छोटे और फैलने वाले, फल मध्यम आकार के गोल और मोटे छिलके वाले होते हैं। यह किस्म गर्मी और सर्दी दोनो मौसम के लिए उपयुक्त हैं व पके फलों की औसत पैदावार प्रति एकड़ १२० से १४५ क्विंटल होती हैं।

२. एच० एस० १०२ : इस किस्म को भी चौ० चरण० सिहं हरियाणा कृषि विश्वविद्यालय, हिसार ने विकसित किया है। इस किस्म के पौधे बौने व फल मध्यम आकार के चपटे और गोल होते हैं। गर्मी और सर्दी दोनों ही मौसमों के लिए उपयुक्त है। प्रति एकड़ लगभग ११० से १२० क्विंटल उपज मिल जाती हैं।

३. एच० एस० –११०: यह देर से पकने वाली किस्म है। इसके फल बड़े, गुद्‌देदार और मीठे होते हैं, जिन्हें दूर तक भेजा जा सकता हैं। इस किस्म के फलों की कीमत बाज़ार में अच्छी मिलती हैं। औसत उपज प्रति एकड़ ७५ से ८० क्विंटल है।

४. पूसा रुबी : यह शीघ्र तैयार होने वाली किस्म है और फल रोपाई के ६५ से ७० दिन बाद पकने शुरु हो जाते हैं। यह किस्म बरसात में उगाने के लिये अच्छी सिद्ध हुई है। इसमें चित्ती रोग भी कम लगता है। पौधे आकार में बड़े और फैले होते हैं। फल चपटे, गोल, पकने पर गहरे लाल रंग के हो जाते हैं। इसकी औसतन पैदावार ८० से १०० क्विंटल प्रति एकड़ है।

५. सलैक्शन–१२० : इस किस्म के पौधे आकार में छोटे होते हैं और रोपाई के ६५ से १०० दिन बाद फल पकने लगते हैं जो बड़े, गोल और हल्के धारीदार होते हैं। इस किस्म पर जड़–गाँठ रोग का प्रकोप नही होता तथा प्रति एकड़ उपज १०० से ११० क्विंटल होती है।

६. पूसा अर्ली डवार्फ : इस किस्म के पौधे छोटे होते हैं और गर्मियों में रोपाई के ७६ से ८० दिन बाद फल पकने लगते हैं जो मध्यम आकार के चपटे, गोल और पतले छिलके वाले होते हैं। फलों की उपज लगभग १२० क्विंटल प्रति एकड़ तक हो जाती है।

७. पंजाब छुआरा : इस किस्म के पौधे छोटे और पछेती होते हैं। फल का छिलका मोटा होने से दूर तक भेजा जा सकता है। इसकी प्रति एकड़ औसत उपज १०० से १२० क्विंटल है।

८. पंतनगर टमाटर-१ : यह टमाटर की अधिक पैदावार देने वाली तथा गर्मी और सर्दी दोनों ही मौसम में उगाने के लिए उपयुक्त किस्म है। इसके पौधे मध्यम आकार के और फैलने वाले होते हैं। फल बड़े, चिकने और गुद्‌देदार होने से एक एकड़ में औसतन १४० से १६० क्विंटल तक उपज हो जाती है।

६. पंतनगर टमाटर–२: यह कम फैलने वाली किस्म है। इसके फल छोटे, नाशपाती आकार के गूद्‌देदार और मोटे छिलके वाले होते हैं। फल प्रायः गुच्छों मे लगते हैं। पहाड़ी क्षेत्रों में उगाने के लिए यह सबसे अच्छी किस्म सिद्ध हुई है व औसतन पैदावार लगभग १४५ क्विंटल प्रति एकड़ तक ली जाती है।

१०. पूसा गौरव : इस किस्म को भारतीय कृषि अनुसंधान संस्थान, नई दिल्ली से विकसित किया गया है। इसकी पत्तियां कटी हुई तथा हल्के रंग की होती हैं।

फल पीलापन लिए हुए लाल रंग के, चिकने तथा लम्बोत्तर आकार के होते हैं। रोपण के ८० से ८५ दिन बाद फल तैयार हो जाते हैं जो एक समान रुप से पकते हैं। इसके फल दूर स्थान पर भेजने तथा परिरक्षित पदार्थो के बनाने के लिए काफी उपयोगी हैं।

११. पूसा शीतल : इस किस्म को भारतीय कृषि अनुसंधान संस्थान, नई दिल्ली से विकसित किया गया है। पौधे सीमित बढ़वार व घनें मध्यम फैलाव लिए हुए, पत्तियां कटी और हरे रंग की लगातार फल देने वाली होती हैं। इनके फल गोल, दबे हुए चिकने ३ से ४ प्रकोष्ठीय, आकर्षण व पकने पर एक समान लाल रंग के होते हैं। मैदानी भागों में अगेती फसल के रुप में उगाने के लिए यह उत्तम किस्म है, क्योंकि इस किस्म में कम तापमान पर (८° से. ग्रे. या कम) फल धारण करने की शक्ति है। इसकी औसत पैदावार १४५ क्विंटल प्रति एकड़ है।

१२. एस. १२ : टमाटर की इस किस्म को पंजाब कृषि विश्वविद्यालय, लुधियाना से विकसित किया गया है। इसके पौधे छोटे, ओजस्वी तथा झाड़ीनुमा होते हैं। फल एक समान रुप से पकते हैं और उसमें रस तथा खटास अधिक होता है। इसकी औसत उपज ७० क्विंटल प्रति एकड़ है। इसके फल ताजी अवस्था में विपणन के लिए अच्छे होते हैं।

१३. हिसार अनमोल : इस किस्म को हरियाणा कृषि विश्वविद्यालय, हिसार से विकसित किया गया है। यह किस्म पत्ती मरोड़ विषाणु के प्रति अवरोधी है। पौधे सीमित बढ़वार वाले तथा फल मध्यम आकार के गोल व लाल रंग के होते हैं। इस किस्म को उन क्षेत्रों में उगाने की संस्तुति की गई है जहाँ पत्ती मरोड़ विषाणु रोग की काफी समस्या है।

१४. पंजाब केसरी : इस किस्म को पंजाब कृषि विश्वविद्यालय, लुधियाना द्वारा विकसित किया गया है। इसे उत्तर भारत के मैदानी तथा पहाड़ी क्षेत्रों में उगाने के लिए संस्तुति की गई। यह एक अगेती किस्म है जिस पर पिछेती अंगमारी तथा फल छेदक कीट का प्रकोप कम होता है। पौधे ६० सें. मी. लम्बें तथा झाड़ीनुमा होते हैं। इनमें फलों के फटने की समस्या कम होती है, लेकिन जड़ गाँठ कृमि के प्रति यह संवेदनशील किरग है। इराकी औसत उपज ११५ क्विंटल प्रति एकड़ है।

१५. सेलेक्शन–३२ : टमाटर की इस किस्म को हरियाणा कृषि विश्वविद्यालय, हिसार से विकसित किया गया है। इसके पौधे सीमित बढ़वार वाले होते हैं तथा फल मध्यम से बड़े आकार के, गोल व लाल रंग के होते हैं जिनका ऊपरी तथा नीचे का सिरा दबा होता है। यह किस्म पत्ती मरोड़ विषाणु रोग के प्रति सहीष्णु है। इसकी औसत उपज १२० से १४० क्विंटल प्रति एकड़ है।

१६. एन. डी. टी. १०८ : इस किस्म को नरेन्द्र देव कृषि एवं प्रौद्योगिक विश्वविद्यालय, फैजाबाद से विकसित किया गया है। यह एक बौनी किस्म है, जिसके फल छुहारा के आकार के होते हैं। इसके फल परिरक्षण के लिए अच्छे माने जाते हैं। इसकी औसत उपज १०४ से १२० क्विंटल प्रति एकड़ है।

१७. एन. डी. टी. १२० : इस किस्म को भी नरेन्द्र देव कृषि एवं प्रौद्योगिक विश्वविद्यालय, फैजाबाद से विकसित किया गया है। फल पौध रोपण के लगभग ७५ से ८० दिन में निकलने लगते हैं। इसके फल बड़े, लाल, गुद्देदार एवं आकर्षक होते हैं। यह बौनी किस्म है जिसके फल पत्तियों के नीचे गुच्छों में लगे होते हैं। इसकी उपज लगभग १२० से १४० क्विंटल प्रति एकड़ है।

टमाटर की संकर प्रजातियां : अखिल भारतीय समन्वित सब्ज़ी विकास परियोजना, वाराणसी ने टमाटर की निम्न संकर प्रजातियों को हरियाणा प्रदेश के लिए अनुमोदित किया है। इनकी कुछ विशेषताऐं निम्नलिखित हैं :

१. **ए० आर० टी० एच०–३ :** इस संकर जाति के पौधे छोटे होते हैं। फल गोल, चिकने, मध्यम आकार व सामान्य आकृति तथा लाल रंग वाले होते हैं। फल पकने पर इनका रगं गहरा लाल हो जाता है। यह किस्म टमाटर की फयूजेरियम म्लानि रोग के प्रतिरोधक है।

२. **अविनाश–२ :** इसके पौधे बौने व छोटे होते हैं। यह एक शीघ्र पकने वाली संकर किस्म है। इसके फल गोल आकार के, मोटे छिलके वाले तथा गहरा लाल रंग लिए होते हैं। प्रत्येक फल का वजन लगभग ८० से १०० ग्राम होता है। फलों को दूर क्षेत्रों में भेजने के लिए यह एक उपयुक्त संकर जाति है।

३. **पूसा हाइब्रिड–४ :** इस किस्म के पौधे छोटे आकार के होते हैं। यह एक शीघ्र पकने वाली किस्म है। इसके फल गोल, चिकने, मध्यम आकर के और एक सामान्य लाल रंग लिए होते हैं। यह किस्म टमाटर में लगने वाले जड़–गांठ सूत्रकृमि रोग के प्रतिरोधक है।

इन संकर जातियों के अतिरिक्त भारतीय सब्ज़ी अनुसंधान संस्थान, वाराणसी ने टमाटर की कुछ अन्य संकर प्रजातियों जैसे : –एम० टी० एच०–६, अर्का वरदान, के० टी०–४, एन० ए०–६०१, एफ० एम० एच० – १ तथा डी० टी० एच०–४ की हरियाणा राज्य में उगाने की सिफारिश की है। इन उन्नतशील किस्मों के अतिरिक्त टमाटर की कुछ अन्य संकर प्रजातियां भी उपलब्ध हैं जिनको कृषक खेतो में लगाकर अधिक आमदनी प्राप्त कर सकते हैं। उदाहरण के लिए टमाटर सैन्चुरी–१२, वैशाली, कर्नाटक हाइब्रिड, लैरीका, टी. एच. ६५०१, टी. एच. ६५०२ एवं एन० एस० – ८१५ आदि।

पौधशाला की तैयारी : टमाटर के बीजों को पौधशाला में बोने से पहले पौधशाला की दो–तीन बार जुताई की जाती है। गोबर की सड़ी खाद मिला कर

उसे अच्छी प्रकार तैयार करना चाहिए। प्रत्येक दो क्यारियों के बीच ३० सें. मी. की चौड़ी नाली छोड़ दें ताकि पानी के निकास की सुविधा रहे। इस प्रकार तैयार की गई, क्यारियों में बीज को एक सें. मी. की गहराई पर पंक्तियों में बोना चाहिए। पंक्तियों के बीच की दूरी ७ से १० सें. मी. रखनी अच्छी रहती है। पौधशाला की क्यारियों में बिजाई करने के बाद सड़ी हुई गोबर की खाद से क्यारियों को ढकं दें तथा फव्वारे द्वारा सिंचाई करनी चाहिए। अधिक धूप होने पर घास–फूस से नर्सरी की क्यारियों को ढक दें तथा बीजों के अंकुरण के बाद घास–फूस को क्यारियों के ऊपर से हटा देना लाभप्रद है। ऐसा करने से नर्सरी की सतह पर उचित नमी बनी रहती है जो कि बीज के उगने में सहायक होती है। गर्मी के दिनों में आमतौर पर ४ सप्ताह में पौध तैयार हो जाती है जबकि सर्दी के मौसम में लगभग ८ से १० सप्ताह का समय लग जाता है। सर्दियों में पौधे को ठंड से बचाने के लिए मोमी चद्दर का प्रयोग करना अति आवश्यक है। इसलिए पौधशाला को रात के समय मोमी चद्दर से ढ़क देना लाभप्रद है। ऐसा करने से बीज का जमाव शीघ्र होता है तथा उगते हुए बीजों को पाले के कुप्रभाव से बचाया जा सकता है। पौधशाला में पौध की समय पर सिंचाई करना, खरपतवार निकालना तथा कीट के प्रकोप होने पर कीटनाशक दवा का छिड़काव करना भी आवश्यक है।

बुआई का समय : देश में टमाटर की फसल लगभग पूरे साल ली जाती हैं। उत्तरी भारत के मैदानी क्षेत्रों में इसकी मुख्यतः दो फसलें ली जाती हैं, जिनमें से एक अक्तूबर से फरवरी–मार्च तक और दूसरी अप्रैल से जून तक रहती हैं। जाड़ों की फसल की बिजाई पौधशाला में जून से जुलाई में और बसन्तकालीन फसल के लिए टमाटर के बीज को पौधशाला में नवम्बर से दिसम्बर माह तक बो देना चाहिए। पहाड़ी क्षेत्रों में बिजाई का समय मार्च से अप्रैल है एवं मई में पौध को रोप दिया जाता है जिसके फल जुलाई तक मिलने लगते हैं। संकर जाति के बीजों को समतल पौधशाला में मध्य अक्तूबर से नवम्बर माह में बोया जाता है तथा पौध रोपण नवम्बर–दिसम्बर के महीनों में किया जाना चाहिए। वर्षा ऋतु में टमाटर की पौध तैयार करने के लिए नर्सरी में कुछ सावधानियाँ बरतने की आवश्यकता होती हैं, क्योकि इस मौसम में आर्द्रगलन रोग की समस्या अधिक देखने में आती है। वर्षा ऋतु में पौधशाला की उठी हुई क्यारियाँ बनानी चाहिए जिससे कि पौध को अधिक वर्षा के कारण क्षति न हो। एक एकड़ में पौध रोपने के लिए जाड़ो की फसल हेतु लगभग २० क्यारियों (५.० × १.० मीटर) तथा बसन्तकालीन फसल के लिए १५ क्यारियों (५.० × १.० मीटर) की आवश्यकता पड़ती है। टमाटर के बीज की बिजाई से पहले २.५ ग्राम एमिसान या कैप्टान या थायरम नामक दवा प्रति किलोग्राम बीज में मिला कर बोना चाहिए। आर्द्रगलन रोग की समस्या होने पर

बीज के उगने के बाद ०.२ प्रतिशत (२ ग्राम दवा प्रति लीटर पानी में) कैप्टान के घोल से नर्सरी की क्यारियों को तर करना आवश्यक हैं।

बीज की मात्रा : सर्दी की फसल के लिए लगभग ४००–५०० ग्राम बीज तथा बसन्तकालीन फसल के लिए लगभग २०० ग्राम बीज प्रति एकड़ पर्याप्त होता है। संकर जाति के लिए ६०—८० ग्राम बीज एक एकड़ फसल के लिए पर्याप्त है।

रोपाई : सर्दी की फसल की रोपाई जुलाई से अगस्त में तथा बसन्त–कालीन फसल की रोपाई मध्य जनवरी से मध्य फरवरी में करनी चाहिए। संकर किस्मों के लिए पौध की रोपाई नवम्बर–दिसम्बर के महीनों में की जानी चाहिए। इससे पहले रोपाई करने पर विषाणु रोग के लगने की सम्भावना बढ जाती है। आमतौर पर टमाटर की पौध में ५–६ सच्ची पत्तियां होनी चाहिए। पौध रोपण उठी हुई क्यारियों पर किया जाता है व क्यारियों की आपसी दूरी लगभग ६० सें.मी. तथा पौधे से पौध की दूरी ४५ सें.मी. रखनी चाहिए। एक स्थान पर दो पौध रोपने पर टमाटर की उपज में वृद्धि पाई गई है। संकर जाति के पौधों की रोपाई भी उठी हुई मोटी क्यारियों पर की जाती है। इसके लिए कतारों की आपसी दूरी १०० सें.मी. एवं पौधों की आपसी दूरी ६० सें.मी. रखनी चाहिए। एक एकड़ भूमि में टमाटर की प्रमुख उन्नतशील किस्मों को ६० सें.मी. × ४५ सें.मी. की दूरी (क्रमशः कतार व पौधे) पर लगाने पर १४८०० पौधे रोपे जाते हैं तथा संकर जाति के ६६४० पौधे प्रति एकड़ लगाने चाहिए।

खाद एवं उर्वरक : साधारणतया टमाटर की फसल में खाद और उर्वरकों का उपयोग उचित मात्रा में और सही समय पर नहीं किया जाता, जिसके कारण उपज पर प्रतिकूल असर पड़ता है। अधिकतर खेत में नाइट्रोजन वाले उर्वरक की अधिक मात्रा डाल दी जाती है। इससे पौधों की वानस्पतिक वृद्धि अधिक हो जाती है और फल देर से एवं कम लगते हैं। अतः खेत में खाद और उर्वरक डालने से पहले मिट्टी की जांच अवश्य कर लेनी चाहिए। यदि किसी कारण मिट्टी की जांच कराना संभव न हो तो प्रति एकड़ खाद और उर्वरकों का उपयोग निम्नलिखित प्रकार से करना चाहिए :

गोबर की खाद = १० टन (१०० क्विंटल)
नाइट्रोजन = ४० किलोग्राम (१६० किलोग्राम कैल्शियम अमोनियम नाईट्रेट २५ प्रतिशत अर्थात किसान खाद)
फास्फोरस = २५ किलोग्राम (१५६ किलोग्राम सिंगल सुपर फास्फेट)
पोटाश = २० किलोग्राम (३३ किलोग्राम म्यूरेट आफ पोटाश केवल पोटाश की कमी वाले क्षेत्र के लिए)

रोपाई के लगभग एक महीना पूर्व गोबर की सड़ी खाद को समान रुप से बिखेर कर जुताई द्वारा मिट्टी में अच्छी तरह मिला दें। नाइट्रोजन वाले उर्वरक की १/३ मात्रा, फास्फोरस और पोटाश वाले उर्वरकों की पूरी मात्रा को पौध रोपाई करने वाले स्थान पर १० सें. मी. की गहराई पर डाल दें तथा खुरपे से भलि भाँति मिला देवें। उसी स्थान पर ही पौद की रोपाई की जानी चाहिए। नाइट्रोजन की शेष २/३ मात्रा को क्रमशः रोपाई के एक महीने पश्चात् खड़ी फसल में तथा फूल आने व फल लगने की अवस्था में टापड्रैस कर देना आवश्यक है। खड़ी फसल में नाइट्रोजन युक्त खाद देने के पश्चात् सिंचाई करना लाभदायक होता है।

टमाटर के अच्छे, स्वस्थ और पूर्ण रुप से तैयार फल लेने के लिए बोरोन का उपयोग अत्यन्त आवश्यक है। छिलके का फट जाना (टमाटर की चिटकन की समस्या), फलों की आकृति बिगड़ना एवं उनका समान रुप से न पकना बोरोन की कमी के लक्षण हैं। इसके लिए बौरिक एसिड या बोरेक्स ०.३ प्रतिशत घोल का छिड़काव फल लगने के समय व इसके १५ दिनों के बाद करें तथा तीसरा छिड़काव जब फल पकने शुरु हो तब करना चाहिए।

सिंचाई : पहली सिंचाई, रोपाई के तुरन्त बाद करनी चाहिए। इसके बाद आवश्यकतानुसार ८ से १० दिनों के अन्तर पर सिंचाई करते रहना चाहिए। आमतौर पर सर्दियों में हर पन्द्रहवें और गर्मियों में हर सप्ताह सिंचाई की आवश्यकता पड़ती है। टमाटर में सिंचाई मुख्यतः नाली वाली विधि से की जाती है। फूल व फल लगने की अवस्थाओं में भूमि में नमी का होना अति आवश्यक है। इस समय नमी का ह्रास होने से पौधों पर फल लगने की क्रिया में कमी आ सकती है तथा उपज पर प्रतिकूल असर पड़ता है। टमाटर के पकने की अवस्था में सिंचाई की कमी कर देनी चाहिए।

खरपतवार नियंत्रण : खरपतवारों को खेत से न निकालने पर कुल उपज का लगभग ३० से ४० प्रतिशत भाग नष्ट हो जाता है। इसके लिए साधारणतयाः दो निराई–गुड़ाई, पहली पौधरोपण के लगभग २० से २५ दिनों के बाद तथा दूसरी ४० से ४५ दिनों के बाद करनी चाहिए। इसी समय मिट्टी चढ़ाने का काम भी करना आवश्यक है। टमाटर की फसल में रासायनिक खरपतवार नियन्त्रण के लिए पैन्डीमैथालिन नामक दवा का ४०० ग्राम (स्टोम्प ३० प्रतिशत का १.३ लीटर) २५० लीटर पानी में मिलाकर एक एकड़ भूमि में पौध रोपण के लगभग ४ से ५ दिनों बाद छिड़काव करने से फसल की खरपतवारों से रक्षा की जा सकती है।

फसल चक : फसल चक्र एक ऐसी क्रिया है, जिसके द्वारा अच्छी पैदावार लेने में बड़ी सहायता मिलती है। इसलिए इस बात को ध्यान में रखते हुए फसल चक्र अपनाने की संस्तुति की जाती है।

फसल चक्र

१.	टमाटर (जुलाई–जनवरी)	खरबूजा (फरवरी–जून)	आलू (अक्तूबर–जनवरी)	लोबिया (फरवरी–जून)
२.	मिर्च (जुलाई–जनवरी)	टमाटर (फरवरी–जून)	लोबिया (जुलाई–अक्तूबर)	बैंगन (नवम्बर–जून)
३.	टमाटर (फरवरी–जून)	खीरा (जुलाई–अक्तूबर)	अगेती मटर (अक्तूबर–जनवरी)	
४.	टमाटर (फरवरी–जून)	टिन्डा (जुलाई–अक्तूबर)	मटर (अक्तूबर–जनवरी)	
५.	अगेती गोभी (जुलाई–अक्तूबर)	मेथी (नवम्बर–जनवरी)	टमाटर (फरवरी–जून)	

पौधों को सहारा देना : पौधों को सहारा देने से फल, मिट्टी और पानी के सम्पर्क में नहीं आते, जिससे वे सड़न रोग से बचे रहते हैं। इस क्रिया से उत्पादन में भी वृद्धि होती है और ५० प्रतिशत ज्यादा पौध रोपी जा सकती है। सहारा देने के लिए १.० से १.५ मीटर लम्बी, २.५ सें.मी. मोटी लकड़ियों को टमाटर की पौध के साथ गाड़ कर उन्हें तीन–चार जगह बांध देना चाहिए।

फलों की तुड़ाई और उपज : फलों की तुड़ाई बाजार की मांग और दूरी पर निर्भर करती है। यदि फलों को दूर भेजना है तो अधपके फल तोड़ने चाहिए परन्तु स्थानीय बाजार में भेजने के लिए पके हुये लाल फल तोड़ने चाहिए। टमाटर की उपज किस्म, भूमि की उर्वरा शक्ति और फसल की देखभाल पर निर्भर करती है। अगर ऊपर बताई गई उन्नत विधियां अपनाकर खेती की जाये तो टमाटर की प्रति एकड़ १२० से १४० क्विंटल उपज आसानी से ली जा सकती है। संकर जाति से ३५०–४५० क्विंटल प्रति एकड़ तक उपज ली जा सकती है।

साइकोसिल के उपयोग से टमाटर का सफल उत्पादन : वर्षा ऋतु में टमाटर की अधिक उपज प्राप्त करने के लिए साइकोसिल जो कि बाजार में लिहोसिन ५० प्रतिशत के रुप में उपलब्ध है, इस रसायन के उपचार का पौधशाला में प्रयोग करना लाभदायक सिद्ध हुआ है। इस उपचार को टमाटर की नर्सरी में जब़ पौध ३ से ४ सच्ची पत्ती की अवस्था में हो तभी ही करना चाहिए। साइकोसिल के ५ मि० ली० दवा को एक लीटर पानी (साइकोसिल २५० पी. पी. एम. का घोल) में मिला कर उसमें चिपचिपापन वाला पदार्थ भी डालें। एक एकड़ की नर्सरी के लिए लगभग ४ से ५ लीटर घोल की आवश्यकता होती है। इस उपचार से अधिक फल

लगने के अतिरिक्त टमाटर के पौधों पर लगने वाले विषाणु रोग में भी कमी पाई गई है।

टमाटर की बेमौसमी फसल : उत्तरी भारत में अधिक सर्दी व गर्मी के समय टमाटर की फसल उपलब्ध नहीं होती है। मैदानी इलाकों में इन महीनों में टमाटर बाजार में काफी महंगे बिकते हैं क्योंकि इनको पहाड़ी क्षेत्रों से लाया जाता है। इसलिए मैदानी क्षेत्रों में जून–जुलाई और फरवरी–मार्च के समय बेमौसमी फसल प्राप्त करने के लिए पी.सी.पी.ए. (पैरा क्लोरोफिनोक्सी एसिटिक एसिड) नामक वृद्धि नियामक के उपयोग करने की सिफारिश की जाती है। इस दवा के ५० पी.पी.एम. घोल (१० ग्राम दवा को थोड़े से मद्यसार में घोल कर फिर २०० लीटर पानी में मिला कर प्रति एकड़) को पौधों पर फूल आने की अवस्था में एक छिड़काव करने से अधिक सर्दी और गर्मी के मौसमों में टमाटर की अधिक पैदावार ली जा सकती है। इस वृद्धि नियामक दवा का प्रभाव टमाटर की एच. एस.–१०२ व संकर किस्मों में अधिक लाभकारी सिद्ध हुआ है।

टमाटर के फलों से सम्बन्धित कुछ समस्याऐं

१. **फलों का फटना :** आजकल फलों का फटना (चिटकन) एक आम समस्या हो गई है जिस के कारण किसानों को बाजार में उचित मूल्य नहीं मिल पाता। टमाटर के फलों में दो प्रकार की फटने की समस्या आती है (एक तो ऊपरी भाग में ठंडल के चारों ओर तथा दूसरी टमाटर के ऊपरी भाग से नीचे की ओर), प्रथम प्रकार के फटने की समस्या अधिक पाई जाती है। इसकी रोकथाम के लिए खेत में लगातार नमी बनाये रखना अति आवश्यक है। इसके अतिरिक्त तीन बार ०.३ प्रतिशत बोरेक्स (३ ग्राम बोरेक्स प्रति एक लीटर पानी) का छिड़काव फल लगने के समय, इसके १५ दिनों के बाद तथा जब फल पकने शुरू हो जाएं तब किया जाना चाहिए।

२. **छाले युक्त फल :** यह भी एक शरीर–क्रियात्मक विकार है जिसमें फलों पर पीले या सफेद छाले उभर आते हैं। इसकी रोकथाम के लिए तापमान को २४° सें. ग्रे. से अधिक नहीं बढ़ने देना चाहिए। इस समस्या का मुख्य कारण फलों पर गर्मी के मौसम में सूर्य के अधिक प्रकाश पड़ने पर फलों की त्वचा का जल जाना है जिससे फलों में लाल रंग बनने की क्रिया समाप्त हो जाती है तथा फल पीले, सड़े व छाले युक्त दिखाई पड़ते हैं। इसकी रोकथाम के लिए फलों को सूर्य की पड़ने वाली सीधी किरणों से बचाना चाहिए। ऐसी किस्मों का प्रयोग किया जाना चाहिए जिनमें पौधों की वानस्पतिक वृद्धि/पत्तों की बढ़वार अच्छी हो तथा फलों को पत्तों के नीचे छाया में रख कर अधिक तापमान के कारण होने वाले विकार से बचाया जा सके।

३. **कैटफेस** : अधिक ठंड व कम तापमान के कारण कई बार फूलों में पर–परागण के कार्य में किसी प्रकार का विरोध व अवगुण आ जाने के कारण फल की आकृति पर प्रतिकूल प्रभाव पड़ता है। अधिक ठंड में फलों की आकृति में बदलाव आ जाता है जिसके कारण कई फल तो चोंचदार बन जाते हैं जिनकी बाजारी कीमत में तो कोई कमी नहीं आती परन्तु देखने में ठीक नहीं लगते हैं। केटफेस से बचने के लिए पौधों को ठंड से बचाना आवश्यक है। किसी ·ी प्रकार की मलचिंग की सामग्री के प्रयोग करने से कैटफेस से बचा जा सकता है।

४. **पफीनैस (खोखलापन)** : फलों के आकार में गिरावट आने से फल बहुत छोटे बन जाते हैं। ऐसे फल पिलपले व खोखले से दिखाई पड़ते हैं। फलों में पानी की मात्रा में भी कमी आ जाती है तथा भार भी खो बैठते हैं। ऐसे फल उन पौधों पर लगते हैं जहां भूमि की तैयारी करते समय खेत के कोने ऊँचें रह जाते हैं तथा पौध रोपाई के पश्चात् ऐसे कोने व असमतल भूमि में पौधों की जड़ों को सीमित पानी मिलता है तथा पौधों की बढ़वार में भी कमी आती है। ऐसी अवस्था से पौधों को कम पानी मिलने के कारण फल का फैलाव नही हो पाता तथा फल खोखला सा बन जाता है व थोड़ा सा दबाने पर पिचक जाता हैं। पफीनेस से बचने के लिए खेत की तैयारी करते समय सुहागा व लैवलर लगा कर भूमि को एक समान व समतल बना कर मेढ़ो को बनाना चाहिए। ऐसी एक समान बनी मेढ़ों पर रोपाई करने से पौधों की सिंचाई करते समय समान व लगातार पानी मिलता है तथा फलों की बढ़ोतरी में पानी का अभाव नही रहता है।

५. **बलोज़म इड रोट** : यह भी एक शरीर–क्रियात्मक विकार है जिसमें डंठल वाले सिरे से हट कर दूसरे सिरे पर फूंफूद के कारण फल सड़ने लगते हैं। यह विकार उन स्थानों पर अधिक मिलता है जहां पर भूमि में कैल्शियम तत्त्व की कमी पाई जाती है। भारत में इस विकार के उत्पन्न होने की कम सम्भावना है।

फसल संरक्षण

अधिक उपज के लिए फसल को कीड़ों व बीमारियों से बचाना आवश्यक होता है।

हानिकारक कीट व नियंत्रण : टमाटर की फसल में मुख्यतः सफेद मक्खी व फल छेदक सूंडी का ही आक्रमण होता है परन्तु कभी–कभी तेला भी हानि करता है।

१. **सफेद मक्खी** : यह सफेद–मटमैले रंग तथा अंडे के आकार की छोटी मक्खी होती है। इसके सफेद पंखों पर मोम की एक पतली तह होती है। शिशु व प्रौढ़ दोनो ही अवस्थाऐं पत्तों की निचली सतह से रस चूसते हैं, जिससे पत्तें थोड़े

ही समय में पीले पड़ जाते हैं। यह मक्खी मरोड़िया (विषाणु) रोग फैलाती है जिसके कारण पत्ते मुड़ कर खराब हो जाते हैं तथा पैदावार काफी कम होती है। कभी–कभी तो इससे ग्रसित पौधों पर बिल्लकुल टमाटर नही लगते। इसका प्रकोप बरसात की फसल में अधिक होता है।

नियन्त्रण : इस कीट के नियन्त्रण के लिए फल आने से पहले से ही ४०० मि० ली० मैलाथियान (सायथियान) ५० ई० सी० को २५० लीटर पानी में मिलाकर प्रति एकड़ फसल पर १५ दिन के अन्तर पर छिड़काव करना चाहिए। अच्छा रहे कि अधिक ग्रसित टहनियों या पौधों को मिट्टी में दबा कर नष्ट कर दें।

२. **तेला** : इस कीड़े के हरे रंग के शिशु व प्रौढ कोमल पत्तियों की नीचे की ओर से रस चूसते हैं। ग्रसित पत्तियॉ मुड़ जाती हैं जिनका रंग पीला हो जाता है तथा अन्त में किनारों से सूख जाती हैं। पौधों की बढवार कम रह जाती है तथा पैदावार में भी कमी हो जाती है।

नियंत्रण : ग्रसित फसल पर फल आने से पहले २५० मि० ली० रोगोर ३० ई० सी० या मैटासिस्टाक्स २५ ई० सी० को २५० लीटर पानी में मिला कर प्रति एकड़ फसल पर छिड़कें परन्तु फल आने के बाद ४०० मि० ली० सायथियान ५० ई० सी० को २५० लीटर पानी में मिला कर प्रति एकड़ आवश्यकतानुसार १५ दिन के अन्तराल पर छिड़कें।

३. **फल छेदक सूण्डी** : इस कीट की हरे या पीले–भूरे रंग की सूण्डी ही हानि करती है। इसके शरीर के ऊपरी भाग पर तीन लम्बी कटवां सलेटी रंग की दोनों ओर सफेद धारियां होती हैं। प्रारम्भ में ये सूण्डियां कोमल पत्तियों को खाती हैं। इसके बाद कलियों, फूलों व फलों में सुराख कर देती हैं। पके टमाटर में छेद करके अन्दर घुस कर गुदा खाने की वजह से फलों में सड़न पैदा हो जाती है व ऐसे फलों को कोई नही खरीदता।

नियन्त्रण : इस कीट का प्रकोप होने पर ५०० मि० ली० एण्डोसल्फान (थायोडान या थायोटाक्स) ३५ ई० सी० या ५०० ग्राम कार्बेरिल (सेविन या कार्बाविन या हेग्जाविन) ५० घु० पा० या २०० मि० ली० डेल्टामेथ्रिन (डेसिस) २.८ ई० सी० या ७५ मि० ली० फेनवलरेट २० ई० सी० या ६० मि० ली० सायपरमेथ्रिन २५ ई० सी० को २५० लीटर पानी में मिला कर १५ दिन के अन्तर से बारी–बारी से प्रति एकड़ फसल पर छिड़कें।

सावधानियाँ

१. छिड़काव से पहले खाने योग्य सभी फल अवश्य तोड़ लें।
२. कीट ग्रसित फल तोड़कर मिट्टी में ठीक प्रकार से दबा दें या पशुओं को खिला दें।

बीमारियां व नियंत्रण

१. **आर्द्रगलन रोग :** इस रोग के प्रकोप से पौधे उगने से पहले या उगने के कुछ ही दिन बाद मर जाते हैं।

नियंत्रण : बिजाई से पहले बीज का उपचार २.५ ग्राम एमिसान या कैप्टान या थायरम दवाई से एक किलोग्राम बीज में मिलाकर करें। बीज उगने के पश्चात् पौधों को गिरने से बचाने के लिए ०.२ प्रतिशत कैप्टान (२ ग्राम दवा प्रति लीटर पानी में) के छिड़काव से नर्सरी की सिंचाई करें।

२. **अगेती झुलसा रोग :** इस रोग के कारण गोल और तिकोने गहरे–भूरे या काले दाग पत्तों और फलों पर पड़ जाते हैं। तने पर पहले अंडाकार और फिर बेलनाकार से घाव बन जाते हैं और गहरे भूरे चकत्ते, जो बाद में काले हो जाते हैं जिससे पौधे सूखकर मर जाते हैं। फलों पर धब्बे टहनी वाली तरफ से आरम्भ होते हैं।

नियंत्रण : पौधशाला में अधिक सिंचाई नही करनी चाहिए। खेत में खूब गली–सड़ी खाद का ही प्रयोग करना चाहिए। आर्द्रगलन रोग के लिए बताई गई दवाई से बीज का उपचार करना आवश्यक है। फसल पर जीराम/जीनेब/ इण्डोफिल एम–४५, डाईथेन एम–४५ का ४०० ग्राम प्रति एकड़ २०० लीटर पानीं मे १० से १५ दिन के अन्तर पर छिड़काव करें।

३. **पत्ती मरोड़ व काली धारियों वाला व मौजेक आदि विषाणु रोग :** इस रोग के आक्रमण से पौधों की बढ़वार रूक जाती है। पत्तियॉ मोटी, भद्दी, मुड़ी हुई और गल भी जाती हैं। तने पर धारियां पड़ जाती हैं। फल का आकार बहुत ही छोटा रह जाता है जो सूखा हुआ सा दिखाई देता है।

नियन्त्रण : स्वस्थ और रोग रहित बीज का प्रयोग किया जाना चाहिए। बीमारी फैलाने वाले कीड़ों का पौधशाला व खेतों में नियंत्रण करना आवश्यक है। रोगी पौधों को आरम्भ में ही निकाल कर नष्ट कर देना चाहिए। कीटनाशक दवाइयों का १० से १५ दिन के अन्तर पर छिड़काव करें। सफेद मक्खी की रोकथाम के लिए बताई गई कीटनाशक दवाईयों का छिडकाव करें।

४. **उखेड़ा रोग (विल्ट) :** इस रोग के कारण नीचे की पत्तियाँ पीली पड़ जाती हैं और पीलापन अन्दर की तरफ बढने लगता है। यह रोग नीचे से आरम्भ हो कर ऊपर की ओर बढता है और कुछ ही समय में पूर्ण पौधा या पौधे का कुछ भाग खत्म हो जाता है। ऐसे पौधे उखाड़ कर उनकी जड़ों को चीर कर देखें तो भूरे रंग की घाटी सी बन जाती है जिसके कारण पोषक पदार्थ के संचार में रुकावट आने से पौधे सूख जाते हैं। इसकी रोकथाम के लिए रोग ग्रस्त भूमियों में दो तीन साल तक टमाटर न उगाएं।

५. **जड़–गांठ सूत्रकृमि रोग :** जड़ों की गांठों वाले सूत्रकृमि से ग्रस्त पौधे पीले पड़ जाते हैं तथा उनकी बढ़वार रूक जाती है। पौधों की जड़ों में गांठें बन जाती हैं या फूल जाती हैं।

नियन्त्रण : इसकी रोकथाम के लिए नर्सरी में कार्बोफ्यूरान (फ्यूराडान–३ दानेदार) दवा ७ ग्राम प्रति वर्ग मीटर भूमि की दर से मिलायें। मई व जून के माह में खेत की २ से ३ गहरी जुताइयाँ (१० से १५ दिन के अन्तर पर) करने से सूत्रकृमियों की संख्या बहुत घट जाती है। सूत्रकृमि ग्रसित खेतों में टमाटर की हिसार ललित रोगरोधी किस्म को उगाना चाहिए।

(ख) सब्ज़ी बैंगन
BRINJAL

बैंगन की खेती व्यावसायिक स्तर पर देश के सभी राज्यों में की जाती है। इसकी खेती देश में ४.७६ लाख हेक्टेयर भूमि पर की जाती है जिससे लगभग ७१. १३ लाख टन वार्षिक उत्पादन होता है। भारत के सभी राज्यों की तुलना में बैंगन का उड़ीसा, बिहार, पश्चिम बंगाल, कर्नाटक, गुजरात व मध्यप्रदेश में सबसे अधिक उत्पादन होता है। हरियाणा राज्य में बैंगन की खेती करीब ५५०० हेक्टेयर भूमि में की जाती है तथा वर्तमान वार्षिक उत्पादन ६६६०० टन है। यह बहुत ही स्वादिष्ट सब्जी है जो कार्बोहाइड्रेट और प्रोटीन का एक अच्छा स्रोत है। इसके अतिरिक्त खनिज तत्व जैसे कैल्शियम, पोटाश, फास्फोरस, मैग्नीशियम और विटामिन 'ए' और 'सी' भी अच्छी मात्रा में पाये जाते हैं। वर्ष में बैंगन की कई फसलें ली जा सकती हैं। विशेषकर गर्मियों में इसकी मांग अधिक बढ़ जाती है, क्योंकि बाजार में इस समय बहुत ही कम सब्ज़ियां उपलब्ध होती हैं। साधारणतः बैंगन की पैदावार अच्छी नहीं मिल पाती है, जिसका मुख्य कारण वैज्ञानिक तकनीकी का अभाव है। अधिक उपज लेने के लिए इसकी वैज्ञानिक ढंग से खेती नितान्त आवश्यक है।

जलवायु : बैंगन गर्म मौसम की फसल है जिस पर पाले का असर तुरन्त होता है। अगेती, लम्बे फल वाली किस्मों की अपेक्षा पछेती, गोल फलों वाली किस्में पाले के प्रति ज़्यादा सहनशील होती हैं। ठंडी रातों और अल्पकालिक गर्मियों वाली परिस्थितियाँ अच्छी पैदावार के लिए बाधक होती है। बैंगन को अधिक बड़े वृद्धिकाल की आवश्यकता होती है जिस दौरान दिन और रात का औसत तापमान अधिक रहता है। बैंगन के बीजों का २५° सें.ग्रे. तापमान पर अच्छा अंकुरण होता है व फसल की अच्छी बढ़वार के लिए १३–२१° सें.ग्रे. का औसत दैनिक तापमान सर्वोत्तम रहता है।

भूमि और उसकी तैयारी : बैंगन की खेती हर प्रकार की भूमि में सफलतापूर्वक की जा सकती है, परन्तु अच्छी पैदावार के लिए उपजाऊ, जीवांशयुक्त मटियार दोमट मृदा सर्वोत्तम रहती है। भूमि में जल–निकास का समुचित प्रबन्ध बहुत ही आवश्यक है। दोमट भूमि अगेती फसल के लिए अच्छी रहती है। भूमि का पी.एच. मान ७.५ से अधिक होने पर पैदावार पर विपरीत प्रभाव पड़ता है। भूमि की एक बार मिट्टी पलटने वाले हल से गहरी जुताई कर देनी चाहिए व इसके बाद दो–तीन बार हैरो चलाकर मिट्टी भुरभुरी कर लें। यदि खेत ऊँचा–नीचा हो तो एक बार करहा चला कर भूमि को समतल कर लेना चाहिए।

प्रमुख उन्नत किस्में : बैंगन की अधिक पैदावार लेने के लिए उन्नत व संकर किस्मों का विशेष महत्व है। उन्नत किस्मों के अभाव में उन्नत कृषि–क्रियाएं अपनाकर भी अधिक पैदावार नहीं ली जा सकती। इसलिए वैज्ञानिक कृषि विधियों के साथ–साथ उन्नत किस्में लगाना भी अत्यन्त आवश्यक है। हरियाणा राज्य के लिए अनुमोदित की गई बैंगन की कुछ प्रमुख उन्नत किस्मों का विवरण नीचे दिया गया है :

गोल बैंगन की किस्में

१. **बी.आर.११२ :** यह एक अगेती किस्म है जिसके पौधे झाड़ीनुमा, फल गोल, गुद्देदार तथा हल्के बैंगनी रंग के होते हैं। इसकी उपज लगभग १०० क्विंटल प्रति एकड़ हैं।

२. **हिसार श्यामल :** यह किस्म हरियाणा कृषि विश्वविद्यालय, हिसार से विकसित की गई है जिसकी अखिल भारतीय समन्वित सब्ज़ी विकास परियोजना द्वारा अनुमोदित व संस्तुति की गई है। यह अधिक उपज देने वाली किस्म है। इसके फल गोलाकार (१० से १५ सें. मी. व्यास के), गहरे बैंगनी रंग के मुलायम व मोटी त्वचा वाले होते हैं। पौधों की ऊँचाई ५० सें. मी. होती है तथा रोपण के पश्चात् ७० दिनों बाद फल तुड़ाई योग्य हो जाते हैं। तना व पत्तियां भी बैंगनी रंग लिए हुए होती हैं। इसकी औसत उपज १२५ क्विंटल प्रति एकड़ तक प्राप्त होती है।

३. **पन्त ऋतुराज :** इस किस्म को गोविन्द वल्लभ पन्त कृषि एवं प्रौद्योगिक विश्वविद्यालय, पन्त नगर, नैनीताल से विकसित किया है जिसे अखिल भारतीय समन्वित सब्ज़ी विकास कार्यक्रम के द्वारा भारत वर्ष के भौगोलिक क्षेत्र ४, ६, ७ व ८ में खेती के लिए अनुमोदित व संस्तुत की गई है। पौधों की ऊँचाई ६० से ७० सें. मी., तना सीधा खड़ा परन्तु थोड़ा झुकाव लिए हुए होता है। फल गोलाकार, आकर्षक, मुलायम, कम बीज वाले, अच्छे स्वाद वाले तथा भण्डारण योग्य होते हैं। बाजार में इसकी काफी अच्छी मांग भी है। रोपण के ६० दिनों पश्चात् फल तुड़ाई

के लिए तैयार हो जाते हैं। इसकी औसत पैदावार १६० क्विंटल प्रति एकड़ है। यह किस्म जीवाणु उकठा रोग के प्रति सहीष्णु है। इस किस्म में फल प्राप्त करने की अवधि काफी अधिक (वर्षा ऋतु से गर्मियों तक) है।

४. **पन्त बी. आर. १२६–५ :** इस किस्म का विकास गोविन्द वल्लभ पन्त कृषि एवम् प्रौद्योगिक विश्वविद्यालय, पन्तनगर, नैनीताल से किया गया है। इसके पौधे सीधे ऊपर की तरफ बढ़ने वाले होते हैं तथा फल आकार में लम्बे व कई फलों के गुच्छों में लगते हैं। यह किस्म जीवाणु उकठा रोग नामक बिमारी के प्रति अवरोधी है। इसकी पैदावार पूसा पर्पल लॉग की अपेक्षा अधिक होती है। इस किस्म को अखिल भारतीय समन्वित सब्ज़ी विकास परियोजना के तहत भारतवर्ष के भौगोलिक क्षेत्र ४ में उगाने की संस्तुति की गई है।

५. **अर्का नवनीत :** इस किस्म को भारतीय बागवानी अनुसंधान संस्थान, बंगलौर द्वारा विकसित किया है जिसे अखिल भारतीय सब्ज़ी विकास कार्यक्रम के द्वारा भारतवर्ष के भौगोलिक क्षेत्र ४, ६, ७ व ८ में उगाने की संस्तुति की गई है। इसके फल गोलाकार व तीखेपन से रहित होते हैं। फल गहरे बैंगनी रंग के चमकदार तथा सफेद रंग के मुलायम गूदों वाले व कम बीज वाले होते हैं। इसकी औसत पैदावार २६० से २८० क्विंटल प्रति एकड़ है। यह रोपण के १२० दिनों पश्चात् तैयार हो जाती है।

६. **डी. बी. आर. ८ :** इस किस्म को पंजाब राव कृषि विद्यापीठ, अकोला (महाराष्ट्र) से विकसित किया गया है जिसे अखिल भारतीय समन्वित सब्ज़ी विकास कार्यक्रम के द्वारा भारतवर्ष के भौगोलिक क्षेत्र ६ में उगाने की सिफारिश की गई है। इसके पौधे ८० से १०० सें. मी. ऊँचाई के तथा हरे बैंगनी रंग की पत्तियाँ लिए हुए होते हैं। फल ११.२ सें. मी. लम्बे व ५.५ सें. मी. व्यास के गहरे बैंगनी रंग लिए हुए होते हैं। इसके प्रति पौधे से १८ से २० फल मिल जाते हैं जिनका औसत वजन १.२५ किलोग्राम होता है। इस किस्म की औसत उपज १४० से १६० क्विंटल प्रति एकड़ है।

७. **टी–३ :** यह चन्द्रशेखर आजाद कृषि एवम् प्रौद्योगिक विश्वविद्यालय, कानपुर से विकसित की गई किस्म है जिसे अखिल भारतीय समन्वित सब्ज़ी विकास कार्यक्रम के द्वारा अनुमोदित तथा खेती के लिए भारतवर्ष के ४, ६ व ७ वें भौगोलिक क्षेत्र में उगाने की संस्तुति की गई है। इसके पौधे ६५ से ७० सें. मी. ऊँचाई वाले, कम फैलने वाले तथा हरे तने वाले होते हैं। इसकी पत्तियां छोटी व पतली होती है। फल हल्के बैंगनी रंग के व नीचे की तरफ सफेद हरा रंग लिए हुए होते हैं। यह किस्म छोटी पत्ती व बैक्टीरियल ब्लाइट के प्रति मध्यम रुप से सहीष्णु है।

८. **अरुणा** : यह गोल फल वाली किस्म है परन्तु फल का आकार काफी छोटा होता है। इसे पंजाब राव कृषि विद्यापीठ, अकोला (महाराष्ट्र) से विकसित किया गया है। अखिल भारतीय समन्वित सब्ज़ी विकास कार्यक्रम द्वारा भी इसे भारतवर्ष के भौगोलिक क्षेत्र ६ में उगाने के लिए अनुमोदित किया गया है। इसके पौधे ६० से ७० सें. मी. ऊँचें व हरी पत्तियों वाले होते हैं। इसके फल गोलाकार (५.६ सें. मी. लम्बे व ३.६ सें. मी. व्यास के) बैंगनी रंग लिए हुए चमकदार होते हैं। इसकी पैदावार प्रति एकड़ १०० से १२० क्विंटल तक प्राप्त होती है।

९. **जामुनी गोल** : इस किस्म को पंजाब कृषि विश्वविद्यालय, लुधियाना द्वारा विकसित किया गया है जिसे अखिल भारतीय विकास कार्यक्रम के द्वारा भारतवर्ष के भौगोलिक क्षेत्र ५ व ६ में खेती के लिए अनुमोदित व संस्तुति की गई है। इसके पौधे मध्यम ऊँचाई के, फैलाव लिए हुए व काँटे रहित होते हैं। फल गोलाकार, बैंगनी रंग के चमकदार होते हैं। इसकी पहली तुड़ाई रोपण के ६५ दिनों बाद प्राप्त होती हैं।

१०. डी.बी.एम.आर. ४४ : यह भारतीय कृषि अनुसंधान संस्थान, नई दिल्ली से विकसित व अखिल भारतीय समन्वित सब्जी विकास कार्यक्रम द्वारा खेती के लिए अनुमोदित व भारतवर्ष के भौगोलिक क्षेत्र ६ में उगाने के लिए संस्तुत किस्म है। इसके पौधे ६० से ७० सें. मी. ऊँचे व हरी पत्तियों युक्त होते हैं। फल गहरे बैंगनी रंग के ४–६ फूलों के गुच्छों में लगते हैं। फल ६–१० सें. मी. लम्बे व ८ सें. मी. व्यास के होते हैं। प्रति पौधा फलों की संख्या १३ से १५ प्राप्त होती है तथा प्रति १० फलों का औसत वजन १.२५ किलोग्राम होता है और औसतन पैदावार १०० से १२० क्विंटल प्रति एकड़ तक होती है।

११. पी.एल.आर. १ : इस किस्म को तमिलनाडु कृषि विश्वविद्यालय द्वारा विकसित किया गया है जिसे अखिल भारतीय समन्वित सब्ज़ी विकास कार्यक्रम के तहत भारतवर्ष के भौगोलिक क्षेत्र ४, ६ व ७ में उगाने के लिए अनुमोदित व संस्तुति की गई है। इसके पौधे ५० से ६० सें. मी. ऊँचे, पत्तियाँ कटावदार व हरे रंग की होती है। फल आकार में छोटे, गोल तथा बैंगनी रंग के चमकदार व आकर्षक होते हैं। प्रत्येक गुच्छों में १–२ फल लगते हैं। इस किस्म की पैदावार प्रति एकड़ १०० से १२० क्विंटल प्राप्त होती है।

१२. डी.बी.एस.आर. ३१ : इस किस्म का विकास भारतीय कृषि अनुसंधान संस्थान, नई दिल्ली से किया गया है तथा अखिल भारतीय समन्वित सब्ज़ी विकास कार्यक्रम के अन्तर्गत भारतवर्ष के भौगोलिक क्षेत्र ६ में उगाने की संस्तुति की गई है। इनके पौधे ८० से १०० सें. मी. ऊँचे एवम् कटावदार हरी पत्तियों से युक्त होते हैं। फल गोलाकार, बैंगनी रंग के, ६.५ सें. मी. लम्बाई व ७.६ सें. मी. व्यास के चमकीले व आकर्षक होते हैं। इस किस्म में प्रति पौधा १० से १५ फल लगते हैं

तथा प्रत्येक १० फलों का औसत वजन १.५ किलोग्राम होता है। इसकी प्रति एकड़ पैदावार १४५ से १६० क्विंटल तक प्राप्त होती है।

१३. पन्त बेंगन ६१—१ : इस किस्म का विकास गोविन्द वल्लभ पन्त कृषि एवम् प्रौद्योगिक विश्वविद्यालय, पन्तनगर, नैनीताल से किया गया है। इसके फल मध्यम आकार के गोलाकार बैंगनी रंग लिए हुए होते हैं। इस किस्म का विशेष गुण है कि इसके पौधे जमीन के समानान्तर फैलते हैं। यह विल्ट प्रतिरोधी किस्म है।

१४. बारहमासी : यह किस्म लम्बी अवधि तक फल देती रहती है। इसके पौधे ८० से १०० सें. मी. ऊँचाई के व हरी पत्तियों वाले होते हैं परन्तु शाखाओ का विकास ज्यादातर क्षैतिज दिशा में होता है। फल ६ से १० सें. मी. लम्बे व ८ से ६ सें. मी. व्यास के मुलायम गूदे वाला व कम बीजों वाला होता है। प्रति पौधा फलों की संख्या १८ से २० तक प्राप्त होती है। इसके १० फलों का वजन औसतन १.४ किलोग्राम तक होता है तथा पैदावार प्रति एकड़ १०० से १२० क्विंटल होती है।

१५. पूसा पर्पल राऊण्ड : इस किस्म को भारतीय कृषि अनुसंधान संस्थान, नई दिल्ली से विकसित किया गया है। इसके पौधे अधिक लम्बे, मोटे तने वाले व पत्तियाँ कटावदार गहरे हरे रंग की होती हैं। औसतन प्रत्येक फल का वजन १३७ ग्राम होता है व फलों की संख्या प्रति पौधा ६ होती है। यह किस्म छोटी पत्ती वाली बीमारी तथा तना व फल छेदक कीट के प्रति सहीष्णु है।

१६. पंजाब बहार : इस किस्म का विकास पंजाब कृषि विश्वविद्यालय, लुधियाना से किया गया है। पंजाब—८ नामक किस्म से अगेती होने के कारण यह बसंतकालीन फसल के लिए काफी महत्वपूर्ण है। इसके फल गोलाकार, बैंगनी रंग के होते है। इस किस्म की प्रति एकड़ औसत पैदावार १६५ क्विंटल है।

१७. दूधिया : इस किस्म के फल अण्डाकार तथा फल दूध के समान सफेद, चमकदार व आकर्षक होता है। यह किस्म शरद ऋतु में खेती के लिए काफी उपयुक्त है। भर्ता बनाने में इसके फलों का विशेष रुप से उपयोग किया जाता है।

१८. एस १ : इस किस्म का विकास भी पंजाब कृषि विश्वविद्यालय, लुधियाना से किया गया है। इसके फल मध्यम आकार के गोल तथा आकर्षक बैंगनी रंग लिए हुए होते हैं। पौधे मघ्यम ऊँचाई के परन्तु अधिक फैलाव लिए होते हैं। यह किस्म विल्ट नामक रोग के प्रति अवरोधी है।

१६. नीलम : इस किस्म को पंजाब कृषि विश्वविद्यालय, लुधियाना से विकसित किया गया है। यह शीघ्र तैयार होने वाली किस्म है। इसके फल गोलाकार, बैंगनी रंग के काफी आकर्षक होते हैं। इस किस्म में तना एवं फल छेदक कीट का प्रभाव कम होता है।

लम्बे बैंगन की किस्में

१. **हिसार प्रगति :** यह एक अगेती किस्म है। इसके पत्ते हरे, फूल सफेद–बैंगनी, फल १५–२० सें.मी. लम्बे, चमकदार व गाढ़े बैंगनी रंग के होते हैं। फल का रंग पूरे आकार तक बना रहता है। इसकी उपज लगभग १३० क्विंटल प्रति एकड़ है।

इस किस्म के अतिरिक्त देश के अन्य राज्यों में विभिन्न उन्नतशील किस्मों को लगाया जाता है जो न केवल अधिक उपज देने में सक्षम हैं बल्कि, गुणवत्ता की दृष्टि से भी सर्वोत्तम हैं। इन किस्मों को भी प्रदेश में लगाया जा सकता है जिनका विवरण नीचे दिया गया है :

२. **पूसा क्रांति :** यह किस्म संकरण द्वारा तैयार की गई है। इसके फल लम्बे, मोटे और गहरे बैंगनी रंग के होते हैं। साधारणतः फल, सब्ज़ी और भर्ता दोनों प्रकार से उपयोग किये जाते हैं। इसकी एक एकड़ से १२० से १४० क्विंटल उपज प्राप्त होती है। इसके पौधे ५० से ६० दिन बाद फल देने लगते हैं।

३. **पूसा पर्पिल कलस्टर :** इसके फल छोटे, गहरे बैंगनी रंग के और गुच्छो में फलते हैं। यह किस्म गृह–वाटिका के लिए बहुत ही उत्तम है। इसकी उपज १२० से १४० क्विंटल प्रति एकड़ अच्छी कृषि विधियाँ अपना कर ली जा सकती है।

४. **पी. एच ४ :** पंजाब कृषि विश्वविद्यालय, लुधियाना एवं हरियाणा कृषि विश्वविद्यालय, हिसार के सम्मिलित प्रयास से यह किस्म विकसित की गई है। इसका अनुमोदन अखिल भारतीय समन्वित सब्जी विकास कार्यक्रम के द्वारा भारतवर्ष के दो भौगोलिक क्षेत्रों ४ व ६ में खेती के लिए किया गया है। इसके पौधे, घने झाड़ीनुमा तथा बैंगनी रंग लिए हुए होते हैं। फल मध्यम से लम्बे आकार के, पतले व गाढ़े बैंगनी रंग के होते हैं। इसके फलों का गूदा हल्के हरे रंग का होता है।

५. **के. २०२–६ :** यह किस्म अखिल भारतीय समन्वित विकास कार्यक्रम के द्वारा अनुमोदित की गई है जिसे चन्द्रशेखर आज़ाद कृषि एवम् प्रौद्योगिक विश्वविद्यालय, कानपुर से विकसित किया गया है। खेती के लिए भारतवर्ष के भौगोलिक क्षेत्र ६ व ८ के लिए संस्तुत की गई है। इस किस्म के पौधे मध्यम ऊँचाई के (६० से ७० सें. मी.), सीधे बढ़ने वाले, खड़े, घने, ओजस्वी तथा झाड़ीनुमा होते हैं जो तेज हवा व सिंचाई के प्रभाव से भी नहीं गिरते। इसकी पत्तियां हरे रंग की बड़ी, मोटी तथा चौड़ी होती है। फल चमकीले बैंगनी रंग के होते हैं जो रोपण के ७० से ७५ दिनों बाद तैयार हो जाते हैं। इस किस्म में ओला को सहन करने की भी क्षमता होती है। इसमें एक बार फूल खिल जाने के बाद झड़ते नहीं। फल पौधे के निचले भाग से ही निकलना प्रारम्भ हो जाते हैं। इसके

फलों को कमरे के तापक्रम पर कई दिनों तक सुरक्षित रखा जा सकता है। इसकी पैदावार औसतन १५० क्विंटल प्रति एकड़ है। यह किस्म फल सड़न बिमारी, उकठा व झुलसा रोग के प्रति सहीष्णु है।

६. **पंत सम्राट** : इस किस्म को पंतनगर कृषि विश्वविद्यालय, पंतनगर द्वारा विकसित किया गया है। अखिल भारतीय समन्वित सब्ज़ी विकास परियोजना के तहत इसे भारत के भौगोलिक क्षेत्र ४, ५ व ६ में उगाने की संस्तुति की गई है। यह लम्बे फलों वाली किस्म है जिसके फल लम्बे, मध्यम आकार के गहरे बैंगनी रंग के होते हैं। फल गुच्छों में लगते हैं। पौधे ८० से १०० सें. मी. ऊँचाई के सघन होते हैं। इनकी नई पत्तियाँ बैंगनी व हरे रंग की होती हैं। फलों की पहली तुड़ाई रोपण के लगभग ७० दिनों बाद होती है। इसकी औसत उपज १२० क्विंटल प्रति एकड़ है। यह किस्म फोमोप्सिस ब्लाइट व जीवाणु उकठा रोग के प्रति अवरोधी है। इस किस्म पर तना व फल छेदक कीट का कम प्रभाव होता है।

७. **टाइप - ३** : यह किस्म कल्याणपुर से विकसित की गई है जो हर मौसम में लगाई जा सकती है। इसके फल गोल और हल्के बैंगनी रंग के होते हैं। विशेषकर गर्मियों में इसकी फसल अच्छी होती है। यह रोपाई के ४५ से ५५ दिन बाद फल देना प्रारम्भ कर देती है व औसत पैदावार लगभग ८०–१०० क्विंटल प्रति एकड होती है।

८. **पूसा पर्पिल लाँग** : यह किस्म प्रत्येक मौसम में सफलतापूर्वक उगाई जा सकती है। इस किस्म के फल लम्बे और गहरे बैंगनी रंग के होते हैं। इसकी औसत पैदावार १०० क्विंटल प्रति एकड़ है। इस किस्म के पौधे रोपाई के ४० से ४५ दिन बाद फल देना प्रारम्भ कर देते हैं।

६. **हिसार जामुनी** : इस किस्म का विकास हरियाणा कृषि विश्वविद्यालय, हिसार से किया गया है। इसके पौधे मध्यम ऊँचाई के, कम फैलने वाले, कांटे रहित व बैंगनी रंग लिए हुए होते हैं। फूल हल्के बैंगनी रंग के तथा फल लम्बोतर १० से १५ सें. मी. लम्बें, गहरे बैंगनी से काले रंग के व हरे दलपुंज व डंठल वाले होते हैं। इसमें सबसे विशेष गुण यह है कि फल तैयार हो जाने के बाद भी गहरा बैंगनी रंग विद्यमान रहता है। इस किस्म को खरीफ व रबी दोनों ऋतुओं में खेती के लिए उगाया जा सकता है। इसकी औसत पैदावार १२८ क्विंटल प्रति एकड़ है।

१०. **आर–३४** : यह भी लम्बे फल वाली किस्म है। फल लम्बे, पतले, कालापन लिए हुए बैंगनी रंग के होते हैं। इसकी प्रति एकड़ औसत उपज ६० से १४० क्विंटल तक होती है।

११. **अर्का शील** : यह भी एक उन्नतशील लम्बे बैंगन वाली किस्म है जिसका विकास भारतीय बागवानी अनुसंधान संस्थान, बंगलौर द्वारा किया गया है। इसके पौधे अधिक शाखाओं वाले तथा जमीन के समानान्तर बढ़ने वाले होते हैं। फल

मध्यम आकार के लम्बे, मुलायम व आकर्षक बैंगनी रंग लिए हुए होते हैं। इस किस्म की विशेषता यह है कि इसमें गूदा की मात्रा अधिक व बीज कम होते हैं। औसत पैदावार १५८ क्विंटल प्रति एकड़ तक प्राप्त होती है। फसल रोपण के ११० दिन बाद तैयार हो जाती है।

१२. अर्का केशव : यह किस्म भारतीय बागवानी अनुसंधान संस्थान, बंगलौर से विकसित की गई है। इनके पौधे ८० से १०० सें. मी. ऊँचाई के तथा हरे रंग की पत्तियों वाले होते हैं। फल १८ से २० सें. मी. लम्बे व ५ से ६ सें. मी. व्यास के गहरे बैंगनी रंग लिए होते हैं। प्रति पौधा फलों की संख्या औसतन १५ से १८ तक होती है। फल चमकदार, मुलायम व मध्यम बीज युक्त होते हैं। इसकी प्रति एकड़ पैदावार १२० से १६० क्विंटल तक प्राप्त होती है।

१३. ए. ६१ : यह किस्म पंतनगर से विकसित की गई है। इसके फल लम्बे, हल्के बैंगनी रंग के होते हैं व फलों में बीजों की मात्रा बहुत कम होती है। यह किस्म रोपाई के ५० से ६० दिन बाद फल देने लगती है। इसकी औसत पैदावार १२० क्विंटल प्रति एकड़ है।

१४ पूसा अनुपम : भारतीय कृषि अनुसंधान संस्थान के क्षेत्रीय केन्द्र कटराई द्वारा इस किस्म को विकसित किया गया है। बैंगन की किस्मों के विकास में यह एक महत्वपूर्ण उपलब्धि है। यह एक अधिक उपज देने वाली और जीवाणु मुरझान रोग की प्रतिरोधी किस्म है। इस किस्म के पौधे मध्यम आकार के व झाड़ीदार होते हैं। इसका पत्रर्ण समूह (फॉलिएज) और तने का रंग थोड़ा बैंगनी झलक वाला होता है और पत्तियों की मध्य शिराएं बैंगनी रंग की होती हैं। बीज बोने से फूल आने में १३५ –१४५ दिन का समय लग जाता है। रोपाई के ७३ से ८५ दिन बाद ६० प्रतिशत पौधों के फल पहली तोड़ाई के लिए तैयार हो जाते हैं। मैदानी क्षेत्रों में दो–तीन के गुच्छों में फल कुछ जल्दी आ जाते हैं। प्रथम फल १४–१५ सें. मी. लम्बें, और ३.५ से ४.५ सें. मी. व्यास वाले होते हैं। इसके फल गोलाकार लम्बें, पतले, ठोस और बैंगनी रंग के होते हैं। फलों में बीज बहुत कम होते हैं, जो पूसा पर्पिल क्लस्टर नामक किस्म के बीजों से बड़े होते हैं परन्तु पूसा पर्पिल लौंग के बीजों से छोटे हैं। इस किस्म के फलों का अचार निर्माण के लिए उपयोग होता हैं। पर्वतीय क्षेत्रों में इसके फल अगस्त से नवम्बर में भी उपलब्ध होते हैं। प्रत्येक पौधे पर ३०–३५ फल लगते हैं और यह किस्म १२०–१६० क्विंटल प्रति एकड़ उपज दे देती है। इस के फलों को उपभोक्ता अधिक पसंद करते हैं क्योंकि उन्हें ५ से ८ दिनों तक सुगमता से तरोताज़ा रखा जा सकता है।

संकर किस्मे : अखिल भारतीय समन्वित सब्ज़ी विकास परियोजना, वाराणासी ने भारतवर्ष के विभिन्न राज्यों के लिए निम्न बैंगन के संकर जातियों की सिफारिश की है जिनको पूसा हाइब्रिड–५, ऐन.डी.बी.एच.–६, ए.आर.बी.एच.–२०१, पूसा हाइब्रिड–६, एन.डी.बी.एच.–१ एवं एम.एच.बी.–१० के नाम से जाना जाता है। इसके

अतिरिक्त निजी क्षेत्र में दो संकर जातियों को अनुमोदित किया गया है जिन्हें सुफल, एच.ओ.ई– ४०४ कहते हैं।

खाद एवं उर्वरक : बैंगन की अधिक उपज लेने के लिए भूमि में पर्याप्त मात्रा में खाद एवं उर्वरकों का उपयोग आवश्यक है। अतः मृदा–जांच के उपरान्त ही खाद एवं उर्वरकों का उपयोग करें। यदि मृदा–जांच सम्भव न हो तो प्रति एकड़ निम्न मात्रा में खाद एवं उर्वरकों का उपयोग अवश्य करें।

गोबर की खाद	=	१० टन (१०० क्विंटल)
नाइट्रोजन	=	४० किलोग्राम (१६० किलोग्राम कैल्शिम अमोनियम नाईट्रेट २५ प्रतिशत अर्थात किसान खाद)
फास्फोरस	=	२० किलोग्राम (१२६ किलोग्राम सिंगल सुपर फास्फेट)
पोटाश	=	१० किलोग्राग (१७ किलोग्राम म्यूरेट आफ पोटाश)

गोबर की खाद को खेत की प्रथम जुताई से पूर्व समानरुप से बखेर दें। नाइट्रोजन की एक तिहाई मात्रा, फास्फोरस और पोटाश की पूरी मात्रा अन्तिम जुताई के समय ८ से १० सें. मी. गहरे खूड़ों में डालनी चाहिए, जोकि पौधों की पंक्तियों से लगभग ५ से ६ सें. मी. की दूरी पर रहे। नाइट्रोजन की शेष मात्रा को दो बराबर भागों में बांट कर एक भाग रोपाई के ३० दिन बाद और दूसरा भाग ६० दिन बाद उपरिवेशन (टॉप ड्रैसिंग) के रुप में डालें और उसे भूमि में भंली–भांति मिला दें। यदि भूमि में जिंक तत्व की कमी हो तो जिंक सल्फेट का १०० पी. पी. एम. घोल बनाकर पौधों पर छिड़कें।

सिंचाई एवं जल-निकास : सिंचाई भूमि की किस्म और वातावरण पर निर्भर है। परीक्षणों द्वारा ज्ञात हुआ है कि बैंगन की अधिक उपज लेने के लिए १००–११० सें. मी. जल की आवश्यकता होती है। अत्याधिक या अपर्याप्त सिंचाई करने से इसकी फसल पर प्रतिकूल प्रभाव पड़ता है। अतः उचित मात्रा और उचित समय पर सिंचाई करना अत्यन्त आवश्यक है। आमतौर पर गर्मियों के दिनों में फसल को अधिक पानी की आवश्यकता होती है। अतः ७ से ८ दिन के अन्तर से पानी देना चाहिए, जबकि सर्दियों में यह अन्तराल १० से १५ दिन किया जा सकता है। पाले के दिनों में सिंचाई करके भूमि को नमी युक्त बनाये रखने से हानि कम होती है। वर्षाकालीन फसल में सिंचाई की विशेष आवश्यकता नहीं होती है। यदि वर्षा ऋतु में बैंगन की फसल में आवश्यकता से अधिक पानी एकत्रित हो जाए तो उसे तुरन्त निकालने की व्यवस्था करें अन्यथा पौधे पीले पड़ कर मर जाते हैं।

खरपतवार नियन्त्रण : बैगन की पौध रोपने के ५० से ६० दिन तक खेत को खरपतवार रहित रखना नितान्त आवश्यक है। इसके लिए एक दो बार निराई–गुड़ाई करना अनिवार्य है। वर्षाकालीन फसल में तीन से चार बार निराई–गुड़ाई करना पर्याप्त होता है। बैंगन की फसल में रसायनों का उपयोग करके भी

खरपतवार नियन्त्रण किया जा सकता है। रोपाई के ८ से १० दिन बाद पैन्डीमैथालिन ४०० से ५०० ग्राम प्रति एकड़ सक्रिय अवयक प्रति एकड़ (स्टोम्प ३० प्रतिशत, १.३ से १.७ लीटर) का २५० लीटर पानी में घोल बना कर छिड़काव करना खरपतवारों को नष्ट करने में अत्यन्त उपयोगी सिद्ध हुआ है।

बैंगन पर हार्मोन का प्रभाव : प्रायः बैंगन के पौधों में चार प्रकार के फूल आते हैं यथा लम्बें वर्तिकाग्र वाले, मध्यम वर्तिकाग्र वाले, छोटे वर्तिकाग्र वाले और झूठे वर्तिकाग्र वाले फूल। इनमें से लम्बें और मध्यम वर्तिकाग्र वाले फूलों से फल बनते हैं और शेष दो प्रकार के फूल गिर जाते हैं। परीक्षणों में पाया गया है कि यदि बोने से पूर्व बीजों को २४ घंटे तक २, ४—डी. नामक हार्मोन के घोल (४ पी० पी० एम०) में भिगोकर बोया जाए या २ पी० पी० एम० के घोल का छिड़काव फूल पर किया जाए, तो फलत में लगभग ४० से ५० प्रतिशत वृद्धि हो जाती है।

फलों की तोड़ाई : जब फूल पूर्ण रुप से विकसित होकर उनमें रंग भी आ जाए, तब उन्हें तोड़ लेना चाहिए। फलों की तोड़ाई विलम्ब से करने से उनका रंग फीका पड़ जाता है अतः फल लगने के लगभग ८ से १० दिन बाद तोड़ने योग्य हो जाते हैं।

उपज : यदि बैंगन की खेती वैज्ञानिक ढंग व उन्नत कृषि विधियाँ अपनाकर की जाए तो प्रति एकड़ १२० से १६० क्विंटल तक उपज सुगमता से मिल सकती है।

फसल संरक्षण

हानिकारक कीड़े व नियंत्रण : बैंगन की फसल को अनेक कीड़े हानि पहुँचाते हैं जिनका विवरण इस प्रकार है :

१. **हरा तेला :** इस कीड़े के हरे रंग के शिशु व प्रौढ़ दोनों ही पत्तियों के निचले भागों में पाये जाते हैं। ये पत्तियों का रस चूसते हैं जिसके कारण पत्तियां मुड़ कर मुरझाने के बाद पीली होकर भूरी हो जाती हैं और अन्त में किनारों से सूखना भी आरम्भ करती है। फसल के पौधे बौने रह जाते है तथा जले हुए से दिखाई देते हैं।

नियंत्रण : जैसे ही रस चूसने वाले कीड़े फसल पर दिखाई दें तो करीब ३००—४०० मि० ली० मैलाथियान ५० ई० सी० को २००—२५० लीटर पानी में मिला कर प्रति एकड़ फसल पर १५ दिन के अन्तर से छिड़कें। फल शुरु होने पर बारी—बारी से सिन्थेटिक— पाइरेथ्राएड (८० मि० ली० फैनवलरेट २० ई० सी० या ७० मि० ली० साइप्रमेथ्रिन २५ ई० सी० या २०० मि० ली० डैल्टामैथ्रीन २.८ ई० सी०) और दूसरे कीटनाशी (५०० ग्रम कार्बेरिल ५० डब्ल्यू. पी. या ५०० मि० ली० एन्डोसल्फान ३५ ई० सी०) को २००—२५० लीटर पानी में मिलाकर प्रति एकड़

फसल पर छिड़काव करें। सिन्थेटिक पाइरेथ्राएड का छिड़काव २१ दिन तथा दूसरी कीटनाशियों का छिड़काव १५ दिन के अन्तर पर दोहरायें।

२. **सफेद मक्खी** : यह सफेद–मटमैले रंग की अंडे के आकार की छोटी मक्खी होती है। इसके सफेद पंखों पर एक पतली मोम की तह होती है। शिशु व प्रौढ़ पत्तों की निचली सतह से रस चूसते हैं जिससे पत्ते पीले पड़ जाते है। यह मक्खी मरोड़िया (विषाणु) नामक रोग फैलाती है। इसका प्रकोप बरसात की फसल में अधिक होता है।

नियंत्रण : इस कीट के नियंत्रण के लिए ४०० मि० ली० मैलाथियान ५० ई० सी० को २५० लीटर पानी में मिलाकर प्रति एकड़ फसल पर १५ दिन के अन्तर पर छिड़काव् करना चाहिए।

३. **हड्डा भूंडी** : यह भूंडी अर्धवृत आकार में ताबें जैसे रंग की होती है। इसके पहली जोड़ी पंखों पर १२–२८ काले रंग के धब्बे होते हैं। सूण्डियां (लटे) पीले रंग की, मजबूत और कांटेदार होती हैं। सूण्डी व प्रौढ़ हरे पदार्थ को खाते हैं जिससे पत्तों की भोजन बनाने की क्रिया में बाधा आती है।

नियंत्रण : हरा तेला के लिए बताई गई कीटनाशियों का प्रयोग करें।

४. **तना व फल छेदक सूण्डी :** यह गुलाबी रंग की एक सुस्त सूण्डी होती है। फल आने से पहले यह सूण्डी कोंपलों के बढ़ते हुए भाग में छेद करके अन्दर पनपती रहती है जिससे कोपलें मुरझाकर नीचे लटकने के बाद सूख जाती हैं। ग्रसित कोपंल से सफेद झाग से निकलते हैं। फलों के लगने पर उन पर आक्रमण शुरु हो जाता है व सूण्डी उनके अन्दर जाकर काना कर देती हैं। इस सूण्डी का अधिक प्रकोप मई से अक्टूबर तक होता है।

नियंत्रण : कीट ग्रसित फलों और शाखाओं को तोड़कर जला या गाड़ देना चाहिए। फसल में फल लगने से पहले ३०० से ४०० मि० ली० मैलाथियान ५० ई० सी० को २०० से २५० लीटर पानी में मिला कर प्रति एकड़ १५ दिन के अन्तर पर छिड़कें ताकि रस चूसने वाले कीड़ों के साथ सूण्डी का भी नियंत्रण को सके। फल शुरु होने पर बारी–बारी से सिन्थेटिक–पाइरेथ्राएड (८० मि० ली० फैनवलरेट २० ई० सी० या ७० मि० ली० साइप्रमेथ्रिन २५ ई० सी० या २०० मि० ली० डैल्टागैथ्रीन २.८ ई० सी०) और दूसरी कीटनाशियों (५०० ग्रम कार्बेरिल ५० डब्ल्यू. पी. या ५०० मि. ली० एन्डोसल्फान ३५ ई. सी.) का २०० से २५० लीटर पानी में मिलाकर प्रति एकड़ की दर से छिड़काव करें। आवश्यकतानुसार सिन्थेटिक पाइरेथ्राएड का छिड़काव २१ दिन तथा दूसरी कीटनाशियों का छिड़काव १५ दिन के अन्तर पर दोहरायें।

५. **लाल अष्टपदी (माईट)** : फसल के पत्तों की निचली सतह पर पीले व लाल रंग के शिशु व प्रौढ़ जाला बनाकर रहते हैं। इनके रस चूसने से पत्तों पर

बारीक सफेद धब्बे बन जाते हैं। भीषण प्रकोप से फूल बनने में भी बाधा पड़ती है। इसका प्रकोप खुश्क मौसम में ज्यादा होता है।

नियंत्रण : तना व फल छेदक सूण्डी के नियंत्रण के लिए बताई गई कीट नाशियों का छिड़काव करके लाल अष्टपदी का नियंत्रण भी किया जा सकता है।

नोट : १. कीट ग्रसित शाखाओं और फलों को तोड़कर मिट्टी में गहरा दबा दें या जला दें।

२. फसल पर छिड़काव करने से पहले खाने योग्य फलों को तोड़ लें।

बीमारियां व उनका नियंत्रण

१. **आर्द्रगलन रोग** : इस रोग के कारण पौधे उगने से पहले या उगने के कुछ ही दिन बाद मर जाते हैं।

नियंत्रण : बिजाई से पूर्व बीज का उपचार एमिसान २ ग्राम या कैप्टान या थायरम २.५ ग्राम एक किलोग्राम बीज में मिला कर करें। पौधे उगने के पश्चात् उन्हें गिरने से बचाने के लिए पौधशाला की सिंचाई कैप्टान के ०.२ प्रतिशत (२ ग्राम दवा एक लीटर पानी) के घोल से करें। पौधशाला में पौधों की संख्या नियंत्रित रखें तथा प्रयोग की जाने वाली खाद पूर्णतया सड़ी होनी चाहिए। पौधशाला के लिए ऊँची व अच्छे जल– निकासी वाली भूमि का चुनाव करें।

२. **फल गलन** : यह रोग पत्तों से आरम्भ होकर फलों पर पहुँचता है। प्रभावित फलों के ऊपर हल्के गहरे रंग के धब्बे बन जाते हैं और फलों का रंग भूरा होना शुरु हो जाता है तथा उस स्थान पर फल गलने लगते हैं। प्रभावित फलों से दुर्गन्ध भी आ सकती है।

नियंत्रण : साफ बीज का इस्तेमाल करें तथा बिजाई से पहले बीज का उपचार २.५ ग्राम थायरम या कैप्टान प्रति किलोग्राम बीज की दर से करें। फल लगने के बाद मैन्कोजेब (डाइथेन एम–४५ या इन्डोफील एम–४५) ४०० ग्राम दवा का २०० लीटर पानी में प्रति एकड़ की दर से १० से १२ दिन के अन्तर पर कम से कम दो बार छिड़काव करें। फफूँदनाशियों के प्रभाव को बढ़ाने के लिए १०० लीटर घोल में १० ग्राम सैलवेट–६६ या ५० मि० ली० टिट्रान मिला कर छिड़काव करें।

३. **छोटी पत्ती व मौजेक रोग** : इन बीमारियों के कारण पत्ते छोटे और पीले हो जाते हैं और पौधे बौने रह जाते हैं। ऐसे पौधों में फल बहुत कम लगता है।

नियंत्रण : रोग को फैलने से रोकने के लिए प्रारम्भिक अवस्था में रोगी पौधे निकाल कर नष्ट कर देने चाहिए। पौधरोपण से पहले पौधे की जड़ों को आधे घंटे तक टेट्रासाइकलिन दवा के घोल में (५०० मि०ग्रा० दवा प्रति लीटर पानी में) डुबोएं। नर्सरी तथा खेत में तेला तथा सफेद मक्खी के बचाव के लिए बताई गई उपयुक्त कीटनाशक दवाईयों का समय–समय पर इस्तेमाल करना लाभदायक है।

४. **जड़ गांठ रोग (मूल–ग्रंथि रोग)** : यह रोग सूत्रकृमि (नेमाटोड) की अनेक प्रजातियों के कारण होता है। इस रोग के कारण जड़ों में गांठे बन जाती हैं। रोगी पौधे बौने रह जाते हैं और कमज़ोर दिखाई देते हैं। पत्तियां हरी–पीली या पीली हो कर लटक या मुरझा जाती हैं। इस रोग से पौधा नष्ट तो नही होता, लेकिन गांठों के सड़ने पर सूख जाता है।

नियंत्रण : इसके नियंत्रण के लिए नर्सरी में ६ ग्राम कार्बोफ्यूरान (फ्यूराडान दानेदार) प्रति वर्ग मीटर भूमि में मिलाएं। मई व जून में खेत की २ से ३ गहरी जुताइयाँ (१० से १५ दिन के अन्तर से) करने से भी सूत्रकृमियों की संख्या घट जाती है।

(ग) मिर्च
PUNGENT CHILLI

व्यापारिक फसलों में मिर्च का महत्वपूर्ण स्थान हैं। भारतवर्ष में मिर्च की खेती लगभग ८.० लाख हेक्टेयर भूमि पर की जाती है तथा वर्तमान में सूखी मिर्च का उत्पादन ७.५ लाख टन है। इसका औसतन उत्पादन प्रति हेक्टेयर १०.० क्विंटल से भी कम हैं। हमारे देश में मिर्च का उपयोग अचार, सलाद, मसाले और सब्जी आदि विभिन्न रुपों में किया जाता है। मिर्च की खेती उत्तर प्रदेश, बिहार, महाराष्ट्र, पंजाब व हरियाणा राज्यों में की जाती है। उत्तरी भारत की अपेक्षा दक्षिण भारत में मिर्च की खेती बहुत अधिक क्षेत्रफल में की जाती है। देश में जितनी मिर्च उगाई जाती है, उसका एक तिहाई क्षेत्रफल अकेले आंध्र प्रदेश में ही है। इसलिए मिर्च का निर्यात बहुत ही बड़े पैमान पर विदेशों को किया जाता है। अतः विदेशी मुद्रा अर्जित करने में मिर्च का महत्वपूर्ण योगदान है।

हरियाणा राज्य में मिर्च एक व्यावसायिक फसल है जिसे अधिकांश क्षेत्रों में मसाले के रुप में उगाया जाता है। प्रदेश में मिर्च की खेती ६५०० हेक्टेयर भूमि पर की जाती है एवं वर्तमान में हरी व गीली लाल मिर्च का उत्पादन ६०२०० टन है। उत्तरी भारत में मिर्च की खरीफ ऋतु में (वर्षा–आधारित) जून–जुलाई के महीनों मे रोपाई की जाती है। इसी ऋतु में वर्षा के कारण भिन्न–भिन्न प्रकार के विषाणु रोगों का मिर्च के पौधों पर आक्रमण होने से इसकी उपज में ५०–६० प्रतिशत तक गिरावट आ जाती है। टी. एम. वी., सी. एम. वी., पी. वी. एक्स., मौजेक व पत्ती मरोड़ आदि रोग मिर्च के पौधों पर आने वाले मुख्य विषाणु रोग हैं। इन सभी रोगों में पत्ती मरोड़ विषाणु रोग काफी हानिकारक है जिसके कारण हरियाणा राज्य में मिर्च की उपज, कुल क्षेत्र व उत्पादन में भारी कमी आ गई है।

वैज्ञानिक विधियों से मिर्च की खेती करने पर किसान अधिक आमदनी प्राप्त कर सकते हैं जिसका विवरण नीचे दिया गया है :

जलवायु : यह उष्ण और अर्ध–उष्ण कटिबन्धीय जलवायु की फसल है व इसकी खेती समुद्र सतह से २००० मीटर की ऊचाई तक सफलतापूर्वक कर सकते हैं। अच्छी फसल के लिए औसतन तापमान २०–२५ सें० ग्रे० और वार्षिक वर्षा ७५ से १२५ सें. मी. उत्तम मानी जाती है। पाले और अधिक वर्षा से मिर्च को बहुत हानि होती है, इसलिए अधिक वर्षा वाले क्षेत्रों में मौसम अनुकूल होने पर ही मिर्च की खेती करनी चाहिए।

भूमि : मिर्च की फसल की अधिक पैदावार प्राप्त करने के लिए भूमि का चुनाव भी अत्यन्त आवश्यक है। इसके लिए ऐसी भूमि चुनें, जिस में पानी न रुकता हो और जल–निकास का उचित प्रबन्ध हो, क्योंकि यदि खड़ी फसल में १० से १२ घंटे पानी रुका रह जाये तो फसल को बहुत हानि होती है। इसलिए खेत का चुनाव करते समय जल–निकास का अवश्य ध्यान रखना चाहिए। साधारणतः इसकी खेती दुमट और बलुई दुमट भूमि में जिसका पी० एच० मान ६.८ से ७.५ हो, उत्तम मानी जाती है।

भूमि की तैयारी : खेत में यदि खरपतवार अधिक उगे हों तो मिट्टी पलटने वाले हल से एक गहरी जुताई करें तथा खरपतवार आदि उठा कर दूर फेंक देने चाहिएं। इसके बाद ३ से ४ बार हैरो या देशी हल चला कर खेत की मिट्टी भुरभुरी कर लें व फिर एक दो बार पाटा चलाकर खेत को समतल कर लेना चाहिए। यदि नमी न हो तो पलेवा करके खेत तैयार करना चाहिए ताकि पौधों की रोपाई के समय मृत्यु दर कम हो जाये।

प्रमुख उन्नत किस्में : मिर्च की अनेक किस्में उपलब्ध हैं परन्तु मसाले वाली मिर्च बहुत ही तीखी व लम्बी होती है। मिर्च का तीखापन कैप्सीएसिन नामक पदार्थ के कारण होता है जोकि फल के जरायुविन्यास (पलेसेन्टा) में पाया जाता है। मिर्च की प्रमुख किस्मों का वर्णन निम्नलिखित है :

१. हिसार शक्ति (एच० सी०-४४) : इस किस्म को हरियाणा कृषि विश्वविद्यालय, हिसार द्वारा विकसित किया गया है। इसके पौधे मध्यम ऊँचाई के व सीधे ऊपर की ओर बढ़ने वाले होते हैं। पौधों से अधिक शाखायें निकलती है। पत्तियां हल्के रंग की होती है। फल ८ से ६ सें. मी. लम्बे हल्के रंग के होते हैं जो पकने पर चमकदार लाल रंग में बदल जाते हैं। फलों में काफी चरपराहट होती है तथा उसमें अधिक बीज पाये जाते हैं। इसमें कैप्सीएसिन तथा सूखे पदार्थ की मात्रा अधिक होने के कारण यह किस्म पाउडर बनाने के लिए काफी उपयुक्त है। मिर्च की यह किस्म टमाटर मौजेक विषाणु, कुकुम्बर मौजेक विषाणु व पत्ती मोड़ विषाणु के प्रति सहिष्णु है तथा फल सड़न, चूर्णी आसिता व विल्ट रोगों के प्रति

मध्यम रुप से सहिष्णु है। इस किस्म के पौधों पर माइट, लाल मक्खी, फली छेदक, सफेद मक्खी व जैसिड कीट का प्रकोप कम होता है। इसके हरे फलों की औसत उपज २८ से ३० क्विंटल प्रति एकड़ तथा सूखे मिर्च की उपज ७.६ क्विंटल प्रति एकड़ है। इस किस्म के पौधों में अधिक तथा कम तापक्रम पर फल धारण करने की क्षमता होती है।

२. **हिसार विजय (एच० सी०–२८)** : इस किस्म को भी हरियाणा कृषि विश्वविद्यालय, हिसार से विकसित किया गया है। इसके पौधे भी एच. सी. ४४ के समान होते हैं परन्तु पत्तियां हरी और चौड़ी आलू की पत्तियों की तरह होती है। फल चिकने, गुच्छों में ऊपर की तरफ लगते हैं। फल मध्यम आकार के ८ से ६ सें. मी. लम्बे गहरे व हरे रंग के होते हैं जिनका ऊपरी सिरा नुकीला होता है। फलों पर काले रंग के धब्बे पाये जाते हैं जो इस किस्म का मुख्य लक्षण है। बुआई के लगभग ६३ दिन बाद हरे फल तुड़ाई के लिए तैयार हो जाते हैं। इस किस्म के फल पाउडर बनाने के लिए काफी उपयुक्त है। इसके पौधे टमाटर विषाणु रोग, कुकुम्बर विषाणु रोग, आलू विषाणु रोग तथा पत्ती मोड़ विषाणु रोग के प्रति सहिष्णु है तथा इसकी फसल पर फल सड़न, चूर्णी आसिता व शीर्ष मरण रोग का प्रकोप कम होता है। इसके हरे फल की औसत उपज २५ से ३५ क्विंटल प्रति एकड़ तथा सूखे फलों की उपज ८ से १० क्विंटल प्रति एकड़ आंकी गई है।

३. एन. पी. ४६–ए : इस किस्म को भारतीय कृषि अनुसंधान संस्थान, नई दिल्ली से विकसित करके पूरे देश में उगाने की संस्तुति की गई है। इसके पौधे छोटे, झाड़ीनुमा तथा हल्के हरे रंग की पत्तियों वाले होते हैं। फल ८ से ६ सें. मी. लम्बे, पतले, सिकुड़े हुए हल्के हरे रंग के होते हैं। पकने पर फल हल्के लाल रंग में बदल जाते हैं। इस किस्म पर थ्रिप्स का प्रकोप कम होता है लेकिन विषाणु रोगों के प्रति यह काफी संवेदनशील है। हरी मिर्च की औसत उपज २८ से ३२ क्विंटल प्रति एकड़ पाई जाती है।

४. पूसा ज्वाला : इस किस्म को भारतीय कृषि अनुसंधान संस्थान, नई दिल्ली से विकसित किया गया है। इस किस्म को पूरे देश में उगाने की संस्तुति दी गई है। इसके पौधे छोटे, झाड़ीनुमा होते हैं तथा पत्तियां हल्के रंग की और चौडी होती है। फल ५ से १० सें. मी. लम्बे पतले तथा हल्के हरे रंग के होते हैं जो पकने पर गहरे लाल रंग में परिवर्तित हो जाते हैं। सूखे लाल फल अनियमित आकार के होते हैं तथा परिवहन के समय टूट जाते हैं। इसके कच्चे फल की औसत उपज ३० क्विंटल प्रति एकड है, फल में काफी चरपराहट होती है। यह किस्म थ्रिप्स, माइट तथा चेपा के प्रति सहिष्णु है। इसमें कैप्सीएसिन की मात्रा कम पाई जाती है।

५. सी. ओ–२ : इस किस्म को तमिलनाडु के स्थानीय कृषि अनुसंधान केन्द्र, विलपट्टी से विकसित किया गया है। यह एक सम्बा टाइप किस्म है जिसे अखिल भारतीय समविन्त सब्जी विकास परियोजना के अन्तर्गत भारत के भौगोलिक क्षेत्र ४ और ६ में उगाने की संस्तुति की गई है। इसके पौधे ६० से ६५ सें. मी. ऊँचे और झाड़ीदार होते हैं। फल लटकते हुए ६.१ सें. मी. लम्बे और ४ सें. मी. मोटाई के होते हैं। फल का सिरा नुकीला होता है तथा फल भित ०.१६ मि. मी. मोटी होती है। प्रत्येक फल के अन्दर ८० से ८५ बीज होते हैं। कैप्सेसिन की मात्रा ०.४५ प्रतिशत होती है और सूखी मिर्च की उपज ७ क्विंटल प्रति एकड़ होती है।

६. अपर्णा या सी. ए. १०६८ : इस किस्म का विकास भी कृषि अनुसंधान केन्द्र लाम, गुण्टूर (आन्ध्र प्रदेश) द्वारा किया गया है। इसके पौधे काफी लम्बे होते हैं जिनके तनों पर गॉठें काफी दूर–दूर होती हैं। पत्तियां चौड़ी तथा हरे रंग की होती हैं। फल ८.३ सें. मी. लम्बे बेलनाकार होते हैं जिनका सिरा मोटा होता है। पकने पर फल पीले रंग के होते हैं तथा भण्डारण में भी रंग बना रहता है। फल में काफी अधिक चरपराहट होती है। सूखे मिर्च की उपज ८.४ क्विंटल प्रति एकड़ होती है। यह किस्म प्रमुख रोगों एवम् कीटों के प्रति सहिष्णु है।

७. जे. २१८ : इस किस्म को जवाहर लाल नेहरु कृषि विश्वविद्यालय, जबलपुर से विकसित किया गया है। इसे देश के पश्चिमी शुष्क मैदानी क्षेत्रों में उगाने की संस्तुति की गई है। इसके पौधे छोटे (४० से ५० सें. मी.), ओजस्वी, ८ से १२ शाखाओं वाले तथा सीधे बढ़ने वाले होते हैं, पत्तियां हल्के हरे रंग की होती हैं। पौधों में काफी संख्या में फल लगते हैं। फल ८ से १० सें. मी. लम्बे तथा ३ से ४ सें. मी. मोटाई के होते हैं। कच्चे फल हल्के हरे रंग के होते हैं जिस पर बैंगनी रंग के धब्बे होते हैं। पके फल लाल रंग के चमकदार होते हैं। प्रति पौधा लगभग १३२ से १५४ फल लगते है। इस किस्म के सूखे मिर्च की औसत उपज ६ क्विंटल प्रति एकड़ प्राप्त होती है।

८. जवाहर मिर्च : इस किस्म को जवाहर लाल नेहरु कृषि विश्वविद्यालय, जबलपुर से विकसित किया गया है। यह एक अगेती किस्म है जिसके फलों में काफी चरपराहट होती है। पौध छोटे (५० से ५५ सें. मी.), ओजस्वी तथा फैलने वाले होते हैं जिसमें ८ से १२ प्राथमिक शाखायें निकलती हैं। पत्तियॉं मोटी तथा हल्के हरे रंग की होती हैं। फल १० से १२ सें. मी. लब्बे तथा २.५ से ३.० सें. मी. मोटे होते हैं। कच्चे फल हल्के रंग के होते हैं जिस पर बैंगनी रंग के धब्बे होते हैं। पके फल गहरे लाल रंग के तथा मुलायम होते हैं। इसके फलों की पहली तुड़ाई बीज की बुआई के १०० से १०५ दिन बाद मिलती है और पके फल की तुड़ाई के लिए १२० से १२५ दिन बाद तैयार हो जाते हैं। इसके पके फलों की उपज ३४ से ३८ क्विंटल प्रति एकड़ पाई गई है जबकि सूखे मिर्च की उपज ७.२ से ८.८

क्विंटल प्रति एकड़ है। इस किस्म पर लीफ कर्ल रोग का प्रभाव कम होता है। इसके अतिरिक्त हमारे देश के शुष्क पश्चिमी मैदानी क्षेत्रों तथा मध्य शुष्क पठारी क्षेत्रों में उगाने की सिफारिश की गई है।

९. **भास्कर या एक्स २३५ :** इस किस्म को कृषि अनुसंधान केन्द्र लाम, गुण्टूर (आन्ध्र प्रदेश) से विकसित किया गया है। इसे अखिल भारतीय समन्वित सब्ज़ी विकास परियोजना के अन्तर्गत भारत के भौगोलिक क्षेत्र ६ और ७ में उगाने के लिए अनुमोदित किया गया है। इसके पौधे सघन, छोटी–छोटी गांठ वाले तथा छातानुमा आकार के होते हैं। पत्तियां छोटी, पतली तथा गहरे रंग की होती है। इसके पुकेंसर हरे रंग के होते हैं जो मार्कर जीन के रुप में प्रयुक्त होते हैं। फल ५ से ६ सें. मी. लम्बे होते हैं तथा उनका सिरा नुकीला होता है। फल में काफी चरपराहट होती है और यह अचार तथा निर्यात के लिए काफी उपयोगी किस्म है। इसके सूखे मिर्च की उपज १० से १२ क्विंटल प्रति एकड़ है। यह किस्म थ्रिप्स तथा माइट के प्रति सहिष्णु है।

१०. जवाहर मिर्च–२८३ : इस किस्म को जवाहर लाल नेहरु कृषि विश्वविद्यालय, जबलपुर द्वारा विकसित किया गया है। इसके पौधे छोटे (४० से ५० सें. मी.) और फैलने वाले होते हैं। एक पौधे से ८ से ६ प्राथमिक शाखायें निकलती हैं और इसकी पत्तियां हल्के हरे रंग की होती है। फल सीधे, सख्त तथा मध्यम आकार के (५ से ६ सें. मी. मोटे) और गहरे हरे रंग के होते हैं। पके फल आकर्षक, गहरे लाल रंग के और काफी तीखे होते हैं। यह एक अगेती किस्म है और गर्मी के दिनों में भी इसमें अच्छी फलत आती है। इसके लाल पके मिर्च की उपज २० क्विंटल प्रति एकड़ तथा सूखे मिर्च की ४५ से ५६ क्विंटल प्रति एकड़ प्राप्त होती है। यह किस्म फल सड़न रोग के प्रति सहिष्णु है।

११. पूसा सदाबहार : इस किस्म को भारतीय कृषि अनुसंधान संस्थान, नई दिल्ली द्वारा विकसित किया गया है। इसके पौधे सीधे तथा अपेक्षाकृत लम्बे (६० से ८० सें. मी.) होते हैं। पत्तियां सामान्य किस्मों की अपेक्षा अधिक लम्बी व चौड़ी होती है। फल ६ से १४ के गुच्छे में लगते हैं तथा फल का निचला सिरा उपर की तरफ होता है। फल ६ से ८ सें. मी. लम्बे तथा ३.५ से ४.० सें. मी. मोटाई के होते हैं। पके फल गहरे लाल रंग के व चमकीले होते हैं। प्रत्येक फल में ८० से १०० बीज पाये जाते हैं। फल में ओलिओरेजिन की मात्रा अधिक होती है। इस किस्म की सबसे मुख्य विशेषता यह है कि एक बार लगाने पर २ से ३ वर्ष तक इसके पौधे चलते रहते हैं और फल मिलता रहता है।

१२. पंत सी–१ : इस किस्म को गोविंद बल्लभ पंत कृषि एवं प्रौद्योगिक विश्वविद्यालय, पंतनगर से विकसित किया गया है। इसे पूरे देश में उगाने की संस्तुति की गई है। इस किस्म के पौधे सीधे बढ़ने वाले तथा ७५ सें. मी. ऊँचे होते

हैं। फल ५ से ६ सें. मी. लम्बे, सीधे तथा ऊपर की तरफ लगते हैं। फलों में काफी चरपराहट होती है तथा फल पकने पर गहरे लाल रंग के हो जाते हैं। इसके हरे फलों की उपज ३२ से ३६ क्विंटल प्रति एकड़ तथा सूखे मिर्च की उपज ६ क्विंटल प्रति एकड़ पाई गई है। इस किस्म पर लीफ कर्ल और मौजेक रोग का बहुत कम प्रभाव होता है।

१३. पंत सी–२ : इस किस्म का विकास गोविंद बल्लभ पंत कृषि एवम् प्रौद्योगिक विश्वविद्यालय, पंतनगर द्वारा किया गया है। इसके फल नीचे की तरफ लटकने वाले होते हैं। यह किस्म लीफ कर्ल रोग के प्रति सहिष्णु है। इसके सूखे मिर्च की उपज ५.६ क्विंटल प्रति एकड़ पाई गई है।

१४. आंध्र ज्योति : इस किस्म को लाम (आध्र प्रदेश) से विकसित किया गया है तथा भारत में उगाने की संस्तुति की गई है। इसके फल ३ से ४ सें. मी. लम्बे और लगभग ४ सें. मी. मोटाई के होते हैं। फल भित काफी मोटी होती है तथा फल में काफी मात्रा में बीज होते हैं।

१५. भाग्य लक्ष्मी : इस किस्म को भी लाम (आंध्र प्रदेश) द्वारा विकसित किया गया है। इसके पौधे की ऊँचाई लगभग ५३.६ सें. मी. होती है। पत्तियां गहरे हरे रंग की होती हैं। फल ८.२ सें. मी. लम्बे, ओविल ग्रीन रंग के होते हैं जो पकने पर गहरे लाल रंग में बदल जाते हैं। फलों में बीज की मात्रा ३८ से ४० प्रतिशत होती है। इस किस्म पर रोग तथा कीड़ों का प्रकोप कम होता है। अंसिचित क्षेत्रों में सूखी मिर्च की उपज ४.७ क्विंटल प्रति एकड़ तथा सिंचित क्षेत्रों में २० क्विंटल प्रति एकड़ आंकी गई है। फसल की अवधि १८० दिन की होती है।

१६. जे. सी. ए. १५४ : यह अचार बनाने के लिए उपयुक्त किस्म है, जिसे जवाहर लाल नेहरु कृषि विश्वविद्यालय, जबलपुर से विकसित किया गया है। इसके फल गहरे हरे रंग के होते हैं जो पकने पर चमकीले लाल रंग में परिवर्तित हो जाते हैं। फल तुड़ाई के लिए रोपण के ११५ से १२० दिन बाद तैयार हो जाते हैं।

पंजाब कृषि विश्वविद्यालय, लुधियाना ने मिर्च की कुछ उन्नतशील किस्मों को अनुमोदित किया है :

१. पंजाब लाल : इसके पौधे छोटे झाड़ीनुमा तथा गहरे रंग की पत्तियों वाले होते हैं। फल सीधे, मध्यम आकार के (४.२५ × ०.७६ सें. मी.) गहरे हरे रंग के होते हैं जो पकने पर गहरे लाल रंग में परिवर्तित हो जाते हैं। इसमें कैप्सीएसिन (०.७ प्रतिशत), ओलिओरेजिन, सूखे पदार्थ तथा वर्णक की मात्रा अधिक होती है। यह किस्म टमाटर मौजेक विषाणु, खीरा मौजेक विषाणु तथा लीफ विषाणु के प्रति अवरोधी है तथा फल सड़न और डाइबैक रोगों के प्रति अवरोधी है। इसके ताजे फलों की औसत उपज ४० से ४८ क्विंटल प्रति एकड़ है।

२. **पंजाब सुर्ख** : इसके फल करीब ७ सें. मी. लम्बे व पकने पर गहरे लाल रंग के सुन्दर व आकर्षित होते हैं जो सुखाने के लिए अति उत्तम सिद्ध हुऐ हैं। यह किस्म फल–सड़न के सहनशील हैं तथा विषाणु रोगों के प्रतिरोधक हैं। इसकी औसतन उपज ८० क्विंटल प्रति एकड़ हैं।

३. **पंजाब गुच्छेदार** : इसके फल छोटे आकार के, ऊपर की तरफ गुच्छों में लगते हैं। फलों का रंग गहरा लाल होता है। यह किस्म सुखाने व परिरक्षण के लिए अति उत्तम हैं। औसतन लाल रंग के पके फलों की उपज ६० क्विंटल प्रति एकड़ है।

संकर किस्में : अखिल भारतीय समन्वित सब्ज़ी विकास परियोजना, वाराणसी ने मिर्च के सी.एच.–१ व के–२ संकर जातियों को उत्तर भारत में बोने की सिफारिश की है। इन संकर जातियों के गुण इस प्रकार से हैं :

१. **सी.एच.-१** : इसके पौधे झाड़ीनुमा व अधिक शाखाओं वाले होते हैं। इसके फल मध्यम आकार के (६–७ सें.मी. लम्बे), कच्ची अवस्था में गहरे हरे तथा पकने पर गहरे लाल रंग के होते हैं जोकि कम तीखे तथा सलाद व सूखाने के लिए उचित हैं। लाल मिर्च (गीली) की उपज १०० क्विंटल प्रति एकड़ है।

२. **के.-२** : यह एक संकर जाति की किस्म है जिसके पौधे लम्बे होते हैं। फल ७.३ सें.मी. लम्बे तथा चमकीले लाल रंग के होते हैं। फसल २१० दिनों में पक कर तैयार होती है। सूखी लाल मिर्च की उपज ६ क्विंटल प्रति एकड़ है। यह संकर किस्म थ्रिप्स (चूरड़ा) कीट व फल–गलन रोग के प्रतिरोधक है।

अखिल भारतीय समन्वित सब्ज़ी विकास परियोजना, वाराणसी ने "संकर जाति के विकास हेतू उपलब्धियॅा परियोजना" के अर्न्तगत निम्नव्रत संकर जातियों को अनुमोदित किया है :

१. बी.एस.एस.–१८८
२. बी.एस.एस.–१४१
३. एच.ओ.ई.–८१८
४. एच.ओ.ई.–८८८
५. एम.एच.पी.–५६
६. अंकुर मिर्च हाइब्रिड–२३६
७. किरन
८. तेज़स्विनी
६. बी. एस. ए. १३८

पौधशाला : पौधशाला के लिए उचित जल–निकास वाली उपजाऊ भूमि का चयन करना चाहिए जो हानिकारक सूत्रकृमियों और जीवाणुओं से मुक्त हो। पौधशाला तैयार करते समय कुछ आवश्यक बातों का ध्यान रखना चाहिए जो निम्नलिखित हैं :

१. पौधशाला ऐसे स्थान पर बनाएं जहां कोई छायादार वृक्ष न हो।

२. पौधशाला के पास सिंचाई का अच्छा स्त्रोत होना चाहिए।

३. एक एकड़ क्षेत्र की रोपाई के लिए ३.० मी. × १.० मी. × १५ सें. मी. आकार की १५–२० क्यारियों में उगी पौध पर्याप्त होती है।
४. पौधशाला में क्यारी की चौड़ाई १ मीटर से अधिक न रखें अन्यथा निराई–गुड़ाई करते समय कठिनाई होगी।
५. भूमि की सतह से १५ से २० सें. मी. ऊँची उठी हुई क्यारियां बनानी चाहिएं, ताकि क्यारी में अनावश्यक पानी न रुक सके। वर्षा ऋतु में ऊँची उठी क्यारियों का निमार्ण करना आवश्यक है ताकि वर्षा का फालतू पानी सुगमता से निकल जाए और पौधों को किसी प्रकार से कोई हानि भी न हो।
६. बीज को क्यारी में, कतारें बनाकर बोना चाहिए और अधिक घना नही बोना चाहिए। एक एकड़ क्षेत्र के लिए ४०० ग्राम बीज पर्याप्त होता है।
७. बीज बोने से पहले उसे कवकनाशी दवा जैसे थायराम या कैप्टान (२.५ ग्राम दवा प्रति कि० ग्रा०) से उपचारित करके बोना चाहिए।
८. बोने से पहले क्यारी की मिट्टी को भी फंफूदी और कीटनाशक दवाओं से उपचारित कर लेने के बाद बीज बोना चाहिए ताकि कीड़ों और रोगों से पौधों की रक्षा हो सके।
६. प्रत्येक क्यारी में तीन टोकरी गोबर की खाद, आधा किलोग्राम मिश्रित उर्वरक (१५:१५:१५) बीज बोने के १५ दिन पूर्व ड़ालने चाहिए।
१०. बीज बोने के बाद क्यारी को घास से ढ़क देना चाहिए, ताकि नमी और तापक्रम क्यारी में अंकुरण के लिए बने रहे।
११. यदि भूमि में नमी न हो तो पलेवा करके बीज बोएं या बीज बोने के बाद क्यारी को घास से ढ़क दें और ऊपर से हजारे द्वारा पानी का छिड़काव कर देना चाहिए ताकि क्यारी में पर्याप्त नमी बनी रहे और अंकुरण अच्छा हो सके।
१२. पौधों को पौधशालाओं में कीड़ों और रोगों से बचाने के लिए आवश्यकतानुसार दवाओं का छिड़काव करते रहना चाहिए।
१३. पौधशाला में पौध तैयार हो जाने के बाद अधिक दिनों तक नही छोड़ना चाहिए अर्थात रोपाई समय से कर देनी चाहिए।

बिजाई का समयः पौधशाला में इन किस्मों के बीज की बिजाई मई से जून व अक्तूबर से नवम्बर में की जाती है। बिजाई के ३० से ३५ दिनों के पश्चात् पौध रोपाई के लिए तैयार हो जाती है। मई--जून के महीनों में बिजाई करने के लिए पौधशाला में समतल क्यारियाँ बनायें जबकि अक्तूबर–नवम्बर की बिजाई के लिए पौधशाला की गहरी क्यारियों के बनाने की सिफारिश की जाती है। क्यारियों में बीज को कतारों में बोयें जिनकी आपसी दूरी ७ से ८ सें. मी. रखें। मई के महीने

में पौध को गर्मी व आर्द्रगलन रोग से बचाना अति आवश्यक है। पौध को ठण्ड से बचाने के लिए पौधशाला को पोलिथीन या छप्पर आदि से रात के समय अवश्य ढकें।

रोपाई : मिर्च की वर्षाऋतु की फसल के लिए पौध की रोपाई जून के आखिरी सप्ताह तक कर देनी चाहिए। बसन्त–ग्रीष्म कालीन फसल लेने के लिए पौध की रोपाई मध्य दिसम्बर में की जानी चाहिए। मिर्च के पौध की रोपाई ऊपर उठी क्यारियों पर की जाती है। क्यारियों की आपसी दूरी ६० सें. मी. व पौधे से पौधे की दूरी ४५ सें. मी. रखनी चाहिए। क्यारियों के दोनो तरफ पौध की रोपाई करें। ऐसा करने से पौधों की संख्या प्रति एकड़ बढ़ जाती है तथा पैदावार भी अधिक प्राप्त होती है। पौधशाला में पौध उखाड़ने से एक दिन पहले हल्की सिंचाई कर देनी चाहिए। ऐसा करने से पौधों की जड़े नहीं टूटती हैं और ये आसानी से उखाड़ी जा सकती हैं। साथ ही पौधा स्वस्थ व मजबूत रहता है और रोपाई के तुरन्त बाद मुरझाता नहीं है। रोपाई प्रायः शाम के समय करनी चाहिए। ऐसा करने से पौधों की मृत्यु दर कम होती है और पौधे जल्दी खड़े हो जाते हैं। पौध की रोपाई के बाद हल्की सिंचाई तुरन्त कर देनी चाहिए, ताकि पौधे सूखने न पाएं। प्रायः रोपाई के कुछ दिन बाद कुछ पौधे सूख जाते हैं। अतः इनको हटा कर उनके स्थान पर स्वस्थ पौधा लगा देना चाहिए और हल्की सिंचाई कर देनी चाहिए। वर्षा ऋतु की फसल की रोपाई के लिए पौधों की मेड़ों पर रोपाई करना लाभकारी होता है।

खाद एवं उर्वरक : भूमि में खाद और उर्वरकों का उपयोग मिट्टी परीक्षण के बाद करना ही लाभकारी होता है। इनकी मात्रा भूमि में मौजूद तत्वों पर निर्भर करती है। यदि मिट्टी परीक्षण के बाद इनका उपयोग किया जाए तो अतिरिक्त धन की बचत की जा सकती है। यदि परीक्षण की सुविधा नहीं है और भूमि मध्यम उर्वराशक्ति वाली है तो उसमें प्रति एकड़ १० टन गोबर की सड़ी खाद, २५ किलोग्राम नाइट्रोजन (१०० किलोग्राम कैल्शियम अमोनियम नाईट्रेट २५ प्रतिशत अर्थात किसान खाद), १२ किलोग्राम फास्फोरस (७५ किलोग्राम सिंगल सुपर फास्फेट) और १२ किलोग्राम पोटाश (२० किलोग्राम म्यूरेट आफ पोटाश) की शुद्ध मात्रा डालें। नाइट्रोजन की १/३ मात्रा व फास्फोरस व पोटाश की पूरी मात्रा रोपाई के समय लगायें। शेष नाइट्रोजन की २/३ मात्रा को बराबर के दो भागों में बांट कर रोपाई के एक महीने पश्चात् तथा फूल आने पर खड़ी फसल में लगायें।

निराई-गुड़ाई : फसल को साफ और स्वस्थ रखने के लिए खरपतवार रहित रखना बहुत जरुरी है, क्योंकि ये पौधों के भोजन को खा जाते हैं। फलस्वरुप पौधों को भोजन की कमी हो जाती है और पैदावार पर इसका प्रतिकूल प्रभाव पड़ता है। अतः समय पर आवश्यकतानुसार निराई—गुड़ाई करते रहना चाहिए। खेत को कम

से कम ४५ दिनों तक खरपतवार रहित रखने से पैदावार में वृद्धि पाई गई है। इसलिए पहली निराई–गुड़ाई रोपाई के २५ से ३० दिन के पश्चात् की जानी चाहिए व दूसरी गुड़ाई फूल आने की अवस्था में करें।

खरपतवार नियंत्रण : रासायनिक विधि द्वारा भी खरपतवारों की रोकथाम की जा सकती है। इसके लिए पैन्डीमैथालिन ४००–५०० ग्राम प्रति एकड़ (स्टोम्प ३० प्रतिशत १.३ से १.७ लीटर) दवा का २५० लीटर पानी में घोल बना कर रोपाई के एक सप्ताह के अन्दर छिड़काव करें।

सिंचाई : रोपाई के तुरन्त बाद सिंचाई करें। दूसरी सिंचाई रोपाई के ३–४ दिन पश्चात् करनी चाहिए। खाली स्थानों पर फिर से रोपाई करें। आगे दी जाने वाली सिंचाई वर्षा पर निर्भर करती है। दो सिंचाइयों के बीच ७ से १० दिन का अन्तराल होना चाहिए। फूल व फल लगने की अवस्थाओं में पानी देना अति आवश्यक है। सिंचाई की अधिक आवश्यकता विशेष कर गर्मी वाली फसलों को होती है। इसलिए गर्मी के दिनों में सिचाई का अन्तराल ६ से ७ दिन और जाड़ों में यह अन्तराल १० से १५ दिन रख सकते हैं। साधारणतयः बलुई भूमि में अधिक और मटियार भूमि में कम सिंचाई की आवश्यकता होती हैं। अतः सिंचाई आवश्यकतानुसार करते रहना चाहिए।

फूल व फलों का गिरना : पौधों की आरम्भिक अवस्था अर्थात् अगस्त–सितम्बर के महीनों में पौधों से फूल व फल गिरने लगते हैं। इस समस्या को रोकने के लिए पौधों पर प्लानोफिक्स की एक मि. ली. दवा को ४.५ लीटर पानी मे (एन०ए०ए० १० पी.पी.एम.) घोल कर पहला छिड़काव फूल आने की अवस्था में करें व दूसरा छिड़काव पहले छिड़काव के तीन सप्ताह बाद करें। ऐसा करने से फसल की कुल उपज में महत्वपूर्ण बढोतरी होती है। एक एकड़ भूमि में लगी हुई फसल पर २०० लीटर पानी की आवश्यकता पड़ती है जिसमें ४५ मि० ली० प्लानोफिक्स मिलाकर छिड़काव करें।

फसल की कटाई : मिर्च के फलों को बाजार में बेचने हेतु हरी अवस्था में तोड़ना चाहिए। हरी मिर्च रोपाई के ७५ से ८० दिन बाद प्राप्त होनी शुरु हो जाती हैं। मसाले के लिए फलों को पौधों पर ही पकने व लाल होने दिया जाता है। इन किस्मों में रोपाई के १०० से १२० दिन बाद फल लाल होने शुरु हो जाते हैं। एक एकड़ भूमि से ६ से ८ क्विंटल सुखी लाल मिर्च प्राप्त की जा सकती हैं। मिर्च की हिसार शक्ति व हिसार विजय किस्मों से मार्च–अप्रैल के महीनों में मौढ़ी फसल द्वारा तैयार मिर्च की अगेती फसल ली जा सकती हैं जिससे बाजार में कीमत बहुत अधिक प्राप्त होती है।

पैदावार : यदि फसल सुरक्षा के सभी तरीके उपयोग में लाये जाये और सभी जरुरी कार्य समय से किये जाएं तो प्रति एकड़ औसतन पैदावार ४० से ५०

क्विंटल हरी मिर्च, ८ से १० क्विंटल सूखी मिर्च और ४ से ६ क्विंटल बीज प्राप्त किया जा सकता हैं।

फसल संरक्षण

अधिक उपज लेने के लिए फसल को कीड़ो तथा बीमारियों से बचाना आवश्यक है। मुख्य–मुख्य कीड़ों व बीमारियों का संक्षिप्त वर्णन तथा उनसे बचने के उपाय इस प्रकार है:

हानिकारक कीट व उनका नियंत्रण

१. **दीमक** : दीमक मिर्च का मुख्य दुश्मन कीट है। ये नरम शरीर वाले चींटी के आकार के हल्के–भूरे व पीले रंग के कीट (वर्कर) जमीन में रहकर पौधों की जड़ो व तनों को काट देते हैं। प्रभावित पौधे मुरझाकर सूख जाते हैं तथा इन्हें आसानी से खींच कर उखाड़ा जा सकता है। दीमक का रेतीले व खुश्क क्षेत्रों में जहां भूमि का तापमान भी ज्यादा हो ऐसे इलाकों में अधिक प्रकोप सितम्बर से नवम्बर तथा फरवरी से मार्च में होता है।

नियंत्रण :

- दीमक की रोकथाम के लिए इससे प्रभावित होने वाले क्षेत्रों में पिछली फसल के अवशेषों को अच्छी तरह से नष्ट कर देवें।
- गोबर की कच्ची खाद का प्रयोग कभी न करें।
- फसल काल के दौरान दीमक का प्रकोप होने की अवस्था में १.५ लीटर क्लोरपाइरीफोस २० ई० सी० या १.५ लीटर एण्डोसल्फान ३५ ई० सी० को २० किलोग्राम रेत में मिला कर अगस्त के अन्त या सितम्बर के आरम्भ में एक एकड़ भूमि पर बखेर कर ठीक प्रकार से मिट्टी में मिला दें व इसके बाद सिंचाई करें।

२. **चुरड़ा व अष्टपदी(माइट)** : इनके बच्चे व प्रौढ़ पत्तों से रस चूसते हैं जिसके कारण पत्ते पीले पड़ जाते हैं। ये मरोड़िया रोग भी फैलाते हैं। अधिक आक्रमण होने पर फसल कमज़ोर हो जाती है व पैदावार में कमी आ जाती है।

नियत्रंण : इनका आक्रमण होने पर ४०० मि० ली० मैलाथियान ५० ई० सी० का छिड़काव २५० लीटर पानी में मिला कर प्रति एकड़ फसल पर १५–२० दिन के अन्तर पर आवश्यकतानुसार करते रहें।

३. **सफेद मक्खी** : सफेद मक्खी के बच्चे व प्रौढ़ पत्तों का रस चूस पर पौधों को कमज़ोर करते हैं। सफेद मक्खी छोटे पत्तों का विषाणु रोग (मरोड़िया) भी फैलाती है तथा इन कीड़ों से प्रभावित पत्ते पीले पड़ कर अन्त में कभी–कभी सूख जाते हैं तथा पौधों की बढ़वार रुक जाती है जिससे पैदावार पर कुप्रभाव पड़ता है।

नियंत्रण : चूरड़ा व अष्टपदी के लिए बताई गई कीटनाशी का छिड़काव करें तथा मरोड़िया से ग्रसित पौधों को उखाड़ कर नष्ट कर दें। पौधशाला में साईकोसिल नामक रसायन का प्रयोग पौध रोपाई के १५ दिन पूर्व एक छिड़काव के रुप में करने से फल की मक्खी के प्रकोप को कम किया जा सकता है।

४. **फल छेदक कीड़ा** : यह कीट टमाटर, भिण्डी व बैंगन के फलों को खाकर नुकसान करता है परन्तु कभी–कभी मिर्च की फसल को भी हानि पहुँचाता है। इसकी सुण्डियॉ फल में सुराख करके अन्दर जाकर उसे खोखला कर देती हैं। प्रभावित फल गिर जाते हैं या सड़ गल जाते हैं। इस तरह पैदावार में कमी आती है।

नियंत्रण : इस कीट की सूण्डी की रोकथाम के लिए ५०० मि० ली० एण्डोसल्फान ३५ ई० सी० या ५०० ग्राम कार्बेरिल ५० घु० पा० को २५० लीटर पानी में मिला कर प्रति एकड़ फसल पर छिड़काव करें। ध्यान रहे कि सूण्डी की छोटी अवस्था में छिड़काव करने से कीटनाशी का असर अधिक व अच्छा मिलता है। यह छिड़काव मिर्च तोड़ने के १५ से २० दिन पहले ही हो जाना चाहिए। इसके अतिरिक्त कीट का भीषण प्रकोप होने पर ७५ मि० ली० फेनवेलरेट २० ई० सी० या २०० मि० ली० डेल्टामेथ्रिन २.८ ई० सी० या ६० मि० ली० साईपरमेथ्रिन २५ ई०सी० को २५० लीटर पानी में मिला कर प्रति एकड़ की दर से १५ दिन के अन्तर पर छिडकें।

रोग व उनका नियन्त्रण

१. **आर्द्रगलन रोग (डेम्पिंग आफ)** : यह मिर्च का एक प्रमुख रोग है जो पौधशाला में आता है। इस रोग का कारण एक भूमि जनित फफूंद है जिसके प्रकोप से पौधे उगने से पूर्व और उगने के कुछ दिन बाद मर जाते हैं। जब पौधे उगने से पूर्व मर जाते हैं तो किसानो को यही अभास होता है कि बीज का जमाव कम था परन्तु वे रोग के प्रकोप के विषय में अनभिज्ञ रहते हैं। रोग का प्रकोप जब पौधे निकलने के पश्चात् होता है तो रोगग्रसित पौधे प्रायः गिर जाते हैं। ऐसे पौधों में जमीन के सतह के समीप वाला प्रभावित तना मुलायम हो जाता है। जैसे ही रोग का प्रकोप बढ़ता है, प्रभावित भाग का तना सिकुड़कर पौधा गिर जाता है। पौधशाला में अधिक नमी, पौधों की अधिक संख्या व अधिक तापमान रोग को बढ़ाने में सहायक पाये गये हैं।

नियन्त्रण : बिजाई से पूर्व बीज का उपचार एमिसान या कैप्टान या थायरम के २.५ ग्राम दवा को एक किलोग्राम बीज में मिलाकर करें। पौधे उगने के पश्चात उन्हें गिरने से बचाने के लिए पौधशाला की सिंचाई कैप्टान के ०.२ प्रतिशत (२ ग्राम दवा एक लीटर पानी में) घोल से करें। अगर आवश्यकता पड़े तो पुनः इसी

८

सब्ज़ी भिण्डी

LADY FINGER

भिण्डी ग्रीष्म व वर्षा ऋतु की एक प्रमुख सब्ज़ी है जिसे देश में ४.३० लाख हेक्टेयर भूमि पर उगाया जाता है। वर्तमान में इसका वार्षिक उत्पादन लगभग ४०.३ लाख टन है। इसे उत्तर प्रदेश, उड़ीसा, बिहार, पश्चिम बंगाल व आन्ध्र प्रदेश के अधिकतर क्षेत्रों में उगाकर अधिक उपज ली जाती है। इसके अतिरिक्त भारत के अनेक राज्यों में भिण्डी की खेती व्यावसायिक स्तर पर करके अधिक आमदनी प्राप्त की जाती है। हरियाणा राज्य में इसकी खेती ८५०० हेक्टेयर भूमि पर की जाती है एवं वार्षिक उत्पादन ८७६०० मिट्रिक टन हैं। भिण्डी के फल खाने के और पौधों की जड़ें तथा तने गुड़ व खाँड साफ करने के काम आती है। इसके फल विटामिन ए, बी, सी, कैल्शियम, फास्फोरस और लोहा के अच्छे स्त्रोत है। भिण्डी की अच्छी उपज प्राप्त करने के लिए खेती की निम्नलिखित विधियाँ अपनानी चाहिये :

भिण्डी की फसल गर्मी और बरसात दोनों ही मौसम में ली जाती है। गर्मी की फसल में मौजेक की बीमारी का प्रकोप बरसात की फसल की अपेक्षा कम होता है। गर्मियों की फसल में बरसात वाली भिण्डी की अपेक्षा उपज भी कम होती है लेकिन बाजार में मंहगी बिकती है, इसलिए कम उपज की कमी आमदनी से पूरी हो जाती है।

जलवायु : इसकी अच्छी फसल के लिए लम्बे समय तक गर्म मौसम की आवश्यकता पड़ती है। इसके बीज २०° सें० ग्रे० से कम तापमान पर अंकुरित नही होते और ४२° सें० ग्रे० से अधिक तापमान पर इसके फूल झड़ने लगते हैं।

भूमि : भिण्डी के लिए चिकनी से बलुई तक किसी भी प्रकार की भूमि जिसमें जीवांश की अधिक मात्रा हो और जल–निकास उत्तम हो, अच्छी रहती है परन्तु अधिक उपज प्राप्त करने के लिए हल्की अम्लीय (६ से ६.५ पी० एच०) दुमट भूमि अधिक उपयुक्त मानी जाती है।

भूमि की तैयारी : पहली जुताई मिट्टी पलटने वाले हल से और अन्य दो–तीन जुताइयां देशी हल से करनी चाहिए। हर जुताई के बाद पाटा अवश्य लगाएं ताकि

फफूंदनाशी का प्रयोग करें। पौधशाला में पौधों की संख्या नियन्त्रित रखें तथा बहुत अधिक पौधे न रहने दें। पौधशाला में प्रयोग की जाने वाली खाद पूर्णतया सड़ी होनी चाहिए। पौधशय्या ऊँची तथा जल–निकास का अच्छा प्रबन्ध होना चाहिए।

२. फल गलन व टहनी-मार रोग (फ्रूट रॉट व ऐन्थ्रैक्नोज) : यह रोग भी एक फफूंद से होता है। प्रभावित पके फलों पर भूरे या काले रंग के धब्बे बनते हैं जिनके बीच में काले–काले बिन्दु जैसे आकार भी बन जाते हैं जो फफूंद के बीजाणु होते हैं। प्रभावित फलों के बीज के ऊपर भी फफूंद उग आती है तथा फल सिकुड़ कर सूख जाते हैं।

इसी फफूंद के कारण "डाई–बैक" रोग भी आता है जिससे सर्वप्रथम मुलायम शाखाएं सूखनी आरम्भ होती हैं तथा बाद में या तो पूरी शाखा सूख जाती है या पौधा मुरझा जाता है। रोग के लक्षण पौधे के ऊपरी भाग से आरम्भ होकर नीचे की तरफ बढ़ते हैं। सूखी हुई टहनियों पर काले बिन्दु जैसे आकार बिखरे होते है। आंशिक रूप से प्रभावित पौधों में कुछ फल लगते हैं परन्तु उनकी गुणवत्ता कम हो जाती है। ऐन्थ्रैक्नोज के प्रकोप के फलस्वरूप पत्तियों व हरी मिर्चों के ऊपर काले रंग के धब्बे बनते हैं जिनके चारों तरफ का भाग पीला या भूरा पड़ जाता है। फल धब्बों वाले भाग के पास समय से पूर्व पकने आरम्भ हो जाते हैं। फलों का सिकुड़ना, सूखना व पौधों से गिरना भी इसी रोग के कारण होते हैं। इस रोग का प्रकोप अगले वर्ष रोगी पौधों के अवशेष व रोगग्रस्त बीज द्वारा होता है

नियन्त्रण : पौधशाला में बीज बोने से पहले बीज का उपचार थायरम या कैप्टान या एमिसान के २.५ ग्राम प्रति किलो ग्राम बीज की दर से करें। खेत में रोग के प्राथमिक लक्षण दिखाई देते ही ४०० ग्राम कॉपर आक्सीक्लोराइड (ब्लाईटाक्स–५० फाईटोलान) या मैन्कोजेब (एण्डोफिल एम–४५ या डाइथेन एम–४५) या जिनेब को २०० लीटर पानी में मिलाकर प्रति एकड़ की दर से १० से १५ दिन के अन्तर पर छिड़काव करते रहें।

३. मरोड़िया व मौजेक रोग : ये दोनों ही रोग विषाणु द्वारा होते हैं तथा मिर्च के भयानक रोग समझे जाते हैं। प्रभावित पौधों की बढ़वार रूक जाती है तथा उनकी पत्तियां टेढ़ी–मेढ़ी मुड़ी हुई व मोटी हो जाती हैं। नयी पत्तियों में हरियाली का अभाव हो जाता है। प्रभावित पौधों में बहुत ही कम फल लगते हैं जिनका आकार खराब हो जाता है तथा ऐसे फल छोटे रह जाते हैं। उपरोक्त दोनों ही रोग पौधे पर एक साथ देखे जा सकते हैं। मरोड़िया व मौजेक रोगों का प्रसार खेत में एक पौधे से दूसरे पौधे तक क्रमशः सफेद मक्खी व चेपा (एफिड) द्वारा होता है।

नियन्त्रण : रोपाई के लिए स्वस्थ और रोगरहित पौधे लें। अगर खेत में कुछ रोगी पौधे दिखाई दें तो उन्हें निकाल कर नष्ट कर देना चाहिए। बीमारी फैलाने वाले कीटों का नियन्त्रण पौधशाला में आरम्भ से व खेत में रोपाई के पश्चात्

१०–१५ दिन के अन्तर पर कीटनाशियों के छिड़काव द्वारा करें। सफेद मक्खी के नियन्त्रण के लिये फल आने से पहले ४०० मि०ली० मैलाथियान ५० ई०सी० को २५० लीटर पानी में मिलाकर प्रति एकड़ १५ दिन के अन्तर पर छिड़काव करें। हरियाणा कृषि विश्वविद्यालय द्वारा विकसित मिर्च की दो किस्में हिसार विजय और हिसार शक्ति पर इन रोगों का प्रकोप बहुत कम होता है। इसलिए प्रतिरोधक किस्मों का प्रयोग करने से इन रोगों से फसल को बचाया जा सकता है।

(घ) शिमला मिर्च

CAPSICUM

शिमला मिर्च को भारत में लगभग १.७४ लाख हेक्टेयर भूमि में उगाया जाता है तथा वर्तमान में इसका उत्पादन ४८६८० टन है। इसकी व्यावसायिक खेती तमिलनाडु, कर्नाटक, हिमाचल प्रदेश और उत्तर प्रदेश के कुछ भागों में की जाती है। इसे बुलनोज, बड़ी मिर्च, मीठी मिर्च, घंटीनुमा मिर्च, ग्रीन पेपर, बेल पेपर तथा शिमला मिर्च के नाम से जाना जाता है, लेकिन उत्तरी भारत मे यह शिमला मिर्च के नाम से ही लोकप्रिय है। उत्तर भारत में इसे हिमाचल प्रदेश और उत्तर प्रदेश के कुछ पहाड़ी क्षेत्रों में उगाया जाता है, जिसे मैदानी क्षेत्रों में बिक्री हेतु भेजने से अच्छे दाम मिलते हैं। पौष्टिकता की दृष्टि से यह विटामिन तथा खनिज लवणों का अच्छा स्त्रोत है। इसमें विटामिन–ए व सी टमाटर से भी अधिक पाये जाते हैं। चरपराहट एवं तीखापन रहित होने के कारण इसे विटामिन–सी की प्राप्ति हेतु कच्चा या सलाद के रुप में भी खाया जा सकता है। अब इसकी खेती उन सभी स्थानों में सफलतापूर्वक की जाती हैं जहां का तापमान ६.५° सें. ग्रे. से ३८.४° से. ग्रे. व सापेक्ष आर्द्रता ३१ से ६५ प्रतिशत होती है।

भूमि : क्षारीय तथा भारी भूमि को छोड़कर इसे सभी प्रकार की मिट्टियों में सफलतापूर्वक पैदा किया जा सकता है लेकिन उत्तम उपज के लिए उचित जल–निकास वाली बलुई दोमट भूमि अच्छी पाई गई है। ऐसी मिट्टी जिसका पी. एच. मान ६.० से ७.४ के बीच हो इसकी खेती के लिए उपयुक्त होती है। अधिक क्षारीय या अम्लीय मृदाए इसकी सफल खेती में बाधक मानी गई है। यदि भूमि रेतीली या महियार किस्म की है, तो उसमें पर्याप्त मात्रा में जैविक खाद डालकर अधिक उपज ली जा सकती है।

भूमि की तैयारी : पहली जुताई ट्रेक्टर या मिट्टी पलटने वाले हल से करनी चाहिए। उसके उपरान्त ३ से ४ बार हैरो या कल्टीवेटर चलाऐं। पाटा लगाकर भूमि को समतल कर लेना आवश्यक है। जुताई के दौरान खरपतवारों और पुरानी

फसल के अवशेषों को निकाल देना चाहिए। अन्त में सिंचाई सुविधा के अनुसार क्यारियां और सिंचाई नालियां बना लेनी चाहिए।

प्रमुख उन्नत किस्में : हमारे देश में उगाई जाने वाली शिमला मिर्च की किस्में मुख्य रुप से बाहर से आयातित किस्में हैं चूँकि इसकी खेती बहुत सीमित क्षेत्रों में की जाती थी इस वजह से इसकी नई किस्मों के विकास के अनुसंधान कार्य पर कम जोर दिया गया है। अब तक मुख्य रुप से उगाई जाने वाली किस्में कैलफोर्निया वंडर और चाइनीज जाइण्ड थी। कुछ क्षेत्रों में बुलनोज, योलो वण्डर, रुबी किंग, किंग आफ नार्थ, अर्ली जाइण्ट, वर्ड बीटर, हंगेरियन वैक्स आदि की खेती की जाती रही। इसकी कुछ प्रमुख किस्मों का वर्णन नीचे दिया गया है :

१. कैलिफोर्निया वण्डर : इसके पौधे ओजस्वी, सीधे तथा अधिक फल देने वाले होते हैं। फल वर्गाकार, चिकना, मोटा, गूदे वाला, हरा रंग लिए हुये तीन चार प्रकोष्ठ का होता है। पकने पर फल का रंग चमकीला सिंदूरी हो जाता है। इस किस्म की औसत उपज ४८ से ६० क्विंटल प्रति एकड़ है।

२. यैलो वण्डर : इस किस्म के पौधे बौने तथा अधिक फल देने वाले होते हैं। फल नीचे की ओर झुके रहते हैं। फल तीन चार प्रकोष्ठों वाला मध्यम मोटाई का गूदा लिये होता है। उपज करीब ४० से ५० क्विंटल प्रति एकड़ होती है।

३. हाइब्रिड भारत : यह एक हाइब्रिड है, जिसे इंडो अमेरीकन हाइब्रिड सीड कम्पनी बंगलौर ने विकसित किया है। इसके फल चार प्रकोष्ठीय तथा मोटे गूदे वाले होते हैं। प्रत्येक फल करीब ८ से १० से. मी. लम्बा तथा १५० ग्राम वज़न का होता है। यह तम्बाकू विषाणु के प्रति सहनशील है। इसकी उपज १६० से २०० क्विंटल प्रति एकड़ होती है।

४. चाइनीज जाइण्ट : यह भी एक काफी प्रचलित किस्म है। इसके पौधे गहरे हरे रंग के होते हैं। फलों का छिलका मोटा होता है और प्रत्येक फल में ३ से ४ पिण्ड होते हैं। फसल रोपण के १२५ से १४० दिन बाद फलत में आती है। इसकी औसत उपज ४८ से ५६ क्विंटल प्रति एकड़ है।

५. वर्ड बीटर : इस किस्म के पौधे उपर की तरफ बढ़ने वाले होते हैं। फल में ४ पिण्ड पाये जाते हैं और फलों का छिलका मध्यम मोटाई का होता है। इसकी उपज क्षमता ४० से ५० क्विंटल प्रति एकड़ है।

६. अर्का मोहिनी : इनमें फूल तथा फल एक ही बार लगते हैं। फल नीचे की ओर झुका होता है, जिनका औसत वज़न ८० से १०० ग्राम होता है व गहरे हरे रंग का, मोटे गूदे वाला एवं ३ से ४ प्रकोष्ठ युक्त होता है। यह किस्म गर्मी एवं सर्दी दोनों ही फसल हेतु उपयुक्त हैं। घनी पत्तियां होने के कारण फल में सनस्काल्ड नही होता है। यह किस्म भारतीय बागवानी अनुसंधान संस्थान, बंगलौर

द्वारा विकसित की गई है तथा इसकी औसत उपज ८० से १०० क्विंटल प्रति एकड़ है।

७. **अर्का गौरव :** इसमें बार बार फूल एवं फल लगते हैं। फल गहरा हरा, तीन से चार प्रकोष्ठ युक्त और मध्यम आकार का होता है। फल का औसत वज़न ७० से ८० ग्राम होता है। उपज ७२ से १०० क्विंटल प्रति एकड़ है। पत्तियां फलों को ढ़की रहती हैं, इसलिए सनस्काल्ड का प्रकोप नही हो पाता है। यह किस्म जीवाणु झुलसा के प्रति सहिष्णु है। इसे भी भारतीय बागवानी अनुसंधान संस्थान, बंगलौर द्वारा विकसित किया गया है।

८. **अर्का बंसत :** फल क्रीमी सफेद, शंक्वाकार और ऊपर की ओर लगते हैं। इसके फल को अधिक समय तक भंडारित किया जा सकता है। फल सुगंधित एव कुरकुरा होता है व औसत उपज ६० से ८० क्विंटल प्रति एकड़ है। यह किस्म निर्यात के लिए उपयुक्त पाई गई है व भारतीय बागवानी अनुसंधान संस्थान, बंगलौर द्वारा निकाली गई है। इसके अलावा पूसा दीप्ति, हीरा, इन्द्रा तथा लेरी शिमला मिर्च की अन्य संकर किस्में हैं जिन्हें कृषक अधिक क्षेत्रों में लगाते हैं।

पौध तैयार करना : एक एकड़ खेत में पौध लगाने के लिए ३०० × ६० × १५ सें. मी. आकार की १२ से १५ क्यारियों की आवश्यकता पड़ती है। नर्सरी की मिट्टी की गहरी जुताई करके भुरभुरा बना लिया जाता है। इसके बाद इसमें २५ किलोग्राम सड़ी गोबर की खाद, ३०० ग्राम सिंगल सुपर फास्फेट और १८० ग्राम यूरिया प्रति क्यारी की दर से मिला देना चाहिए। बीज बोने से पहले बीज को थायरम या कैप्टान या एमिसान (२.५ ग्राम दवा एक किलोग्राम बीज में) से उपचारित करना अति आवश्यक है। अच्छी अंकुरण क्षमता (६० से ६५ प्रतिशत) वाले बीज की १५० से २०० ग्राम मात्रा एक एकड़ खेत में बुआई के लिए पर्याप्त होती है। संकर किस्मों के लिए केवल १०० ग्राम बीज पर्याप्त होता है। बीजों को क्यारी में १०–१० सें. मी. की दूरी पर बनी पंक्तियों में डेढ सें. मी. की दूरी पर बोना चाहिए। बीज बोने के बाद हल्की सी मिट्टी या सड़ी गोबर की खाद से उसे ढक देना चाहिए तथा फुहारे से हल्की सिंचाई करते रहना चाहिए। अंकुरण के बाद आवश्कतानुसार सिंचाई करें। शरद ऋतु में फल प्राप्ति के लिए बीजों की बुआई अगस्त में करनी चाहिए तथा बंसत ऋतु में फल लेने के लिए बीजों की बुआई नवम्बर में करें।

पौध रोपाई : पौधशाला में जब पौधे ३० दिन के हो जाएं या उन में ४ से ५ पत्तियाँ आ जाएं तो वे रोपाई के लिए तैयार हो जाते हैं। इस समय हल्की सी सिंचाई कर देनी चाहिए। ऐसा करने से पौधें आसानी से निकाले जा सकते हैं तथा जड़ों को कम हानि पहुँचती है। पौधों को अच्छी प्रकार से तैयार किये हुए खेत में, पंक्ति से पंक्ति ६० सें.मी. तथा पौधा से पौधा ४० सें.मी. की दूरी पर लगाते हैं।

पौध लगाने से पहले मिट्टी में फ्यूराडान ३ जी० नामक दवा का १ ग्राम प्रति पौधा की दर से पौध लगाने वाले स्थान पर डाल देनी चाहिए।

खाद एवं उर्वरक : मृदा–जाँच के उपरान्त ही खाद और उर्वरकों का आवश्यकतानुसार उपयोग करना चाहिए। यदि किसी कारणवश ऐसा सम्भव न हो, उस स्थिति में खेत की तैयारी के समय ही ८ से १० टन सड़ी गोबर की खाद प्रति एकड़ खेत में अवश्य मिला देनी चाहिए। इसके अतिरिक्त ४० किलोग्राम नाइट्रोजन (१६० किलोग्राम कैल्शियम अमोनियम नाईट्रेट २५ प्रतिशत अर्थात किसान खाद), २४ किलोग्राम फास्फोरस (१५० किलोग्राम सिंगल सुपर फास्फेट) और २४ किलोग्राम पोटाश (४० किलोग्राम म्यूरेट आफ पोटाश) को संकर किस्म में देना चाहिए। फास्फोरस, पोटाश की पूरी मात्रा और नाइट्रोजन की एक चौथाई मात्रा पौध रोपण के समय पक्तियों में देनी चाहिए। शेष नाइट्रोजन की मात्रा को तीन बराबर भागों में पौध रोपण के २०, ४०, एवं ६० दिन बाद देनी चाहिए। खड़ी फसल में खाद देने के पश्चात् पौधों पर मिट्टी चढाना आवश्यक है।

निराई-गुड़ाई : अगस्त में बोई गई फसल में ३ से ४ निराई–गुड़ाई एवं नवम्बर में बोई गई फसल की दो बार ३०–३० दिन के अंतर से निराई–गुड़ाई करते हैं।

खरपतवार नियन्त्रण : शिमला मिर्च की फसल के साथ अनेक खरपतवार उग आते हैं, जो भूमि से नमी, पोषक तत्वों को नष्ट कर जाते हैं। इस कारण पौधों के विकास एवं बढ़वार पर प्रतिकूल प्रभाव पड़ता है। अतः खरपतवारों की रोकथाम करना एक अत्यन्त महत्वपूर्ण एवं आवश्यक कार्य है। थोड़े क्षेत्र में उगाई गई फसल के साथ उगे खरपतवारों की रोकथाम के लिए निराई–गुड़ाई करनी चाहिए। यदि शिमला मिर्च को अधिक क्षेत्र में उगाया है तो उस स्थिति में खरपतवारनाशी दवाइयों का उपयोग करना चाहिए। रोपाई से एक दिन पूर्व फलुक्लोरोलिन नामक दवा का ४०० ग्राम (बासालिन ४५ प्रतिशत ६०० मि० ली०) को २५० लीटर पानी में घोलकर एक एकड़ में लगी फसल पर छिड़काव करें और छिड़काव के उपरान्त फावड़े की सहायता से मिट्टी में मिला देना चाहिए। यदि बासालिन उपलब्ध न हो तो उस स्थिति में ऐलाक्लोर १.० से १.२ किलोग्राम सक्रिय तत्व (लासो ५० प्रतिशत का २.० से २.४ लीटर) को २५० लीटर पानी में घोलकर प्रति एकड़ की दर से रोपाई के ८ से १० दिन के अन्तराल के अन्दर छिड़काव करना चाहिए। खरपतवार नाशक दवा प्रयोग करते समय भूमि में पर्याप्त नमी का होना आवश्यक है। इसके अतिरिक्त पैन्डीमैथालिन ५०० ग्राम प्रति एकड़ (स्टोम्प ३० प्रतिशत का १.६५ लीटर को २५० लीटर पानी प्रति एकड़) के दर से पौधे लगाने के ८ से १० दिन पश्चात् छिड़काव कर देने से भी खरपतवारों की रोकथाम सम्भव है। पौध रोपण के ३० दिन बाद पौधों की जड़ों पर सन्तोषजनक मिट्टी चढ़ा देनी चाहिए।

सिंचाई और जल–निकास : शिमला मिर्च की सिंचाई भूमि की किस्म और मौसम पर निर्भर करती है। आमतौर पर वर्षाकालीन फसल में सिंचाई की आवश्यकता नहीं होती है किन्तु काफी समय तक वर्षा न होने की स्थिति में आवश्यकतानुसार सिंचाई करते रहें। ग्रीष्मकालीन फसल में प्रति सप्ताह सिंचाई करें जब कि सर्दियों में १० से १५ दिन के अन्तर पर सिंचाई करें। रेतीली भूमि में उगायी गई फसल में मटियार भूमि की तुलना में अधिक व जल्दी–जल्दी हल्की सिंचाइयों की आवश्यकता होती है। शिमला मिर्च की फसल को जहां सिंचाई की आवश्यकता होती है, दूसरी ओर यह फसल अधिक पानी को भी सहन नहीं कर पाती है। यदि किसी कारणवश खेत में पानी इकट्ठा हो जाए तो उसे निकालने की तुरन्त व्यवस्था करनी चाहिए अन्यथा फसल पीली पड़कर मर जाती है।

पादप नियंत्रकों का उपयोग : शिमला मिर्च में फूल और फल झड़ने की समस्या पायी जाती है। फूल आते समय ५० पी.पी.एम. नैप्थालीनएसेटिक एसिड (एन.ए.ए.) के छिड़काव करने से इस समस्या को काफी हद तक सुलझा लिया जाता है और उपज में भी ४० प्रतिशत अधिक की वृद्धि हो जाती है। एथरिल ४०० पी. पी.एम. के उपयोग से ग्रीष्म एवं शीतकालीन फसलों में उपज बढ़ जाती है।

फलों की तुड़ाई : पूर्ण विकसित और बड़े आकार के स्वस्थ हरे फल बिक्री के लिए उत्तम रहते हैं। फल तुड़ाई, पौध रोपण के ६० से ६५ दिन बाद शुरू हो जाती है। फलों को हाथ से ऊपर की ओर मोड़कर तोड़ा जाता है।

उपज : शिमला मिर्च की उपज उसकी किस्म, भूमि, जलवायु और फसल प्रबन्ध पर निर्भर करती है। कुशल प्रबन्ध और उत्तम तकनीक द्वारा स्थानीय किस्मों से २५ क्विंटल, उन्नत किस्मों से ३५ से ४० क्विंटल और संकर किस्मों से १८० से २०० क्विंटल प्रति एकड़ उपज मिल जाती है।

भण्डारण : शिमला मिर्च को ०° सें.ग्रे. तापमान और ६५ से ६८ प्रतिशत अपेक्षित आर्द्रता पर ४० दिन तक भण्डारित किया जा सकता है।

फसल संरक्षण

हानिकारक कीट व उनका नियंत्रण : शिमला मिर्च को अनेक कीड़े हानि पहुंचाते हैं, जिनमें थ्रिप्स एवं चेपा काफी महत्वपूर्ण हैं।

१. **थ्रिप्स (चुरड़ा)** : यह कीड़ा पत्तियों का रस चुसता है तथा फूल निकलते समय अधिक हानि पहुँचाता है। इसके आक्रमण से उपज में २५ से ५० प्रतिशत तक की कमी आ जाती है। इसके नियंत्रण के लिए ४०० मि० ली० मैलाथियान ५० ई० सी० को २५० लीटर पानी में मिला कर प्रति एकड़ की दर १५ से २० दिन के अन्तर से छिड़काव करें या ६० मि० ली० साइपरमेथ्रिन २५ ई० सी० या १५० मि०

ली० साइपरमेथ्रिन १० ई० सी० को २५० लीटर पानी में मिलाकर एक एकड़ में छिड़काव करें।

२. **चेपा (एफिड)** : ये कीड़े पौधों का रस चूसते हैं तथा विषाणु रोग फैलाते हैं। इनकी रोकथाम के लिए ३०० मि० ली० डाइमैथोएट (रोगोर) ३० ई० सी० या ४०० मि० ली० आक्सीडैमेटोन मिथाइल (मैटासिस्टाक्स) २५ ई० सी० को २५० लीटर पानी में घोल कर एक एकड़ में छिड़काव करने से इन्हें नष्ट किया जा सकता है। आवश्यकता हो तो अगला छिड़काव २० दिन के अन्तर पर करना चाहिए।

३. **जड़ों का सूत्रकृमि रोग (नीमेटोड)** : ये पौधों की जड़ों में छोटी–छोटी गांठे या ग्रंथियां उत्पन्न करते हैं, जिनके कारण पौधे मर जाते हैं। इसके नियन्त्रण के लिए नर्सरी में कार्बोफयूरान (फयूराडान–३) ७ ग्राम प्रति वर्ग मीटर की दर से भूमि में मिलाऐं। मई व जून में खेत की २ से ३ जुताइयां (१० से १५ दिन के अन्तर से) करने से सूत्रकृमियों की संख्या बहुत घट जाती है।

बीमारियां व उनका नियंत्रण

शिमला मिर्च को फफूंद, जीवाणु एवं विषाणु जनित रोगों से हानि होती है। इनमें प्रमुख निम्नलिखित है :

१. आर्द्रगलन रोग : इससे पौधशाला की क्यारियों में पौधे के तने का निचला भाग गल जाता है, जिससे पौधे गिर जाते हैं। यह रोग पौधशाला में लगता है।

नियंत्रण : नियंत्रण हेतु क्यारी की मिट्टी का ४ इंच गहराई तक (फारमेल्डिहाइड के एक भाग को ५० भाग जल में मिलाकर) ड्रेचिंग करना चाहिए या पौधशाला में बिजाई से पहले बीज का उपचार २.५ ग्राम एमिसान या कैप्टान या थायरम फफूंदनाशक दवा को एक किलो ग्राम बीज में मिला कर करना लाभदायक सिद्ध हुआ है

२. ऐन्थ्रैकनोज़ : छोटे और पके फलों, पत्तियों तथा तनों पर भूरे धब्बे दिखाई देते हैं।

नियंत्रण : इसकी रोकथाम के लिए थायरम या कैप्टान के २.५ ग्राम दवा से प्रति एक किलोग्राम बीज का उपचार करके पौधशाला में बोएं। फसल पर ४०० ग्राम कापर आक्सीक्लोराइड (ब्लाईटाक्स–५० या फाइटोलान) या जिनेब या मैन्कोजेब (इण्डोफिल एम–४५ या डाइथेन एम–४५) को २०० लीटर पानी में मिला कर १० से १५ दिन के अन्तर पर छिड़काव करना लाभकारी पाया गया है।

३. **पत्ती धब्बा रोग** : इस बीमारी के प्रकोप से नई पत्तियों पर पीले हरे और पुरानी पत्तियों पर जलीय काले धब्बे पाये जाते हैं। फलों पर फफोले जैसे धब्बे उत्पन्न हो जाते हैं।

नियंत्रण : इसकी रोकथाम के लिए खेत में सफाई रखें। हिरनखुरी व सांठी जैसे खरपतवार खेत में बिल्कुल न रहने पाये। फसल पर १० से १२ दिन के अन्तर पर मैनकोजेब (इण्डोफिल एम–४५ या डाईथेन एम–४५) या कापर आक्सीक्लोराइड (ब्लाईटाक्स–५० या फाइटोलान) नामक ४०० ग्राम दवा को २०० लीटर पानी में घोल कर प्रति एकड़ की दर से छिड़काव करें।

४. **मौजेक या चुर्दा-मुर्दा :** यह विषाणु के कारण होता है। पत्तियां छोटी होकर मुड़ जाती है। पौधा बौना रह जाता है तथा शीर्ष पर गुच्छा बन जाता है।

नियंत्रण : इस रोग को फैलने से बचाने के लिए निम्नलिखित सावधानियाँ बरतनी चाहिए :

- स्वस्थ और रोगरहित बीज का प्रयोग करना चाहिए।
- बीमारी फैलाने वाले कीड़ों का नर्सरी व खेतों में इलाज करना चाहिए।
- रोगी पौधों को आरम्भ में ही निकाल कर नष्ट कर दें।
- यह रोग सफेद मक्खी द्वारा फैलता है। इसकी रोकथाम के लिए ४०० मि० ली० मैलाथियान ५० ई० सी० को २५० लीटर पानी में मिलाकर प्रति एकड़ १५ दिन के अन्तर पर छिड़काव करना लाभकारी है।

मिट्टी नर्म, भुरभुरी व समतल हो जाए। बिजाई से लगभग ३ सप्ताह पहले गोबर की खाद खेत की जुताई करते समय डालें। भूमि के ढलान व सिंचाई की सुविधानुसार ग्रीष्मकालीन फसल के लिए खेत मे डोलियां बना लें। वर्षाकालीन फसल के लिए खेत को उचित नाप की क्यारियों में बांट लेना चाहिए।

प्रमुख उन्नत किस्में : भिण्डी की अच्छी उपज प्राप्त करने के लिए प्रचलित उन्नत किस्मों का विशेष महत्व है। उन्नत किस्मों के अभाव में उन्नत कृषि तरीके अपनाकर भी अच्छी पैदावार नही ले सकते हैं। हरियाणा राज्य के लिए तीन उन्नत किस्मों को अनुमोदित किया गया है। वे इस प्रकार से हैं :

१. **वर्षा उपहार** : यह किस्म पीत शिरा मौजेक रोग के प्रतिरोधी है तथा वर्षा के मौसम के लिए उपयुक्त है। इसके पौधे मध्यम, लम्बे व दो गांठों के बीच की कम दूरी वाले होते हैं। इसकी पत्तियां हस्ताकार कटी हुई और गहरे–हरे रंग की होती है। फल लम्बे सिरे वाले चमकीले, मध्यम मोटाई, आकर्षित और ५ कोरों वाले होते हैं तथा तीसरी या चौथी गांठ से लगने शुरु होते हैं। यह किस्म ४५ दिन में फल देना शुरु कर देती है व औसत पैदावार लगभग ४० क्विंटल प्रति एकड़ है।

२. **हिसार उन्नत** : यह किस्म पीत शिरा मौजेक रोग के प्रतिरोधी तथा वर्षा के मौसम के लिए उपयुक्त है। इसके पौधों में दो गांठो के बीच की दूरी कम होती है व २ से ३ शाखाओं वाले होते हैं। फल हरे आकर्षित पांच कोरों वाले, पूर्ण विकसित अवस्था में ६ से ६.६ इंच लम्बें तथा तीसरी या चौथी गांठ से लगने शुरु होते हैं। यह किस्म ४७ दिन में फल देना शुरु कर देती है व औसत पैदावार ४० से ४५ क्विंटल प्रति एकड़ है।

३. **पूसा सावनी** : यह किस्म गर्मी के मौसम में उगाई जाने के लिए उपयुक्त है। इसके पौधे लम्बे, तने व पत्तों के डंठल पर बैंगनी रंग के धब्बे होते हैं। फल ६ या ७ गांठ पर लगने शुरु होते हैं जो हरे तथा चिकने होते हैं। यह किस्म ५० दिनों में फल देना शुरु कर देती है। औसत पैदावार वर्षा व ग्रीष्मकालीन फसलों के लिए क्रमशः ४० तथा ३० क्विंटल प्रति एकड़ है।

इन किस्मों के अतिरिक्त भारतवर्ष के विभिन्न राज्यों से भिण्डी की अलग–अलग किस्मों का विकास हुआ है। इन किस्मों के चारित्रिक गुण निम्नव्रत हैं :

१. **पंजाब पद्यिमिनी** : यह किस्म परम्परागत पूसा सावनी से अधिक उपज देती है, पौधे लम्बे होते है और फल जल्दी पकते हैं। इसके कोमल फल अधिक हरे, पतले, लम्बे, पांच धारियों वाले और लम्बी अवधि तक मुलायम रहते हैं। इस किस्म में विषाणु रोग और फल छेदक का प्रकोप नही होता है।

२. **पंजाब नं० १३** : यह अगेती और अधिक उपज देने वाली किस्म है जो लगभग ४५ दिन में तैयार हो जाती है। इसके फल मुलायम, लम्बे, चिकने और

हल्के हरे रंग के होते हैं जबकि इसके पौधों में शाखाएं अधिक और फैली हुई होती हैं। यह जायद मौसम के लिए विशेष रुप से उपयुक्त किस्म है।

३. **वैशाली वधू** : इस किस्म का विकास राजेन्द्र कृषि विश्वविद्यालय, बिहार द्वारा किया गया है जो दोनों मौसमो मे बोई जाती है। इसके फल हरे रंग के लम्बे, सात धारी वाले होते हैं। यह अधिक पैदावार देती है तथा पीत शिरा मौजेक रोग के प्रतिरोधी किस्म है।

४. **आई. एच. आर. २०-३१** : इसके फल पांच धारी वाले, गूद्देदार और हल्के रंग के होते हैं। प्रत्येक पौधे पर लगभग २० से २५ फल लगते हैं और फूल निकलने के ५ से १० दिन बाद तोड़ने योग्य हो जाते हैं। इसकी उपज अन्य किस्मों की तुलना में काफी अधिक पाई गई है।

५. **सलैक्शन-१** : यह भारतीय कृषि अनुसंधान संस्थान, नई दिल्ली द्वारा विकसित विषाणुरोधी किस्म है। इसकी उपज पूसा सावनी के बराबर होती है।

६. **परभनी क्रान्ति** : यह उन्नत किस्म मराठवाड़ा कृषि विद्यापीठ परभनी, महाराष्ट्र से विकसित हुई है जो विषाणु रोग के प्रतिरोधक है। इस किस्म के फल लम्बे, मुलायम और हरे रंग के होते हैं तथा उपज पूसा सावनी से अधिक पाई गई है। इसकी औसत उपज ग्रीष्मऋतु में ३४ से ३६ क्विंटल तथा बरसात में ४८ से ५२ क्विंटल प्रति एकड़ पाई जाती है।

७. **पंजाब-७** : इस किस्म का विकास पंजाब कृषि विश्वविद्यालय, लुधियाना ने किया है और इसे वर्षा ऋतु में बोने की सिफारिश की गई है। यह किस्म पीत शिरा मौजेक रोग (विषाणु रोग) के अति प्रतिरोधक है और अन्य गुणों में पूसा सावनी के समान है। इसके पौधे मध्यम लम्बे, तने पर रंगदार धारियां लिए होते हैं। इसके फल मध्यम लम्बे, हरे, कोमल और पांच धारियों वाले हैं जिन की उपज सामान्यतयाः ४५ क्विंटल प्रति एकड़ तक प्राप्त होती है।

८. **अर्का अनामिका** : यह एक पीत शिरा मौजेक रोग प्रतिरोधी किस्म है जिसे भारतीय बागवानी अनुसंधान संस्थान, बंगलौर द्वारा विकसित किया गया है। इस किस्म को शुरु में सलैक्शन नं० १० के नाम से जाना जाता था। इसके पौधे मध्यम बढ़वार के लगभग १०० सें. मी. ऊँचाई के होते हैं, जिनके तने पर काफी कम अन्तराल पर गाँठें लगी होती हैं। तने, पत्तियों के डंठल तथा प्रारम्भिक पत्तियों की निचली सतह पर बैंगनी रंग के धब्बे पाये जाते हैं। पत्तियाँ हरे रंग की, छोटी तथा पालियों में विभक्त होती हैं। इसमें ३ से ४ शाखायें नीचे से चौथी से लेकर ८वीं गाँठों पर ३० अंश के कोण पर निकलती हैं। डंठल तथा पत्तियों पर कम रोएं पाये जाते हैं। यह एक अगेती किस्म है जिसमें बुआई के ४५ दिन बाद फूल आना आरम्भ होता है और पहली तुड़ाई ५५ दिन में की जा सकती है। फल मध्यम आकार के, हरे तथा ५ धारियों वाले होते है। इसमें ५वीं गाँठ पर फल आना

आरम्भ होता है। यह एक अधिक पैदावार देने वाली किस्म है जिसके हरे फलों की उपज ४६ क्विंटल प्रति एकड़ पाई गई है। इसे अखिल भारतीय समन्वित सब्जी विकास परियोजना के तहत पूरे देश में उगाने की संस्तुति दी गई है।

६. **अर्का अभय** : इस किस्म को सलैक्शन ४ के नाम से जाना जाता है। इसमें फल छेदक कीट का प्रकोप कम होता है तथा यह पीत शिरा मौजेक रोग के प्रति अवरोधी है। यह भी एक अच्छी किस्म है जिसे पूरे देश में उगाने की संस्तुति की गई है। इसका फल हल्का हरा, पीला और लम्बा नुकीला होता है। पौधे की लम्बाई १०० से ११० सें. मी. तक होती है। डंठल तथा पत्तियों पर रोएं पाये जाते हैं। इसमें बुआई के ४५ से ५० दिन बाद फूल आते हैं और ५५ से ६० दिन में पहली तुड़ाई की जा सकती है। यह भी अधिक पैदावार देने वाली किस्म है जिसकी अनुमानित उपज ४० से ४४ क्विंटल प्रति एकड़ है।

१०. ई. एम. एम. ८ : यह किस्म पूसा सावनी का उत्परिवर्तित रुप है, जिसे पंजाब कृषि विश्वविद्यालय, लुधियाना से विकसित किया गया है। इसके पौधे लगभग १५० सें. मी. ऊँचे होते हैं। पौधे के तने, पत्तियों के डंठल तथा पत्तियों के निचले भाग पर बैंगनी रंग के धब्बे पाये जाते हैं। फल मध्यम आकार के, लम्बे, पतले, मुलायम, हरे रंग के और ५ धारियों वाले होते हैं। यह किस्म पीत शिरा मौजेक रोग प्रतिरोधी है तथा इस पर फल छेदक कीट का भी कम प्रभाव होता है। औसत उपज ३६ क्विंटल प्रति एकड़ है।

११. रेड भिण्डी : इस किस्म के भिण्डी के फलों का रंग लाल होता है तथा फल लम्बे और गूदेदार होते हैं। इसमें बीज की मात्रा पूसा सावनी की अपेक्षा कम होती है।

१२. सलैक्शन–२ : इस किस्म को भारतीय कृषि अनुसंधान संस्थान, नई दिल्ली से विकसित किया गया है। इसके पौधे ११० सें. मी. ऊँचे होते हैं और सामान्यतः इसमें शाखायें नही आती हैं। फूलों का निचला हिस्सा बैंगनी रंग का होता है। फल हरे, ५ धारियों वाले तथा मुलायम होते हैं और बुआई के ५० दिन बाद तुड़ाई योग्य हो जाते हैं। इसकी औसत उपज ४४ क्विंटल प्रति एकड़ है। इसे अखिल भारतीय समन्वित सब्ज़ी विकास परियोजना के अन्तर्गत भारत के मैदानी एवं पर्वतीय क्षेत्रों में उगाने की संस्तुति की गई है। यह किस्म पीत शिरा मौजेक बीमारी के प्रति सहिष्णु थी, लेकिन आजकल यह सुग्राही हो गई है।

कुछ निजी संस्थाओं ने भी भिण्डी की संकर किस्मों का विकास किया है जो न केवल अधिक उपज देने वाली है बल्कि पीत शिरा मौजेक रोग के भी प्रतिरोधक है। इन संकर किस्मों की विशेषताऐं निम्नव्रत हैं :

१. **वर्षा :** यह एक अगेती किस्म है। पौधे १.८ से २.० मीटर तक ऊंचे बढ़ते हैं। फल पांच धारियों वाले मध्यम आकार के चिकने और चमकीले हरे रंग के होते हैं। यह पीत शिरा मौजेक नामक रोग की प्रतिरोधी किस्म है।

२. **विशाल :** पौधे ऊंचे बढ़ने वाले होते हैं, जिस पर थोड़ी शाखाएं होती हैं। फल मध्यम लम्बे, कोमल, पांच धारियों वाले, चिकने और हरे रंग के होते हैं। यह पीत शिरा मौजेक नामक रोग की प्रतिरोधी किस्म है।

३. **विजया :** "वर्षा" और "विशाल" नामक किस्मों की तुलना में यह एक बौनी किस्म है। फल पतले, पांच धारियों वाले, चिकने और हरे रंग के होते हैं। यह पीत शिरा मौजेक नामक रोग की प्रतिरोधी किस्म है।

उपरोक्त तीनों किस्मों का विकास इण्डो–अमेरीकन हाइब्रिड सीड्स, बंगलौर, कर्नाटक द्वारा किया गया है।

बिजांई का समय : हरियाणा राज्य में भिण्डी की बुवाई के मुख्य दो समय हैं– मैदानी क्षेत्रों में ग्रीष्म ऋतु की फसल फरवरी से मार्च तक और वर्षा ऋतु की फसल जून से जुलाई तक बोई जाती है। आसाम, बंगाल, बिहार तथा उड़ीसा में जहां पाले का कम डर रहता है वहां गर्मी की फसल की बुवाई जनवरी–फरवरी में कर दी जाती है लेकिन उत्तर प्रदेश, दिल्ली तथा पंजाब में बुवाई जनवरी में न कर के फरवरी–मार्च में ही करते हैं। पहाड़ी क्षेत्रों में इसकी बुवाई अप्रैल से जून तक की जाती है।

बीज दर व बोने की विधि : बीज बोने की दर मौसम पर निर्भर करती है। ग्रीष्म ऋतु की बुवाई के लिए १६ से १८ किलोग्राम और वर्षा ऋतु की बुवाई के लिए ५ से ६ किलोग्राम बीज प्रति एकड़ काफी रहता है। अच्छे परिणाम के लिये शुद्ध व प्रमाणित बीज का ही चुनाव करें। गर्मी की फसल की बुवाई के लिए बीज को बिजाई से २४ घंटे पहले पानी में भिगो देना चाहिए।

भिण्डी की बुवाई दो तरीकों से की जाती है। एक समतल क्यारियों में और दूसरी मेड़ों पर। समतल क्यारियों में बुवाई कतारों में की जाती हैं। वर्षा काल की फसल के लिए कतारों में दूरी ४५ से ६० सें.मी. और बीज से बीज की दूरी ३० सें. मी. रखनी चाहिए। ग्रीष्म ऋतु में पौधों की वृद्धि कम होती है, इसलिए बीज को मेड़ों के दोनों तरफ किनारों पर बोया जाता है। डोलियों में दूरी ३० सें.मी. और बीजों में दूरी १० सें.मी. रखी जाती है। एक जगह दो या तीन बीज तीन–चार सें. मी. की गहराई पर बोने चाहिए। जब पौधे पाँच से सात सें.मी. के हो जाएं तो एक जगह खड़े पौधों में से एक स्वस्थ पौधे को छोड़ कर अन्य पौधों को निकाल देना चाहिए।

डोलियों पर बुवाई करने में कतारों के स्थान पर मेड़ें तैयार की जाती हैं तथा उन पर बीजों की बुवाई की जाती है। मेड़ों पर बोने में कतारों और बीजों में दूरी

पहली विधि की तुलना में कम रखी जाती है। यह विधि ग्रीष्म ऋतु मे अधिक उपयुक्त रहता हैं क्योंकि इस विधि से बुवाई करने से पानी की काफी बचत होती है।

खाद एवं उर्वरक : भिण्डी की अच्छी उपज के लिए गोबर या कम्पोस्ट की अच्छी सड़ी खाद १० टन प्रति एकड़ जुताई के समय समान रुप से भूमि में मिला देनी चाहिए। इसके अतिरिक्त प्रति एकड़ उपजाऊ भूमि के लिए ४० किलोग्राम नाइट्रोजन (१६० किलोग्राम कैल्शियम अमोनियम नाईट्रेट २५ प्रतिशत अर्थात किसान खाद) तथा २४ किलोग्राम फास्फोरस (१५० किलोग्राम सिंगल सुपर फास्फेट) देना चाहिए। पोटाश (म्यूरेट आफ पोटाश) खाद को मिट्टी की जांच के बाद आवश्यकता होने पर ही देवें। फास्फोरस और पोटाश युक्त उर्वरक की पूरी मात्रा व नाइट्रोजन युक्त उर्वरक की एक तिहाई मात्रा बीज बोने वाले स्थानों पर बुवाई से पहले मिट्टी में मिला दें। शेष नाइट्रोजन की आधी–आधी मात्रा दो बार में दें। पहली बार बुवाई के लगभग ३ सप्ताह और दूसरी बार पौधों में फूल आने के समय देवें। उर्वरक देने के बाद पौधों पर मिट्टी चढ़ा दें तथा हल्की सिंचाई करना आवश्यक है।

निराई-गुड़ाई व सिंचाई : बीज बोने के समय खेत में नमी होना अत्यन्त आवश्यक है। यदि खेत में कम नमी हो तो बुवाई के तुरन्त बाद सिंचाई करें और दूसरी व तीसरी सिंचाई तीन–चार दिन के अन्तर पर करें। ग्रीष्म ऋतु की फसल में पांच–छः दिन के अन्तर पर और वर्षा ऋतु की फसल में आवश्यकतानुसार सिचाई करते रहें। खेत को खरपतवार रहित रखने के लिए दो–तीन बार निराई–गुड़ाई की आवश्यकता होती है।

खरपतवार नियंत्रण (अंतः कृषि क्रियायें) : निराई–गुड़ाई के खर्च और मेहनत को खरपतवारनाशक दवाओं का प्रयोग कर के बचाया जा सकता है। इसके लिए बिजाई से एक दिन पहले फलुक्लोरालिन नामक दवा का ४०० ग्राम (बासालिन ४५ प्रतिशत ६०० मि० ली०) को २५० लीटर पानी में घोलकर प्रति एकड़ की दर से छिड़काव करना चाहिए। इसके तुरन्त बाद ३ से ४ सें० मी० गहरी रेक देने से भिण्डी की सब्ज़ी व बीज वाली फसलों में खरपतवारों का नियन्त्रण किया जा सकता है।

फसल की कटाई : भिण्डी के फलों को नर्म अवस्था में (रेशा बनने से पहले) तोड़ना चाहिए। वर्षा ऋतु की फसल में फलों की तुड़ाई किस्म के अनुसार ४५ से ५५ दिन में शुरु हो जाती है। वर्षा उपहार किस्म में फलों की तुड़ाई एक दिन छोड़कर करनी चाहिए।

डपज : भिण्डी के फल को मुलायम अवस्था में ही तोड़ लेना चाहिए अन्यथा उनकी कोमलता और स्वाद दोनों ही नष्ट हो जाते हैं, जिससे बाजार में मूल्य कम

मिलता है। ग्रीष्म ऋतु में लगभग ३० क्विंटल और वर्षा ऋतु में ४० से ५० क्विंटल प्रति एकड़ भिण्डी के मुलायम फलों की पैदावार मिल जाती है।

फसल संरक्षण

हानिकारक कीट व उनकी रोकथाम : इसमें लगने वाले मुख्य कीड़ों का वर्णन व नियंत्रण नीचे दिया गया है :

१. हरा तेला : इस कीट के हरे–पीले रंग के शिशु व प्रौढ़ पत्तों की निचली सतह से ज्यादातर मई से सितम्बर तक रस चूसते हैं। रस चूसने के कारण ग्रसित पत्ते पीले पड़ जाते हैं और किनारों से ऊपर की ओर मुड़कर कप का आकार बना लेते हैं। अधिक प्रकोप होने पर पत्ते जलने के बाद सूखकर झड़ जाते हैं। ऐसा होने पर फोटोसिन्थेसिस क्रिया कम होने से फसल कमज़ोर रह जाती है व पैदावार भी एकदम घट जाती है।

नियंत्रण : तेले से फसल के बचाव के लिए बीज का उपचार इमीडाक्लोपरिड ७० डब्ल्यू. एस. नामक कीटनाशी (५ ग्राम प्रति किलोग्राम बीज की दर) से करें। बीज उपचार के लिए, बीज को ६ से १२ घंटे तक भिगोयें। इसके बाद भीगे हुए बीज को आधा घंटा छाया में सुखायें और दवाई डाल कर अच्छी तरह मिला दें। यदि खेत में खड़ी फसल में रस चूसने वाले कीड़ों का प्रकोप हो तो ३०० से ५०० मि० ली० मैलाथियान (सायथियान) ५० ई० सी० को २०० से ३०० लीटर पानी में मिलाकर प्रति एकड़ फसल पर १५ दिन के अन्तर से छिड़कें। फल लगने शुरु होने पर ४०० से ५०० मि० ली० मैलाथियान ५० ई० सी० या ४०० से ५०० ग्राम कार्बेरिल ५० घु० पा० को २५० से ३०० लीटर पानी में मिलाकर प्रति एकड़ फसल पर बारी–बारी से १५ दिन के अन्तर पर छिड़कने से हरा तेला की रोकथाम हो जाती है।

२. सफ़ेद मक्खी : इस कीट के शिशु तथा प्रौढ़ भी कोमल पत्तों की निचली सतह से रस चूस कर फसल को कमजोर कर देते हैं तथा पीत शिरा मौजेक (पीलिया) रोग भी फैलाते हैं। अधिक आक्रमण होने पर पैदावार एकदम घट जाती है तथा पूरी फसल तथा भिण्डियों का रंग भी पीला हो जाता है। बाजार में ऐसी भिण्डी कोई लेना पंसद नहीं करता।

नियंत्रण : हरा तेला की रोकथाम सफेद मक्खी की रोकथाम की भाँति करनी चाहिए।

३. चित्तीदार तना व फलबेधक सूण्डी : यह बेलनाकार शक्लवाली, काटने व चबाने वाले मुखांगो वाली सूण्डी है। इसका मुँह काला परन्तु शरीर पर हल्के–पीले संतरी, भूरे व काले धब्बे होते हैं। छोटी फसल में सूण्डियां कोपलों में छेद करके अन्दर पनपती रहती हैं जिससे कोपलें मुरझाने के बाद नीचे लटककर सूख जाती

हैं। बाद में सूण्डियां कलियों, फूलों तथा फलों को नुक्सान करती हैं। ग्रसित फल टेढ़े व काने हो जातें हैं तथा ऐसे ग्रसित फलों को कोई नही लेता। इस सूण्डा का प्रकोप जून से अक्तूबर तक अधिक होता है।

नियंत्रण : भिण्डी की फसल में फल लगने शुरु होने के बाद हरा तेला की रोकथाम के लिए बताई गई कीटनाशियां छिड़ककर चित्तीदार तना व फलबेधक सूण्डी की रोकथाम करनी चाहिए।

४. अष्टपदी (लाल माईट): इसके पीले तथा लाल रंग के शिशु व प्रौढ़ पत्तों की निचली सतह पर जाला बना कर रहते हैं। इनके रस चूसने से पत्तों पर बारीक सफेद धब्बे बन जाते हैं। भीषण प्रकोप से फूल बनने में बाधा पड़ती है। खुश्क मौसम में प्रकोप ज्यादा होता है।

नियंत्रण : जैसे ही अष्टपदी का आक्रमण फसल पर दिखाई दे ३०० से ५०० मि० ली० मैलाथियान ३० ई० सी० को २०० से ३०० लीटर पानी में मिलाकर प्रति एकड़ फसल पर १५ दिन के अन्तर पर छिड़काव करना चाहिए। फल शुरु होने पर ५०० मि० ली० एण्डोसल्फान ३५ ई० सी० को २५० लीटर पानी में मिलाकर भी प्रति एकड़ फसल पर छिड़क सकते हैं।

सावधानियां

१. कपास की फसल के पास भिण्डी की फसल न लगायें।
२. आस–पास उगी खरपतवार जैसे कंघी बूटी इत्यादि को उखाड़ कर नष्ट कर दें।
३. समय–समय पर कीट ग्रसित कोपलें व फल तोड़कर मिट्टी में गहरा दबा दें या जला दें।
४. छिड़काव करने से पहले खाने योग्य सभी फल तोड़ लें।

बीमारियां व उनका नियंत्रण

१. जड़ गलन : इस रोग के कारण छोटे पौधों का बढ़ना रुक जाता है और साथ साथ पौधे भी पीले होकर मर जाते हैं और जड़ें गल जाती हैं।

नियंत्रण : बिजाई से पूर्व बीज का उपचार २ ग्राम बावस्टिन या २.५ ग्राम कैप्टान दवा को प्रति किलो ग्राम बीज में मिला कर करें तथा रोगी पौधे निकाल देना चाहिए।

२. पीत शिरा मौजेक : यह सफेद मक्खी से फैलने वाला एक विषाणु रोग है। प्रभावित पत्तों की शिरायें पीली हो जाती हैं व बाद में सारे पत्ते पीले पड़ जाते हैं। इस विषाणु रोग से ग्रस्ति पौधों पर फल कम लगते हैं।

नियंत्रण : भिण्डी की वर्षा उपहार या पी–७ किस्मों को ही बोना चाहिए क्योंकि इन किस्मों में रोग कम लगता हैं। कीटनाशक दवाइयों के नियमित

छिड़काव द्वारा रोग फैलाने वाले कीड़ों जैसे सफेद मक्खी को नष्ट कर देना चाहिए और रोगी पौधों का शुरु से ही निकालते रहना चाहिए। सफेद मक्खी नियंत्रण के लिए कीटनाशियां कीट नियंत्रण में लिखी है।

३. **जड़ गाँठ रोग** : प्रभावित पौधे पीले तथा बौने दिखते हैं। पौधों की जड़ों पर सुत्रकृमि के प्रकोप से गांठे बन जाती हैं जिसके कारण पौधे का उचित विकास नही हो पाता तथा पैदावार में अत्यन्त कमी आ जाती है।

नियंत्रण : इस रोग से बचाव के लिए लगातार उसी खेत में भिण्डी, टमाटर, मिर्च व कद्दू वर्गीय सब्ज़ियों की फसल नही लेनी चाहिए। गर्मियों में २ से ३ गहरी जुताइयाँ करके खेत को खुला छोड़ दें जिससे भूमि में उपस्थित सभी किटाणू नष्ट हो जाऐं।

भिण्डी की फसल पर साईकोसिल (सी. सी. सी.) का प्रभाव : भिण्डी की किस्म पूसा सावनी पर वर्षा ऋृतु में किये गऐ परीक्षणों से ज्ञात हुआ है कि यदि बीजों को साइकोसिल ५० प्रतिशत के २५० पी. पी. एम. घोल (आधा मि०ली० दवा को एक लीटर पानी में) में २४ धन्टे डुबो कर फिर बिजाई करनी चाहिए। लगभग २० व ४० दिन के पश्चात् साइकोसिल २५० पी. पी. एम. घोल के दो छिड़काव करने से पौधों पर पीत शिरा मौजेक रोग का प्रभाव बहुत ही कम आता है तथा कुल उपज में भी बढ़ोतरी पाई गई है। अतः साइकोसिल २५० पी.पी.एम. का प्रयोग बीज उपचार एवं पत्तों पर छिड़काव करने से लाभदायक सिद्ध हुआ है।

६

कद्दू वर्गीय - बेलवाली सब्ज़ियाँ

ग्रीष्म (जायद) और वर्षा ऋतु में उगाई जाने वाली सब्ज़ियों में बेलवाली सब्ज़ियों (कद्दू कुल की सब्ज़ियों) का बहुत ही महत्व है। इस कुल की मुख्य सब्ज़ियॉ लौकी, कुम्हरा, तोरई, करेला, टिण्डा, ककड़ी, खीरा, परवल, तरबूज, खरबूजा व चप्पन कद्दू आदि हैं। इन सब्ज़ियों का उपयोग तुड़ाई के तुरन्त बाद पकाकर या कुछ को बिना पकाकर किया जाता है। पकाने में उनके पौष्टिक गुणों का अधिक भाग नष्ट हो जाता है परन्तु खरबूजा, तरबूज, खीरा और ककड़ी का उपयोग साधारणतया बिना पकाए ही किया जाता है। यही कारण है कि ये अपने पौष्टिक गुणों को नष्ट होने से बचा कर हमें प्रदान करते हैं। इन सब्ज़ियों की खेती ग्रीष्म और वर्षा दोनों ही मौसम में करके अच्छी आमदनी ली जा सकती हैं। इन फसलों की उत्पादन क्षमता बहुत होती है, इसलिए उन्नत वैज्ञानिक तकनीक का इस्तेमाल करके कद्दू कुल की सब्ज़ियों से अधिक उत्पादन लिया जा सकता है। भारत में बेल वाली सब्ज़ियॉ विशेषकर खरबूजा व तरबूज को करीब १.७० लाख हेक्टेयर भूमि पर उगाया जाता है तथा वर्तमान में इनका उत्पादन २.५३ लाख टन है। देश के सभी राज्यों में बेल वाली सब्ज़ियों की खेती की जाती है। हरियाणा में बेलवाली सब्ज़ियों को १४५०० हेक्टेयर भूमि में लगाया जाता है तथा इसका उत्पादन १.६३ लाख मिट्रिक टन है। इन सब्ज़ियों में से प्रमुख सब्ज़ियों का विवरण निम्नलिखित है :

(क) खरबूजा

MUSKMELON

खरबूजा अपने मिठास के लिए लोकप्रिय है। इसे समस्त देश विशेषकर गर्म व शुष्क उत्तरी–पश्चिमी भागों में उगाया जाता है। हमारे दैनिक उपयोग में खाद्यान्न फसलों के साथ–साथ शरीर के पोषण के लिए साग–सब्जी और फलों का उतना ही महत्व है, जिनकी गर्मी में काफी कमी रहती है। इसका उपयोग कच्ची अवस्था

में सब्ज़ी और पकने पर फलों के रूप में किया जाता है। इनमें विभिन्न प्रकार के विटामिन (विटामिन सी व ए), खनिज पदार्थ (कैल्शियम व लोहा) तथा कार्बोहाइड्रेट (ग्लूकोज व फ्रूक्टोज़) पाये जाते हैं। ये फल अन्य फलों की तुलना में सस्ते होते हैं जिनको हर वर्ग के लोग आसानी से उपयोग में लाते हैं।

जलवायु : खरबूजा के लिए गर्म व शुष्क जलवायु उपयुक्त है, परन्तु कोहरा हानिकारक है। इसके लिए उच्च तापमान के साथ शुष्क मौसम का होना भी आवश्यक है। खरबूजा मुख्यतया जायद ऋतु की सब्ज़ी है जबकि कम आर्द्रता वाली जलवायु इसके लिए आवश्यक होती है। इस प्रकार की जलवायु, ऊष्ण (ट्रापिकल) और सम–शीतोष्ण (सब–ट्रापिकल) क्षेत्रों में पाई जाती है क्योंकि इस मौसम में सूर्य का प्रकाश तेज़ होता है और पाला पड़ने का कोई डर नहीं रहता। इनकी खेती के लिए औसतन २०° से ३५° सें. ग्रे. तापक्रम की आवश्यकता होती है, यद्यपि बीज का जमाव २५° सें. ग्रे. पर काफी अच्छा होता है जो उसे बुआई के समय (फरवरी–मार्च) में मिल जाता है। ऊँचे तापक्रम से फलों में मिठास भी बढ़ जाता है।

भूमि : इसकी खेती के लिए भुरभुरी दोमट या बलुई दोमट मिट्टी काफी अच्छी होती है। इसके अलावा खरबूजे की खेती नदियों के किनारे और कछारों में भी अच्छी प्रकार से की जा सकती है। यह ध्यान रखना चाहिए कि सिंचाई के समुचित साधन विद्यमान हों तथा जल–निकास की अच्छी व्यवस्था हो। अम्लीय या क्षारीय भूमि में इनकी खेती नहीं की जाती है। अच्छी उपज प्राप्त करने के लिए यह आवश्यक है कि इसकी खेती ६.५ से ८.५ पी.एच. मान वाली भूमि में ही करें।

भूमि की तैयारी : खरबूजा की खेती के लिए दो–तीन जुताई करके मिट्टी भुरभुरी बना लें, तत्पश्चात खरपतवार साफ करके यदि ढेले हों तो उन्हें फोड़ लें। यदि खरबूजे की खेती नदियों के किनारे पर की जा रही हो तो पहले छोटे–छोटे गडढों में गोबर की खाद या जीवांश खाद भर कर ऊपर से ५ से ६ से. मी. बलुई दोमट मिट्टी से ढ़क देते हैं। बीज इन्हीं गड्ढों में बोते हैं। यदि खरबूजा खेत में बोना है तो खेत की तैयारी हो जाने के बाद उसमें नाली और मेड़ बनाते हैं। नाली से नाली और बीज से बीज की दूरी किस्म के अनुसार रखते हैं और बीज की बुआई इन्हीं मेड़ों पर करते हैं।

प्रमुख उन्नत किस्में : हरियाणा राज्य के लिए निम्न दो किस्मों का अनुमोदन किया गया है। इनकी विशेषताऐं इस प्रकार है :

१. **पंजाब सुनहरी :** यह मध्यम–पछेती किस्म हैं। इसकी बेले १.५–२.० मीटर लम्बी व गहरे हरे रंग के पत्तों वाली होती है। फल चपटा गोल, छिलका जालीदार तथा फल का **औसतन** वजन ७००–८०० ग्राम होता है। यह किस्म लगभग ७५ दिनों में पक कर तैयार हो जाती है। फल का रंग मटमैला, गुद्दा

संतरी रंग का व मिठास ११–१२ प्रतिशत होता है। इसकी औसत पैदावार लगभग ३२ से ४० क्विंटल प्रति एकड़ होती हैं।

२. **हरा मधु** : यह खरबूजे की प्रमुख किस्म है, जिसे पंजाब कृषि विश्वविद्यालय, लुधियाना द्वारा विकसित किया गया है। इसकी लतायें ३ से ४ मीटर बढ़ती हैं। फल बड़े, गोल, ऊपर की तरफ थोड़ा चोंचनुमा लिए होते हैं। फल का छिलका हल्के हरे रंग का होता है। छिलके पर गहरी हरी पट्टियां पड़ी होती हैं। प्रत्येक फल का औसत भार १.० किलोग्राम होता है। गूदा १० से १२ सें.मी. मोटा, हरा, स्वाद में काफी मीठा और कुरकुरा होता है। इसमें घुलनशील शर्करा का अंश १२ से १५ प्रतिशत होता है। फल में बीज कक्ष छोटा होता है। यह एक पछेती किस्म है जिसमें व्यापक अनुकूलन क्षमता पाई जाती है। इस किस्म की भण्डारण क्षमता कम होती है।

इन किस्मों के अतिरिक्त भारतवर्ष के कई राज्यों में स्थित कृषि विश्वविद्यालयों व संस्थाओं से खरबूजा की निम्नलिखित उन्नतशील किस्में विकसित हुई हैं जिनका विवरण नीचे दिया गया है :

१. **पूसा शर्बती** : यह अगेती किस्म है, जिसे बोने के ७०–८० दिनों बाद में फल मिलने शुरु हो जाते हैं। इसकी बेल का विकास तीव्र गति से होता है। फल मध्यम आकार के, गूदा मोटा और चमकीले नारंगी रंग का होता है जिसमें ११–१२ प्रतिशत शर्करा (मिठास) होती है। छिलके पर धारियों का एक जाल सा होता है। एक से दूसरे स्थान पर ले जाने की दृष्टि से अच्छी व ४–५ दिन का भण्डारण संभव है।

२. **पूसा मधुरस** : इस किस्म को भारतीय कृषि अनुसंधान संस्थान, नई दिल्ली द्वारा विकसित किया गया है। इसकी लतायें खूब बढ़ने वाली होती हैं जिस पर लम्बे पर्ण व न्त वाली हरी पत्तियाँ लगती हैं। फल चपटे गोलाकार होते हैं। छिलका चिकना तथा पीले रंग का होता है जिस पर हरी पट्टियां पाई जाती हैं। गूदा नारंगी रंग का तथा सरस होता है जिसमें अच्छी खुशबू होती है। फल काफी मीठा होता है और घुलनशील शर्करा की मात्रा १२ से १४ प्रतिशत होती है। प्रत्येक फल का औसत भार १.१० किलोग्राम होता है। इसकी औसत उपज ४८ से ६४ क्विंटल प्रति एकड़ है।

३. **पूसा रसराज** : यह किस्म भारतीय कृषि अनुसंधान संस्थान, नई दिल्ली द्वारा विकसित की गई है। यह किस्म अधिक मात्रा में फल देने वाली तथा ओजस्वी होती है। फल कुछ लम्बोत्तर, चिकने व धारी रहित होते हैं। इसका गूदा हरे रंग का काफी मिठास लिए (टी. एस. एस. ११ से १२ प्रतिशत), होता है। प्रत्येक शाखाओं पर ३ से ४ फल लगते हैं और फल का वजन १.० किलोग्राम होता है। इनकी पहली तुड़ाई ७५ से ८० दिनों में की जा सकती है। इस किस्म की संस्तुति

नदियों के किनारे वाली जलोढ़ मिट्टी में करने के लिए की गई है। इसकी औसत पैदावार १०० क्विंटल प्रति एकड़ तक प्राप्त होती है।

४. **पंजाब रसीला :** इसकी लतायें काफी बढ़ने वाली होती हैं तथा फल लता के निचले हिस्से पर काफी पास—पास लगता है। फल सामान्यतयः गोल आकार के हल्के पीले रंग का, गूदा मोटा सरस तथा सुगंधित होता है। फल का औसत भार ६०० ग्राम होता है और उसमें कुल विलेय ठोस (टी.एस.एस.) की मात्रा १० प्रतिशत होती है। यह किस्म बुआई के ७३ दिन बाद तैयार हो जाती है इस प्रकार हरा मधु किस्म की तुलना में १० दिन पहले तैयार हो जाती है। इसकी औसत उपज ६४ क्विंटल प्रति एकड़ है। यह किस्म तुलासिता रोग के प्रति मध्यम रुप तथा चुर्णिल आसिता रोग के प्रति अत्याधिक प्रतिरोधी है। घुलनशील शर्करा की मात्रा १५ से १७ प्रतिशत होती है। इस किस्म की भण्डारण क्षमता अच्छी है।

५. **दुर्गापुरा मधु :** इस किस्म को दुर्गापुरा कृषि अनुसंधान केन्द्र द्वारा विकसित किया गया है तथा अखिल भारतीय समन्वित सब्ज़ी विकास परियोजना द्वारा उगाने के लिए अनुमोदित किया गया है। इसके फल मध्यम आकार के लम्बोत्तर होते हैं। छिलका चिकना तथा हल्का हरे रंग का एवम् गूदा हरे रंग का होता है। प्रत्येक फल का औसत भार ५०० से ७०० ग्राम होता है। यह एक स्वादिष्ट किस्म है जिसका गूदा सरस और काफी मीठा होता है। फल में बीज कक्ष बहुत छोटा होता है तथा कुल घुलनशील शर्करा का अंश १३ से १४ प्रतिशत होता है।

६. **आर. एम. ४३ :** यह एक नवीन किस्म है जिसे दुर्गापुरा, राजस्थान से विकसित किया गया है जिसे अखिल भारतीय समन्वित सब्ज़ी विकास कार्यक्रम के अन्तर्गत उगाने की संस्तुति की गई है। इसकी लतायें काफी लम्बी बढ़ने वाली होती है तथा बुआई के ४६ दिन बाद फूल आना प्रारम्भ होता है। फलों की पहली तुड़ाई ८३ दिन में की जा सकती है। इसके फलों का औसत वजन ५५० ग्राम होता है। फल आकार में लम्बोतर होता है जिसके ऊपर हरे रंग की पट्टियां होती हैं। बीज कक्ष छोटा होता है। इसकी औसत उपज ५८ क्विंटल प्रति एकड़ पाई गई है। फल में कुल घुलनशील शर्करा (टी. एम. एम.) की मात्रा १२.६ प्रतिशत होती है।

७. **अर्का जीत :** इस किस्म को भारतीय बागवानी अनुसंधान संस्थान, बंगलौर द्वारा विकसित किया गया है। इस किस्म को अखिल भारतीय समन्वित सब्ज़ी विकास परियोजना के अन्तर्गत उगाने के लिए अनुमोदित किया गया है। यह अगेती किस्म है। इसके फल छोटे तथा आकार में चपटे होते हैं। छिलके का रंग नारंगी होता है। प्रत्येक फल का औसत वजन ३०० से ५०० ग्राम होता है। गूदा सफेद रंग का बहुत मीठा और अच्छी सुगन्ध वाला होता है। फल में विटामिन सी की काफी मात्रा पाई जाती है।

८. **अर्का राजहंस** : इस किस्म को भारतीय बागवानी अनुसंधान संस्थान, बंगलौर द्वारा विकसित किया गया है जिसे अखिल भारतीय समन्वित सब्जी विकास परियोजना के अन्तर्गत उगाने के लिए अनुमोदित किया गया है। इसके फल मध्यम आकार के गोल या थोड़ा अण्डाकार होते हैं। छिलके का रंग क्रीमी सफेद होता है और उस पर बारीक जालियां होती हैं। गूदा सफेद, मोटा, सख्त और मीठा होता है। गूदे में कुल घुलनशील शर्करा का अंश १२ से १४ प्रतिशत होता है। फलों की भण्डारण क्षमता बहुत अच्छी है। फल का औसत भार १ से १.५ किलोग्राम होता है। यह किस्म चूर्णिल आसिता रोग के प्रति अवरोधी है।

संकर किस्म

पंजाब हाईब्रिड : इस किस्म को पंजाब कृषि विश्वविद्यालय, लुधियाना द्वारा विकसित किया गया है। इसे अखिल भारतीय समन्वित सब्जी विकास परियोजना के अन्तर्गत उगाने के लिए अनुमोदित किया गया है। इसके पौधों की लतायें काफी बड़ी (२.० से २.५ मीटर) होती हैं। फल हल्के पीले रंग के होते हैं जिनके ऊपर हल्के रंग की धारियां होती हैं। छिलका जालीदार होता है। गूदा नारंगी रंग का तथा सरस होता है जिसमें अच्छी सुगन्ध आती है। इस किस्म की भण्डारण क्षमता अच्छी है। परीक्षणों में यह किस्म चूर्णी फफूँद बीमारी के प्रति अवरोधी पाई गई है।

उपर्युक्त किस्मों के अतिरिक्त बहुत सारी स्थानीय किस्में हैं जिन्हें क्षेत्र विशेष में उगाया जाता है। इन किस्मों में उत्तर प्रदेश की लखनऊ सफेदा, मेरठ की बागपत किस्म, जौनपुर की जौनपुरी जालीदार तथा आजमगढ़ की मऊ किस्म काफी प्रचलित हैं।

खाद एवं उर्वरक : खरबूजा की अच्छी उपज प्राप्त करने के लिए यह आवश्यक है कि खाद और उर्वरकों की सही और संतुलित मात्रा इस्तेमाल की जाए। इसके लिए मिट्टी की जांच अवश्य करवा लेनी चाहिए व उसके आधार पर उर्वरक का उपयोग करना चाहिए। यदि किसी कारणवश जॉच सम्भव न हो तो सामान्य भूमि में ४ से ६ टन गोबर की सड़ी खाद, २० किलोग्राम नाइट्रोजन (८० किलोग्राम कैल्शियम अमोनियम नाईट्रेट २५ प्रतिशत अर्थात किसान खाद), १२ किलोग्राम फास्फोरस (७५ किलोग्राम सिंगल सुपर फास्फेट) व १० किलोग्राम पोटाश (१६ किलोग्राम म्यूरेट आफ पोटाश) की मात्रा प्रति एकड़ की दर से उपयोग करनी चाहिए।

गोबर की सड़ी खाद को खेत की तैयारी के समय भूमि में मिला देनी चाहिए। गोबर की खाद की थोड़ी मात्रा, नाइट्रोजन की एक तिहाई मात्रा, फास्फोरस तथा पोटाश की पूरी मात्रा को समान रूप से बुआई के स्थान पर मिट्टी में अच्छी तरह मिला देना चाहिए। इससे बीज का जमाव अच्छा होता है। इस विधि से उर्वरकों

का उपयोग करने से पौधा उनका पूरा उपयोग कर पाता है और उर्वरकों का ह्रास (लीचिंग) नहीं होता। शेष बची नाइट्रोजन की आधी–आधी मात्रा दो बार में (बुआई के ३० दिन बाद व पौधों पर फूल आने की स्थिति में) नालियों में डालकर पौधों के पास मिट्टी चढ़ा देनी चाहिए।

बुआई का समय और बीज की मात्रा : खरबूजा की बुआई भारत के उत्तरी मैदानी क्षेत्रों में फरवरी के प्रथम सप्ताह में की जाती है। यह समय इसकी बिजाई के लिए सर्वाधिक उपयुक्त है लेकिन यह तापमान पर अधिक निर्भर करता है। अंकुरण के लिए २४° सें.ग्रे. से २६° सें.ग्रे. तापमान सबसे उपयुक्त है। पहाड़ी क्षेत्रों में खरबूजा की बिजाई अप्रैल–मई में की जाती है। जहाँ पर पाला पड़ने का भय हो, वहां दिसम्बर में बुआई करके अगेती फसल ली जा सकती है। फसल पकने के समय शुष्क व गर्म मौसम लाभदायक होती है। खरबूजे का एक किलोग्राम बीज एक एकड़ की बुआई के लिए काफी होता है।

बिजाई का ढंग : खरबूजा की बुआई लगभग ३ से ४ मीटर चौड़ी और ऊँची उठी हुई क्यारियो के किनारों पर की जाती है। क्यारियों के बीच में ३० स ४० सें. मी. चौड़ी नाली रखते हैं। नाली के दोनों सिरों पर ६० सें.मी. की दूरी पर बुआई करते हैं। एक स्थान पर ३ से ४ बीज की २ से ३ सें.मी. की गहराई पर बुआई करनी चाहिए। जमाव हो जाने पर एक स्थान पर एक या दो स्वस्थ पौधे ही रखते हैं। अच्छे जमाव के लिए बीजों को कुछ देर के लिए पानी में भिगो कर रखना चाहिए।

सिंचाई : बुआई के समय खेत में पर्याप्त नमी न हो तो पहली सिंचाई बुआई के तुरन्त बाद करनी चाहिए। दूसरी और तीसरी सिंचाइयां भी जल्दी–जल्दी करनी चाहिए, जिससे खेत में नमी बनी रहे परन्तु सिंचाई करते समय यह ध्यान रखना चाहिए कि नाली में पानी की सतह बुआई के स्थान से नीचे हो नहीं तो जमाव में कमी आ जाती है। फसल में आवश्यकतानुसार सिंचाई करके नमी बनाये रखते हैं लेकिन जब फल पकने लगे, उस समय सिंचाई नही करनी चाहिए क्योंकि इससे फलों के मिठास में कमी आ जाती है। भारी भूमि में बिजाई के पश्चात् तत्काल सिंचाई न करें अन्यथा मिट्टी की परत कड़ी हो जाती है। इस प्रकार की परिस्थितियों में बुआई से पहले सिंचाई करनी चाहिए।

खरपतवार नियन्त्रण : खेत में यदि खरपतवार उग आये हों तो उनको निकाल देना चाहिए अन्यथा पौधों की खुराक को वे स्वयं खींचने लगते हैं और पैदावार में कमी आ जाती है।

निराई–गुड़ाई : बुआई के ४० से ५० दिन पश्चात् २० से २५ दिनों के अंतसल से पहली व दूसरी निराई करनी चाहिए। जब बेलें भूमि पर फैल जाएं तब इसकी

जड़ों के समीप का क्षेत्र साफ रखना अनिवार्य है। बेलों को वायु के वेग की दिशा में फैलने दें ताकि तेज हवाओं से इसकी क्षति न हों।

फलों की तुड़ाई : फलों के पकने की पहचान मिठास की दृष्टि से विशेष महत्व रखती है। खरबूजा का फल जब बेल से आसानी से टूट जाए और फल का हरा रंग, पीले रंग में परिवर्तित होने लगे, तब इसकी पूर्ण परिपक्व अवस्था कहलाती है। धारियों वाली किस्म में जब हरा रंग पीले रंग में परिवर्तित होता है तथा जाल का रंग मटमैला होने लगता है, तब फलों को तोड़ना चाहियें।

उपज : खरबूजा की उपज बुआई का समय, भूमि, किस्मों, खाद एवं उर्वरक और कृषि क्रियाओं पर निर्भर करती है। उन्नत किस्मों से औसतन ३० से ६५ क्विंटल और संकर जाति से ८० से १०० क्विंटल उपज प्रति एकड़ की दर से प्राप्त हो सकती है।

हरा मधु किस्म की बेलों की काँट-छाँट : खरबूजे में मुख्य तने पर नर फूल आते हैं व दूसरी शाखाओं पर नर व पूर्ण दोनों फूल आते हैं। हरा मधु किस्म में पूर्ण फूल दूसरी शाखा पर ७वी गांठ व ऊपरी गाठों पर आते हैं। इसलिए दूसरी शाखाओं को छठी गांठ तक काट दिया जाता है। उसके बाद निकलने वाली शाखाओं को बढ़ने दिया जाता है। काँट–छाँट की गई बेलों में फलों की संख्या व आकार बिना काँट–छाँट की गई तुलना में ज्यादा होता है। इस प्रकार से पैदावार में २० से २५ प्रतिशत तक वृद्धि की जा सकती है। यह विधि पंजाब सुनहरी किस्म में भी लाभप्रद है। इस किस्म में दूसरी शाखाओं को तीसरी गांठ तक तोड़ दिया जाता है।

पोलिथीन के लिफाफों में खरबूजे की पौध तैयार करना : जनवरी के महीने में पोलिथीन के लिफाफों में बिजाई करके अगेती फसल ली जा सकती हैं। इसके लिए १५ × १० सें.मी. के लिफाफे उपयुक्त रहते हैं। लिफाफों के नीचे की तरफ २ से ३ छेद कर देना चाहिए। इन लिफाफों में मिट्टी और गोबर की खाद बराबर मात्रा में मिलाकर भर दें। मुर्गी की खाद इसके लिए प्रयोग न करें, क्योंकि यह अंकुरण पर विपरीत प्रभाव डालती है। हर लिफाफे में २ से ३ बीज बीजें और उन्हें किसी सुरक्षित स्थान पर रख दें जहाँ धूप और हवा लगती रहे व सर्दी से भी बचाव हो सके। लिफाफों की फव्वारे से नियमित सिंचाई करें। जब पौधे ३० से ४० दिन के हो जाये तब उनकी खेत मे रोपाई कर देनी चाहिए।

खरबूजा में वृद्धि नियामक पदार्थ का उपयोग : प्रायः ऐसा देखने में आता है कि खरबूजा में प्रारम्भिक अवस्था में नर फूलों की संख्या मादा पुष्पों से अधिक रहती है जिससे फल कम लगते हैं। दिन की लम्बी अवधि और अधिक तापक्रम के कारण भी नर पुष्पों की संख्या में वृद्धि होती है। इन सबसे बचाव के लिए वृद्धि नियामक

पदार्थ काफी लाभकारी सिद्ध हुए हैं। एथरिल १०० पी.पी.एम. के घोल (एथरिल ५० प्रतिशत के ०.५ मि० ली० दवा को एक लीटर पानी में) को पौधों की २ व ४ सच्ची पत्तियों की अवस्था में छिड़काव करने पर इनमें मादा पुष्प की संख्या बढ़ती है और नर पुष्पों की संख्या कम होती है। इस छिड़काव के फलस्वरुप पौधों पर अधिक संख्या में फल लगते हैं।

(ख) तरबूज़

WATERMELON

तरबूज, बेल वाली सब्ज़ियों का एक महत्वपूर्ण सदस्य है। यह अर्ध–रेगिस्तानी स्थानों के शुष्क समय में पानी का एक अच्छा स्त्रोत माना जाता है। इसे देश के उत्तरी पश्चिमी व शुष्क जलवायु वाले भागों में सफलतापूर्वक उगाया जा सकता है। कच्चे तरबूज़ का प्रयोग सब्ज़ी बनाने में तथा पकने पर लाल गुद्दा खाया जाता है। तरबूज़ के छिलके का आचार भी बनाया जाता है। पंजाब, हरियाणा, कर्नाटक, असम, हिमाचल प्रदेश, उत्तर प्रदेश, तमिलनाडू और राजस्थान में तरबूज़ की व्यावसायिक स्तर पर खेती की जाती है।

जलवायु : तरबूज़ की फसल के लिए गर्म तथा शुष्क वातावरण की आवश्यकता होती है तथा पाला सहने की अधिक क्षमता नहीं होती है। इसकी खेती के लिए औसत तापक्रम २४° सें.ग्रे. माना जाता है व १८° सें.ग्रे. से कम तापमान पर बीज का जमाव नहीं होता। अल्पकालीन अवधि प्रकाश वाले दिन, मादा फूल बनाने में सहायक होते हैं। फल पकने तथा इसमें अधिक मिठास तत्व के लिए उच्च तापक्रम, कम आर्द्रता तथा सामान्य धूप की आवश्यकता होती है। राजस्थान का शुष्क क्षेत्र अच्छे गुण वाले तरबूज़ के लिए उपयुक्त माना जाता है। फल पकने के समय वर्षा इसे हानि पहुंचाती है।

भूमि : तरबूज़ की खेती सभी प्रकार की भूमि में परन्तु बलुई मिट्टी में सफलतापूर्वक की जा सकती है। नदियों की रेतीली भूमि में इसकी उपज अधिक होती है तथा फसल अपेक्षाकृत जल्दी तैयार हो जाती है। दोमट मिट्टी अधिक पैदावार के लिए उपयुक्त है। मिट्टी जीवांशयुक्त तथा अच्छे जल–निकास वाली होनी चाहिए। तरबूज की खेती अधिक अम्लीय (५.० पी.एच. तक) भूमि में भी की जा सकती है।

भूमि की तैयारी : भूमि की तैयारी उसी ढंग से की जानी चाहिए जैसा खरबूज़ा के लिए बताया गया है।

प्रमुख उन्नत किस्में : हरियाणा राज्य के लिए तरबूज की व्यावसायिक रूप से उगाई जाने वाली दो किस्में हैं जो निम्नलिखित हैं :

१. **चार्लेस्टन ग्रे :** इसके फल बड़े आकार के, भूरे, लाल गुद्दे और कम बीजों वाले होते हैं। इसकी औसत पैदावार १०० क्विंटल प्रति एकड़ है।

२. **शूगर बेबी :** इस किस्म को भारतीय कृषि अनुसंधान संस्थान, नई दिल्ली द्वारा देश के तरबूज उगाने वाले समस्त क्षेत्रों के लिए अनुमोदित किया गया है। इसके पत्ते गहरे कटाव व उभार वाले होते हैं। फल मध्यम से छोटे आकार के गोल, गहरी हरी छाल व हल्की सी धारियों वाले, ३ से ५ किलोग्राम वजन के होते हैं। गुद्दा गहरा लाल, बारीक बनावट वाला तथा बहुत मीठा होता है। इसके फलों में कुल घुलनशील ठोस १०–१५ प्रतिशत होता है। बीज छोटे, भूरे और काली नोक वाले होते हैं। इसकी औसत पैदावार ६० क्विंटल प्रति एकड़ है।

इन किस्मों के अतिरिक्त तरबूज़ की अधिक उपज देने वाली कुछ अन्य किस्में भी हैं जिनका उल्लेख नीचे दिया गया है :

१. **स्पेशल नं०–१ :** इस किस्म को पंजाब कृषि विश्वविद्यालय, लुधियाना द्वारा विकसित किया गया है। यह एक अगेती किस्म है। इसके फल छोटे तथा गोल आकार के होते हैं। फलों का गूदा मीठा होता है तथा लाल रंग के बीज बनते हैं। इसमें मिठास इम्प्रूव्ड शिपर की तुलना में कम होता है।

२. **न्यू हैम्पशायर मिजेट :** इस किस्म को अमेरिका से मंगाया गया है। यह एक अगेती किस्म है, जिसके फल बुआई के ८० से ८५ दिन बाद तैयार हो जाते हैं। फल आकार में छोटे होते हैं और प्रत्येक फल का औसत वजन १.५ रो २.० किलोग्राम तक होता है। फल अण्डाकार होते हैं और उनका छिलका चमकीले हरे रंग का तथा गूदा लाल रंग का होता है। छिलके के ऊपर गहरे हरे रंग के चकत्ते पाये जाते हैं।

३. **इम्प्रूड शिपर :** इस किस्म को पंजाब कृषि विश्वविद्यालय, लुधियाना द्वारा अमेरिका से लाकर हमारे देश में प्रवेश कराया गया है। इसके फल आकार में बड़े तथा गहरे हरे रंग के होते हैं। प्रत्येक फल का औसत वजन ८ से ९ किलोग्राम होता है। यह मध्यम मिठास वाली किस्म है जिसमें घुलनशील शर्करा का अंश ८ से ९ प्रतिशत होता है।

४. **दुर्गापुरा मीठा :** इस किस्म को राजस्थान कृषि विश्वविद्यालय के दुर्गापुरा शोध केन्द्र द्वारा विकसित किया गया है। यह एक पछेती किस्म है जिसमें बुआई के १२५ दिन बाद फल तैयार होते हैं। इसकी बेलें काफी फैलने वाली होती हैं जिन पर गोल आकार के ६–८ किलोग्राम वजन के फल लगते हैं। फलों का छिलका मोटा तथा भूरे रंग का होता है। गूदा लाल रंग का होता है जिसमें कुल घुलनशील शर्करा का अंश ९–१० प्रतिशत होता है। बीज मध्यम आकार के सफेद रंग के होते हैं जिनके किनारे तथा ऊपरी सिरा काला होता है। इसकी औसत उपज १६० से २०० क्विंटल प्रति एकड़ है।

५. **अर्का मानिक** : इस किस्म को भारतीय बागवानी अनुसंधान संस्थान, बंगलौर द्वारा विकसित किया गया है। इसके फल गोल एवं अण्डाकार तथा छिलका हरा होता है जिस पर गहरी हरी पट्टियां पाई जाती हैं तथा गूदा गहरे गुलाबी रंग का होता है। फलों का औसत वजन ६ किलोग्राम होता है। फल में अच्छी मिठास (१२ से १५ प्रतिशत कुल घुलनशील शर्करा) तथा सुगन्ध होती है। इस किस्म की एक विशेषता है कि इसके बीज एक पंक्ति मे लगे रहते हैं जिसके खाने में काफी सुविधा होती है। इस किस्म की भण्डारण और परिवहन क्षमता अच्छी है। यह किस्म रोमिल फफूँद, चूर्णी फफूँद तथा ऐन्थ्रकनोज़ रोगों के प्रति अवरोधी है। बुआई के १०० से ११० दिन में फल तैयार हो जाते हैं और औसत उपज १६५ क्विंटल प्रति एकड़ है।

६. **आसाई यामातो** : यह एक मध्य मौसमी किस्म है, जिसे भारतीय कृषि अनुसधान संस्थान, नई दिल्ली द्वारा जापान से मँगाया गया है। इसके फल मध्यम से बड़े आकार के होते हैं और प्रत्येक फल का औसत वजन ६ से ८ किलोग्राम होता है। फलों का छिलका हल्के हरे रंग का व गूदा गहरे गुलाबी रंग का होता है। फल बुआई के ९५ से १०० दिन बाद तैयार हो जाते हैं। फलों में कुल घुलनशील शर्करा का अंश ११ से १३ प्रतिशत होता है। इस किस्म की औसत उपज १४० से १८० क्विंटल प्रति एकड़ है।

७. **दुर्गापुरा केशर** : इस किस्म को राजस्थान कृषि विश्वविद्यालय के शोध केन्द्र दुर्गापुरा द्वारा विकसित किया गया है। यह एक पछेती किस्म है जिसके प्रत्येक फल का औसत वजन ४ से ५ किलोग्राम होता है। फलों का छिलका हरे रंग का होता है जिस पर पट्टियां बनी होती हैं और गूदा पीले रंग का तथा मध्यम मिठास वाला होता है। बीज बड़े आकार के होते हैं।

संकर किस्में

अर्का ज्योति : इस किस्म को भारतीय बागवानी अनुसंधान संस्थान, बंगलौर द्वारा विकसित किया गया है। इसके फल गोल आकार तथा हल्के हरे रंग के होते हैं। छिलके के ऊपर गहरे हरे रंग की पट्टियां पड़ी होती हैं। गूदा गहरे गुलाबी रंग का, सुगन्धित तथा अच्छी मिठास लिए होता है। इसमें कुल घुलनशील शर्करा की मात्रा १३ प्रतिशत होती है। बीज कम या छोटे होते हैं। फलों का औसत वजन ६ से ८ किलोग्राम तथा उपज १६२ क्विंटल प्रति एकड़ होती है। इसकी भण्डारण क्षमता अच्छी है।

त्रिगुणित किस्में : तरबूज़ में खाने के समय बीज को निकालने की समस्या को दूर करने के लिए ऐसे तरबूज को विकसित करने का प्रयास किया गया जो बीज रहित हों। टेट्राप्लाइड (चर्तुगुणित) पौधों को मादा के रुप में तथा द्विगुणित

(डिप्लायड) को नर के रुप में प्रयोग करके संकर द्वारा त्रिगुणित किस्मों को विकसित किया गया है। त्रिगुणित किस्मों में बहुत ही अल्प बीज बनते हैं जिन्हें गूदे के साथ आसानी से खाया जा सकता है। ऐसी ही एक किस्म हमारे यहां विकसित की गई है जिसे पूसा बेदाना कहते हैं। इसका विवरण नीचे दिया गया है :

पूसा बेदाना : इस किस्म को भारतीय कृषि अनुसंधान संस्थान, नई दिल्ली द्वारा एक अमेरिकन किस्म टेट्रा–२ (मादा पित्र) तथा एक स्थानीय विशुद्ध वंशक्रम पूसा रसाल (नर पित्र) के बीच संकरण कराकर विकसित किया गया है। त्रिगुणित होने के कारण इसमें बीज नहीं बनते हैं। इसके गूदे का रंग गुलाबी तथा काफी मीठा होता है।

उर्पयुक्त किस्मों के अतिरिक्त बहुत सी स्थानीय किस्में हैं जिनको क्षेत्र विशेष में उनकी अनुकूलता के आधार पर उगाया जाता है। जैसे मुरादाबादी और फैजाबादी। इसी प्रकार राजस्थान के बीकानेर क्षेत्र में बरसात के मौसम में मतीरा किस्म को उगाया जाता है। यमुना नदी के किनारे जो तरबूज़े उगाये जाते हैं वह वहाँ की स्थानीय किस्म काटा गोलन है जिसमें मिठास तो अधिक नही होता लेकिन इसकी भण्डारण क्षमता बहुत अच्छी है।

निजी संस्थाओं द्वारा तरबूज़ की विकसित की गई किस्में इस प्रकार हैं :

१. इंडो–अमेरिकन हाईब्रिड बीज कम्पनी, बंगलौर : मधु, मिलन और मोहिनी।
२. माइको की एम.एच.डब्ल्यू–४, एम.एच.डबलू–५, एम.एच.डबलू–६, एम.एच. डबलू–१०, एम.एच. डबलू.–११, सन्त्राप्ती और अमरत।
३. सैन्चूरी की सैन्चूरी–२१
४. नाथ बीज की नाथ–१०१, नाथ–२६५

बीज की मात्रा : तरबूज़ का प्रवर्धन काल प्रायः बीज द्वारा होता है। औसत १.५–२.० किलोग्राम बीज प्रति एकड़ की आवश्यकता होती है।

बिजाई का समय : उत्तर भारत में तरबूज़ की बिजाई मध्य फरवरी से मार्च के अंत तक की जाती है जबकि उत्तर–पूर्व तथा पश्चिम भारत के क्षेत्रों में इसकी बिजाई नवम्बर से जनवरी माह में की जाती है।

बिजाई की विधि : गड्ढो में बिजाई के लिए गड्ढ़े का आकार ६०×६०×६० सें. मी. होना चाहिए तथा प्रति गड्ढा ३ से ४ बीज बोए जाते हैं। नाली विधि से तरबूज़ बोने के लिए ४ मीटर × ६० सें.मी. की दूरी की तैयार नालियों में २ से ३ बीजों को २ से ४ सें.मी. गहराई पर बीजा जाता हैं। खरबूजा के समान ही तरबूज़ की बिजाई की जानी चाहिए।

खाद एवं उर्वरक : तरबूज़ की फसल में प्रयोग होने वाली खाद एवं उर्वरक की मात्रा, भूमि की दशा, बीज बोने की विधि, जलवायु तथा भूमि में जीवांश की उपलब्धता पर निर्भर होती है। खेत की अंतिम जुताई के समय ६ टन प्रति एकड़

की दर से गोबर की गली–सड़ी खाद का प्रयोग करना चाहिए। उर्वरक की निर्धारित २० किलोग्राम नाइट्रोजन (८० किलोग्राम कैल्शियम अमोनियम नाईट्रेट २५ प्रतिशत अर्थात किसान खाद), १० किलोग्राम फास्फोरस (६५ किलोग्राम सिंगल सुपर फास्फेट) तथा १० किलोग्राम पोटाश (१६ किलोग्राम म्यूरेट आफ पोटाश जहां पोटाश तत्व की कमी हो) प्रति एकड़ मात्रा का प्रयोग करना चाहिए। बीज की बुआई से पहले निर्धारित फास्फोरस तथा पोटाश की सम्पूर्ण मात्रा तथा नाइट्रोजन की एक तिहाई मात्रा खेत में बीज बोने वाले स्थान पर देनी चाहिए तथा नाईट्रोजन की शेष दो तिहाई मात्रा को दो समान भागों में बिजाई के ३० और ४५ दिन बाद खड़ी फसल में लगा कर पौधों के साथ मिट्टी चढ़ा देना चाहिए। प्रयोगों द्वारा यह सिद्ध हुआ है कि नाइट्रोजन तथा तापक्रम की अधिकता उपज को कम करती हैं।

खरपतवार नियंत्रण एनं अंर्तशरय : तरबूज़ की प्रारंभिक अवस्था में वृद्धि के समय खरपतवार नियंत्रण की आवश्यकता होती है। बिजाई के २० से २५ दिन बाद अंतर्शस्य की क्रिया प्रारम्भ करनी चाहिए व २ से ३ बार ही अंतर्शस्य करना ठीक रहता है।

सिंचाईः फसल के वृद्धिकाल में सिंचाई का विशेष महत्व होता है। बीज जमने में भूमि की नमी का भी विशेष महत्व है। सिंचाई के समय इस बात का ध्यान रखना चाहिए कि पानी सीधे पौधे के तने या जड़ के सम्पर्क में न आए और न ही वानस्पतिक भाग के सम्पर्क में आए। सिंचाई सामान्यतः ५ से ७ दिन के अंतराल पर ठीक रहती है। फलों के पकने पर सिंचाई बन्द कर देनी चाहिए।

कांट-छांट : तरबूज़ के पौधों की ४ से ६ सच्चे पत्तों की अवस्था में मुख्य बढ़ोतरी वाले सिरों को काटकर हटा देने से फल १० से १२ दिन अगेते पकते हैं और बिना काट–छांट किये पौधों की तुलना में १० से २० प्रतिशत अधिक पैदावार देते हैं। इस कार्य के करने से तरबूज़ में आवश्यकता से अधिक फैली लताओं को काट देते हैं जिससे पौधे में अधिक मादा पुष्प निकलते हैं। इसमें अगली मुख्य शाखा को काटते हैं तथा बराबर वाली शाखाओं को बढ़ने के लिए छोड़ते हैं जिससे अपेक्षाकृत फलों की पैदावार अधिक होती है। प्रयोगों द्वारा यह पाया गया है कि दो फल प्रति शाखा पर छोड़ने पर फल के आकार तथा फल उपज दोनों में वृद्धि होती है।

फलों की तुड़ाई एवं उपज : फल की तुड़ाई के समय परिपक्वता की सही पहचान होना अति आवश्यक है। फल का आकार तथा घूँडी ही फल की परिपक्वता की पहचान के लिए पर्याप्त नहीं होते हैं। बुआई के बाद लगभग ७५ से १०० दिन में फल तैयार हो जाते हैं। पके फल की पहचान यह है कि भूमि पर रहने वाले फल का आधा भाग सफेद हो जाता है। फल के निचले हिस्से पर हथेली से आवाज करने पर यदि आवाज गहरी तथा भारी होती है तो यह फल

पकने का संकेत है। तरबूज़ की औसत उपज ८० से १०० क्विंटल प्रति एकड़ होती है।

तरबूज में जिबरैलिक एसिड का प्रयोग : तरबूज़ में जिबरैलिक एसिड के २५ पी. पी. एम. घोल (२५ मि. ग्रा. दवा को एक लीटर पानी में) का पौधों को २ व ४ सच्चे पत्तों की अवस्था में छिड़काव करने से फलों के लगने, उनके मिठास और पैदावार में वृद्धि होती है। इसके लिए आधा ग्राम जिबरैलिक एसिड को पहले थोड़े से अल्कोहल में घोल कर, फिर २० लीटर पानी में मिलाकर प्रति एकड़ फसल में छिड़काव करें।

फसल संरक्षण : तरबूज़ की फसल के प्रमुख कीटों व रोगों के लक्षण का विवरण और नियंत्रण इस अध्याय के अन्त में किया गया है।

(ग) सब्ज़ी घीया (लौकी)
BOTTLE GOURD

लौकी भारत की एक प्रमुख सब्ज़ी है जो फरवरी से नवम्बर तक बाजार में मिलती है। बेल वाली सब्ज़ियों में लौकी ऐसी फसल है जो दुनिया के उष्णीय तथा अर्धउष्णीय भागों में पूर्व ऐतिहासिक समय से जानी जाती है। इसके नरम मुलायम फल विशेषकर सब्ज़ी बनाने के रुप में प्रगोग किये जाते हैं। कुछ स्थानों में सब्ज़ी के अलावा लौकी के फलों से पकौड़े, रायता तथा कई प्रकार की मिठाइयाँ भी बनाई जाती है। पके व सूखे फलों से कुछ संगीत यंत्र भी बनाये जाते हैं। देश के सभी हिस्सों में लौकी के पौधे के बिना कोई भी गृह–वाटिका अधूरी मानी जाती है। इस के फलों में महत्वपूर्ण खनिज लवण तथा विटामिन पाये जाते हैं। लम्बी बीमारी के बाद स्वास्थ्य लाभ के लिए अक्सर लौकी आसानी से पचनशील होने के कारण भोजन में सम्मिलित करने की सिफारिश की जाती है।

भूमि : लौकी को विभिन्न प्रकार की मृदाओं पर उगाया जा सकता है परन्तु रेतीली दोमट या दोमट मृदाएं जिनमें प्रचुर मात्रा में जीवांश पदार्थ उपलब्ध हों, लौकी के सफल उत्पादन के लिए सर्वोत्तम मानी गई है। इसकी खेती के लिए उदासीन मृदाएं सर्वोत्तम रहती हैं परन्तु संतोषजनक उपज के लिए ६.०–७.० पी.एच. मान वाली मृदा ही अच्छी रहती है।

भूमि की तैयारी : पहली जुताई मिट्टी पलटने वाले हल से करनी चाहिए। इसके उपरान्त ३ से ४ बार हेरो या कल्टीवेटर आर–पार चलाना चाहिए ताकि मृदा की निर्मित कठोर परत टूट जाये। प्रत्येक जुताई के उपरान्त पाटा अवश्य लगाएं ताकि मिट्टी भुरभुरी एवं समतल हो जाये।

बिजाई का समय : लौकी की बुआई का सबसे अनुकूल समय फरवरी–मार्च (गर्मी की फसल के लिए) और जून–जुलाई (बरसात की फसल के लिए) है। उत्तर प्रदेश और पंजाब के मैदानी भागों में कहीं–कहीं इसकी तीसरी फसल भी ली जाती है जिसे अक्तूबर–नवम्बर में बोया जाता है, किन्तु इस फसल को ठंड से बचाने के लिए बेलों का फूस काम में लेना पड़ता है।

प्रमुख उन्नत किस्में : लौकी के पुराने इतिहास तथा पुरानी खेती के कारण हमारे देश में इसकी विभिन्न किस्में उपलब्ध हैं परन्तु इसमें परपरागण होने के कारण अधिकतर किस्में अशुद्ध रूप में मिलती हैं। अधिक उपज देने वाली प्रचलित किस्में निम्नलिखित हैं :

१. **पूसा समर प्रोलिफिक लाँग :** यह लौकी की काफी प्रचलित किस्म है, जिसे भारतीय कृषि अनुसंधान संस्थान, नई दिल्ली द्वारा विकसित किया गया है। इसके फलों की लम्बाई ६० से ७५ सें. मी. तथा मोटाई २० से २५ सें. मी. होती है। उपरी छिलके का रंग हल्का हरा होता है। इस किस्म को ग्रीष्म और बरसात दोनों ऋतुओं में उगाया जा सकता है। बुआई के २० दिन बाद फल तैयार हो जाते हैं। इसकी औसत उपज १८० क्विंटल प्रति एकड़ है।

२. **पूसा समर प्रोलिफिक राऊण्ड :** इस किस्म को भारतीय कृषि अनुसंधान संस्थान, नई दिल्ली द्वारा विकसित किया गया है। इसके फल गोलाकार और हरे रंग के होते हैं। फलों की मोटाई १५ से १८ सें. मी. होती है। यह एक अधिक उपजाऊ किस्म है जिसे बरसात और गर्मी दोनों ही मौसमों में उगाया जा सकता है। इसकी औसत उपज २०० क्विंटल प्रति एकड़ है।

लौकी की बहुत सी अन्य किस्में भी हैं, जो कि हर राज्य और स्थानीय जगहों के लिए अलग–अलग हैं। अनुसंधानों द्वारा देखा गया है कि गोल किस्मों की अच्छी फसल ग्रीष्म ऋतु में पैदा की जाती है और वर्षा ऋतु के लिए लम्बी जाति अच्छी समझी जाती है। विभिन्न मौसमों के लिए निम्न जातियां सर्वोत्तम मानी गयी हैं :

१. **पंजाब कोमल :** इस किस्म को पंजाब कृषि विश्वविद्यालय, लुधियाना द्वारा विकसित किया गया है। इसके फल लम्बोतर, मध्यम आकार व हल्के हरे रंग के होते हैं। फल पर मुलायम रोएं पाये जाते हैं। एक बेल पर १० से १२ फल लगते हैं। फल पतले लम्बे डंठल पर चौथी या पाँचवी गाँठ से निकलते हैं, पत्तियाँ मोटी और पूर्ण पत्रक वाली होती हैं। इसकी औसत उपज २०० क्विंटल प्रति एकड़ है। यह किस्म खीरा मौजेक विषाणु रोग के प्रति अवरोधी है।

२. **पूसा नवीन :** इस किस्म को भारतीय कृषि अनुसंधान संस्थान, नई दिल्ली द्वारा विकसित किया गया है। इसे गर्मी और बरसात दोनों मौसमों में लगाया जा सकता है। इसके फल सीधे चिकने, हरे रंग के २० से २५ सें. मी. लम्बे और

लगभग ८५० ग्राम वजन के होते हैं। इसकी औसत उपज १६० से २०० क्विंटल प्रति एकड़ है।

३. **के. बी. जी. ६३** : इस किस्म को शाक–भाँजी अनुसंधान केन्द्र, कल्याणपुर द्वारा विकसित किया गया है। इसके फल चिकने, हरे व मध्यम आकार के होते हैं।

४. **पंजाब राउण्ड** : यह किस्म पंजाब, हरियाणा तथा उत्तर प्रदेश के लिए अधिक उपयुक्त है। इसकी पत्तियाँ हरे रंग की होती हैं। फल गोल और चपटे होते हैं। पके फलों का रंग ऊपर से हल्का हरा और गूदा सफेद होता है। पके बीजों का रंग हल्का बादामी होता है। इसकी औसत उपज ७० क्विंटल प्रति एकड़ है।

५. **पंजाब लाँग** : इस किस्म को स्थानीय संकलन से चयन द्वारा विकसित किया गया है। इसकी बेलें काफी बढ़ने वाली होती हैं। फल लम्बे आकर्षक व मुलायम होते हैं। इसकी औसत उपज ८० क्विंटल प्रति एकड़ होती है।

६. **अर्का बहार** : इस किस्म को भारतीय बागवानी अनुसंधान संस्थान, बंगलौर द्वारा विकसित किया गया है। इसके फल लम्बे, बेलनाकार होते हैं और फल का औसत वजन १.० किलोग्राम होता है। फल चमकदार हरे रंग के होते हैं जो बुआई के १५० दिन बाद तुड़ाई हेतु तैयार हो जाते हैं। इसकी औसत उपज १६० से १८० क्विंटल प्रति एकड़ है।

७. **पूसा संदेश** : इस किस्म के पौधों की लताएं छोटी से मध्यम होती हैं। इनमें छोटी पर्व (इन्टरनोडस) होती हैं। पत्तियां मध्यम आकार की व हरी कोमल होती हैं। फल गोल आकर्षक रंग वाले मध्यम आकार के और उनका औसत वजन ६०० ग्राम होता है। इस किस्म को व्यवसायिक खेत और गृह–वाटिका में उगाने के लिए अनुमोदित किया गया है। इसे बसंत–ग्रीष्मकालीन (फरवरी से जून) और खरीफ मौसम (जुलाई से नवम्बर) में उत्तरी भाग के मैदानी क्षेत्रों में उगाया जा सकता है। यह एक अगेती किस्म है जो गर्मियों में बोने के ६० से ६५ दिन और खरीफ मौसम में ५५ से ६० दिन में तोड़ाई के लिए तैयार हो जाती है।

संकर किस्में

१. **पूसा मेघदूत** : इस किस्म को भारतीय कृषि अनुसंधान संस्थान, नई दिल्ली द्वारा पूसा समर प्रालिफिक लाँग और सलैक्शन–२ किस्मों के बीच संकरण द्वारा विकसित किया गया है। इसके फल लम्बे और हरे रंग के होते हैं जो बुआई के ६५ से ७५ दिन बाद तैयार हो जाते हैं। इस किस्म की औसत उपज १०० क्विंटल प्रति एकड़ है।

२. **पूसा मंजरी** : इस किस्म को पूसा समर प्रालिफिक राउण्ड तथा सलैक्शन–११ के बीच संकरण कराकर भारतीय कृषि अनुसंधान संस्थान, नई

दिल्ली द्वारा विकसित किया गया है। इसके फल गोलाकर हल्के हरे रंग के होते हैं जो बुआई के ७० से ८० दिन बाद तैयार हो जाते हैं। इसकी औसत उपज १०० क्विंटल प्रति एकड़ है।

३. **पूसा संकर** : यह एक संकर किस्म है जिसके फल लम्बे होते हैं। प्रति एकड़ में ६० से १०० क्विंटल उपज प्राप्त होती है।

निजी संस्थाओं ने लौकी की कई संकर किस्मों का विकास किया है जो निम्नव्रत हैं : बराड़, कावेरी, वरद, स्वाती, गुटका, हरित, अर्का हरित एवं अर्का बहार–१ आदि।

बिजाई की विधि : लौकी फसल को फफूंदी रोगों से बचाने के लिए बीज को बोने से पूर्व फफूंदीनाशक दवा से उपचारित करना नितान्त आवश्यक है। यदि बीज "राष्ट्रीय बीज विकास निगम" से खरीदा गया है तो उसे उपचारित करने की जरूरत नहीं होती है। बीजों को बाविस्टीन या कैप्टान से उपचारित (करीब २.५ ग्राम दवा एक किलोग्राम बीज) करना चाहिए। सामान्यतया बरसात वाली फसल की बुआई उठी हुई क्यारियों में नालियों के किनारे पर करते हैं जिनकी चौड़ाई २ मीटर तथा लम्बाई सुविधानुसार रखनी चाहिए। ग्रीष्म ऋतु में अधिक पानी की आवश्यकता पड़ती है, अतः बुआई नालियों में करना अच्छा रहता है। इसके लिए ३ मीटर के फासले पर लगभग एक मीटर चौड़ी नालियां बनाते हैं जिनके दोनो किनारों पर दो थालों की निकटतम दूरी ६० सें. मी. रखते हुए थालों में बीज बोये जाते हैं। एक थाले में दोनों ही विधियों में २ से ३ बीज ३–४ सें. मी. की दूरी पर बोने चाहिए। जमाव के बाद एक स्थान पर एक या दो स्वस्थ पौधे छोड़कर अन्य पौधों को उखाड़ देना चाहिए।

बीज की मात्रा : एक एकड़ खेत की बुआई के लिए १.५ से २.० किलोग्राम बीज पर्याप्त होता है। बिजाई से पहले बीज को रात भर पानी में भिगो लेना चाहिए।

खाद एवं उर्वरक : लौकी एक उथली जड़ वाली फसल है जो कम उर्वर मृदाओं पर भली–भांति नहीं उगती। भूमि की तैयारी के समय ६ टन गोबर की गली सड़ी खाद प्रति एकड़ देनी चाहिए और उसके उपरान्त २० किलोग्राम नाइट्रोजन (८० किलोग्राम कैल्शियम अमोनियम नाईट्रेट २५ प्रतिशत अर्थात किसान खाद), १० किलोग्राम फास्फोरस (६५ किलोग्राम सिंगल सुपर फास्फेट) व १० किलोग्राम पोटाश (१६ किलोग्राम म्यूरेट आफ पोटाश) की शुद्ध मात्रा प्रति एकड़ की दर से देना आवश्यक है। बिजाई के समय आधी नाइट्रोजन, पूरी फास्फोरस व पूरी पोटाश की मात्रा को मिला कर बिजाई वाले स्थानों पर बराबर मात्रा में डालना चाहिए। आधी बची हुई नाइट्रोजन की मात्रा को दो बार बराबर मात्रा में एक महीने बाद व फूल आने पर नालियों में डालकर पौधों के चारों ओर मिट्टी चढ़ायें। किसान खाद को

टॉपड्रेसिंग द्वारा देने के बाद सिंचाई करना आवश्यक है अन्यथा फसल जल जाने की सम्भावना रहती है।

सिंचाई एवं जल–निकास : बुआई के समय यदि खेत में नमी कम हो तो बीज बोते ही तुरन्त हल्की सिंचाई कर देना आवश्यक है। बरसात की फसल में प्रायः सिंचाई की आवश्यकता नहीं पड़ती है। यदि लम्बे समय तक वर्षा न हो तो सिंचाई अवश्य कर देनी चाहिए। किसी भी दशा में पानी की कमी से पौधे मुरझाने नहीं चाहिए। बरसात की फसल में उचित जल–निकास की व्यवस्था का होना नितान्त आवश्यक है। खेत में वर्षा का फालतू पानी इकट्ठा नहीं होना चाहिए अन्यथा पौधे मर सकते हैं। ग्रीष्म ऋतु में फसल को अधिक सिंचाइयों की जरूरत पड़ती है। भूमि की किस्म, तापमान व वायु गति आदि को ध्यान में रखकर ७–१० दिन के अन्तर पर सिचाई करते रहना चाहिए। फूल एवं फल बनने के समय भूमि में नमी की कमी नहीं होनी चाहिए अन्यथा उपज में भारी कमी हो जाती है।

निराई–गुड़ाई व खरपतवार नियंत्रण : लौकी फसल के साथ अनेक खरपतवार उग आते हैं जो फसल से नमी और पोषक तत्वों के लिए स्पर्धा करते हैं जिसके कारण पौधों के विकास व बढ़वार पर प्रतिकूल प्रभाव पड़ता है। फलस्वरूप उपज में भारी कमी हो जाती है। इनकी रोकथाम के लिए गर्मी में २ से ३ बार और बरसात में ३ से ४ बार निराई–गुड़ाई की आवश्यकता पड़ती है। पौधों की छोटी अवस्था में निराई–गुड़ाई करना आवश्यक होता है। इससे खरपतवार तो समाप्त हो ही जाते हैं, साथ ही भूमि में वायु का समुचित संचार होता है जिससे पौधों की अच्छी बढ़वार होती है।

फलों की तुड़ाई : ग्रीष्म ऋतु में बोई गई फसल की तुड़ाई अप्रैल–मई में प्रारम्भ हो जाती है और वर्षा ऋतु तक उपज देती है। वर्षा ऋतु वाली फसल की तुड़ाई सितम्बर–अक्तूबर से प्रारम्भ होकर पाला पड़ने तक चलती है। फल मुलायम अवस्था में ही तोड़ने चाहिएं। इसके बाद देर से तोड़ने पर बीज कड़े व अन्दर का गुद्दा शुष्क और खुरदरा हो जाता है। फल को तोड़ते समय यह ध्यान रखें कि बेलों को कोई क्षति न पहुंचे। फल के साथ लगा थोड़ा सा डण्ठल छोड़कर चाकू से काटना अच्छा रहता है।

उपज : इसकी पैदावार ४० व ६० क्विंटल प्रति एकड़ क्रमशः गर्मी व बरसात के मौसम में हो जाती है।

वृद्धि नियामकों का प्रयोग

परीक्षणों द्वारा ज्ञात हुआ है कि लौकी की अच्छी फसल लेने के लिए पौधों की २ व ४ सच्ची पत्तियों की अवस्थाओं में मैलिक हाइड्राजाइड के घोल का छिड़काव करने से अधिक पैदावार मिलती है। घोल बनाने के लिए २० लीटर साधारण पानी में एक ग्राम मैलिक हाइड्राजाइड डालें। इस प्रकार के घोल का दो बार छिड़काव

करने से मादा फूल ज्यादा मात्रा में आते हैं। घोल में टिट्रान या सैण्डोविट या सैलवट–६६ की कुछ बूंदे अवश्य मिला लें, ताकि घोल पत्तियों पर आसानी से चिपक जाए। मैलिक हाइड्राजाइड (एम. एच.) साधारण पानी में घुलनशील नही है। इसलिए बताई गई एम. एच. की मात्रा को उबलते पानी में घोल कर फिर २० लीटर साधारण पानी में मिलाकर एक एकड़ में लगी फसल पर छिड़काव करना चाहिए। यदि यह दवा बाज़ार में उपलब्ध न हो तो एथरिल १०० पी. पी. एम. (४ मि० ली० एथरिल ५० प्रतिशत को २० लीटर पानी में मिलाकर प्रति एकड़) घोल का २ व ४ सच्ची पत्तियों की अवस्था में छिड़काव करने से प्रति पौधा मादा फूल ज्यादा लगते हैं व अन्ततः पैदावार बढ़ जाती है।

फसल को सहारा देना : अधिक उपज और स्वस्थ फल प्राप्त करने हेतु बरसात की फसल को सहारा देना नितान्त आवश्यक है। लम्बे–लम्बे बांस के डण्डों की सहायता से यह काम आसानी से किया जा सकता है। इसके लिए बांस की पट्टियों को रस्सी से बांधकर छत सी बना लेते हैं और फिर इन पर लौकी की बेलों को चढ़ा देते हैं। ऐसा करने से लौकी के फल जमीन के सम्पर्क में आने से बच जाते हैं और उपज भी अधिक मिलती है। ग्रीष्म ऋतु में प्रायः फसल को जमीन पर फैलने देते हैं।

पौध संरक्षण के उपाय : लौकी की फसल को विभिन्न प्रकार के रोग व कीट लगते हैं जिससे फलों की गुणवत्ता और उपज पर प्रतिकूल प्रभाव पड़ता है। प्रमुख कीटों और रोगों द्वारा होने वाली क्षतियों का संक्षिप्त विवरण व रोकथाम के उपायों का उल्लेख इस अध्याय के अन्त में किया गया है।

(घ) सब्ज़ी करेला
BITTER GOURD

कद्दूवर्गीय समुदाय की सब्ज़ियों में करेला एक महत्वपूर्ण सब्ज़ी है जिसकी खेती सम्पूर्ण भारतवर्ष में की जाती है। यह गर्मी एवं वर्षा ऋतु की मुख्य फसल है लेकिन गर्मी के मौसम की अपेक्षा वर्षा के मौसम में उगायी गयी फसल तुलनात्मक अच्छी होती है। इसके फल विभिन्न रुप में उपयोग किये जाते हैं। फलों का कड़वा होना औषधीय गुण विद्यमान रखने को प्रदर्शित करता है। करेला लौह और विटामिनों से भरपूर होता है और फलों में एस्काबिजीन भी होता है जो कार्बनडाई ऑक्साइड या नाइट्रोजन के वातावरण में पानी के साथ गर्म करने पर एस्कार्बिक एसिड प्रदान करता है।

करेले के औषधीय गुण : करेला की जड़ें, पत्तियाँ और फल सभी उपयोगी होते है। आयुर्वेद के अनुसार करेले की जड़ दुखती ऑख में काम लेने में उपयोगी है।

कड़वा फल शीतलता प्रदान करने वाला, पाचक, ज्वरनाशक, कीटनाशक, भूखवर्धक, कफनाशक, रक्तविकार, मूत्र संबंधी रोग, दमा, फोड़ा जैसे रोगों से मुक्ति करने वाला और हैजा में उपयोगी है। इसका फल गठिया, प्लीहा रोग में भी उपयोगी है। पीट या फोड़ा या घाव के लिए मलहम के रुप में लाभकारी है। फल एवं पत्तियॉ कीटनाशक होते हैं। इसीलिए करेला बवासीर और पेट के कीड़े निकालने की औषधि के रुप में उपयोगी होता है। इसके फल में कुछ ऐसे तत्व भी होते हैं, जो मधुमेह के प्रभाव को दूर या कम करने की विशेष क्षमता रखते हैं।

करेले का उपयोग : करेले का फल कड़वा होता है परन्तु पकने के पहले तक सब्ज़ी बनाने के काम में लाया जाता है। इसके फलों को छोटे–छोटे टुकड़ों में काटकर एवं सुखाकर परिरक्षित भी किया जाता है जो बेमौसम में काम आता है। इसके फल का आचार भी बनाया जाता है जो बहुत ही स्वादिष्ट एवं मनमोहक होता है। प्रायः इसके फलों का उपयोग खाद्य पदार्थो को सुरुचिपूर्ण बनाने में भी किया जाता है। पके हुये फल के बीज मसाले के रुप में भी उपयोग किये जाते हैं। फल की कड़वाहट को कम करने के लिये इन्हें नमक के पानी में रखा जाता है और छिलका हटाने के बाद पकाया जाता है। इस प्रकार उपरोक्त कथन यह दर्शाता है कि करेला अन्य सब्ज़ियों की तुलना में अधिक औषधीय गुण रखता है।

जलवायु : करेले को यद्यपि अनेक प्रकार की जलवायु में उगाया जा सकता है परन्तु इससे अधिक लाभ के लिए गर्म व आर्द्र क्षेत्र सर्वोत्तम है। अधिक सर्दी पौधों की बढ़वार को रोक देती है। यह फसल पाले के लिए सहिष्णु है। भारी वर्षा व बादल रोगों व कीड़ो को बढ़ावा देते हैं। मध्यम जलवायु वाले क्षेत्रों में इसकी खेती वर्ष भर की जा सकती है तथा पैदावार अधिक होती है। गर्मी वाली की अपेक्षा बरसात वाली फसल की पैदावार अधिक होती है। इसके बीजों का जमाव कम तापमान पर देर से होता है।

भूमि की तैयारी : करेला सभी प्रकार की भूमि में उगाया जा सकता है लेकिन अच्छे जल–निकास व्यवस्था वाली जीवांशयुक्त बलुई दोमट या दोमट भूमि इसकी खेती के लिए सर्वोत्तम है। भूमि की तैयारी के लिए खेत की तीन चार बार देसी हल से जुताई की जाती है तथा सुहागा लगाकर मिट्टी को बारीक कर लेते हैं। इसके उपरान्त खेत को सिंचाई की सुविधानुसार छोटी–छोटी क्यारियों में विभाजित कर लिया जाता है।

प्रमुख उन्नत किस्में : देश के विभिन्न भागों में इसकी अनेकों किस्में उगाई जाती हैं। कुछ प्रमुख किस्मों का वर्णन नीचे दिया गया है :

१. **कोयम्बटूर लॉंग :** इस किस्म का विकास कृषि अनुसंधान संस्थान, कोयम्बटूर द्वारा किया गया है। इसके फल लम्बें, मुलायम तथा सफेद रंग के होते हैं व औसत उपज ३२ से ४० क्विंटल प्रति एकड़ है। यह किस्म बरसात के मौसम

के लिए उपयोगी है। सफेद रंग के फल होने के कारण इसकी उत्तरी भारत में माँग कम है।

२. **पूसा दो मौसमी** : इस किस्म को भारतीय कृषि अनुसंधान संस्थान, नई दिल्ली द्वारा विकसित किया गया है। इसके फल गहरे हरे रंग के, लम्बे तथा मध्यम मोटाई के होते हैं। फलों के ऊपर ७ से ८ लम्बी धारियां पाई जाती हैं और ८ से १० फलों का वजन १.०६ किलोग्राम के लगभग हो जाता है। यह किस्म गर्मी तथा बरसात दोनों ही मौसमों में उगाने के लिए उपयुक्त हैं। इसके फल बुआई के ५५ से ६० दिन बाद तैयार होना आरम्भ हो जाते हैं। इसकी औसत उपज ४० क्विंटल प्रति एकड़ है।

३. **अर्का हरित** : इस किस्म को भारतीय बागवानी अनुसंधान संस्थान, बंगलौर द्वारा विकसित किया गया है। इसके फल आकर्षक, हरे रंग के, छोटे तकुयें के आकार के होते हैं जिन पर चिकनी धारियां होती हैं। इसके फल में बीज कम पाये जाते हैं। यह गर्मी तथा बरसात दोनों मौसमों में उगाने के लिए उपयोगी किस्म है। इसकी औसत उपज ३६ से ४८ क्विंटल प्रति एकड़ है।

४. **कल्याणपुर बारामासी** : इस किस्म को सब्ज़ी अनुसंधान केन्द्र कल्याणपुर, कानपुर में विकसित किया गया है। इसकी बेलें गहरे हरे रंग की होती हैं। फल २० से २५ सें. मी. लम्बे पतले, गहरे हरे रंग के, सिरों पर चपटे और नुकीले होते हैं। एक फल में ८ से १० बीज पाये जाते हैं। इस किस्म पर फल मक्खी और मौजेक रोग का प्रकोप कम होता है। इसकी बुआई के ६५ दिन बाद फल मिलने लगते हैं। इसकी औसत उपज ४० से ५० क्विंटल प्रति एकड़ है।

५. **प्रिया** : इस किस्म को केरल कृषि विश्वविद्यालय, वेल्लानीकारा द्वारा विकसित किया गया है। इसके फल काफी लम्बे (लगभग ४० सें. मी.) होते हैं और प्रत्येक फल का औसत वजन २०० ग्राम होता है। फलों का रंग हल्का हरा होता है, इस किस्म को दक्षिण भारत के क्षेत्रों में मई—सितम्बर, फरवरी—मई और सितम्बर—जनवरी के समय में उगाया जा सकता है।

६. **पंजाब—१४** : इस किस्म को पंजाब कृषि विश्वविद्यालय, लुधियाना द्वारा विकसित किया गया है। इसकी बेलें कम बढ़ने वाली होती हैं। फल हल्के हरे रंग के और प्रत्येक फल का वजन लगभग ३० ग्राम होता है। बुआई के ६५ दिन बाद लगभग आधी फलत मिल जाती है। इसको गर्मी और बरसात दोनों मौसमों में उगाया जा सकता है। इसकी औसत उपज ५० क्विंटल प्रति एकड़ है।

७. **पूसा विशेष** : इस किस्म को भारतीय कृषि अनुसंधान संस्थान, नई दिल्ली द्वारा विकसित किया गया है। इस किस्म के पौधे की बेलें कम बढ़ने वाली होती हैं जिससे प्रति इकाई क्षेत्र में अधिक पौधों को लगाया जा सकता है। फल मुलायम हरे, मध्यम लम्बाई के होते हैं, जो सब्ज़ी, आचार तथा संरक्षित करने के

लिए काफी उपयुक्त होते हैं। इसकी औसत उपज ५० से ८० क्विंटल प्रति एकड़ है।

८. **एम.डी.यू. १ :** इस किस्म को कृषि कालेज व शोध संस्थान, मदुरै, तमिलनाडु द्वारा विकसित किया गया है। इनके पौधे मध्यम शाखाओं वाले होते हैं जो बुआई के बाद ६० दिनों में फूलने लगते हैं। प्रत्येक पौधे में औसतन १७ फल लगते हैं। फल आकार में काफी लम्बे (४०सें. मी.) और मोटे (१७ सें. मी.) होते हैं। प्रत्येक फल का औसत वजन ४१० ग्राम होता है। यह १२८ क्विंटल प्रति एकड़ पैदावार देती है। इनके फलों में बीजों की संख्या कम होती है।

निजी संस्थाओं द्वारा करेला की तीन अन्य किस्मों का विकास भी हुआ है जो इस प्रकार हैं : १. प्रिया एम. बी. टी., २. एच. १०१, ३. एच. १०२

बीज की मात्रा : एक एकड़ की बिजाई के लिए १.५ से २ किलोग्राम बीज की मात्रा प्रर्याप्त है।

बिजाई का समय : करेले की वर्ष में ग्रीष्म–कालीन व वर्षा–कालीन दो फसलें ली जाती है। उत्तरी भारत के मैदानी भागों में गर्मी की फसल के लिए बिजाई का समय फरवरी–मार्च तथा बरसात की फसल के लिए जून–जूलाई सबसे उपयुक्त है।

बिजाई की विधि : बीज को १.५ मीटर चौड़ी व १५ से २० सें. मी. ऊपर उठी हुई क्यारियो मे नालियों के किनारे पर लगाया जाता है। दो पौधों के बीच ४५ सें. मी. की दूरी रखनी चाहिए। एक स्थान पर दो बीज जमीन में दो सें. मी. गहरा बोएं। इसके बीजों का छिलका काफी सख्त होता है, इसलिए बिजाई से पूर्व बीज को रात भर पानी में भीगोकर रखें। ऐसा करने से अकुंरण जल्दी होता है। पौधे ५ से ८ सें. मी. लम्बे होने पर प्रत्येक स्थान पर एक स्वस्थ पौधा छोड़कर बाकी पौधे निकाल दें।

खाद एवं उर्वरक : एक एकड़ भूमि के लिए ६ टन गोबर की सड़ी खाद,२० किलोग्राम नाइट्रोजन (८० किलोग्राम कैल्शियम अमोनियम नाईट्रेट २५ प्रतिशत अर्थात किसान खाद), १० किलोग्राम फास्फोरस (६५ किलोग्राम सिंगल सुपर फास्फेट) व १० किलोग्राम पोटाश (१६ किलोग्राम म्यूरेट आफ पोटाश) की विशुद्ध मात्रा काफी होती है। बिजाई के समय आधी नाइट्रोजन की मात्रा, पूरी फासफोरस व पोटाश खाद की मात्रा को मिलाकर बिजाई वाले स्थानों पर बराबर मात्रा में डालें। गोबर की गली–सड़ी खाद को भूमि की तैयारी के समय मिट्टी में अच्छी प्रकार से मिलायें। आधी बची हुई नाइट्रोजन की मात्रा को दो बार बराबर मात्रा में एक महीने बाद व पौधों पर फूल आने पर नालियों में डालकर पौधों पर मिट्टी चढ़ाना लाभप्रद है।

सिचांई : फसल में सिंचाई कितनी बार की जाए, यह मिट्टी की किस्म और जलवायु पर निर्भर करता है। पलेवा सिंचाई दे कर बिजाई बत्तर में करनी चाहिएं व बिजाई के तीन चार दिन बाद एक या दो हल्की सिंचाई अवश्य करें। बीज अंकुरण के बाद ग्रीष्म ऋृंतु में चार से पांच दिन के अन्तर पर व वर्षा ऋृतु में आवश्यकतानुसार सिंचाई करनी चाहिए। खड़ी फसल में नाइट्रोजन खाद देने के पश्चात सिंचाई अवश्य करनी चाहिए। साधारणतः ग्रीष्म–कालीन फसल में ८ से १० तक सिंचाईयों की आवश्यकता पड़ती है और बरसात में यदि वर्षा न हो तो आवश्यकतानुसार सिंचाई करते रहना चाहिए।

अन्तः कृषि क्रियाऐं : करेला उथली जड़ों वाली बेल वर्गीय सब्ज़ी है। इसलिए बेलों के फैलने से पूर्व खरपतवारों के नियंत्रण के लिए दो हल्की गुड़ाई करनी चाहिए। पौधे जब बेल की शक्ल लेने लगें तो खेत में उगने वाले खरपतवारों को उखाड़ कर जमीन की उपरी सतह पर फैला देना चाहिए जिससे भूमि से नमी का ह्मस कम होगा तथा फल सीधे जमीन के सम्पर्क में आने से बचेगें। ऐसा करने से फल–सड़न रोग कम होगा व अच्छी गुणवत्ता वाले फल प्राप्त होगें। अरहर या कपास के सूखे पौधों को खेत में करेले की बेल के पास गाड़ कर ऊपर चढ़ा देने से फल रोग मुक्त प्राप्त होते हैं जिनका बाज़ार भाव अपेक्षाकृत अधिक मिलता है। यह किया केवल वर्षा कालीन फसल के लिए ही उपयुक्त है। ग्रीष्म कालीन फसल में ऐसा करने से फसल की पैदावार पर विपरीत प्रभाव पड़ता है।

फलों की तुड़ाई : खाने के लिए हल्के हरे रंग के कच्चे फलों को ही तोड़ना चाहिए। गर्मी की फसल से ४० क्विंटल प्रति एकड़ पैदावार हो जाती है।

करेला में साइकोसिल का प्रयोग : करेले की बेल पर नर व मादा पुष्प अलग–अलग आते हैं। नर व मादा पुष्पानुपात तापमान व प्रकाश की अवधि पर निर्भर करता है। भूमि की अधिक उर्वरता, उसमें उपस्थित नमी की आर्द्रता, कम तापमान व छोटा प्रकाशकाल मादा पुष्पों को बढ़ावा देती है। मादा पुष्प अधिक होने पर फल अधिक संख्या में लगतें हैं। इसके अतिरिक्त मादा पुष्पों की संख्या में वृद्धि के लिए "साइकोसिल" नामक वृद्धि नियामक का २५० पी. पी. एम. के घोल (साइकोसिल ५० प्रतिशत के आधा मि. ली. दवा को एक लीटर पानी में) का २ व ४ सच्ची पत्तियों की अवस्था में छिड़काव करने से करेले की पैदावार अधिक प्राप्त की जा सकती है।

सावधानियाँ : करेला की अधिक उपज प्राप्त करने के लिए निम्नलिखित सावधानियाँ बरतनी चाहिए :

- बीज को रात भर पानी में भिगो कर बोए।
- उन्नत व संकर किस्मों के बीज ही प्रयोग में लायें।

- खड़ी फसल में नाइट्रोजन खाद देने के पश्चात् पौधों पर मिट्टी चढ़ाना आवश्यक है।
- फूल–फल लगने की अवस्था में खेत में नमी बना कर रखें।
- सुबह के समय कीटनाशी दवाओं का प्रयोग न करें क्योंकि इस समय फलों पर परागण में लगे लाभदायक कीड़े दवाईयों के प्रभाव से मर सकते हैं।
- साइकोसिल दवा का पौधों की २ व ४ सच्ची पत्तियों की अवस्था में प्रयोग करना चाहिए।

फसल संरक्षण : करेला में लगने वाले हानिकारक कीटों व रोगों द्वारा होने वाली क्षतियों का संक्षिप्त ब्यौरा व उनके नियंत्रण के उपायों का उल्लेख इस अध्याय के अन्त में किया गया है।

(ङ.) तरककड़ी
TAR KAKDI

तर ककड़ी गर्मी में उगाई जाने वाली सब्ज़ियों में एक प्रमुख सब्ज़ी है जिसे पूरे भारतवर्ष में उगाया जाता है व मुख्यतः सलाद व आचार के रूप में प्रयोग करते हैं। ककड़ी के फलों को छिलके सहित खाया जाता है। तर ककड़ी को अगेती बोने से और वैज्ञानिक ढंग से खेती करके अच्छी आमदनी प्राप्त की जाती है।

जलवायु : ककड़ी एक उष्ण कटिबंधीय पौधा है। इसके लिये शुष्क व गर्म जलवायु की आवश्यकता होती है। पौधों की वृद्धि के लिये आदर्श तापक्रम २४° से २७° सें. ग्रें. है। इसकी खेती के लिये अधिकतम तापक्रम ३२° सें. ग्रे. और न्यूनतम तापक्रम १८° सें. ग्रे. है।

भूमि : तर ककड़ी को विभिन्न प्रकार की मिट्टियों में सफलतापूर्वक उगाया जा सकता है परन्तु अम्ल–रहित बलुई मिट्टी से लेकर बलुई दोमट जिसमें जीवांश प्रचुर मात्रा में हो, इसके लिए उपयुक्त है। खेत में जल–निकास का अच्छा प्रबन्ध होना चाहिए।

भूमि की तैयारी : बीज के अच्छे अंकुरण के लिए खेत को अच्छी तरह तैयार करना जरूरी है। खेत की २ से ३ बार जुताई करके सुहागा लगाकर खेत को समतल कर लेना चाहिए।

प्रमुख उन्नत किस्में : तर ककड़ी की दो प्रमुख किस्में हैं जिनकी हरियाणा प्रदेश में उगाने की सिफारिश की गई है :

१. **लखनऊ अर्ली :** यह एक अगेती किस्म है। इसके फल लम्बे, हल्के हरे रंग के पतले, गुद्दा कुरकुरा व सुगन्धित होता है।

२. **करनाल सलैक्शन** : यह किस्म अधिक संख्या में फल देने वाली है। फल लम्बे, हल्के हरे रंग के, पतले, गुद्दा कुरकुरा व सुगन्धित होते हैं।

३. **पंजाब लाँग मैलन–१** : पंजाब कृषि विश्वविद्यालय, लुधियाना ने पंजाब लाँग मैलन–१ को अनुमोदित किया है। इसके फल लम्बे, पतले व हल्के हरे रंग के होते हैं। औसत उपज ८६ क्विंटल प्रति एकड़ है। इसके फलों के आधार पर इसकी दो प्रमुख प्रचलित किस्में हैं।

१. **छोटी ककड़ी** : इस किस्म के पौधों की लतायें कम बढ़ती हैं तथा उन पर छोटे आकार के फल लगते हैं। फल की प्रारम्भिक अवस्था में रोयें पाये जाते हैं।

२. **बड़ी ककड़ी** : इस किस्म के पौधों की लतायें बड़ी होती हैं, जिन पर लम्बे व मोटे फल लगते हैं। फल चिकने और उन पर रोयें नहीं पाये जाते।

३. **अर्का शीतल** : इस किस्म को भारतीय बागवानी अनुसंधान संस्थान, बंगलौर द्वारा विकसित किया गया है। इसके फल मध्यम लम्बे, हल्के हरे रंग के होते हैं। फल पर उथली धारियां होती हैं और प्रत्येक फल का वजन ८० से ६० ग्राम होता है। गूदा कुरकुरा और अच्छी सुगन्ध लिए होता है। इसकी औसत उपज १४० क्विंटल प्रति एकड़ है।

बिजाई का समय : तापमान को ध्यान में रखते हुए इसकी बिजाई फरवरी से लेकर मार्च तक कर सकते हैं। कम तापक्रम में बीज का जमाव कम होता है। अगर अगेती फसल लेनी हो तो पोलिथीन की थैलियों में बिजाई जनवरी माह में की जा सकती है। इसकी चार से पांच पत्तियां होने पर, फरवरी महीने में थैलियों को काटकर जमीन में रोपाई कर देते हैं तथा इस प्रकार लगभग २० दिन पहले इनकी फसल ली जा सकती है।

बीज की मात्रा : तर ककड़ी के लिए १ किलोग्राम बीज प्रति एकड़ पर्याप्त होता है।

बिजाई की विधि : खरबूजा की भांति तर ककड़ी की बिजाई नालियों के किनारों पर करते हैं। एक नाली से दूसरी नाली की दूरी २ मीटर और पौधे से पौधे की दूरी ६० सें.मी. रखते हैं। एक जगह पर कुछ फासला छोड़कर दो बीज लगाने चाहिए। अन्त में एक स्थान पर एक ही स्वस्थ पौधा रखना चाहिए।

खाद एवं उर्वरक : प्रति एकड़ ४ से ६ टन गली सड़ी गोबर की खाद, २० किलोग्राम नाइट्रोजन (८० किलोग्राम कैल्शियम अमोनियम नाईट्रेट २५ प्रतिशत अर्थात किसान खाद), १२ किलोग्राम फास्फोरस (७५ किलोग्राम सिंगल सुपर फास्फेट) तथा १० किलोग्राम पोटाश (१६ किलोग्राम म्यूरेट आफ पोटाश) की मात्रा पर्याप्त होती है। बिजाई के समय नाइट्रोजन की एक तिहाई मात्रा, पूरी फास्फोरस व पोटाश नालियों के ऊपर जहाँ पर बिजाई करनी है वहां डालनी चाहिए। शेष

बची हुई नाइट्रोजन की मात्रा को दो बार में बिजाई के एक महीने बाद व फूल आने पर नालियों में डाल कर मिट्टी चढ़ा देना चाहिए।

सिंचाई : बिजाई बत्तर में करनी चाहिए। बिजाई के बाद एक हल्की सिंचाई करना आवश्यक है। अंकुरण के बाद ५ से ७ दिनों के अन्तर पर सिंचाई करते रहें। खड़ी फसल में नाइट्रोजन खाद की मात्रा डालने के बाद सिंचाई अवश्य करनी चाहिए। सिंचाई करते समय यह ध्यान रखें कि पानी नालियों के ऊपर नहीं जाना चाहिए वरना बीज के जमाव पर कुप्रभाव पड़ता है तथा खरपतवार अधिक संख्या में निकलते हैं।

तर ककड़ी में एथरिल का प्रयोग : तर ककड़ी की फसल से अधिक उपज प्राप्त करने के लिए एथरिल २५० पी.पी.एम. के घोल (१० मि०ली० एथरिल ५० प्रतिशत को २० लीटर पानी में घोलकर प्रति एकड़ फसल पर) का छिड़काव पौधों की दो या चार सच्ची पत्तियों की अवस्थाओं में अर्थात दो बार छिड़काव करने से फसल की उपज में व द्धि होती है। इस रसायन के प्रयोग से फलों की संख्या प्रति पौधा व वजन में बढ़ोतरी होती है। जिस खेत में एथरिल का प्रयोग किया गया हो उसमें १० प्रतिशत पौधों को खेत में व द्धि नियामक के छिड़काव के बिना छोड़ देना चाहिए।

फलों की तुड़ाई : जब पौधे तीन से साढे तीन महीने के हो जायें तब फल तोड़ने की अवस्था आ जाती है। नरम व चिकने १५ से ३० से. मी. लम्बे फलों को प्रातः अथवा शाम के समय तोड़ लिया जाता है। अगेती फसल से अच्छे दाम प्राप्त करने के लिए फलों को कुछ पहले तोड़ लेना चाहिए जबकि पछेती फसल के फल कुछ देर में तोड़े जाते हैं।

उपज : तर ककड़ी की औसत पैदावार ४० से ५० क्विंटल प्रति एकड़ होती है।

फसल संरक्षण : तर ककड़ी मे लगने वाले कीटों, बीमारियां व उनके नियंत्रण के उपाय इस अध्याय के अन्त में दिए गऐ हैं।

(च) सीताफल या पेठा

PUMPKIN

कद्दू कुल की सब्ज़ियों में सीताफल और पेठा का महत्त्वपूर्ण स्थान है। इनकी खेती देश के प्रायः हर राज्य में छोटे–बड़े पैमाने पर की जाती है। सब्ज़ी में खाया जाने वाला सीताफल, कुम्हरा अर्थात पेठा एक उपेक्षित और सस्ती सब्जी है। भारतीय परम्परागत व्यंजनों में तो इसका प्रमुख स्थान है। उत्तर भारत के सभी त्यौहारों और दावतों में इस सब्ज़ी का प्रमुख स्थान रहता था किन्तु सस्ती होने के

कारण इसे हेय दृष्टि से देखा जाता है और "आउट आफ फैशन" करार दे दिया गया है। इन्हें वैसे तो गर्मी और बरसात दोनों ही मौसमों में उगाया जा सकता है, परन्तु गर्मी का मौसम, जिसमें सब्ज़ियों की काफी कमी होती है और बाजार भाव अधिक रहता है, आमदनी की दृष्टि से विशेष रूप से उपयुक्त माना जाता है। यही नहीं, गर्मी के मौसम में फसल पर रोग और कीड़ों का प्रकोप भी कम होता है जिससे वर्षा ऋतु की अपेक्षा उपज अधिक मिलती है।

जलवायु : सीताफल और पेठा उंगाने के लिए तर–ककड़ी के समान जलवायु की आवश्यकता होती है।

भूमि और उसकी तैयारी : यद्यपि इनकी खेती सभी प्रकार की भूमियों में की जा सकती है परन्तु अच्छी पैदावार के लिए दोमट या बलुई दोमट भूमि, जिसमें जीवांश पदार्थ पर्याप्त मात्रा में हों और जल–निकास का समुचित प्रबन्ध हो, सबसे अच्छी समझी जाती है। खेत की तैयारी के लिए पहली जुताई मिट्टी पलटने वाले हल से और बाद की २ से ३ जुताइयाँ देशी हल से करनी चाहिए। खेत को समतल और मिट्टी भुरभुरी बनाने के लिए हर जुताई के बाद पाटा अवश्य लगाना चाहिए। जब खेत पूर्णरूप से तैयार हो जाए तो उसमें सिंचाई की सुविधा के अनुसार क्यारियाँ और नालियां बना ली जाती हैं।

सीताफल की प्रमुख उन्नत क़िस्में : इसकी अनेक किस्में उगाई जाती हैं। कुछ प्रमुख किस्मों का वर्णन नीचे दिया जा रहा है:

१. **पूसा विश्वास :** इस किस्म को भारतीय कृषि अनुसंधान संस्थान, नई दिल्ली द्वारा विकसित किया गया है। इसकी लतायें काफी बढ़ने वाली तथा पत्तियां गहरे रंग की होती है जिन पर कहीं–कहीं सफेद रंग के धब्बे दिखते हैं। फल हल्के भूरे रंग के और गोल आकार के होते हैं। गूदा मोटा और पीले रंग का होता है। प्रत्येक फल का औसत वजन ५ किलोग्राम होता है। इसके फलों का पकने में १२० दिन का समय लगता है व औसत उपज ६८ क्विंटल प्रति एकड़ है।

२. **कोयम्बटूर–१ :** इस किस्म का विकास तमिलनाडु कृषि विश्वविद्यालय, कोयम्बटूर द्वारा किया गया है। यह एक पछेती किस्म है जिसके फल आकार में बड़े ७ से ८ किलोग्राम वजन के होते हैं। फल आकार में गोल होते हैं और एक बेल पर ७ से ६ फल लगते हैं। फल पकने में १७५ दिन का समय लगता है। इसकी औसत उपज १०० से १२० क्विंटल प्रति एकड़ है।

३. **अर्का चन्दन :** इस किस्म का विकास भारतीय बागवानी अनुसधान संस्थान, बंगलौर द्वारा किया गया है। इसके फल आकार में गोल तथा दोनों सिरे पर थोड़ा दबे होते हैं। फल मध्यम आकार के २ से ३ किलोग्राम वजन के हल्के भूरे रंग के होते हैं। गूदा मोटा, सख्त और चमकीले नारंगी रंग का होता है। इसमें मिठास अच्छा और घुलनशील शर्करा का अंश ८ से १० प्रतिशत होता है। इसमें

कैरोटीन की मात्रा ३३३१ अन्तर्राष्ट्रीय इकाई प्रति १०० ग्राम होती है। फल में अच्छी सुगन्ध होती है तथा इसकी भण्डारण क्षमता भी अच्छी है। औसत उपज १३५ क्विंटल प्रति एकड़ है। फल पकने में ११२ से ११५ दिन का समय लगता है।

४. **कोयम्बटूर–२ :** इस किस्म को भी तमिलनाडु कृषि विश्वविद्यालय, कोयम्बटूर द्वारा चयन विधि से विकसित किया गया है। यह एक अगेती किस्म है जिसमें बुआई के १३५ दिन बाद फल तैयार हो जाते हैं। इसके फल छोटे आकार के होते हैं और प्रत्येक फल का औसत वजन २ किलोग्राम से अधिक नहीं होता। फलों के ऊपर हल्के खाचें पाये जाते हैं। गूदे का रंग नारंगी होता है। एक बेल में औसतन १० से १५ फल लगते हैं। इसकी औसत उपज ६० से १०० क्विंटल प्रति एकड़ है। इसके फलों की भण्डारण क्षमता अच्छी है और फलों को सामान्य दशा में ४ से ५ माह तक बिना किसी क्षति के रखा जा सकता है।

५. **पूसा विकास :** यह मध्यम या बौनी लता वाली किस्म है, जिसे भारतीय कृषि अनुसंधान संस्थान, नई दिल्ली से विकसित किया गया है। इसकी पत्तियां गोलाकार, चिकनी, बिना रोयें के तथा हल्के हरे रंग की होती हैं जिस पर जगह–जगह पीले रंग के धब्बे पाये जाते हैं। इसके फल छोटे और चपटे होते हैं। फल का औसत वजन २ किलोग्राम तथा गूदा पीला होता है। इसे उत्तरी भारत के मैदानी क्षेत्रों में बसन्त गर्मी (फरवरी, मार्च–जून) में उगाने के लिए उपयुक्त है। इसकी औसत उपज १२० क्विंटल प्रति एकड़ है।

६. **सी. एम. १४ :** इस किस्म को केरल कृषि विश्वविद्यालय, वेल्लानीकारा से विकसित किया गया है। इसकी बेलें फैलने वाली होती हैं। फल चपटे गोल आकार के और लगभग ६ किलोग्राम वजन वाले हरे रंग के होते हैं जिन पर उथली नालियां बनी होती हैं। गूदा मोटा होता है। प्रति बेल इसकी औसत उपज १५.३८ किलोग्राम पाई गई है। इसे दक्षिणी भारत में जनवरी–मार्च और सितम्बर–दिसम्बर माह में उगाया जाता है।

विलायती कद्दू

अर्का सूर्यमुखी : इस किस्म को भारतीय बागवानी अनुसंधान संस्थान, बंगलौर द्वारा विकसित किया गया है। इसके फल छोटे १ से १.५ किलोग्राम वजन के गोल, दोनों किनारों पर चपटे, गहरे नारंगी रंग के होते हैं जिसके बीच–बीच में हल्की क्रीम रंग की धारियां पाई जाती हैं। इन धारियों के साथ–साथ उथले खाचें भी पाये जाते हैं। हल्के रंग की धारियां पुष्प की तरफ से पाई जाती हैं जबकि खाचें तने की ओर से। फल में अच्छी सुगन्ध होती है। गूदा नारंगी, पीले रंग का होता है। इसकी भण्डारण क्षमता अच्छी है। इस पर फल मक्खी का प्रकोप कम होता है

व औसत उपज १३६ क्विंटल प्रति एकड़ है। फसल लगभग १०० दिन में तैयार हो जाती है।

पेठा की प्रमुख उन्नत किस्में : व्यावसायिक दृष्टि से इसकी किस्मों को गोल और अण्डाकार किस्मों में बॉटा जाता है। इसकी कुछ उन्नतशील किस्मों का वर्णन नीचे दिया गया है :

१. **कोयम्बटूर–१ :** इस किस्म को तमिलनाडु कृषि विश्वविद्यालय, कोयम्बटूर द्वारा विकसित किया गया है। इसके फल का औसत वजन ५ से ६ किलोग्राम होता है। फल गोलाकार तथा उसमें कम बीज होते हैं। यह एक मध्यम अवधि की किस्म है, जिसमें बुआई के १४० दिन बाद फल तैयार हो जाते हैं। इसकी एक बेल पर ६ से ८ फल लगते हैं और औसत उपज ८८ क्विंटल प्रति एकड़ है।

२. **कोयम्बटूर–२ :** इस किस्म को भी तमिलनाडु कृषि विश्वविद्यालय, कोयम्बटूर द्वारा विकसित किया गया है। यह एक अगेती किस्म है जिसमें बुआई के १२० दिन बाद फल तैयार होते है। इसके फल गोलाकार लगभग २ से ३ किलोग्राम वजन के होते हैं। इसके गूदे का रंग हल्का हरा होता है और प्रत्येक फल में २०० से ३०० बीज होते हैं। यह किस्म कोयम्बटूर–१ की तुलना में अधिक उपजाऊ है।

३. **एस–१ :** इस किस्म के फल मध्यम आकार के होते हैं। पंजाब में उगाने के लिए इसको अनुमोदित किया गया है।

४. **मुदलियार :** इसके फल बड़े, हल्के हरे रंग के होते हैं तथा इसे तमिलनाडु में उगाने के लिए अनुमोदित किया गया है।

खाद एवं उर्वरक : सीताफल और पेठा की अच्छी उपज प्राप्त करने के लिए खाद और उर्वरकों का सही समय पर और उचित मात्रा में उपयोग आवश्यक होता है। इसके लिए बुआई से पूर्व ही मिट्टी जांच करा लेनी चाहिए और उसी के आधार पर खेत में दी जाने वाली पोषक तत्वों की मात्रा निश्चित करनी चाहिए। अगर किसी कारणवंश मिट्टी की जांच कराना संम्भव न हो तो औसत उर्वरा शक्ति वाली भूमि में खाद और उर्वरक की प्रति एकड़ इस मात्रा का उपयोग करें :

गोबर की खाद	:	६ टन (६० क्विंटल)
नाइट्रोजन	:	२० किलोग्राम (८० किलोग्राम कैल्शियम अमोनियम नाईट्रेट २५ प्रतिशत अर्थात किसान खाद)
फास्फोरस	:	१० किलोग्राम (६५ किलोग्राम सिंगल सुपर फास्फेट)
पोटाश	:	१० किलोग्राम (१६ किलोग्राम म्यूरेट आफ पोटाश)

बुआई के लगभग २० से २५ दिन पूर्व गोबर की खूब सड़ी खाद खेत में समान रुप से बखेर कर मिट्टी में मिला देनी चाहिए। नाइट्रोजन वाले उर्वरक की आधी मात्रा और फास्फोरस और पोटाश वाले उर्वरकों की पूरी मात्रा का मिश्रण

बनाकर बुआई वाले स्थानों पर बराबर मात्रा में भूमि में डालें। नाइट्रोजन की शेष आधी मात्रा को दो बराबर भागों में बाँटकर बुआई के ३० और ६० दिन बाद खड़ी फसल में टापड्रेसिंग के रुप में देना चाहिए। नालियों में नाइट्रोजन युक्त खाद डालकर मिट्टी अवश्य चढ़ायें।

बोने का समय और बीज दर : उत्तरी भारत के मैदानी क्षेत्रों में सीताफल और पेठे की वर्ष में दो फसलें ली जाती हैं। ग्रीष्म फसल की बुआई फरवरी–मार्च में और बरसात फसल की जून–जुलाई में की जानी चाहिए। यद्यपि अक्तूबर–नवम्बर में बुआई करके अधिक आय प्राप्त की जा सकती है, परन्तु उन दिनों फसल को पाले से बचाना आवश्यक होता है।

बीज की मात्रा उसके अंकुरण प्रतिशत पर निर्भर करती है। ऐसे बीज जिनमें ८० प्रतिशत से अधिक अंकुरण हैं, उनकी १.५–२.० किलोग्राम मात्रा एक एकड़ की बुआई के लिए पर्याप्त होती है। बीज की मात्रा गर्मी में अधिक और बरसात में कम रखनी चाहिए।

बुआई की विधि : मौसमानुसार तैयार खेत में ३.० मीटर चौड़ी क्यारियां बनाई जाती हैं। प्रत्येक दो क्यारियों के बीच में ७५ सें. मी. चौड़ी नाली बनाएं। क्यारियों के दोनो ओर ६० सें. मी. की दूरी पर बने थालों में बीज बोने चाहिए। एक थाले में २ से ३ बीज बोएं और जमने पर केवल दो पौधे रखें और शेष को निकाल देना चाहिए। बोने से पहले बीजों को मोटे कपड़े में बांध कर २४ घंटों तक पानी में डूबा रहने दें। इससे बीजों का ऊपरी छिलका मुलायम होने से अंकुरण जल्दी होगा।

सिंचाई : सिंचाई की आवश्यकता मौसम और भूमि की किस्म पर निर्भर करती है। बरसात में बोई गई फसल के लिए सिंचाई आवश्यकतानुसार करनी चाहिए। ग्रीष्मऋतु की फसल के प्रारम्भिक दिनों में, लगभग १० दिनों के अन्तर पर और बाद में तापक्रम बढ़ने पर ६ से ७ दिनों के अन्तर पर सिंचाई करना अनिवार्य है।

निराई-गुड़ाई : फसल की दो तीन निराई–गुड़ाई करनी आवश्यक है, क्योंकि ऐसा करने से खरपतवार नष्ट हो जाते हैं और भूमि में आवश्यक नमी बनी रहती है। जब बेलें पूर्ण रुप से फैल जाएं तो गुड़ाई बन्द कर देनी चाहिए।

सहारा देना : अच्छी उपज प्राप्त करने के लिए बेलों को सहारा देना अत्यन्त आवश्यक होता है। ऐसा करने से बेलों का विकास खूब होता है और उन पर फल अधिक लगते हैं। यही नहीं, इस क्रिया से तुड़ाई में भी सुविधा होती है और साथ ही साथ नमी का जल्दी ह्रास नहीं होता। सहारा देने के लिए शाखादार पेड़ों की सूखी डालों या बांस की पट्टियो का उपयोग करते हैं।

उपज : सीताफल और पेठे की तुड़ाई बाजार की मॉग के अनुसार करनी चाहिएं। वैसे यदि इन्हें पकाकर तोड़ा जाए तो ज्यादा समय तक रखे जा सकते

हैं। उपज बोई गयी किस्म, भूमि की उर्वराशक्ति और मौसम पर निर्भर करती है। उन्नत कृषि विधियां अपनाकर खेती की जाए तो प्रति एकड़ सीताफल की १२० से १४० क्विंटल और पेठे की ८० से ११० क्विंटल उपज आसानी से प्राप्त की जा सकती है।

सीताफल में एथरिल का प्रयोग : सीताफल की अधिक उपज प्राप्त हेतु एथरिल ५० प्रतिशत के २५० पी.पी.एम. (१० मि० ली० दवा को २० लीटर पानी में) घोल का प्रति एकड़ खेत में लगे पौधों की २ व ४ सच्ची पत्तियों की अवस्थाओं में छिड़काव करने से कुल उपज की १० से १५ प्रतिशत अधिक उपज प्राप्त की जा सकती है।

फसल संरक्षण : सीताफल व पेठा में लगने वाले कीटों व रोगों का विवरण व नियंत्रण के उपाय इस अध्याय के अन्त में दिये गऐ हैं।

(छ) सब्ज़ी काली तोरी व चिकनी तोरी
RIDGE GOURD and SPONGE GOURD

बेल वाली सब्जियों में तोरी का एक विशेष स्थान है। इसकी खेती उत्तरी और दक्षिणी भारत में अधिकता से की जाती है। तरोई (तोरी) बेल वाली एक ऐसी सब्जी है जो बड़े–बड़े खेतों के अलावा छोटी–छोटी गृह–वाटिकाओं में भी आसानी से उगाई जा सकती है। इसमें फल भी खूब लगते हैं और लोग खाने के लिए पसन्द भी करते हैं। इसके फलों को कच्ची अवस्था में अकेले या अन्य सब्जियों के साथ मिला कर सब्ज़ी के रुप में उपयोग किया जाता है। इसका फल कैल्शियम, फास्फोरस, लोहा और विटामिन "ए" का अच्छा स्त्रोत है। तोरी की बाजार में मांग अधिक होने से इसकी खेती काफी लाभप्रद है। इसकी खेती गर्मी और वर्षा ऋतु में सफलता से की जाती है। इसकी अधिक उपज से अधिक लाभ सम्भव है, अतः अधिक उपज प्राप्त करने के लिए उन्नतशील किस्मों के साथ–साथ उन्नत विधि को अपनाना आवश्यक है।

जलवायु : प्रायः तोरी अनेक प्रकार की परिस्थितियों में उगायी जा सकती है, फिर भी इसके पौधों की गर्म, आर्द्र क्षेत्रों में अच्छी बढ़वार होती है।

भूमि का चुनाव और खेत की तैयारी : तोरी की खेती प्रायः सभी प्रकार की भूमि में की जा सकती है। दुमट या बलुई दुमट भूमि, जिनमें जल–निकास व सिंचाई की व्यवस्था के साथ–साथ उचित मात्रा में जीवांश पदार्थ हों, सर्वोत्तम रहती है। भूमि की पहली जुताई मिट्टी पलटने वाले हल से और दो या तीन जुताइयां देशी हल से करनी चाहिए। प्रत्येक जुताई के बाद पाटा चला कर मिट्टी को भुरभुरी और समतल बना लेना चाहियें।

काली तोरी की प्रमुख उन्नत किस्में : इसके फलों में काफी विभिन्नता पाई जाती है। इसकी प्रमुख किस्में निम्न प्रकार हैं :

१. **पूसा नसदार :** इस किस्म को भारतीय कृषि अनुसंधान संस्थान, नई दिल्ली द्वारा विकसित किया गया है। यह एक अगेती किस्म है जिसमें बुआई के लगभग ६० दिन बाद फल आने लगते हैं। फल मुगदल के आकार के लम्बें, हलके हरे रंग के होते हैं। उन पर उभरी हुई धारियां पाई जाती हैं। फलों की सतह खुरदरी होती हैं। इसकी औसत उपज १२० से १४० क्विंटल प्रति एकड़ है।

२. **कल्याणपुर धारीदार :** इस प्रजाति का विकास शाक भाजी अनुसंधान केन्द्र, कल्याणपुर से किया गया है। इस पर स्पष्ट धारियां होती हैं। फल हल्के हरे तथा गूद्दार होते हैं। यह किस्म भी अगेती है। बेलें कम फैलने वाली तथा बेलों पर मादा पुष्पों की संख्या ज्यादा लगती हैं। फल पर धारियों के बीच की सतह खुरदरी नहीं होती। इसकी औसत उपज १६० क्विंटल प्रति एकड़ होती है।

३. **कोयम्बटूर–१ :** इस किस्म को तमिलनाडु कृषि विश्वविद्यालय, कोयम्बटूर से विकसित किया गया है। इसके फल ६० से ७५ सें. मी. लम्बें होते हैं। इसकी लतायें काफी बढ़ने वाली और प्रत्येक बेल में १० से १२ फल लगते हैं जिनका वजन ३ से ४ किलोग्राम के लगभग होता है। इसमें बुआई के ५५ दिन बाद पहली फलत आ जाती है और पूरी फलत १२५ दिन में मिलती है।

४. **आई. आई. एच. आर. ८ :** इरा किरग को भारतीय बागवानी अनुसंधान संस्थान, बंगलौर द्वारा विकसित किया गया है। इसके फल आकर्षक गोल रंग के होते हैं और प्रत्येक लता पर ४० से ४५ फल लगते हैं। इस किस्म पर मृदरोमिल का प्रकोप कम होता है। फल १५ से १६वें गाँठ पर लगते हैं तथा इसमें पहली तुड़ाई बुआई के ५५ दिन बाद होती है। फल का औसत वजन १०० ग्राम होता है। इसकी उपज १७२ क्विंटल प्रति एकड़ है।

५. **अर्का सुजात :** इस किस्म को भारतीय बागवानी अनुसंधान संस्थान, बंगलौर द्वारा विकसित किया गया है। इसमें दोनों पित्रों के वांछित गुणों का समावेश है। इसमें पहला मादा पुष्प १३–१५वीं गाँठ पर आता है। इसकी बेले मध्यम बढ़वार वाली (५.५ मी. लम्बी) होती हैं। फल हल्के हरे रंग का तथा बेलनाकार होता है और प्रत्येक फल का वजन ३५० ग्राम होता है। इसकी औसत उपज ६० से १०० क्विंटल प्रति एकड़ है। इस पर मृदुल आसिता रोग का प्रभाव कम होता है।

६. **सतपुतिया :** इस किस्म में उभयलिंगी पुष्प आते हैं। यह पूर्वी उत्तर प्रदेश तथा बिहार की एक प्रचलित स्थानीय किस्म है जिसमें फल गुच्छों में लगते हैं। प्रत्येक गुच्छे में ५ से ७ फल लगते हैं। फल आकार में छोटे, गोल या अण्डाकर

हल्के हरे रंग के होते हैं। फलों के ऊपर उभरी हुई धारियां पाई जाती हैं। इसकी औसत उपज ८० से १०० क्विंटल प्रति एकड़ है।

७. **पंजाब सदाबहार** : इस किस्म को पंजाब कृषि विश्वविद्यालय, लुधियाना द्वारा विकसित किया गया है। इसकी बेलें मध्यम बढ़वार वाली होती हैं। पत्तियाँ गहरी हरी, फल लम्बे ३ से ५ सें. मी. मोटे, हरे, धारीदार, मुलायम तथा थोड़ा झुके हुए होते हैं। इसको मई–जून के महीने में बोया जा सकता है। इसकी औसत उपज ४० क्विंटल प्रति एकड़ है।

८. **पी. के. एम. १** : यह किस्म गर्मी और बरसात दोनों ऋतुओं में खेती के लिए उपयोगी है। इसकी फसल अवधि १६० दिन तक होती है। फल काफी गहरे हरे रंग के और औसतन ३०० ग्राम वजन के होते हैं। इसकी उपज ११२ से १२० क्विंटल प्रति एकड़ होती है।

६. **अर्का सुमीत** : इस किस्म को भारतीय बागवानी अनुसंधान संस्थान, बंगलौर से विकसित किया गया है। इसकी बेल मध्यम बढ़वार वाली (४.५ मी. लम्बी) होती है। इसमें पहला मादा फूल १५वीं गाँठ पर लगता है और पहली तुड़ाई बुआई के ५२वें दिन बाद मिलती है। प्रत्येक फल का वजन लगभग ३८० ग्राम होता है और प्रत्येक लता पर १३ से १५ फल लगते हैं। फल हल्के हरे रंग के बेलनाकार और कम बीज वाले होते हैं।

२०. **हिसार काली तोरी** : यह एक अधिक उपज देने वाली किस्म है। इसके पौधे अधिक फैलाव लिए हुए होते हैं तथा शाखाऐं अधिक होती हैं। इसके फल काफी लम्बे, पतले, तेजी से बढ़ने वाले व नरम होते हैं। गर्मी के मौसम के लिए यह सबसे उपयुक्त किस्म है। इसकी औसत पैदावार ४३ से ४५ क्विंटल प्रति एकड़ है। निजी संस्थाओं द्वारा निम्नलिखित संकर किस्मों का विकास किया है जैसे काली तोरी की रोहणी तथा चिकनी तोरी की हरित, उत्सव और सुरखा है।

चिकनी तोरी की प्रमुख उन्नत किस्में

१. **पूसा चिकनी** : इस किस्म को भारतीय कृषि अनुसंधान संस्थान, नई दिल्ली द्वारा विकसित किया गया है। यह एक अगेती किस्म है, जिसमें बुआई के ४५ दिन बाद फल आने आरम्भ हो जाते हैं। फल लम्बे, चिकने, गहरे हरे रंग के प्रायः बेलन के आकार के होते हैं। एक बेल पर १५ से २० फल लगते हैं और इसकी औसत उपज १३० क्विंटल प्रति एकड़ है। यह गर्मी और बरसात दोनों मौसमों में उगाने के लिए उपयुक्त है।

२. **कल्याणपुर चिकनी** : यह कल्याणपुर से चयनित किस्म है। यह अन्य किस्मों की अपेक्षा थोड़ा अगेती है। बेले मध्यम आकार की एवं फल पतले होते हैं। फलों पर हल्की धारियाँ होती हैं व फल हरे रंग के गूदेदार होते हैं व पौधे पर

ज्यादा दिन तक रह जाने के बाद भी मुलायम बने रहते हैं। इसकी सामान्य उपज १४० से १६० क्विंटल प्रति एकड़ होती है।

बुआई का समय और बीज की मात्रा : तोरी की ग्रीष्मकालीन फसल के लिए फरवरी– मार्च एवं वर्षा ऋतु की फसल के लिए जून–जुलाई में बुवाई करते हैं। साधारणतया काली तोरी उगाने के लिए ग्रीष्म ऋतु व चिकनी तोरी के लिए वर्षा ऋतु बहुत उपयुक्त है। गर्मी में बुवाई करने के लिए बीजों को पानी से भीगें हुए बोरे में २४ घंटे तक लपेट कर रखना चाहिए। इससे जमाव अच्छा और शीघ्र होता है। एक एकड़ की बुवाई के लिए १.५ से २.० किलोग्राम बीज पर्याप्त होता है।

बिजाई की विधि : बिजाई के लिए तैयार खेत में २.५ से ३.० मीटर चौड़ी क्यारियां बनाते हैं व प्रत्येक दो क्यारियों के बीच ४० से ५० सें. मी. चौड़ी एक नाली बनाई जाती है। नालियों के दोनों सिरों पर ६० सें. मी. की दूरी पर ३ से ४ बीज को एक स्थान पर बोते हैं। बिजाई लगभग ३ से ४ सें. मी. की गहराई पर करनी चाहिए। जमाव के बाद एक जगह पर केवल एक या दो स्वस्थ पौधों को ही रखें।

खाद एवं उर्वरक : अधिक उपज लेने के लिए आवश्यक है कि उर्वरकों की संतुलित मात्रा का प्रयोग किया जाये व इसके लिए मिट्टी का परीक्षण करवाना चाहिए। साधारण भूमि में ६ से ८ टन गोबर की सड़ी खाद प्रति एकड़ की दर से खेत की तैयारी के समय मिट्टी में मिला देनी चाहिए। अब तक किये गये अनुसंधान के आधार पर यह ज्ञात हुआ है कि इस फसल को २० किलोग्राम नाइट्रोजन (८० किलोग्राम कैल्शियम अमोनियम नाईट्रेट २५ प्रतिशत अर्थात किसान खाद), १० किलोग्राम फास्फोरस (६५ किलोग्राम सिंगल सुपर फास्फेट) और १० किलोग्राम पोटाश (१६ किलोग्राम म्यूरेट आफ पोटाश) प्रति एकड़ की आवश्यकता होती है। नाइट्रोजन की आधी मात्रा, फास्फोरस व पोटाश की पूरी मात्रा बुवाई के समय ही समान रुप से मिट्टी में मिला देनी चाहिए। नाइट्रोजन की बची हुई आधी मात्रा ४० से ४५ दिन बाद पौधों की जड़ों के पास डाल कर मिट्टी चढ़ा देते हैं। इसके पश्चात् एक हल्की सिंचाई करनी चाहिए जिससे पौधा उर्वरक का उपयोग भलीभांति कर सके।

सिंचाई व निराई-गुड़ाई : गर्मी में बिजाई के तुरन्त बाद दो या तीन बार सिंचाइयाँ कम अन्तर पर करनी चाहिए जिससे बीज का जमाव अच्छा हो सके। इसके उपरान्त ७ से ८ दिन के अन्तर पर सिंचाई करते रहना चाहिए। वर्षा ऋतु में वर्षा न होने पर आवश्यकतानुसार सिंचाई करें। सिंचाई के समय ध्यान रखना आवश्यक है कि पानी बिजाई के स्थान से नीचे रहे जिससे जमाव अच्छा हो सके। समय--समय पर खेत से खरपतवार निकालते रहना चाहिए। जब बेलें काफी बड़ी

हो जायें तो खरपतवार निकालना बन्द कर दें ताकि बेलें तेज हवा से आपस में न उलझें। नालियों की गुड़ाई करके पौधो की जड़ों के पास मिट्टी चढ़ाना लाभप्रद है।

फलों की तुड़ाई : फलों को तभी तोड़ना चाहिए जब फल अपनी पूरी लम्बाई का केवल एक–तिहाई आकार प्राप्त कर लें, हरे हों तथा रेशेदार न हुए हों। तोरी के फल कच्ची और हरी अवस्था में तोड़े जाते हैं। यदि फल कच्ची अवस्था में न तोड़ा जाए तो पौधों में फल लगना कम हो जाता है। तोड़ाई के समय सावधानी रखनी चाहिए कि बेलों को किसी तरह की हानि न हो।

उपज : तोरी की औसत पैदावार ४० से ५० क्विंटल प्रति एकड़ हो जाती है।

फसल संरक्षण : तोरी में लगने वाले कीट एवं रोग व्याधियों का विवरण व नियंत्रण इस अध्याय के अन्त में दिया गया है।

एथरिल द्वारा लिंगिक परिवर्तन तथा अधिक उपज : तोरी पर किये गये अनुसंधान के आधार पर यह पाया गया कि पूसा नसदार और पूसा चिकनी किस्मों में क्रमशः २ और ४ पत्तियों की अवस्था पर १०० पी.पी.एम. एथरिल (४ मि० लि० एथरिल २० लीटर पानी में मिला कर प्रति एकड़) का घोल बना कर दोनों अवस्थाओं में छिड़काव करने से मादा फूलों की संख्या, फल लगने और उपज में काफी व द्धि हो जाती है। फल निचली गांठ पर लगते हैं जिससे अगेती उपज अधिक मात्रा में प्राप्त होती है व बाज़ारी भाव भी अच्छा मिलता हैं।

(ज) सब्ज़ी चप्पन कद्दू
SUMMER SQUASH

चप्पन कद्दू (छप्पन कद्दू) बसन्त काल में उगाई जाने वाली कद्दू वर्गीय सब्ज़ियों में से एक अगेती एवम् अत्यन्त महत्वपूर्ण फसल है। उत्तरी भारत की मण्डियों में इसके फल अप्रैल–मई तक उपलब्ध होते हैं। पाले के प्रति अत्यधिक प्रतिरोधी होने के कारण चप्पन कद्दू को दिसम्बर–जनवरी में उगा कर इसके फलों को फरवरी–मार्च में प्राप्त कर सकते हैं जबकि उस समय बाजार में हरी सब्ज़ियों का अभाव होता है। इसके फल गोलाकार/अण्डाकार होते हैं जिन्हे हरे एवम् अपरिपक्व रूप में पका कर खाया जाता है। इसे उत्तर भारत में अधिकतर पंजाब, उत्तर प्रदेश व दिल्ली में उगाया जाता है। आधुनिक वैज्ञानिक पद्धति के अपनाने से चप्पन कद्दू की उत्तम फसल प्राप्त कर सकते हैं।

जलवायु : इसकी खेती के लिए गर्म जलवायु सर्वोत्तम रहती है परन्तु पाले या कोहरे के प्रति अत्यधिक प्रतिरोधी होने के कारण कम तापमान पर भी उगाया जा सकता है। इसकी खेती के लिए सर्दियों में नमी का मौसम अनुकूल रहता है।

भूमि और उसकी तैयारी : यद्यपि चप्पन कद्दू को किसी भी प्रकार की मिट्टी में उगाया जा सकता है, फिर भी काफी खाद मिली हुई दोमट एवम् उपजाऊ बलुई मिट्टी इसके लिए उत्तम रहती है। अच्छी जल–निकासी वाली चिकनी मिट्टी में भी चप्पन कद्दू को उगाया जा सकता है। पथरीली या पानी जमा हो जाने वाली मिट्टी इसके लिए ठीक नहीं रहती क्योंकि इस प्रकार की भूमि में पौधों का विकास रूक जाता है। अच्छी उपज के लिए खेत की तीन–चार जुताइयाँ करके सुहागा लगाना चाहिए।

प्रमुख उन्नत किस्में : हरियाणा राज्य के लिए चप्पन कद्दू की संकर किस्म को अनुमोदित किया है, जिसकी विशेषताऐं निम्न हैं :

संकर किस्में

पूसा अलंकार : इस किस्म को भारतीय कृषि अनुसंधान संस्थान, नई दिल्ली के क्षेत्रीय शोध केन्द्र, कटराई द्वारा विकसित किया गया है। यह एक जल्दी तैयार होने वाली किस्म है जिसमें एक समान गहरे हरे रंग के फल लगते हैं। फलों के ऊपर हल्की सी धारियां होती है। गूदा मुलायम होता है। इसमें बुआई के ४५ से ५० दिन बाद फल लगाना शुरु हो जाता है।

इस संकर किस्म के अतिरिक्त कुछ राज्यों से निम्न उन्नतशील किस्मों को अनुमोदित किया गया है जिनका वर्णन नीचे दिया जा रहा है :

१. **आस्ट्रेलियन ग्रीन :** इस किस्म को भारतीय कृषि अनुसंधान संस्थान के क्षेत्रीय शोध केन्द्र, कटराई द्वारा बाहर से मंगाकर हमारे देश में प्रवेश कराया गया है। इसके पौधे छोटे झाड़ीनुमा होते हैं। फल हरे रंग के जिन पर सफेद धारियां होती है। फल काफी मुलायम होते हैं। यह अगेती किस्म हैं, जिसके फल बुआई के ५५ से ६० दिन बाद मिलना शुरु हो जाते हैं।

२. **पंजाब चप्पन कद्दू :** इस किस्म के पौधे झाड़ीनुमा, फल आकर्षक हरे रंग के एवम प्यालीनुमा आकार के होते हैं। गूदा सफेद मक्खन के रंग का होता है जो पकने पर चमकदार पीले से नारंगी रंग का हो जाता है। बुआई के ५० से ५५ दिन बाद फल तुड़ाई लायक हो जाते हैं। इसकी औसत उपज ८० से ९० क्विंटल प्रति एकड़ है। यह किस्म चूर्णिल आसिता और खीरा मौजेक विषाणु के प्रति अवरोधी हैं।

३. **अर्ली येलो प्रालिफिक :** इस किस्म को भी भारतीय कृषि अनुसंधान संस्थान, नई दिल्ली के क्षेत्रीय शोध केन्द्र, कटराई द्वारा विकसित किया गया है। यह एक अगेती किस्म है जिसके पौधे झाड़ीनुमा होते हैं। फल मध्यम आकार के हल्के पीले रंग के तथा गूदा मुलायम होता है। इसमें बुआई के ५५ से ६० दिन बाद फल मिलना आरम्भ हो जाता है।

४. **पैटी पैन :** इस किस्म को भारतीय बागवानी अनुसंधान संस्थान, बंगलौर द्वारा अमेरिका से मँगाकर हमारे देश में प्रवेश कराया गया है। इसके पौधे छोटे तथा झाड़ीनुमा व फल चपटे, सफेद रंग के एवं आकर्षक होते हैं। यह एक अल्पावधि किस्म है जिसकी फसल २५ दिन में तैयार हो जाती है।

बुआई का समय व बीज दर : चप्पन कद्दू की बुआई शरदकालीन फसल के रूप में नवम्बर–दिसम्बर के महीनों में की जाती है परन्तु आमतौर पर इसकी बुआई मध्य जनवरी से मार्च तक की जाती है। उत्तरी भारत में प्रायः कोहरे के समय बुआई करने से अगेती फसल प्राप्त कर सकते हैं, परन्तु बीज का अगेता जमाव व पौधें की बढ़वार के लिए कोहरे से रक्षा करना आवश्यक है। इसके लिए बुआई के पश्चात जमीन को मोमी चद्दर से ढक देना चाहिए ताकि उच्च तापमान से बीजों का जल्दी जमाव हो जाए। एक एकड़ भूमि के लिए लगभग १.५ से २.० किलोग्राम बीज पर्याप्त रहता है।

बुआई का ढंग : चप्पन कद्दू की बुआई का ढंग अन्य कद्दू वर्गीय सब्ज़ियों से भिन्न है। इसकी बुआई के लिए ८० सें.मी. चौड़ी और ऊँची क्यारियां बनानी चाहिए। क्यारियों के बीच में ३० से ४० सें.मी. चौड़ी नाली रखते हैं। नाली के दोनों सिरों पर ५० सें.मी. की दूरी पर बुआई करते हैं। एक स्थान पर २ से ३ बीजों की २ से ३ सें.मी. की गहराई पर बुआई करनी चाहिए। बुआई के पश्चात उस जगह को मोमी चद्दर से ढक देना चाहिए जिससे बीज का जमाव तथा पौधों की बढ़वार शीघ्र होगी। जमाव के पश्चात् मोमी चद्दर को हटा देना चाहिए। जमाव हो जाने पर एक स्थान पर एक या दो ही स्वस्थ पौधे रखते हैं। अच्छे जमाव के लिए बीजों को २ प्रतिशत साधारण नमक के घोल में ६ से ८ घंटों के लिए भिगो दें व उसके पश्चात् बीजों को साफ पानी से धो लें।

खाद एवं उर्वरक : चप्पन कद्दू की अच्छी उपज प्राप्त करने के लिए खाद और उर्वरक की सही और संतुलित मात्रा प्रयोग की जानी चाहिए। साधारण भूमि में ६ टन गोबर की सड़ी खाद, २० किलोग्राम नाइट्रोजन (८० किलोग्राम कैल्शियम अमोनियम नाईट्रेट २५ प्रतिशत अर्थात किसान खाद), १० किलोग्राम फास्फोरस (६५ किलोग्राम सिंगल सुपर फास्फोट) एवम् १० किलोग्राम पोटाश (१६ किलोग्राम म्यूरेट आफ पोटाश) की मात्रा प्रति एकड़ की दर से उपयोग करनी चाहिए। गोबर की सड़ी खाद को खेती की तैयारी के समय भूमि में मिला देनी चाहिए। खाद की थोड़ी मात्रा, नाइट्रोजन की एक तिहाई मात्रा, फास्फोरस और पोटाश की पूरी मात्रा समान रूप से बुआई के समय पर मिट्टी में अच्छी तरह मिला देनी चाहिए। इस विधि से खाद व उर्वरकों का उपयोग करने से बीज का जमाव अच्छा होता है तथा पौधा उनका सही उपयोग कर पाता है। शेष नाइट्रोजन की मात्रा को दो भागों में

बांट कर क्रमशः बुआई के एक व दो महीने बाद छिड़क कर मिट्टी चढ़ा देनी चाहिए।

सिंचाई : बुआई बत्तर में की जानी चाहिए। बुआई के समय खेत में पर्याप्त नमी न हो तो पहली सिंचाई बुआई के तुरन्त बाद करनी चाहिए। दूसरी और तीसरी सिंचाइयां भी जल्दी–जल्दी करनी चाहिए, जिससे खेत में नमी बनी रहे। सिंचाई करते समय यह ध्यान रखना चाहिए कि नाली में पानी की सतह बुआई के स्थान से नीचे हो वर्ना जमाव में कमी आ जाती है। फसल में आवश्यकतानुसार सिंचाई करके नमी रखनी चाहिए। फूल व फल लगने की अवस्था में भूमि में नमी अवश्य होनी चाहिए।

निराई-गुड़ाई : बिजाई के ३५–४० दिन बाद २० दिनों के अन्तराल पर पहली व दूसरी निराई–गुड़ाई करनी चाहिए। खरपतवारों को खेत में से निकालते रहना चाहिए जिससे पौधों पर किसी प्रकार का कुप्रभाव न पड़े।

चप्पन कद्दू में एथरिल का उपयोग : कद्दूवर्गीय अन्य सब्ज़ियों की तरह चप्पन कद्दू में भी द्विलिंगी नहीं बल्कि नर और मादा फूल भिन्न–भिन्न होते हैं। केवल मादा फूल से ही चप्पन कद्दू प्राप्त हो सकते हैं। इसलिए मादा फूलों की संख्या जितनी अधिक होगी उतनी ही अधिक पैदावार मिल सकती है। चप्पन कद्दू के पौधों की दो और चार पत्तियों की अवस्थाओं में एथरिल २५० पी. पी. एम. के घोल के (१० मि० ली० एथरिल ५० प्रतिशत को २० लीटर पानी में घोल कर प्रति एकड़) दो छिड़काव करने से मादा फूल निचली गांठों पर अधिक संख्या में लगते हैं जिससे अगेती उपज व फल संख्या में बढ़ोतरी होती है। इस वैज्ञानिक पद्धति के अपनाने से चप्पन कद्दू में अनुपचारित पौधों की अपेक्षा १०० प्रतिशत तक अधिक उपज प्राप्त की जा सकती है। यह आवश्यक है कि निषेचन के लिए कुछ पौधों को अनुपचारित रखना जरूरी है।

फलों की तुड़ाई : चप्पन कद्दू के फलों को हाथ से तोड़ लिया जाता है। बिजाई के लगभग ४५ से ५० दिनों पश्चात् पहली तुड़ाई की जाती है। जब फल हल्के हरे रंग के व कच्ची अवस्था में हों तो उन्हें तोड़ लेना चाहिए।

उपज : चप्पन कद्दू की औसत उपज ४० से ५० क्विंटल प्रति एकड़ हो जाती है।

सावधानियाँ : एथरिल के घोल में चिपचिपाहट लाने वाला पदार्थ जैसे सैल्वटे–६६ या टीपोल या टाईट्रान भी मिलायें जिससे कि यह घोल पत्तियों पर भली प्रकार फैल कर काफी समय तक दवाई को चिपका कर प्रभावकारी बनाए रख सके।

फसल संरक्षण : चप्पन कद्दू की फसल को कीट व रोग हानि पहुँचाते हैं जिनका विवरण व नियंत्रण के उपाय इस अध्याय के अन्त में दिये गऐ हैं।

(झ) सब्ज़ी टिण्डा
TINDA

टिण्डे की खेती सम्पूर्ण भारतवर्ष में की जाती है परन्तु पंजाब, राजस्थान, उत्तर प्रदेश, हरियाणा व महाराष्ट्र की ग्रीष्मकालीन सब्ज़ियों में इसका प्रमुख स्थान है। यह एक बेल वाली सब्ज़ी है व इससे अच्छी उपज मिल जाती है। इसमें प्रोटीन, कैल्शियम, फास्फोरस के अलावा लोहा, विटामिन ए और सी भी होते हैं। इसके कच्चे फलों का अकेले या अन्य सब्ज़ियों के साथ या दाल के साथ, जब कि इसके बीज कच्चे व मुलायम हों, पका कर खाते हैं। सब्ज़ी के अलावा इसका आचार भी बनाया जाता हैं।

जलवायुः टिण्डा हर प्रकार की जलवायु में उगाया जा सकता है किन्तु गर्म व तर जलवायु इसके लिए काफी उपयुक्त है। इसके बीज का जमाव २५° से ३५° सें. ग्रे. तापमान पर अच्छा होता है। गर्मी के मौसम की फसल होने के कारण इसमें पाले व सर्दी को सहन करने की क्षमता नहीं होती है परन्तु पाले से कोई विशेष नुकसान भी नही होता है।

भूमिः इसकी खेती लगभग सभी प्रकार की भूमि में की जा सकती है परन्तु अच्छी जल–निकास वाली बलुई दोमट या दोमट भूमि जिसमें जीवांश की मात्रा काफी हो, सर्वोत्तम मानी जाती है।

भूमि की तैयारीः टिण्डे की फसल आलू, टमाटर, गोभी, मटर इत्यादि के बाद ली जा सकती है। खेत को पहले एक बार मिट्टी पलटने वाले हल से तथा ३ से ४ बार देशी हल से जुताई करके व पाटा चला कर अच्छी तरह तैयार कर लेना चाहिए। यदि खेत काफी ऊँचा–नीचा हो तो उसे समतल कर लेना चाहिए वरना पानी इकट्ठा होने से बेलों तथा फलों के सड़ने की सम्भावना बढ़ जाती है।

प्रमुख उन्नत किस्में : टिण्डा दो प्रकार का होता है। एक हल्के हरे रंग के फल वाला और दूसरा गहरे हरे रंग के फल वाला। हल्के हरे रंग वाली किस्म को ज्यादा पसन्द किया जाता है। हरियाणा राज्य के लिए टिण्डा की दो उन्नत किस्मों को अनुमोदित किया गया है जिनकी विशेषताएं निम्नलिखित है:

१. **हिसार सलैक्शन** : इस किस्म के फल हरे रंग में, कच्चे व मुलायम होते हैं। यह किस्म औसतन पैदावार ३० से ४० क्विंटल प्रति एकड़ देती है।

२. **बीकानेरी ग्रीन** : यह किस्म अच्छे फल देने वाली है। इसके फल हरे रंग के होते हैं तथा औसत पैदावार ३० से ४० क्विंटल प्रति एकड़ होती है।

इसके अतिरिक्त कुछ अन्य उन्नतशील किस्में विभिन्न राज्यों द्वारा विकसित की गई हैं जिनके चारित्रिक गुण निम्नव्रत हैं :

१. **अर्का टिंडा** : इस किस्म को भारतीय बागवानी अनुसंधान संस्थान, बंगलौर द्वारा विकसित किया गया है। यह एक अगेती किस्म है। इसके फल गोल आकार के, हल्के हरे रग के होते हैं। फलों पर मुलायम रोयें पाये जाते हैं। इसमें परागण के ५ से ६ दिन बाद फल तुड़ाई योग्य हो जाते हैं। इसमें ८ से १० तुड़ाई की जाती हैं। इसकी औसत उपज ८० से १०० क्विंटल प्रति एकड़ है।

२. **लुधियाना टिन्डा** : इसके फल का आकार व रंग अच्छा होता है व उपज ६० से ८० क्विंटल प्रति एकड़ तक हो जाती है। यह हल्के हरे रंग वाली किस्म है।

३. **टिण्डा एस ४८** : इसकी बेलें ७५ सें. मी. से १ मीटर लम्बी तथा पत्तियाँ पीलापन लिए हुए हरी होती हैं। इसके फल मध्यम आकार के मोटे चपटे तथा हल्के हरे रंग के होते हैं। प्रत्येक फल का औसत भार ५० ग्राम होता है। इसका गूदा सफेद होता है जो लगभग २.५ सें. मी. होता है। इसके बीज भूरापन लिए हुए काले अण्डाकार होते हैं। इसमें बुआई के ६५ से ७० दिन बाद फल मिलने लगते हैं। इसकी औसत उपज १०० क्विंटल प्रति एकड़ है।

४. **सफेद हरा टिण्डा** : इस किस्म के फल मध्यम आकार के, हल्के हरे रंग के होते हैं। इसमें बुआई के ५० से ५५ दिन बाद फल तुड़ाई योग्य हो जाते हैं। इसकी औसत उपज ८० से ६० क्विंटल प्रति एकड है।

५. **गहरा हरा टिण्डा** : इसके फल मध्यम आकार के तथा गहरे हरे या कालापन लिए हरे रंग के होते हैं। इसके पौधों की पत्तियाँ गहरे हरे रंग की होती हैं। इस किस्म की औसत उपज ८० से ६० क्विंटल प्रति एकड़ है।

बुआई का समय व बीज की मात्रा : टिण्डे की फसल वर्ष में दो बार आसानी से ली जा सकती है। ग्रीष्मकालीन फसल की बुवाई फरवरी से मार्च तक तथा वर्षाऋतु की बुआई जून से जुलाई तक की जाती है। करीब १.५ से २.० किलोग्राम बीज एक एकड़ की बुवाई के लिए पर्याप्त होता है।

बुवाई की विधि : खेत की अच्छी तैयारी के पश्चात् १.५० मी. की दूरी पर नालियाँ बना ली जाती हैं जिनकी चौड़ाई लगभग ३० सें. मी. होनी चाहिए। बीज की बुवाई नालियों के किनारे ४५ सें. मी. की दूरी पर करनी चाहियें। जिस स्थान पर बुवाई करनी हो वहां पर थोड़ी गोबर की सड़ी खाद रखकर मिट्टी में मिला देते हैं इससे बीज का जमाव अच्छा होता है। एक स्थान पर ३ से ४ बीज को ३ से ४ सें. मी. की गहराई पर बोना चाहिए। बुवाई के बाद यदि खेत में नमी की मात्रा कम हो तो तुरन्त सिंचाई कर देनी चाहिए परन्तु सिंचाई करते समय इस बात का ध्यान रहे कि नाली में पानी दो तिहाई से ऊपर न हो वरना् बाद में ज़मीन सूखी रहने या पानी की अधिकता से बीज सड़ने के कारण जमाव काफी कम होता है। बीज के जमाव के बाद जब पौधों में ३ से ४ पत्तियां निकल आती है उस समय एक या दो स्वस्थ पौधों को छोड़कर बाकी उखाड़ देने चाहिये।

खाद एवं उर्वरकः टिण्डे की अच्छी पैदावार के लिए ६ टन गोबर की सडी खाद, २० किलोग्राम नाइट्रोजन (८० किलोग्राम कैल्शियम अमोनियम नाईट्रेट २५ प्रतिशत अर्थात किसान खाद), १० किलोग्राम फास्फोरस (६५ किलोग्राम सिंगल सुपर फास्फेट) तथा १० किलोग्राम पोटाश (१६ किलोग्राम म्युरेट आफ पोटाश) प्रति एकड देनी चाहिए। गोबर की सडी खाद, सिंगल सुपर फास्फेट और म्यूरेट आफ पोटाश की पूरी मात्रा व किसान खाद की आधी मात्रा खेत की तैयारी करते समय बीज बोने वाले स्थान पर क्यारियों में डाल कर मिट्टी में मिला देनी चाहिए। शेष किसान खाद की मात्रा (४० किलोग्राम) को दो बराबर भागों में बाँट कर दो बार में देनी चाहिये। बिजाई के लगभग २० से २५ दिन बाद नाइट्रोजन युक्त खाद को नाली में डाल कर गुड़ाई करके पौधों के चारो तरफ मिट्टी चढ़ा देनी चाहिये और शेष किसान खाद (२० किलाग्राम) करीब ४० से ४५ दिन बाद जब फल आने लगें तब देनी चाहिए। किसान खाद देने के पश्चात् सिंचाई तुरन्त कर देनी चाहिए जिससे पौधे नाइट्रोजन तत्व को आसानी से ले सकें।

सिंचाई तथा निराई-गुड़ाई : गर्मी की फसल में ३ से ४ दिन बाद तथा बरसात की फसल में आवश्यकतानुसार सिंचाई करनी चाहियें। फलों को मुलायम रखने के लिए फसल को काफी पानी की आवश्यकता होती है। खेत को खरपतवार से साफ रखना चाहिए व आवश्यकतानुसार निराई–गुडाई करते रहें।

कटाई-छंटाई का प्रभाव : टिण्डे की बेलों की कटाई–छंटाई करने से ५० प्रतिशत तक उपज में वृद्धि हो जाती है। पौधे की छोटी अवस्था से ही कटाई–छंटाई शुरु कर देते हैं। केवल बेलों की २ से ४ शाखायें ही बढने देना चाहिए तथा शेष शाखायें काट कर निकालते रहना चाहिये।

टिण्डा में मैलिक हाइड्राजाइड का प्रयोग : टिण्डे की फसल को छोटी अवस्था में जब २ एवं ४ सच्ची पत्तिया आ जायें तो एक ग्राम मैलिक हाइड्राजाइड को २० लीटर पानी में घोल कर एक एकड़ फसल पर उसका छिड़काव करने से मादा फूल निचली गाँठ पर एवं अधिक संख्या में आते हैं जिससे ५० प्रतिशत तक उपज बढ़ जाती है। मैलिक हाइड्राजाइड को पहले गर्म पानी में घोल कर फिर ठंडे पानी में मिलाना चाहिये क्योंकि यह ठंडे पानी में धुलनशील नहीं है। छिड़काव करते समय किसी चिपचिपे पदार्थ का मिलाना आवश्यक है।

फलों की तुड़ाई : बिजाई के लगभग ४५ से ५० दिन के बाद फल मिलने लगते हैं। इसके फल को कच्चे, रोएदार जबकि वे अपने पूर्ण आकार के एक चौथाई बड़े हों तथा बीज मुलायम हों तभी तोड़कर बाजार में बेचने के लिए भेज देना चाहिए। इसकी तुड़ाई ३ से ४ दिन के अन्तर पर करते रहना चाहिये। तुड़ाई करते समय इस बात का ध्यान रखना चाहियें कि बेल न टूटने पाये।

उपज : टिण्डे की उपज ३० से ४० क्विंटल प्रति एकड़ मौसम के अनुसार हो जाती है। गर्मी की फसल की अपेक्षा वर्षा ऋतु की फसल में अधिक पैदावार होती है। इसके फलों को साधारण तापमान पर ३ से ४ दिन तक रखा जा सकता है।

फसल संरक्षण : टिण्डे की फसल को कीट व रोग हानि पहुँचाते हैं जिनका विवरण व नियंत्रण के उपाय इस अध्याय के अन्त में दिये गऐ हैं।

(ञ) खीरा
CUCUMBER

भारतवर्ष में खीरा की खेती सभी राज्यों में सफलतापूर्वक की जाती है। देश में खीरा उत्पादन की दृष्टि से उड़ीसा, आन्ध्र प्रदेश व पंजाब सबसे अग्रिणी है। खीरा गर्मी में उगायी जाने वाली सब्जियों में प्रमुख है जिसको भारत के सभी भागों में उगाया जाता है। इसका मुख्यतः सलाद के रुप में प्रयोग किया जाता है लेकिन इसका अचार तथा सब्ज़ी बनाकर भी खा सकते हैं। आयुर्वेदिक पद्धति में खीरे के बीज को दवा बनाने के काम में लाया जाता है। यूनानी दवा पद्धति कें अनुसार खीरे के बीज का तेल दिमाग तथा शरीर के लिए अति गुणकारी सिद्ध हुआ है।

जलवायु : खीरा की उन्नत खेती के लिए तर–ककड़ी जैसी शुष्क व गर्म जलवायु की आवश्यकता होती है।

भूमि तथा उसकी तैयारी : खीरा को किसी भी प्रकार की भूमि में उगाया जा सकता है लेकिन इसके लिए बलुई भूमि से लेकर बलुई दोमट जिसमें जीवांश की मात्रा प्रचुर हो सबसे अच्छी मानी जाती है। खीरे के लिए कल्लर भूमि उपयुक्त नहीं है तथा जल–निकास का अच्छा प्रबन्ध होना चाहिए। बीज के अच्छे अंकुरण के लिए खेत को अच्छी तरह तैयार करना आवश्यक है। खेत की २ से ३ बार जुताई करके सुहागा लगाकर खेत को समतल कर लेना चाहिए।

प्रमुख उन्नत किस्में : खीरा की किस्मों को उनके उपयोग के आधार पर सामान्यतः दो वर्गों में बांटा जाता है–(१) ताजे खाने वाले या स्लाइसर टाइप (२) पिकलिंग टाइप।

१. **स्लाइसर टाइप :** इस किस्म के खीरों की लम्बाई पिकलिंग टाइप के खीरे से अधिक होती है और इनका आकार बेलनाकार होता है तथा ऊपरी छिलके मोटे तथा गहरे रंग के होते हैं।

२. **पिकलिंग टाइप :** इस किस्म के खीरों को नमक के घोल में संरक्षित करके खाने के उपयोग में लाया जाता है। इस किस्म के खीरों के फल छोटे होते हैं और बीज भित कम विकसित होती है जिससे यह संरक्षित करने के लिए काफी उपयोगी सिद्ध होते हैं। इस वर्ग की ऐसी किस्में जिनके फलों का छिलका काफी

पतला हो और हल्का रंग हो, अच्छी मानी जाती है। उत्तर प्रदेश के सहारनपुर क्षेत्र में उगने वाली "बालम खीरा" किस्म इसी वर्ग के अन्तर्गत आती है।

हरियाणा राज्य के लिए एक किस्म को उगाने की सिफारिश की जाती है :

जापानीज लॉंग ग्रीन : इस किस्म को भारतीय कृषि अनुसंधान संस्थान, नई दिल्ली के क्षेत्रीय अनुसंधान केन्द्र, कटराई द्वारा अनुमोदित किया गया है। यह एक अगेती किस्म है, जिसके फलों की लम्बाई ३० से ४० सें. मी. होती है तथा फलों के छिलके का रंग गहरा हरा होता है। गूदे का रंग हल्का हरा तथा खाने में कुरकुरा होता है। यह किस्म ठण्डे और पहाड़ी क्षेत्रों में उगाने के लिए काफी उपयोगी है। फल बुआई के ४० से ४५ दिन बाद बनने लगते हैं।

खीरे की कुछ अन्य प्रमुख किस्मों का वर्णन नीचे दिया जा रहा है :

१. **स्ट्रेट-८** : इस किस्म को भी भारतीय कृषि अनुसंधान संस्थान,नई दिल्ली के क्षेत्रीय केन्द्र, कटराई द्वारा अनुमोदित किया गया है। इस किस्म के फल मध्यम से लम्बे आकार के, सीधे, बेलनाकार, मोटे तथा गोल सिरे वाले होते हैं। इनके छिलकों का रंग हरा होता है जिस पर सफेद पट्टियां पड़ी होती है। यह एक अगेती किस्म है तथा ठण्डे स्थानों में उगाने के लिए उपयोगी है।

२. **शीतल** : इस किस्म को कोंकन कृषि विद्यापीट, डापोली (महाराष्ट्र) द्वारा विकसित किया गया है। इस किस्म के फल हल्के हरे रंग के, बेलनाकार, मध्यम आकार के होते हैं। इसके प्रत्येक फल का औसत वजन ३०० से ३५० ग्राम होता है। इसके बेलों की लम्बाई लगभग २.७ मीटर होती है और प्रत्येक बेल से लगभग १० शाखायें निकलती हैं। इसे अधिक वर्षा वाले पहाड़ी क्षेत्रों में खरीफ के मौसम में सफलतापूर्वक उगाया जा सकता है। इसे गर्मी में भी उगाने की संस्तुति की गयी है। यह किस्म कोंकन और गोवा के अधिक वर्षा वाले क्षेत्रों के लिए काफी उपयोगी है।

३. **प्वाइनसेट** : यह एक आयातित किस्म है। इस किस्म के फल गहरे हरे रंग, २५ से ३० सें. मी. लम्बे और बेलनाकार होते हैं। फलों के ऊपर छोटे–छोटे सफेद रोयें पाये जाते हैं। यह किस्म रोमिल फफूँद, चुर्णिल फफूँद, ऐन्थ्रेक्नोज़ तथा एंगुलर लीफ स्पाट के प्रति काफी अवरोधी है।

४. **चाइना** : यह एक मध्यम अवधि वाली काफी उपजाऊ किस्म है। इसके फल बहुत लम्बे (५० सें. मी.) तथा पतले हरे छिलके वाले होते हैं। गूदा सफेद, सख्त और कुरकुरा होता है।

५. **सिक्किम खीरा** : यह एक शातोष्ण किस्म है, जिसे पश्चिमी बंगाल के पहाड़ी इलाकों में उगाया जाता है। इसके फल लम्बे और लाल भूरें रंग के होते हैं। इस किस्म के फलों की भण्डारण क्षमता अच्छी है।

६. **खीरा- ७५** : इस किस्म को डा० यशवन्त सिंह परमार कृषि एवं वानिकी विश्वविद्यालय, सोलन द्वारा विकसित किया गया है। यह हिमाचल प्रदेश के मध्यम ऊँचाई वाले क्षेत्रों में उगाने के लिए उपयोगी है।

७. **कल्याणपुर ग्रीन** : इस प्रजाति की बेलो की लम्बाई २ से २.५ मीटर होती है। इसके तने एवं पत्तियों का रंग हल्का हरा तथा फल हरे रंग के होते हैं। पत्तियों पर कड़े रोयें होते हैं। बुआई के ६० दिन बाद फल मिलने लगते हैं। इसकी औसत उपज ६० से ८० क्विंटल प्रति एकड़ है।

८. **बालम खीरा** : यह पश्चिमी उत्तर प्रदेश की प्रचलित किस्म है। इसके कच्चे फलों के छिलकों का रंग हरा होता है जो परिपक्व होने पर हल्के भूरे रंग में बदल जाता है। फल छोटे तथा मुलायम होते हैं। यह एक पिकलिंग टाइप की किस्म है।

६. **खीरा ६०** : इस किस्म को भी डा० यशवन्त सिंह परमार कृषि एवं वानिकी विश्वविद्यालय, सोलन द्वारा विकसित किया गया है। इस किस्म के फल अन्य किस्मों की अपेक्षा, लम्बा व काफी मोटा, बेलनाकार, कुरकुरा तथा सख्त गूदों वाला होता है। फलों के सिरों की तरफ वाला भाग थोड़ा पीलापन लिए हुए तथा शेष हरे रंग का होता है जिस पर सफेद छींटदार पट्टियाँ होती हैं।

१०. **पूना खीरा** : इस किस्म को महाराष्ट्र के पश्चिमी क्षेत्रों में बहुतायत से उगाया जाता है। इसके फल छोटे से मध्यम आकार और हल्के हरे रंग के होते हैं। परिपक्व फलों का रंग हल्का भूरा होता है।

संकर किस्म

१. **पूसा संयोग** : यह एक संकर किस्म है, जिसे भारतीय कृषि अनुसंधान संस्थान, नई दिल्ली के क्षेत्रीय अनुसंधान केन्द्र, कटराई द्वारा विकसित किया गया है। यह अगेती तथा अधिक उपज देने वाली किस्म है, जिसके फलों की लम्बाई २१ से ३० सें. मी. होती है। फल गहरे हरे रंग के होते हैं जिन पर पीले रंग की पट्टियां पायी जाती हैं। गूदा मुलायम तथा कुरकुरा होता है।

२. **प्रियाः** यह नई विकसित की गई संकर जाति है। इसके फल बिना किसी कड़वाहट के तथा गहरे हरे रंग के २५–३० सें. मी. तक लम्बें होते हैं। यह किस्म पाऊडरी मिल्डयू (चिटटा रोग), डाऊनी मिल्ड्यू, विषाणु रोग, ऐन्थ्रेक्नोज तथा एन्गुलर लीफ स्पाट के लिए अति प्रतिरोधक सिद्ध हुई है। इसकी औसत उपज ८० क्विंटल प्रति एकड़ है।

अखिल भारतीय समन्वित सब्जी विकास परियोजना ने खीरा की "संकर किस्मों के विकास" हेतु चलाये जा रही परियोजना के अंतर्गत निम्न संकर किस्मों का

विकास कियां है जैसे : सी.एच. –१३, पी.सी.यू.सी.एच.–१, डी.एच.–६, डी.एच.–१८ एवम् डी.एच.–१७

बिजाई का समय : तापमान को ध्यान में रखते हुए खीरा की बिजाई फरवरी के दूसरे पखवाडे से लेकर मार्च के दूसरे सप्ताह तक कर सकते हैं। कम तापक्रम होने से इसके बीज का जमाव कम होता है। बीज के अच्छे जमाव के लिए १८ सें. ग्रे. तापक्रम का होना जरुरी है। जैसे–जैसे तापक्रम बढ़ता जाता है, जमाव शीघ्र होता है। अगर अगेती फसल लेनी हो तो पोलीथीन की थैलियों में बीज की बिजाई जनवरी माह में करनी चाहिए। चार से पांच पत्तियाँ होने पर फरवरी महीने में थैलियों को काटकर जमीन में रोपाई कर देते हैं तथा इस प्रकार करीब २० दिन पहले फसल ली जा सकती है। अगेती बोने से फसल का भाव अच्छा मिलता है तथा शुद्ध लाभ अधिक प्राप्त होता है।

बीज की मात्रा : खीरा के लिए १ किलोग्राम बीज प्रति एकड पर्याप्त होता है।

बिजाई की विधि : खीरा की बिजाई नालियों के किनारों पर करते हैं। एक नाली से दूसरी नाली की दूरी १ से १.५ मी. और पौधे से पौधे की दूरी ६० सें. मी. रखते हैं। एक जगह पर दो बीजो को बोना चाहिए।

खाद एवं उर्वरक : एक एकड़ ज़मीन के लिए ४ से ६ टन गोबर की गली सडी खाद, २० किलोग्राम नाइट्रोजन (८० किलोग्राम कैल्शियम अमोनियम नाईट्रेट २५ प्रतिशत अर्थात किसान खाद), १० किलोग्राम फास्फोरस (६५ किलोग्राम सिंगल सुपर फास्फेट) तथा १० किलोग्राम पोटाश (१६ किलोग्राम म्यूरेट आफ पोटाश) की मात्रा पर्याप्त होती है। बिजाई के समय गोबर की सडी खाद, १/३ भाग नाइट्रोजन, फास्फोरस व पोटाश की पूरी मात्रा नालियों के ऊपर जहां पर बिजाई करनी है वहा डालनी चाहिए। शेष नाइट्रोजन की मात्रा को दो बार में अर्थात बिजाई के एक महीने बाद एवं फूल आने पर नालियों में डालकर पौधों पर मिट्टी चढ़ा देनी चाहिए। इसके उपरान्त हल्की सी सिंचाई कर देनी चाहिए।

सिंचाई : बिजाई भूमि की बत्तर अवस्था पर करनी चाहिए व इसके बाद एक हल्की सिंचाई अवश्य करें। अंकुरण के बाद ५ से ७ दिन के अन्तर पर सिंचाई करना आवश्यक है। खाद की मात्रा डालने के बाद सिंचाई अवश्य करें। पानी लगाते समय यह ध्यान रखें कि पानी नालियों के ऊपर नही जाना चाहिए अन्यथा बीज के फुटाव पर कुप्रभाव पड़ता है तथा खरपतवार अधिक उगते हैं। खीरा की फसल के लिए १ से ३ निराई–गुड़ाई पर्याप्त है।

उपज : खीरे की ४५ क्विंटल प्रति एकड़ उपज ली जा सकती है।

खीरा में एथरिल का प्रयोग : यह ज्ञात हुआ है कि खीरा की फसल में एथरिल १०० पी. पी. एम. घोल (एथरिल ५० प्रतिशत की चार मि० ली० दवा को २० लीटर पानी में) को पौधों की २ व ४ सच्ची पत्तियों की अवस्थाओं में छिड़काव करने से

फल के उत्पादन में बढ़ोतरी पाई गई है। एक एकड़ के लिए २० लीटर घोल बनाने की आवश्यकता पड़ती है। छिड़काव करते समय किसी एक प्रकार का चिपचिपा पदार्थ घोल में अवश्य डालना चाहिए।

फसल संरक्षण : जैसा कि अन्य बेल वाली सब्ज़ियों के लिए इस अध्याय के अन्त में बताया गया है।

बेलवाली सब्ज़ियों में फसल संरक्षण

बेलवाली सब्ज़ियों के मुख्य कीट : इनमें लगने वाले मुख्य कीट लालड़ी, फल की मक्खी, तेला, चेपा व अष्टपदी (माईट) आदि होते हैं जिनका संक्षिप्त विवरण व नियंत्रण इस प्रकार है :

१. **लालड़ी** : यह सभी बेलवाली सब्ज़ियों का सबसे खतरनाक कीट है। इसके प्रौढ़ पीले–लाल या भूरे रंग के व चमकीले होते हैं तथा सूण्डियाँ (लटे) क्रीम रंग की होती हैं। प्रौढ़ सूण्डी पत्तियों में गोल सुराख करती हैं। सूण्डियाँ जमीन में रहकर व जड़े काटकर पौधों को नुकसान पहुँचाती हैं। इसके प्रकोप से छोटे पौधे पूर्णतया मर जाते हैं। मार्च के दूसरे पखवाड़े से अप्रैल के पहले पखवाड़े तक तथा मध्य जून से अगस्त तक इसका अधिक प्रकोप रहता है व कभी–कभी तो फसल की दुबारा बुआई करनी पड़ती है।

नियंत्रण : इस कीट की रोकथाम के लिए ५ किलोग्राम कार्बेरिल ५ डी + ५ किलोग्राम राख को मिलाकर प्रति एकड़ धूड़ा करें या २०० मि० ली० एण्डोसल्फान ३५ ई० सी० या २५ मि० ली० सायपरमेथ्रिन २५ ई० सी० या ६० मि० ली० सायपरमेथ्रिन १० ई० सी० या ३० मि० ली० फैनवलरेट २० ई० सी० या १०० ग्राम कार्बेरिल ५० घु. पा. को १०० लीटर पानी में मिला कर एक एकड़ में छिड़काव करें। इस कीट की लटों (ग्रब्स) से फसल के बचाव के लिए १.६ लीटर क्लोरपाइरीफास २० ई० सी० या १ लीटर एण्डोसल्फास ३५ ई० सी० को बिजाई के एक महीने बाद सिंचाई के साथ लगायें।

२. **फल की मक्खी** : यह मक्खी कोमल फलों के गुद्दे में अंडे देती है। अंडो से कीड़े की लटें निकलकर गुद्दे को खाती है जिससे फल सड़कर खराब हो जाते है। इस कीड़े का प्रकोप ककड़ी, काली तोरी, करेला, टिण्डा, घीया तथा खरबूजे में अधिक पाया जाता है।

नियंत्रण : इस कीट के प्रकोप से बचने के लिए २५० मि० ली० फेनिट्रोथियान (एकोथियान/फोलिथियान/सुमिथियान) ५० ई० सी० या ४०० मि० ली० मैलाथियान (सायथियान) ५० ई० सी० या ५०० ग्राम कार्बेरिल (सेविन/कार्बाविन/हैक्साविन) ५० घु. पा. को २५० लीटर पानी तथा १.२५ किलोग्राम गुड़/सीरा में मिलाकर प्रति एकड़ १० दिन के अन्तर पर छिड़काव करना चाहिए।

३. **तेला, चेपा तथा अष्टपदी (माईट) :** ये सभी शिशु तथा प्रौढ़ अवस्था में पत्तों से रस चूसते हैं जिसके कारण फसल पीली व कमजोर हो जाती है तथा पैदावार घट जाती है।

नियंत्रण : इन सभी की रोकथाम के लिए २५० मि० ली० मैलाथियान (सायथियान) ५० ई० सी० को २५० लीटर पानी में मिलाकर प्रति एकड़ फसल पर छिड़काव करना लाभप्रद है।

सावधानियाँ

१. सिफारिश की गई कीटनाशी दवाओं का ही प्रयोग करें क्योंकि बेलवाली सब्ज़ियाँ कुछ अन्य कीटनाशियों से जल सकती हैं।
२. सुबह ओस के समय धूड़ा कभी न करें।
३. करीब ८ से १० मीटर की दूरी पर मक्का की कतारें लगायें, क्योंकि उस पर फल की मक्खियाँ इक्ट्ठी होकर बैठती हैं। मक्का के पौधों पर ऊपर लिखी दवाई का छिड़काव अच्छी तरह करने से फल की मक्खी की रोकथाम की जा सकती है।
४. काने व सड़े फल इक्ट्ठे करके मिट्टी में गहरा दबा दें ताकि उनके अन्दर पड़ रहे कीड़े मर जायें।

बेलवाली सब्ज़ियों की बीमारियाँ व उनका नियंत्रण : इनमें लगने वाली मुख्य बीमारियाँ पाउडरी मिल्डयू, ऐन्थ्रेक्नोज, गम्मी कालर रोट व डाउनी मिल्डयू आदि होती हैं जिनका संक्षिप्त विवरण व नियंत्रण इस प्रकार है :

१. **पाउडरी मिल्डयू या चिट्टा रोग :** इस रोग की फफूंद से पत्तों, तनों और पौधों के दूसरे भागों पर फफूंदी की सफेद आटे जैसी तह जम जाती है। यह रोग प्रायः बहुत खुश्क मौसम में लगता है। इस रोग के प्रकोप से फल का गुण व स्वाद खराब हो जाता है।

नियंत्रण : इस रोग के प्रकोप से बचने के लिए एक बार ८ से १० किलोग्राम प्रति एकड़ बारीक गंधक का धूड़ा बीमारी लगे हर भाग पर धूड़ने से बीमारी रुक जाती है। धूड़ा सुबह या शाम के समय करें। दिन के उस समय दवाई का धूड़ा न करें जब अधिक गर्मी हो। खरबूजे के पौधे पर इस रोग का प्रकोप होने पर गंधक न धूड़े या धूड़े के स्थान पर ५०० ग्राम घुलनशील गंधक (सल्फेक्स या वेटसल्फ) २०० लीटर पानी में घोल कर प्रति एकड़ की दर से छिड़काव करना चाहिए।

२. **ऐन्थैक्नोज व स्कैब :** इस बीमारी के प्रकोप से लौकी (घीया), तोरी तथा अन्य बेलवाली सब्ज़ियों के पत्तों व फलों पर धब्बे पड़ जाते हैं तथा अधिक नमी वाले मौसम में इन धब्बों पर गोंद जैसा पदार्थ दिखाई देता है।

नियंत्रण : इस रोग से बचने के लिए २०० ग्राम मैन्कोजेब (इण्डोफिल एम–४५ या डाईथेन एम–४५) दवा को १०० लीटर पानी में घोलकर प्रति एकड़ की दर से छिड़काव करना चाहिए।

३. **गम्मी कालर रॉट** : यह बीमारी खरबूजे में विशेषकर अप्रैल–मई में देखने में आती है। इस रोग के प्रभाव से भूमि की सतह पर तना पीला पड़ कर फटने लगता है और इन्ही स्थानों से गोंद जैसा चिपचिपा पदार्थ निकलने लगता है।

नियंत्रण : प्रभावित पौधों के तनों को भूमि की सतह के पास ०.१ प्रतिशत कारबेण्डाज़्मि या बाविस्टीन घोल से सिंचाई करने से इस रोग के प्रकोप से बचा जा सकता है।

४. **डाउनी मिल्डयू** : इस रोग से पत्तों की ऊपरी सतह पर पीले अथवा नारंगी रंग के कोणदार धब्बे बनते हैं जोकि शिराओं के बीच ही सीमित रहते हैं। नमी वाले मौसम में इन्ही धब्बों पर पत्तों की निचली सतह पर सफेद अथवा हल्के बैंगनी रंग का पाऊडर दिखाई देता है। रोग का प्रकोप बढ़ने पर पत्ते सूख जाते हैं और पौधे नष्ट हो जाते हैं।

नियंत्रण : इस रोग के नियंत्रण के लिए लौकी जाति के खरपतवारों को नष्ट कर देना चाहिए। पौधों पर मैन्कोजैब (इण्डोफील एम–४५ या डाईथेन एम–४५) अथवा कापर आक्सीक्लोराइड (ब्लाईटाक्स–५० ग्राम या फाइटोलान) का २ ग्राम दवा प्रति लीटर पानी की दर से छिडकाव करें। खरबूजे की फसल में ब्लाईटाक्स–५० का छिड़काव नही करना चाहिए। एक एकड़ फसल के लिए २०० लीटर पानी में ४०० ग्राम दवा का घोल बनाना चाहिए।

५. **मौजेक** : इस रोग से प्रभावित पौधों के पत्ते पीले व कहीं–कहीं से हरे नज़र आते हैं जिससे पैदावार बहुत कम मिलती है। यह रोग बीज तथा मक्खी द्वारा फैलता है।

नियंत्रण : बीज ऐसे क्षेत्र से प्राप्त करें जो विषाणु रोग से मुक्त हों। रोग ग्रस्त पौधों को उखाड़ देना चाहिए। अल (चेपा) को नष्ट करने के लिए नियमित रुप से कीटनाशक दवाओं का छिड़काव करें जैसा कि कीड़ों की रोकथाम के लिए बताया गया है।

६. **आल्टरनेरिया अंगमारी** : पीले रंग के धब्बे पत्तों पर दिखाई देते हैं जो गहरे भूरे और काले हो जाते हैं। यह किनारों से शुरु हो कर चक्रदार हो जाते हैं। यह रोग तरबूज पर अधिक लगता है।

नियंत्रण : ३०० ग्राम मैन्कोजेब (इण्डोफिल एम–४५ या डाईथेन एम–४५) को १०० लीटर पानी में मिला कर प्रति एकड़ की दर से १० से १५ दिन के अन्तर पर छिड़काव करना लाभकारी पाया गया है।

१०

फलीवाली सब्ज़ियाँ

(क) सेमफली
SCARLET RUNNER BEAN

सेम खरीफ मौसम की फली वाली प्रमुख सब्ज़ी है। इसकी हरी फलियों व सूखे बीजों का प्रयोग सब्ज़ी, अचार और विभिन्न प्रकार के व्यंजन के रूप में किया जाता है। पोषण की दृष्टि से इसका सब्ज़ियों में महत्वपूर्ण स्थान है। इसकी फलियों में प्रोटीन, वसा, कार्बोहाइड्रेट और विटामिन "ए" तथा "सी" प्रचुर मात्रा में पाये जाते हैं। इसमें लोहा, कैल्शियम, मैगनीशियम और सोडियम आदि लवण भी पाये जाते हैं। ये सभी पोषक तत्व मानव शरीर के विकास व उत्तम स्वास्थ्य के लिए आवश्यक हैं।

जलवायुः सेम छोटे दिन चाहने वाली फसल है। इसको पाला और अधिक तापक्रम दोनों ही हानि पहुंचाते हैं। जिन क्षेत्रों में औसत वार्षिक वर्षा १०० से ११० सें.मी. हो व पाला कम पड़ता है वहाँ सेम की खेती सफलतापूर्वक की जा सकती है।

भूमि व उसकी तैयारीः सेम की खेती के लिये अच्छे जल निकासयुक्त दोमट या बलुई मिट्टी उपयुक्त होती है। पहली जुताई मिट्टी पलटने वाले हल से तथा ३ से ४ जुताइयां देशी हल या कल्टीवेटर से करके खेत को अच्छी प्रकार तैयार करते हैं। प्रत्येक जुताई के बाद पाटा चलाना आवश्यक है, ताकि मिट्टी भुरभुरी व समतल हो जाये।

प्रमुख उन्नत किस्मेंः हरियाणा राज्य के लिए निम्नव्रत एक ही किस्म को लगाने की सिफारिश की गई है।

हिसार कीर्ति (एच.डी.१८): यह अगेती किस्म है जो ६० दिन में पक कर तैयार हो जाती है। इसकी फलियां चपटी और गहरे हरे रंग की होती है जिन्हें अधिक

लम्बे समय तक भण्डार में रखा जा सकता है। इसकी औसत पैदावार ८५ क्विंटल प्रति एकड़ है।

इस किस्म के अतिरिक्त सरकारी संस्थाओं व विभिन्न राज्य कृषि विश्वविद्यालयों से सेम की निम्न उन्नतशील किस्मों का विकास हुआ है जिन्हें भारत के विभिन्न राज्यों में बोया जाता है :

१. **पूसा सेम–२** : इस किस्म को भारतीय कृषि अनुसंधान संस्थान, नई दिल्ली द्वारा विकसित किया गया है। इसकी फलियाँ चौड़ी गहरे हरे रंग की बिना रेशे वाली तथा १५ से १७ सें. मी. लम्बी होती है। इसकी औसत उपज ५५ क्विंटल प्रति एकड़ है।

२. **पूसा सेम–३** : इस किस्म को भारतीय कृषि अनुसंधान संस्थान, नई दिल्ली से विकसित किया गया है। इसकी फलियाँ काफी चौड़ी, मुलायम, गूदेदार तथा बिना रेशे की होती हैं। फलियों की लम्बाई १५ से १६ सें. मी. होती हैं। इसकी औसत उपज ६८ क्विंटल प्रति एकड़ है।

३. **जवाहर सेम–७६ (जे. डी. एल.–७६)** : इस किस्म को जवाहर लाल नेहरु कृषि विश्वविद्यालय, जबलपुर से विकसित किया गया है। यह एक देर से तैयार होने वाली किस्म है जिसकी फसल की अवधि १४५ से १६० दिनों की होती है। इसके तने गहरे हरे रंग के होते हैं और पुष्प असीमित क्रम में आते हैं जिनका रंग बैंगनी होता है। फलियाँ आकर्षक सफेद रंग की ८ से १० सें. मी. लम्बी और ३ से ४ सें. मी. चौड़ी होती हैं। प्रत्येक फली में ३ से ४ बीज बनते हैं। बीज अण्डाकार काले और मध्यम आकार के होते हैं। इसके प्रति १०० ग्राम खाने योग्य भाग में ३ से ५ ग्राम प्रोटीन पाई जाती है। इसमें फलियाँ पौधों के विभिन्न हिस्सों से निकलती है और इसकी उपज क्षमता ६८ से ७० क्विंटल प्रति एकड़ है।

४. **१२५–१३६** : इस किस्म को गुजरात से विकसित किया गया है। इसके पौधे ७५ से १०० सें. मी. ऊँचे तथा तना और पत्तियाँ हरे रंग की होती हैं। फलियाँ छोटे आकार की (३ से ४ सें. मी.) तथा चौड़ी होती हैं। प्रत्येक फली में ३ से ४ बीज होते हैं। फलियाँ गुच्छों में आती हैं और प्रत्येक पेड़ पर ८० से १०० फलियाँ लगती हैं। बीज सफेद रंग के होते हैं तथा फसल की अवधि ११० से १२० दिनों की होती है।

५. **हेब्बल अवारे–३** : इस किस्म को कर्नाटक से विकसित किया गया है। इसके पौधे ६५ से ७० सें. मी. ऊँचे, सीधे तथा सीमित बढ़वार वाले होते हैं। इस किस्म पर प्रकाश अवधि का कोई प्रभाव नहीं पड़ता। इसके पौधों में सफेद रंग के फूल आते हैं तथा फलियाँ हरे रंग की और २ से ३ बीजों वाली होती हैं। बीज भूरे रंग के, गोल तथा छोटे आकार के होते हैं। फसल की अवधि ९० से १०० दिनों की होती है तथा औसत उपज ३२ से ४० क्विंटल प्रति एकड़ है।

६. **जवाहर सेम--५३ (जे. डी. एल.–५३)** : इस किस्म को भी जवाहर लाल नेहरु कृषि विश्वविद्यालय, जबलपुर से विकसित किया गया है। यह अत्यन्त ही अगेती (७५ से ८५ दिन) पोल टाइप किस्म है। इसका तना गहरे बैंगनी रंग का और गाँठों पर रंग गहरा होता है। फलियाँ हरे सफेद रंग की तथा किनारे पर बैंगनी रंग के धब्बे होते हैं। फलियाँ ८ से १० सें. मी. लम्बी और ३ से ४ सें. मी. चौड़ी होती हैं। प्रत्येक फली में ३ से ४ बीज होते हैं। बीज आकर्षक सफेद रंग के मध्यम आकार के और अण्डेनुमा शक्ल के होते हैं। इसमें फलियाँ विभिन्न भागों से निकलती हैं जिससे अधिक उपज ५६ से ६० क्विंटल प्रति एकड़ प्राप्त होती है। उन सभी क्षेत्रों में उगाने के लिए उपयुक्त है जहाँ वर्षा कम होती है तथा नमी का अभाव रहता है।

७. **कल्याणपुर टाइप–२** : इस किस्म को शाक–भाजी अनुसधान केन्द्र, कल्याणपुर, कानपुर से विकसित किया गया है। इसकी लताओं की लम्बाई ४ से ५ मीटर होती है तथा पौधों के तनों का रंग हल्का हरा होता है और आकार कोणीय होता है। पत्तियाँ चौड़ी और हरी होती है। फूल और फलियाँ गुच्छों में आते हैं। फलियाँ सफेद, चौड़ी, चपटी और रसदार होती है। एक गुच्छे में ८ से १२ फलियाँ लगती हैं। बीज काला, चिकना व बड़ा होता है। इसकी सब्ज़ी वाली फसल की अवधि ६० से १०० दिनों की होती है। इसके फलियों की उपज ६४ से ६८ क्विंटल प्रति एकड़ होती है।

८. **जवाहर सेम–३७** : यह पोल टाइप किस्म है, जिसे जवाहर लाल नेहरु कृषि विश्वविद्यालय, जबलपुर से विकसित किया गया है। इसके पुष्प और तने का रंग बैंगनी होता है। फलियाँ हरे रंग की होती है जिनका किनारा बैंगनी रंग का होता है। फलियाँ ८ से १० सें. मी. लम्बी और ३ से ६ सें. मी. चौड़ी होती है। प्रत्येक फली में ३ से ४ दाने पाये जाते हैं। बीज भूरे काले रंग के मध्यम आकार वाले अण्डाकार होते हैं। यह एक लम्बी अवधि (१३० से १३५ दिन) की किस्म है तथा इसमें फलियाँ विभिन्न भागों से निकलती हैं जिससे अधिक उपज ६० क्विंटल प्रति एकड़ प्राप्त होती है।

९. **जवाहर सेम–८५ (जे. डी. एल. ८५)** : यह एक मध्यम अवधि वाली पोल टाईप किस्म है, जिसे जवाहर लाल नेहरु कृषि विश्वविद्यालय, जबलपुर से विकसित किया गया है। फसल की अवधि ६० से १०० दिनों की होती है। इसके तने गहरे रंग के और पुष्प हल्के बैंगनी रंग के होते हैं जो असीमित पुष्पक्रम गुच्छों में निकलते हैं। फलियाँ ३ से ४ के गुच्छों में निकलती हैं जिनकी लम्बाई ११ से १२ सें. मी. और चौड़ाई ३ से ४ सें. मी. होती है। फलियाँ चपटी और हरे रंग की होती है। बीज सख्त, अण्डाकार, काले रंग के तथा मध्यम आकार के होते हैं। बीज के हाइलम का रंग क्रीमी सफेद होता है। इसमें फलियाँ पौधे के विभिन्न हिस्सों पर

लगती है जिससे ६० क्विंटल प्रति एकड़ उपज प्राप्त होती है। यह किस्म उन सभी क्षेत्रों में उगाने के लिए उपयुक्त है जहाँ वर्षा का औसत बहुत कम होता है।

१०. कोंकण भूषण : इसके पौधे झाड़ीनुमा तथा ६० से ७५ सें. मी. ऊँचे होते हैं। बुआई के ५५ से ६० दिन बाद फलियाँ तुड़ाई योग्य हो जाती हैं। फलियाँ मुलायम, हरी तथा सीधी होती हैं। प्रति पौधा १२५ से १८० फलियाँ प्राप्त होती हैं। प्रत्येक का वजन ३ से ४ ग्राम होता है तथा प्रत्येक फली १० सें. मी. लम्बी और १. ५ सें. मी. मोटी होती है। इसकी औसत उपज ३२ से ४० क्विंटल प्रति एकड़ है।

११. रजनी : इसके पौधे लता के रुप में बढ़ते हैं। इसके तने का रंग प्रारम्भिक अवस्था में बैंगनी और बाद में हरा हो जाता है। तना मध्यम मोटा और गोल होता है। फलियाँ गहरे हरे रंग की होती हैं और उनकी लम्बाई १२ सें. मी. तथा चौड़ाई १.२ से १.५ सें. मी. होती है। एक फली में ५ से ६ बीज बनते हैं। इस किस्म की सब्ज़ी वाली फसल ८० से ६० दिन में और बीज फसल १५० दिनों में तैयार हो जाती है। इसकी हरी फलियों की उपज ५६ से ६० क्विंटल प्रति एकड़ प्राप्त होती है।

१२. सी. ओ. २ : इस किस्म को तमिलनाडु कृषि विश्वविद्यालय, कोयम्बटूर से विकसित किया गया है। इसके पौधे लगभग ६० सें. मी. ऊँचे होते हैं तथा सीधे बढ़ने वाले और झाड़ीनुमा होते हैं। प्रत्येक पौधे से ५ से ६ शाखायें निकलती हैं। इस किस्म पर प्रकाश अवधि का कोई प्रभाव नहीं पडता है। इसमें लाल बैंगनी रंग के पुष्प आते हैं। फलियाँ चौड़ी तथा हरे रंग की होती हैं और प्रत्येक फली में ४ बीज होते हैं। बीज मध्यम आकार के और काले रंग के होते हैं।

१३. वाल कोंकण–१ : इस किस्म के पौधे छोटे ४० से ४५ सें. मी. लम्बे, काफी शाखाओं वाले तथा लम्बे तंतुओं वाले होते हैं। पत्तियाँ गहरे हरे रंग की तथा चिकनी होती हैं। बुआई के लगभग ५५ से ६० दिन बाद इसमें फूल आना प्रारम्भ होता है। बीज बड़े और भूरे रंग के होते हैं। यह किस्म मौजेक विषाणु के प्रति अवरोधी है। इसकी उपज क्षमता ३६ से ४० क्विंटल प्रति एकड़ है और फसल की अवधि ११० से ११५ दिनों की होती है।

१४. सी. ओ. १ : इस किस्म को तमिलनाडु कृषि विश्वविद्यालय, कोयम्बटूर से विकसित किया गया है। इसके पौधे ६० से ७० सें. मी. ऊँचे होते हैं तथा तना हरे रंग का होता है और पत्तियाँ तीन फलक वाली और चिकनी होती हैं। फलियाँ चौड़ी और हरे रंग की होती हैं तथा पकने पर बादामी रंग की हो जाती हैं। बीज बड़े और काले रंग के होते हैं। फसल की अवधि १४० दिनों की है और इसकी उपज ६४ क्विंटल प्रति एकड़ है।

१५. पूसा अर्ली प्रालिफिक : इस किस्म को भारतीय कृषि अनुसंधान संस्थान, नई दिल्ली से विकसित किया गया है। इसकी फलियां लम्बी होती हैं तथा गुच्छों में लगती हैं। यह बसन्त तथा खरीफ दोनों मौसमों में उगाने के लिए उपयुक्त है।

बुआई का समयः सेम की बुआई जुलाई के अन्तिम सप्ताह मे करनी चाहिए। हरियाणा मे किए गए अनुसधान परीक्षणों से ज्ञात हुआ है कि सेम की सर्वाधिक उपज जुलाई के अन्तिम सप्ताह में बिजाई की गई फसल से मिलती है।

बुआई का ढंग और बीज की मात्रा : सेम की बुआई उठी हुई क्यारियों को बनाकर की जाती है। ये क्यारियां १.५० मीटर चौड़ी होनी चाहिए। दो क्यारियों के बीच में ३० से ४० सें.मी. चौड़ी नालियॉ रखी जाती है जिसके एक किनारे पर ४५ सें.मी. की दूरी पर २ या ३ बीज बोए जाते हैं। बीजों को २ से ३ सें.मी. गहराई में बोना चाहिए। जब पौधे एक से ढेड महीने के हो जाये तो इन्हे बास के डण्डो पर चढ़ा देना चाहिए। एक स्थान पर एक या दो स्वस्थ पौधे छोड़कर शेष को सावधानीपूर्वक निकाल देना चाहिए। प्रति एकड़ २ से ३ किलोग्राम बीज पर्याप्त होता है।

खाद एवं उर्वरकः खेत की तैयारी के समय ४ टन गोबर की सड़ी खाद प्रति एकड़ की दर से खेत में डालना चाहिए। सेम की अच्छी पैदावार के लिए १२ किलोग्राम नाइट्रोजन (४८ किलोग्राम कैल्शियम अमोनियम नाईट्रेट २५ प्रतिशत अर्थात किसान खाद) व १६ किलोग्राम फास्फोरस (१०० किलोग्राम सिंगल सुपर फास्फेट) का प्रयोग प्रति एकड़ की दर से करना चाहिए। नाइट्रोजन की आधी मात्रा व फास्फोरस की पूरी मात्रा बेसल ड्रेसिंग के रूप में बुआई से पहले भूमि में देनी चाहिए। शेष नाइट्रोजन की आधी मात्रा को बीज जमाव के एक माह बाद नालियों में डालकर पौधों पर मिट्टी चढाना आवश्यक है।

सधाईः जब पौधे २०–३० सें.मी. के हो जायें तो सधाई का कार्य प्रारम्भ कर देना चाहिए। सधाई करते समय बांस या पेड़ की डालियों की ऊँचाई २.५ मीटर से अधिक नहीं रखना चाहिए ताकि फलियों की तुडाई आसानी से की जा सके।

सिंचाईः सेम की फसल काफी समय तक सूखे को सहन कर लेती है। फूल आने से पहले सिंचाई की कम आवश्यकता होती है। फूल आने व फलियाँ बनने के समय सिंचाई करना आवश्यक है और इसके पश्चात् आवश्यकतानुसार १० से १५ दिन के अन्तर पर सिंचाई करते रहना चाहिये।

निराई-गुड़ाई एवं खरपतवार नियन्त्रणः खरपतवार उगने पर आवश्यकतानुसार निराई करते रहना चाहिए। पौधों की वृद्धि के लिये १ से २ गुड़ाई करना लाभकारी पाया गया है।

फलियों की तुड़ाई: बुआई के ६० से ७० दिन बाद फूल आने प्रारम्भ हो जाते हैं और फूल आने के १५ से २० दिन बाद फलियां तुड़ाई योग्य हो जाती हैं। फलियों की तुड़ाई बराबर करते रहना चाहिए। सेम की फलियां अक्तूबर से मार्च तक मिलती है। सेम के पौधे से अगले मौसम में फली लेने के लिए गर्मियों में जीवित रखा जा सकता है पर ऐसे पौधों से उपज कम मिलती है।

उपजः सेम की फसल से औसत उपज ६०–८५ क्विंटल प्रति एकड़ तक प्राप्त की जा सकती है।

फसल संरक्षण

हानिकारक कीड़े व नियंत्रण

१. **चेपा** : इस फसल में काले रंग के शिशु व प्रौढ़ कोमल, पत्तियों, टहनियों, फूलों व फलियों से नवम्बर से मार्च तक रस चूसते हैं जिससे पौधों की बढ़वार रूक जाती है और उपज भी कम हो जाती है। फसल का ग्रसित भाग भोजन बनाने में समर्थ नहीं होता व चेपा द्वारा चिपचिपा पदार्थ छोड़ने से पत्तों पर काला कवक लग जाता है जो फोटोसिन्थेटिक क्रिया में बाधा डालता है।

नियन्त्रण : चेपा के नियत्रण के लिए ४०० मि० ली० मैलाथियान ५० ई० सी० को २५० लीटर पानी मे मिला कर प्रति एकड़ की दर से आवश्यकतानुसार छिड़काव करना चाहिए। जरूरत पड़ने पर दूसरा छिड़काव १० दिन के अन्तर पर दोहरायें।

२. **सफेद मक्खी** : इसका वर्णन तथा नियंत्रण टमाटर में बताया गया है। अतः वहाँ के अनुसार ही नियंत्रण के लिए कीटनाशी छिड़कें।

३. **फली छेदक** : यह कीट फली में छेद करके कच्चे दानों को खाता है। इस कीट का अधिक प्रकोप फलियों पर सूण्डी की अवस्था में होता है। ऐसी ग्रसित फसल में प्रति एकड़ पैदावार काफी कम होती है।

नियन्त्रण : टमाटर की फसल में बताये गये कीट नियत्रण के उपाय इस फसल में भी अपनायें।

बीमारियां व उनका नियन्त्रण

१. **ऐन्थ्रैक्नोज या फलियों का लाल धब्बों का रोग** : इस रोग के कारण फलियों पर गहरे भूरे रंग के धंसे हुए एक या अनेक धब्बे बनते हैं जिनके किनारे लाल रंग लिए होते हैं। नम मौसम में धब्बों के मध्य भाग से नारंगी रंग का फफूंद स्त्राव निकलता है। इसी प्रकार के धब्बे पत्तियों व तनों पर भी बनते हैं।

नियन्त्रण : बीज को एमिसान (२.५ ग्राम प्रति किलो बीज) से उपचारित करके बोयें। रोग के लक्षण दिखाई देते ही डाइथेन एम–४५ या इण्डोफिल एम–४५ के

घोल का पहला छिड़काव ४०० ग्राम दवा को २०० लीटर पानी में मिला कर प्रति एकड़ में करें। फसल लेने के बाद रोगग्रस्त अवशेषों को जला देना चाहिए।

२. **मौजेक** : गहरे हरे रंग का चितकबरापन पत्तियों पर आ जाता है। काले या गहरे रंग के चकत्ते जल्दी बढ़ते हैं। पत्तियों में सिकुड़न आ जाती है तथा किनारे मुड़ने लगते है और बाद में पूरा पौधा पीला पड़ जाता है।

नियन्त्रण : रोगग्रस्त पौधों पर कीटनाशक दवाओं का समय–समय पर छिड़काव करते रहें।

नोट : सभी सब्ज़ी बनाने योग्य फलियां छिड़काव से पहले तोड़ लेनी चाहिए।

(ख) लोबिया
LOBIA (Chavala)

लोबिया एक दलहनी सब्ज़ी है जिसकी खेती पूरे देश में हरी फलियों, बीजों, चारा और हरी खाद प्राप्त करने के लिए खरीफ और जायद मे की जाती है। प्रायः किसान लोबिया को मक्का या ज्वार के साथ बोते हैं लेकिन यह इन फसलों की अपेक्षा अधिक सूखा सहन करने की क्षमता रखती है। सब्ज़ी के रूप में लोबिया अत्यन्त पौष्टिक होता है और इससे अनेक व्यंजन बनाए जा सकते हैं। इसकी ताजा व सुखाई हुई फलियां मटर के बराबर पौष्टिक होती है। लोबिया वनस्पति–प्रोटीन का एक सस्ता और बढ़िया स्त्रोत है, अतः इसको गृह–वाटिकाओं और सब्ज़ी फार्मों में अवश्य ही स्थान मिलना चाहिए। लोबिया की हरी फलियों में प्रोटीन, विटामिन–बी, कार्बोहाइड्रेट, वसा और ३४० कैलोरी ऊष्मा होती है। यह कैल्शियम और लौहे का मुख्य स्त्रोत है।

जलवायु : इसे उष्ण और समउष्ण जलवायु की आवश्यकता होती है। यह गर्म मौसम की फसल है तथा ठंड सहन नहीं कर पाती। जमाव के लिए १२ से १५ सें. ग्रे. और पौधों की बढ़वार के लिए २७ से ३५ सें. ग्रे. तापक्रम अनुकूल होता है। इसकी वृद्धि के लिए पानी का लगातार बरसना भी हानिकारक होता है। इसकी अच्छी वृद्धि के लिए ज्वार या मक्की जैसी जलवायु की आवश्यकता पड़ती है। सूखा–रोधी होने के कारण लोबिया को शुष्क तथा असिंचित क्षेत्रों में, जहां अन्य सब्जियां नहीं उगाई जा सकती वहां भी सफलतापूर्वक उगाया जा सकता है।

भूमि और उसकी तैयारी : लोबिया की अच्छी फसल के लिए समुचित जल–निकास वाली रेतीली–दोमट से भारी दोमट जमीन का चुनाव करना चाहिए। अन्य दलहनी फसलों की भांति इसे क्षारीय और अम्लीय भूमि में नहीं उगाया जा सकता। इसकी खेती बलुई से चिकनी सभी प्रकार की मिट्टियों में की जाती है परन्तु अधिक

उपज प्राप्ति के लिए उत्तम जल–निकास व्यवस्था वाली तथा कार्बनिक तत्वों की धनी बलुई दोमट भूमि सर्वोत्तम रहती है।

भूमि की एक बार देशी हल से जुताई करके पिछली फसल के अवशेष और खरपतवार बिल्कुल निकाल देने चाहिए। इससे भूमि शीघ्र और अच्छी तरह तैयार हो जाती है। इसके बाद मिट्टी पलटने वाले हल से १ से २ जुताई करके पाटा लगाएं। आवश्यकतानुसार पलेवा करने के बाद सही समय पर दो बार जुताई करके खेत बुआई के लिए तैयार करना चाहिए। यदि इसे किसी अन्य फसल के साथ मिला कर बोना हो तो खेत को दूसरी फसल की आवश्यकता के अनुसार तैयार किया जाता है। जुताई के बाद खेत में पाटा फेरकर भली–भांति समतल कर लेना चाहिए। सिंचाई के लिए मौसम, सिंचाई सुविधाओं व भूमि की ढलान के अनुसार उचित आकार की क्यारियां बना लेनी चाहिए।

प्रमुख उन्नत किस्में : हरियाणा राज्य के लिए निम्न दो उन्नतशील किस्मों को अनुमोदित किया गया है :

१. **पूसा बरसाती :** यह किस्म वर्षाकालीन बिजाई के लिए उपयुक्त है। इसकी फलियां लम्बी व सफेद–हरे रंग की होती हैं। यह किस्म ५५ से ६० दिनों में तैयार हो जाती है व औसत पैदावार १६ से १८ क्विंटल प्रति एकड़ है।

२. **पूसा दो-फसली :** इस किस्म को भारतीय कृषि अनुसंधान संस्थान, नई दिल्ली से विकसित किया गया है। यह किस्म प्रकाश अवधि से प्रभावित नही होती है। पौधे झाड़ीनुमा होते हैं तथा बुआई के ३५ से ४० दिन बाद इसमें फूल आना प्रारम्भ हो जाता है। फलियां हल्के हरे रंग की सीधी तथा लगभग १८ सें. मी. लम्बी होती हैं। यह बसंत तथा बरसात दोनों मौसमों में उगाने के लिए उपयुक्त है। इसकी औसत उपज १२ से १६ क्विंटल प्रति एकड़ है।

इन किस्मों के अतिरिक्त निम्न अधिक पैदावार देने वाली उन्नतशील किस्मों के लगाने की सिफारिश की गई है :

१. **पूसा फाल्गुनी :** इस किस्म को भारतीय कृषि अनुसंधान संस्थान, नई दिल्ली से विकसित किया गया है। इसके पौधे छोटे एवं झाड़ीनुमा होते हैं जिसमें बुआई के ६० दिन बाद फलियां तोड़ने लायक हो जाती हैं। इसकी फलियां सीधी, गहरे हरे रंग की १२.५ सें. मी. लम्बी होती हैं। बीज छोटे और सफेद रंग के होते हैं। यह फरवरी–मार्च में बुआई के लिए उत्तम किस्म है। इसकी उपज क्षमता २० से ४० क्विंटल प्रति एकड़ है।

२. **पूसा कोमल :** इस किस्म को भारतीय कृषि अनुसंधान संस्थान, नई दिल्ली से विकसित किया गया है। यह एक झाड़ीनुमा किस्म है जिसे बरसात तथा बसंत दोनों मौसमों में सफलतापूर्वक उगाया जा सकता है। इस किस्म में बुआई के ४५ दिन बाद फूल आना प्रारम्भ हो जाता है तथा फलियों की २ से ३ बार तुड़ाई

की जाती है। फलियां हल्के हरे रंग की २५ से ३० सें. मी. लम्बी होती हैं। इसकी उपज लगभग ४० क्विंटल प्रति एकड़ है। यह किस्म जीवाणु झुलसा रोग के प्रति अवरोधी है।

३. पूसा ऋतुराज : इस किस्म को एन. बी. पी. जी. आर. नई दिल्ली से विकसित किया गया है। यह किस्म प्रकाश अवधि से प्रभावित नही होती है इसलिए इसे बसन्त और बरसात दोनों मौसमों में सफलतापूर्वक उगाया जा सकता है। इसमें गर्मी के मौसम में बुआई के ४० से ४५ तथा बरसात में ४५ से ५० दिन बाद फलियां तुड़ाई के लिए तैयार हो जाती हैं। पौधा झाड़ीदार होता है तथा इसमें अत्याधिक पत्तियां आती हैं जिससे फलियां भली प्रकार से ढकी होती है। फलियां २२ से २४ सें. मी. लम्बी तथा पतली होती हैं। इसके बीज भूरे रंग के होते हैं। इस किस्म को हरी फलियों तथा दाल उद्देश्यों की पूर्ति के लिए उगाया जाता है। इसकी हरी फलियों की उपज ३२ से ३५ क्विंटल प्रति एकड़ है।

४. सलैक्शन–२६३ : इस किस्म को पंजाब कृषि विश्वविद्यालय, लुधियाना से विकसित किया गया है जो गर्मी तथा बरसात दोनों मौसमों में उगाने के लिए उपयुक्त है। इसके पौधे छोटे होते हैं। फलियां मध्यम हरी, चपटी तथा मुलायम होती हैं जिनकी लम्बाई २० सें. मी. के लगभग होती है। यह एक अगेती किस्म है तथा मोजेक व गोल्डेन मोजेक रोगों के प्रति अवरोधी है। इसकी उपज क्षमता ३२ क्विंटल प्रति एकड़ है।

५. एस–२०३ : इस किस्म को चयन करके विकसित किया गया है। इसके पोधे सघन होते हैं तथा इसमें बुआई ६५ से ७० दिन बाद फलियां तुड़ाई के लिए तैयार हो जाती हैं। यह एक कम समय में तैयार होने वाली किस्म है जिसे कर्नाटक की लाल भूमियों में वर्ष में दो बार लगाने की संस्तुति की गयी है।

६. सी –१५२ : यह मध्यम अवधि की किस्म है जिसे मुख्य रुप से बरसात के मौसम में उगाने की संस्तुति की गयी है। यह किस्म दाल के उद्देश्य से उगाने के लिए काफी उपयुक्त है। हरी अवस्था में इसकी फलियों को सब्जी के रुप में प्रयोग किया जाता है। इसकी हरी फलियों की औसत उपज ४० से ४८ क्विंटल प्रति एकड़ है।

७. सलैक्शन २–१ : यह एक अगेती किस्म है जिसे नरेन्द्र देव कृषि विश्वविद्यालय, फैजाबाद से विकसित किया गया है। इसकी फलियां हरे रंग की तथा ३० सें. मी. लम्बी होती है। इसे अखिल भारतीय समन्वित सब्ज़ी परियोजना के अन्तर्गत भारत के भौगोलिक प्रेक्षत्र खण्ड ४ में बरसात के मौसम में उगाने की संस्तुति की गयी है। इसकी हरी फलियों की औसत उपज ३२ क्विंटल प्रति एकड़ है।

८. **एस–४८८** : इस किस्म की उपज सी–१५२ की तुलना में ३० प्रतिशत अधिक है तथा इसकी फलियां सी–१५२ की तुलना में अच्छे गुणों वाली होती हैं और उपेक्षाकृत १५ दिन पहले तैयार हो जाती है। यह किस्म जीवाणु झुलसा रोग के प्रति सहनशील है।

९. **फिलीपाइन्स अर्ली** : इस किस्म के पौधे लतानुमा बढ़ने वाले होते हैं। इसमें बुआई के ५५ से ६० दिन बाद पहली तुड़ाई की जाती है। फलियां लगभग २६ सें. मी. लम्बी, क्रीमी सफेद रंग की तथा बिना रेशे की होती है। प्रत्येक फली में लगभग १७ बीज होते हैं। यह किस्म मध्य प्रदेश में काफी प्रचलित है। इसकी हरी फलियों की उपज २४ से ३६ क्विंटल प्रति एकड़ है।

१०. **यार्ड लांग बीन** : यह किस्म उत्तर प्रदेश में सामान्य रुप से गृह–वाटिका में उगाई जाती है। इसकी फलियां काफी लम्बी (५० सें. मी. से अधिक) होती है। इसके पौधे लतानुमा घुमावदार होते हैं जिसको सहारा देने की आवश्यकता होती है। यह अपेक्षाकृत देर से तैयार होने वाली किस्म है और इसकी हरी फलियों की उपज ४० से ४५ क्विंटल प्रति एकड़ है। फलियां अधिक लम्बी होने से दुरस्थ स्थानों में इसे भेजने से असुविधा होती है क्योंकि फलियां टूट जाती हैं।

बुवाई की विधि एवं समय : मुख्य बुवाई जून से जुलाई के महिनों में चोभ कर या हल के द्वारा की जाती है। यदि बीज चोभकर बोया जाता है तो पंक्तियों के बीच की दूरी ३० से ४५ सें.मी. और पौधों के बीच की दूरी १५ से २० सें.मी. रखी जाती है। यदि बीज हल के पीछे से डालकर बोना हो तो उसे १०–१५ सें.मी. के अन्तर से डाला जाता है और बाद में अच्छी तरह जम जाने पर पौधों को कम घना करके उनके बीच की दूरी ३० सें.मी. कर दी जाती है। कम फैलने वाली किस्मों में पंक्तियों के बीच केवल ३० से ४५ सें.मी. की दूरी रखना पर्याप्त होता है।

लोबिया की ग्रीष्मकालीन फसल की बुवाई फरवरी–मार्च में और वर्षाकालीन फसल की बुवाई जून–जुलाई में की जाती है।

खाद एवं उर्वरक : दलहनी फसल होने के कारण इसे अधिक खाद व उर्वरकों की आवश्यकता नहीं पड़ती क्योंकि बहुत सी अन्य दलहनी फसलों की तरह इसकी जड़ों की ग्रंथियों में भी हवा से नाइट्रोजन ले सकने वाले जीवाणु होते हैं। लोबिया को नाइट्रोजन की थोड़ी मात्रा और फास्फोरस की अधिक मात्रा की आवश्यकता पड़ती है। भूमि की जुताई करते समय खेत में ४ से ६ टन गोबर की सड़ी खाद प्रति एकड़ डालनी चाहिए। इसके अतिरिक्त १० किलोग्राम नाइट्रोजन (४० किलोग्राम कैल्शियम अमोनियम नाइट्रेट २५ प्रतिशत अर्थात किसान खाद) तथा १६ किलोग्राम फास्फोरस (१०० किलोग्राम सिंगल सुपर फास्फेट) की शुद्ध मात्राओं की आवश्यकता होती है। प्रति एकड़ २० किलोग्राम किसान खाद तथा सिंगल सुपर फास्फेट की पूरी मात्रा खेत की अन्तिम जुताई के समय डालें। शेष २० किलोग्राम

किसान खाद बुआई के लगभग एक मास बाद टॉपड्रैसिंग (खड़ी फसल में) के रूप में देना चाहिए। अधिक नाइट्रोजन युक्त उर्वरक देने से शाकीय वृद्धि ज्यादा होती है और परिणामतः फलियां लगने में देर हो जाती है और कभी--कभी बिल्कुल ही नहीं लगतीं। अतः नाइट्रोजन–धारी उर्वरक देने में सावधानी बरतनी चाहिए।

बीज की मात्रा : एक एकड़ की बिजाई के लिए ८ से १० किलोग्राम बीज की आवश्यकता होती है।

सिंचाई : ग्रीष्मकालीन फसल की सिंचाई प्रति सप्ताह करते हैं। बरसाती फसल में सिंचाई की कोई आवश्यकता नहीं पड़ती, लेकिन यदि फसल पहले बो दी जाए तो आवश्यकतानुसार उसे सींचना चाहिए। बरसात से पहले ३ से ४ बार सिंचाई की जा सकती है।

निराई-गुड़ाई : लोबिया को निराई–गुड़ाई की आवश्यकता नहीं पड़ती लेकिन यदा–कदा उथली गुडाई करना खरपतवारों पर नियन्त्रण पाने के लिए अच्छा रहता है।

तुड़ाई व उपज : पूर्णतः विकसित नर्म, हरी व रेशा रहित फलियां तोड़नी चाहिए। तुड़ाई कई बार की जाती है क्योंकि पौधों की वृद्धि के साथ–साथ नई फलियां भी लगती रहती हैं। किस्मों के अनुसार हरी फलियों की पैदावार १२ से १८ क्विंटल प्रति एकड़ हो सकती है।

विपणन व भंडारण : फलियों को ताजा रखने के लिए उन्हें ठन्डे स्थानों पर रखना चाहिए तथा रात को उन पर पानी छिड़कना चाहिए। हरी फलियों में से सख्त व गन्दी फलियां छांट कर शेष को टोकरों या बोरों में भरकर मण्डी भेजना चाहिए।

फसल संरक्षण

हानिकारक कीड़े व नियंत्रण

सफेद मक्खी, तेला व चेपा : इन सभी कीडों के बच्चे व प्रौढ़ पौधों के पत्तों, मुलायम टहनियों, फूलों आदि से रस चूसते हैं जिसके कारण पौधे कमज़ोर रह जाते है। इन्ही कीड़ों के आक्रमण से फसल में पीला विषाणु रोग भी फैलाते हैं।

नियंत्रण : इन कीटों की रोकथाम के लिए ४०० मि० ली० मैलाथियान ५० ई० सी० को २५० लीटर पानी में मिलाकर प्रति एकड फसल पर छिड़काव करें। यदि आवश्यकता हो तो अगला छिड़काव १० दिन के अन्तराल पर करें।

नोटः– सभी सब्जी बनने वाली फलियां छिड़काव से पहले तोड़ लें।

बीमारियां व उनका नियंत्रण

१. **पत्तों के धब्बों का रोग** : इस रोग के प्रकोप से पत्तों, तने व फलियों पर कोनदार, भूरे रंग के धब्बे जो बीच में धूसर या भूरे रंग के और सिरों पर लाल जामुनी रंग के दिखाई देते हैं।

नियन्त्रण : फसल पर मैन्कोजैब (डाईथेन एम--४५ या इण्डोफिल एम–४५) या कापर आक्सीक्लोराइड (ब्लाइटाक्स–५० या फाइटोलान) ४०० ग्राम २०० लीटर पानी में घोलकर प्रति एकड़ छिड़काव करें।

२. **पत्तों का जीवाणुज रोग** : इस रोग के कारण पत्तों की सतह के नीचे छोटे–छोटे जलसिक्त बिन्दु से नजर आते हैं जिसके आस–पास के तन्तु गल जाते हैं।

नियन्त्रण : फसल पर ब्लाइटाक्स–५० या फाइटोलान ४०० ग्राम २०० लीटर पानी में घोलकर प्रति एकड़ छिड़काव करें।

३. **पीला मौजेक** : इस रोग से प्रभावित पौधों के पत्ते पीले व कहीं–कहीं से हरे नजर आते हैं। रोग के अधिक आक्रमण हो जाने पर सारे पत्ते पीले पड़ जाते हैं जिससे पैदावार बहुत कम मिलती है। यह रोग सफेद मक्खी द्वारा फैलता है।

नियन्त्रण : सफेद मक्खी इस रोग को फैलाती है। अतः इसके नियंत्रण के लिए ४०० मि० ली० मैलाथियान ५० ई० सी० को २५० लीटर पानी में मिलाकर प्रति एकड़ भूमि में छिड़काव करें। सभी फलियों को छिड़काव से पहले तोड़ लें।

(ग) ग्वारफली
CLUSTER BEAN

दलहनी सब्जियों में ग्वार एक काफी सहनशील फसल है, जिसे पश्चिमोत्तर तथा दक्षिणी भारत के उन क्षेत्रों में जहाँ वर्षा कम होती है, सफलतापूर्वक उगाया जाता है। ग्वार की हरी नर्म फलियां सब्ज़ी के रुप में और हरे पौधे चारे के रुप में उपयोग किये जाते हैं। सूखा–रोधी होने के कारण शुष्क इलाकों में चारे की फसल के रुप में यह काफी उगाया जाता है। दलहनी फसल होने के कारण इसकी जड़ें वातावरण से नाइट्रोजन लेकर भूमि की उर्वरा शक्ति बढ़ाती है और इसलिए अपेक्षाकृत कम खाद की आवश्यकता होती है। यह हरी खाद के लिए भी उगाया जा सकता है। ग्वार की ताजी हरी फलियों में कार्बोहाइड्रेट, प्रोटीन, वसा, रेशा और खनिज पदार्थ जैसे कैल्शियम, फास्फोरस, लौह आदि पाये जाते हैं। इसकी हरी फलियों में विटामिन ए और विटामिन सी भी पाये जाते हैं। इसकी नरम फलियाँ सुखाकर मौसम बीत जाने पर भी खाने के काम में लाई जाती है। ग्वार को गृह--वाटिका में भी उगाया जा सकता है। इसके बीजों के छिलकों से गोंद

तैयार किया जाता है जबकि बीजों से आटा भी बनाया जाता है। आटा व गोंद की कागज और कपड़ा उद्योग में एक खाद्य की भॉति बड़ी मांग है।

जलवायु : यह गर्म मौसम की फसल है और ठंड सहन नही कर पाती। इसकी वृद्धि के लिए पानी का लगातार बरसना भी हानिकारक होता है। इसकी अच्छी वृद्धि के लिए ज्वार और मक्का जैसी जलवायु की आवश्यकता पड़ती है। सूखा–रोधी होने के कारण ग्वार शुष्क या असिंचित क्षेत्रों, जहां अन्य सब्ज़ियाँ नही उगाई जा सकती, वहाँ भी सफलतापूर्वक उगाया जा सकता है।

भूमि और उसकी तैयारी : ग्वार हर किस्म की मिट्टी में उगाया जा सकता है। इसकी खेती बलुई से चिकनी सभी प्रकार की मिट्टियों में की जाती है परन्तु अधिक उपज प्राप्ति के लिए जल–निकास व्यवस्थावाली और कार्बनिक तत्त्वों की घनी बलुई दुगट भूमि सर्वोत्तम रहती है। यदि यह किसी अन्य फसल के साथ मिला कर (जैसे अरण्डी आदि) बोनी हो तो खेत दूसरी फसल की आवश्यकता के अनुसार तैयार किया जाता है। यदि यह अकेली बोनी हो तो मिट्टी पलटने वाले हल से एक जुताई और बाद में देशी हल से दो से तीन जुताइयां पर्याप्त हैं। जुताई के बाद खेत में पाटा फेर कर भलीभांति समतल कर लेना चाहिए। सिंचाई के लिए मौसम, सिंचाई सुविधाओं और भूमि के ढलान के अनुसार उचित आकार की क्यारियां बना लेनी चाहिएं।

प्रमुख उन्नत किस्में : हरियाणा राज्य के लिए केवल एक ही उन्नत किस्म की सिफारिश की गई है जिसका वर्णन नीचे दिया गया है :

पूसा नवबहार : इस किस्म को भारतीय कृषि अनुसंधान संस्थान, नई दिल्ली से विकसित किया गया है। इसकी फलियां पूसा मौसमी जैसी होती हैं जबकि पौधों की बढ़वार पूसा सदाबहार जैसे होती हैं। इसकी फलियां हरी, मुलायम व काफी लम्बी (१५ सें. मी.) होती हैं। यह किस्म बैक्टीरियल ब्लाइट रोग के प्रति संवेदनशील है तथा कभी–कभी पौधों की बढ़वार अधिक होने से पौधों के गिरने की समस्या बनी रहती है। यह गर्मी तथा बरसात दोनों मौसमों में उगाने के लिए उपयुक्त है। ग्रीष्म ऋतु में बिजाई के ४५ दिन बाद तथा वर्षा ऋतु में ५५ दिन बाद फलियां आनी शुरु हो जाती है। इसकी औरात उपज २० क्विंटल (ग्रीष्म ऋतु) व ३० क्विंटल (वर्षा ऋतु) प्रति एकड़ होती है।

ग्वार की अन्य श्रेष्ठ व प्रचलित किस्में भी उपलब्ध हैं जिन्हें पड़ोसी राज्यों में व्यवसायिक स्तर पर लगाया जाता है। इन किस्मो के चारित्रिक गुण निम्नव्रत हैं:

१. **पूसा सदाबहार** : यह अधिक उपज देने वाली शाखा रहित किस्म है जो ग्रीष्म और वर्षा, दोनो मौसम के लिए उपयुक्त मानी गई है। फलियां हरी, नर्म रेशा रहित और १२ से १३ सें. मी. लम्बी होती है। फलिया पहली तुड़ाई के लिए ग्रीष्म

ऋतु में बुआई के ४५ दिनों और वर्षा ऋतु में ५५ दिनों के बाद तैयार हो जाती है।

२. **पूसा मौसमी** : इस किस्म को भारतीय कृषि अनुसंधान संस्थान, नई दिल्ली द्वारा विकसित किया गया है। इसके पौधों में काफी शाखायें आती हैं और यह खरीफ में लगाने के लिए उपयुक्त किस्म है। इसमें हरे, मुलायम १०–१२ सें. मी. लम्बी फलियां लगती हैं। यह अपेक्षाकृत देर से तैयार होने वाली किस्म है, जिसमें बुआई के ६० से ८० दिन बाद फलियां तुड़ाई योग्य तैयार होती हैं।

३. **शर्द बहार** : इस किस्म को महाराष्ट्र द्वारा विकसित किया गया है। इसमें प्रत्येक पौधे से १२ से १४ शाखायें निकलती हैं और सामान्यतः एक पौधे पर १३३ फलियां लगती हैं।

४. **पी–२८–१** : इस किस्म को एन् बी. पी. जी. आर., नई दिल्ली से विकसित किया गया है। इस किस्म के पौधों के ऊपर प्रकाश अवधि का प्रभाव नहीं पड़ता। इसके पौधों में काफी शाखायें निकलती हैं तथा इसकी उपज क्षमता ५६ से ६० क्विंटल प्रति एकड़ है। यह किस्म ग्रीष्म तथा बरसात दोनों मौसमों में उगाने के लिए उपयुक्त है।

५. **आई. सी. ११३८८** : इस किस्म को कच्छ से एकत्रित किये गये जननद्रव्य से एक पौध चयन विधि द्वारा विकसित किया गया है। यह किस्म शर्द बहार किस्म की तुलना में जल्दी तैयार होती है। इसकी उपज क्षमता ६४ क्विंटल प्रति एकड़ है।

उपरोक्त किस्मों के अतिरिक्त कोयम्बटूर से सी. पी. ७८, आनन्द से १६०–१, एस. २६६–७, एस. २७६ और सिरसा हरियाणा से पंजाब ग्वार नं० १, २, ३, ४ तथा ५ विकसित की गयी है।

बुआई का समय और विधि : उत्तर–भारत के मैदानी क्षेत्रों में ग्रीष्म ऋतु की फसल फरवरी–मार्च में और वर्षा ऋतु की फसल जून–जुलाई में बोई जाती है। यदि बीज चोबकर बोया जाता है तो पंक्तियों के बीच की दूरी ३० से ४५ सें. मी. और पौधों के बीच की दूरी १५ से २० सें. मी. रखी जाती है। यदि बीज हल के पीछे से डाल कर बोना हो तो वह १० से १५ सें. मी. के अन्तर पर डाला जाता है और बाद में अच्छी तरह जम जाने पर पौधों की छँटाई करके उनके बीच की दूरी १५–२० सें. मी. कर दी जाती है। ग्रीष्म ऋतु की फसल में कतारों की दूरी ३० सें. मी. और वर्षा ऋतु में ४५ सें. मी. रखनी चाहिए क्योंकि वर्षा ऋतु में पौधों की वानस्पतिक वृद्धि अधिक होती है। बीज २ से ३ सें. मी. गहरे बोने चाहिएं। बुआई के समय खेत में उचित नमी का होना भी आवश्यक है।

बीज की मात्रा : ग्रीष्मकालीन फसल व बरसाती फसल में ६ किलोग्राम बीज प्रति एकड पर्याप्त रहता है।

खाद एवं उर्वरक : ग्वार एक दलहनी फसल होने के कारण इसे अधिक खाद–उर्वरकों की आवश्यकता नही पड़ती, क्योंकि बहुत सी अन्य दलहनी फसलों की तरह इसकी जड़ों की ग्रथियों में हवा से नाइट्रोजन लेने वाले जीवाणु होते हैं। ग्वार को नाइट्रोजन की थोड़ी मात्रा और फास्फोरस की अधिक मात्रा की आवश्यकता पड़ती है। भूमि की जुताई करते समय खेत में ४ से ६ टन गोबर की सड़ी खाद प्रति एकड डालनी चाहिए। इसके अतिरिक्त प्रति एकड़ १२ किलोग्राम नाइट्रोजन (४८ किलोग्राम कैल्शियम अमोनियम नाईट्रेट २५ प्रतिशत अर्थात किसान खाद), २० किलोग्राम फास्फोरस (१२५ किलोग्राम सिंगल सुपर फास्फेट) की शुद्ध मात्राओं की आवश्यकता होती है। नाइट्रोजन खाद की आधी मात्रा अर्थात २४ किलोग्राम किसान खाद और सिंगल सुपर फास्फेट की पूरी मात्रा खेत की अन्तिम जुताई के समय डालनी चाहिए। शेष २४ किलोग्राम किसान खाद को फसल बुआई के लगभग एक मास बाद टापड्रेसिंग (खड़ी फसल में) के रुप मे देना लाभकारी है। नाइट्रोजनयुक्त उर्वरक की अधिक मात्रा के देने से शाकीय वृद्धि ज्यादा हो जाती है और परिणामतः फलियां लगने में देर हो जाती है और कभी–कभी बिल्कुल ही नही लगती। अतः नाइट्रोजनधारी उर्वरक देने में सावधानी बरतनी चाहिए।

सिंचाई : ग्रीष्मकालीन फसल की सिंचाई प्रति सप्ताह करते हैं। वर्षाकालीन फसल में सिंचाई की कोई आवश्यकता नही पड़ती लेकिन यदि फसल पहले बो दी जाए तो आवश्यकतानुसार उसे सींचना चाहिए। बरसात से पहले ३ से ४ बार सिंचाई की जा सकती है।

निराई-गुड़ाई : ग्वार को निराई–गुड़ाई की कम आवश्यकता पड़ती है। इसलिए १–२ यदाकदा उथली गुड़ाई करना खतपतवारों पर नियंत्रण पाने के लिए अच्छा रहता है। ग्वार में खरपतवार नियंत्रण दवाइयों का उपयोग नहीं करना चाहिए।

तुड़ाई और उपज : पूर्णतः विकसित नर्म, हरी और रेशारहित फलियां तोड़नी चाहिएं। तुड़ाई कई बार की जाती है, क्योंकि पौधों की वृद्धि के साथ–साथ नयी फलियां भी लगती रहती हैं। किस्मों के अनुसार हरी फलियों की पैदावार २० से ३० क्विंटल प्रति एकड़ तक हो सकती है।

फसल संरक्षण : जैसा कि सेम की फसल के लिए बताया गया है।

११

कँदीय फसलें

(क) अरबी (घुइयाँ)
ARUM (Ghuiya)

कन्दमूल वर्ग की सब्जियों में अरबी का महत्त्वपूर्ण स्थान है। अनुसंधान की दृष्टि से अरबी छठे दशक तक लगभग अछूती रही। इसलिए इस फसल में अधिक उपज के लिए उन्नत तकनीक का विकास देर से हुआ। तत्पश्चात जो भी अनुसंधान की उपलब्धियां इस दिशा में हुई, वे बहुत ही कम अंशों में और कम किसानों के पास पहुंची हैं। परिणामतः किसानों को इस फसल से अपेक्षित आय नहीं मिल पाती है।

अरबी बहुवर्षीय कन्दी पौधा है। इसके पत्ते काफी बड़े, हृदय के आकार के और लंबे (५० सें.मी. चौड़े व १०० सें.मी ऊँचे) डंठलों वाले होते हैं। ये पत्ते भूमिगत छिलकेदार प्रकंदों के ऊपर निकलते हैं। कंद अलग–अलग प्रकार के होते हैं परन्तु बीच वाला मुख्य कंद या मातृकंद हमेशा बड़ा होता है। अरबी ऐसी फसल है जिसके पौधों के कंद, डंठल और पत्तियाँ आदि सभी का उपयोग सब्ज़ी के रूप में होता है। पोषण की दृष्टि से इसके कंदों में १७ से २५ प्रतिशत अमाईलोज की मात्रा होती है। यह स्टार्च के रूप में प्राप्त होती है। पोषण की दृष्टि से इसमें विटामिन "ए" और "सी" के अतिरिक्त लगभग ३ प्रतिशत प्रोटीन भी होती है। गैसट्रिक से पीड़ित रोगियों के लिए चिकित्सकों द्वारा अरबी खाने की सिफारिश की जाती है और इसके आटे का बच्चों के खाने में प्रयोग किया जाता है। भारत में अरबी का उपयोग केवल सब्जी के रूप में ही किया जाता है।

जलवायु : अरबी एक उष्णकटिबंधीय सम्बन्धी फसल है जिसे अधिक पानी की आवश्यकता पड़ती है। अरबी को उत्तर पूर्वी भारत के पहाड़ी और मैदानी क्षेत्रों में वर्षा पर आधारित फसल के रूप में लगाया जाता है क्योंकि वहां पर वर्षा प्रचुर मात्रा में होती है। अरबी लगाने वाले क्षेत्रों में वर्षा होने की मात्रा में काफी अंतर होता है। वर्षा पर निर्भर होने के कारण अरबी की फसल में कुछ समय के लिए

सूखा पड़ने पर कंदों की गुणवत्ता में परिपक्वता तथा भंडारित स्टार्च में गतिवृद्धि हो जाने से कमी आ जाती है। अरबी ठंडे वातावरण को सहन नहीं कर सकती।

भूमि और उसकी तैयारी : अरबी की सफल खेती के लिए दोमट, मटियार दोमट और बलुई दोमट मिट्टियां उपयुक्त हैं। अच्छी उपज के लिए उपजाऊ भूमि, जिसमें जीवांश की मात्रा के साथ जलधारण की भी क्षमता अधिक हो और पी.एच. मान ७.५ के आसपास हो, उत्तम है। खरीफवाली फसल के लिए ऐसी भूमि, जिसमें पानी का जमाव होता हो, अनुपयुक्त है। भूमि की अच्छी तैयारी के लिए खेत की चार–पांच जुताइयों की आवश्यकता पड़ती है। एक–दो बार मिट्टी पलटने वाले और तत्पश्चात् दो–तीन जुताइयां देशी हल से करने और प्रत्येक जुताई के बाद पाटा चला देने रो खेत की तैयारी ठीक रो हो जाती है।

प्रमुख उन्नत किस्में : हरियाणा राज्य के लिए स्थानीय किस्मों को ही लगाने की सिफारिश की गई है। भारतीय कृषि अनुसंधान संस्थान, नई दिल्ली ने फैजाबादी अरबी, देहरादून अरबी, बंगाली बन्डा, देसी बन्डा व लघड़ा लगाने की सिफारिश की है। अरबी के पत्तों तथा तनों के रंग के आधार पर और कार्म (कंद) की आकृति के आधार पर अरबी की भिन्न–भिन्न किस्में होती हैं। उत्तर–पूर्व भारत के क्षेत्रों में अरबी की कई किस्में उपलब्ध है जिनका नाम उनके कंदों की आकृति के आधार पर रखा गया है। उदाहरण के तौर पर असम में उगाई जाने वाली किस्म का नाम पंचमुखी, महाराष्ट्र की सहस्त्र मुखी, केरल की टमराकानन कई किस्मों का नाम स्थानों का प्रतीक है जैसे कि कोभूर आंध्र–प्रदेश की, मेघालय के लिए काशीबधा व दक्षिण भारत के लिए सी–१३५, प्रमुख किस्में हैं। असम में काका कच्चू तथा बिहार में कोभूर, काशीबधा, गौरिया और सी.१३५ की उपज क्षमता अधिक पाई गई है। त्रिवेंद्रम में स्थित केंद्रीय कंद मूल–फसल अनुसंधान संस्थान ने सी–६, सी– १३५, सी–१४६ तथा सी–३६६ के लगाने की सिफारिशें की है। सी–२६६ भी एक अच्छी किस्म है। इसका विकास चुनाव विधि द्वारा किया गया है और उपज क्षमता १० से १२ टन प्रति हेक्टेयर है। जैन्थोसोमा प्रजाति की कुछ किस्में जिस प्रकार एक्स ए–३१, एक्स ए– ३३, एक्स ए–४० और एक्स ए–४१ भी अधिक उपज देने वाली सिद्ध हुई है। पंजाब कृषि विश्वविद्यालय, लुधियाना द्वारा दो किस्मों, सी–५३ और सी–११ की अनुशंसा की गई है।

रोपाई का समय और विधि : अरबी की खेती दो मौसमों, गरमी और खरीफ में की जाती है। गरमी की रोपाई का उपयुक्त समय फरवरी–मार्च है। खरीफ वाली फसल को जून–जुलाई तक अवश्य लगा देना चाहिए।

रोपाई के लिए ४५ से ६० सें.मी. की दूरी पर हल से ५ सें.मी. गहरी नालियां बनाई जाती है। इन्हीं नालियों में उर्वरक का उपयोग करें और २० से २५ सें.मी. की दूरी पर कन्दों को रोप कर मिट्टी से ढक देना चाहिए। लगभग २० से २५

दिनों में अंकुरण आरम्भ हो जाता है। यदि भूमि में नमी की कमी हो तो कंदों की रोपाई के पहले एक हल्की सिंचाई करना आवश्यक है। नमी के अभाव में अंकुरण नहीं हो पाता। कन्द लगाने के बाद किसी वस्तु जैसे सूखे घास से ढकने पर कंदों का उगाव शीघ्र होगा और खरपतवार नियन्त्रित होते हैं तथा पैदावार में वृद्धि होती है।

कंदों का चयन एवं मात्रा : बड़े और छोटे दोनों प्रकार के कंदों को लगाया जा सकता है लेकिन छोटे कंदों को लगाना अच्छा होता है। लगभग १५ से २५ ग्राम वजन वाले स्वस्थ कंदों का चयन करना चाहिए। एक एकड़ भूमि के लिए लगभग ३ से ४ क्विंटल कंदों की आवश्यकता होती है।

कंदों का उपचार : कंदों को लगाने से पहले एगलोल–३ (०.५ प्रतिशत) या एमिसान–६ (०.२५ प्रतिशत) के घोल में १५ से २० मिनट तक उपचारित किया जाना लाभप्रद है।

खाद एवं उर्वरक : अधिक उपज के लिए खाद व उर्वरकों का उपयोग आवश्यक है व इनकी आवश्यकता भूमि और कृषक अवस्थाओं पर निर्भर करती है। यह पाया गया है कि अरबी के तनों (पीटीओल) तथा नए पत्तों में, पुराने पत्तों के बनने तक नाइट्रोजन तथा फास्फोरस तत्वों में कमी आ जाती है। अतः एक एकड़ भूमि के लिए लगभग ८ से १० टन गोबर की सड़ी खाद या कम्पोस्ट, ४०–४८ किलोग्राम नाइट्रोजन (१६० से १९२ किलोग्राम कैल्शियम अमोनियम नाईट्रेट २५ प्रतिशत अर्थात किसान खाद), २० किलोग्राम फास्फोरस (१२५ किलोग्राम सिंगल सुपर फास्फेट) एवं २० किलोग्राम पोटाश (३५ किलोग्राम म्यूरेट आफ पोटाश) की आवश्यकता होती है। गोबर की खाद को कंद लगाने के ३ सप्ताह पहले खेत की तैयारी के समय डालना चाहिए। नाइट्रोजन की आधी मात्रा और फास्फोरस तथा पोटाश की सम्पूर्ण मात्रा कन्द लगाते समय और नाइट्रोजन की बची मात्रा कंद लगाने के २ माह बाद खेत में डालकर मिट्टी चढ़ा दी जाती है।

सिंचाई : बसन्तकालीन (जायद) फसल को काफी सिंचाई की आवश्यकता पड़ती है। अरबी की फसल में १० से १५ दिनो के अन्तराल पर सिंचाई करनी चाहिए। खरीफ वाली फसल की सिंचाई की आवश्यकता सामान्यतः नहीं पडती है परन्तु वर्षा न होने पर सिंचाई अवश्य करनी चाहिए। खरीफ की फसल में जल–निकास का प्रबन्ध भी आवश्यक हैं।

निराई-गुड़ाई और मिट्टी चढ़ाना : खरपतवार को नष्ट करने के लिए तीन से चार बार निराई–गुड़ाई करनी चाहिए। पहली गुड़ाई बुआई के ३० से ४० दिनों के बाद और दूसरी ६० से ७० दिनों के बाद करना आवश्यक है। दूसरी गुड़ाई के समय नाइट्रोजन की शेष आधी मात्रा डालकर मिट्टी चढ़ाना चाहिए। यदि कंद बाहर दिखाई देने लगे तब तीसरी बार भी गुड़ाई कर, मिट्टी चढ़ा देनी चाहिए जिससे

मिट्टी के बाहर रहकर वे पत्ते न बना पाएं। किनारों से निकलने वाली शाखाओं को बीच–बीच में निकाल देने से केवल मुख्य शाखाएं ही बढ़ती हैं और कंदों की उपज में काफी बढोतरी हो जाती है।

फसल की खुदाई : अरबी लगाने के लगभग १५० दिन के अन्दर कन्द खुदाई के योग्य हो जाते हैं और पत्तियां पीली पड़कर सूखने लगती हैं। कंदों की खुदाई सावधानी के साथ करनी चाहिए क्योंकि कटे कंद भण्डारण में शीघ्र सड़ने लगते हैं। एक एकड़ भूमि से छोटे कंदों की पैदावार ७० से ८० क्विंटल तथा बड़े कंदों की पैदावार ८ से १० क्विंटल होती है।

फसल संरक्षण

अरबी की फसल में कीड़ो से नुकसान नहीं होता। बीमारियों में झुलसा रोग प्रमुख है, जिसका प्रकोप खरीफ की फसल पर अधिक होता है। इस रोग के कारण पत्तों के किनारों पर भूरे धब्बे हो जाते हैं जो ऊपरी तरफ फैले हुए दिखाई देते हैं। कुछ समय बाद ये धब्बे काले–भूरे रंग के तथा गोल आकार के हो जाते हैं। इनसे कभी–कभी पूरा पौधा सूख कर गिर जाता है। इस रोग से फसल की रक्षा के लिए हमेशा स्वस्थ कंदों का बीज बोएं। जल–निकास की उचित व्यवस्था होनी आवश्यक हैं। डाइथेन जैड–७८ या जिनेब नामक दवा (२५० ग्राम दवा प्रति १०० लीटर पानी में घोलकर) का १० से १५ दिनों के अन्तराल पर छिड़काव करना चाहिए।

उपज : खुदाई के बाद कंदों को शुष्क और ठंडे स्थान पर पतली तहों में फैलाकर रखना चाहिए। उपरोक्त उन्नत विधि से खेती करने पर १०० से १२० क्विंटल प्रति एकड़ उपज प्राप्त हो सकती है।

(ख) शकरकंदी
SWEET-POTATO

शकरकंदी एक प्रमुख कंद वाली फसल है, जिसे खाद्य–पूर्ति के लिए उपयोग किया जा सकता है क्योंकि यह प्रति इकाई क्षेत्र तथा प्रति इकाई समय अधिक उपज देती है। गेहू और शकरकंद के आटे को चार और एक अनुपात से मिलाने से चपातियां अधिक स्वादिष्ट और पौष्टिक हो जाती है। कपड़ा उद्योग, धुलाई उद्योग और बेकरी के काम में भी इसका प्रयोग किया जाता है। भारत में शकरकंद की खेती लगभग २.६२ लाख हेक्टेयर भूमि में की जाती है। इसका वार्षिक उत्पादन लगभग २० लाख टन है। भारत में शकरकंद मुख्यतः आंध्र प्रदेश, असम, बिहार, उत्तर प्रदेश, तमिलनाडु तथा उड़ीसा में व्यावसायिक स्तर पर उगाई जाती है।

शकरकंद के प्रति १०० ग्राम खाने योग्य भाग से ६८.५ ग्राम जल, १.८ ग्राम प्रोटीन, ०.७० ग्राम वसा, २७.६ ग्राम कार्बोहाइड्रेटस, १.६ ग्राम रेशे, ७७०० अंतर्राष्ट्रीय यूनिट विटामिन–ए, ०.४६ ग्राम 'बी' वर्ग के विटामिन, २२ मि० ग्रा० विटामिन–सी, ४० मि० ग्रा० विटामिन–ई, ५३० मि० ग्रा० पोटाशियम, ३० मि० ग्रा० कैल्शियम्, ४८ मि० ग्रा० फॉस्फोरस और ८५ मि० ग्रा० क्लोरिन प्राप्त होते हैं। जम्मू–कश्मीर राज्य को छोड़कर भारत के लगभग सभी प्रदेशों में शकरकंदी की कम या अधिक खेती की जाती है। भारत में शकरकंदी का कम उत्पादन (३३ क्विंटल प्रति एकड़) है, जबकि चीन और ज़ापान में इसका उत्पादन क्रमशः ६८ और ६२ क्विंटल प्रति एकड़ है। शकरकंदी की उपज में वृद्धि करने हेतु उपयुक्त उत्पादन तकनीक का विकास करना होगा ताकि अधिक उत्पादन मिल सके।

जलवायु : शकरकंदी की अधिक उपज प्राप्त करने के लिए चार मास तक खूब धूप, गर्म दिन, गर्म रातें और मध्यम वर्षा की आवश्यकता होती है। यह पाला बिलकुल सहन नही कर सकती। अतः १०° सें. ग्रे. से कम तापमान होने पर इसे बहुत क्षति पहुँचती है। यह एक सूखा अवरोधी फसल है, अतः बारानी रुप में भी उगाई जा सकती है।

भूमि और उसकी तैयारी : शकरकंदी को कई प्रकार की भूमि में उगाया जा सकता है, लेकिन अधिक उपज प्राप्त करने के लिए हल्की दोमट भूमि जिसका पी. एच. ५.८ से ६.७ हो और जल–निकास का उत्तम प्रबन्ध हो, उपयुक्त रहती है। अधिक उपजाऊ या अधिक नाइट्रोजन वाली भूमि में पौधों की वानस्पतिक वृद्धि अधिक होती है जिसके परिणामस्वरुप कन्दों को पोषक तत्त्वों की पूरी मात्रा नही मिल पाती और वे छोटे आकार के रह जाते है। पहली जुताई मिट्टी पलटने वाले हल से और दो से तीन जुताइयां देशी हल से करनी चाहिए। हर जुताई के बाद पाटा अवश्य लगाएँ जिससे मिट्टी नर्म व भुरभुरी हो जाए। खेत के ढलान और सिंचाई की सुविधा के अनुसार क्यारियां बना लेनी चाहिए।

प्रमुख उन्नत किस्में भारत के उत्तरी–पश्चिमी मैदानों में विभिन्न उन्नत किस्मों का उपयोग करके शकरकंदी का उत्पादन बढाने का प्रयास किया गया है। विगत कुछ वर्षो में शकरकंदी की अनेक किस्मों का विकास किया गया है, जिनमें से उत्तरी– पश्चिमी मैदानी क्षेत्रों में श्री वर्धनी, कालमेद्य, राजेन्द्र शकरकंद–५ बड़े पैमाने पर उगाई जाती है। इनके अतिरिक्त कुछ अन्य किस्मों को इस क्षेत्र में उगाने के लिए सिफारिश की जाती है जिन्हें नीचे दर्शाया गया है :

हरियाणा राज्य के लिए निम्न शंकरकंदी की उन्नत किस्मों की सिफारिश की गई है एवं उनकी विशेषताएं निम्नलिखित हैं :

१. **पूसा लाल :** इस किस्म के कन्दों का छिलका लाल, गुददा सफेद, आकार मध्यम तथा बीच में मोटे होते हैं।

२. **पूसा सफेद** : इस किस्म के कन्दों का छिलका व गुदद्ा सफेद तथा आकार मध्यम है। इस किस्म की उपज अधिक होती है।

शकरकंदी की प्रमुख उन्नत किस्में

किस्में	उपज (क्विंटल प्रति एकड़)	तैयार होने की अवधि (दिन)	उपयुक्त क्षेत्र
क. पुरानी किस्में			
१. पूसा सफेद	४० से ६०	१३० से १४०	बिहार, उत्तर प्रदेश, हरियाणा
२. पूसा लाल	४० से ६०	१२५ से १४०	बिहार, उत्तर प्रदेश, दिल्ली
३. पूसा सुनहरी	६० से ८०	१२५ से १३०	हरियाणा, राजस्थान
ख. नई किस्में			
१. श्रीवर्धना	७० से ८०	६० से १००	कर्नाटक, बिहार, उत्तर प्रदेश,केरल
२. कालमेघ	८० से १००	६० से १००	बिहार और उत्तर प्रदेश की नदियों के तट
३. क्रॉस–४	८० से १००	१०० से १२०	बिहार, पूर्वी उत्तर प्रदेश
४. राजेन्द्र शकरकंद–५	८० से १२०	१०५ से ११०	बिहार, पश्चिमी बंगाल

उपयुक्त रोपण सामग्री : शकरकंदी की अधिक उपज लेने के लिए उपयुक्त रोपण सामग्री का उपयोग नितान्त आवश्यक है। आमतौर पर शकरकंदी का प्रवर्धन दो प्रकार से किया जाता है, जैसे (१) कंदों द्वारा और (२) लताओं द्वारा। शकरकंदी की व्यवसायिक खेती के लिए लताएं सामान्य रोपण सामग्री है। लताओं के सिरे और मध्य भाग सर्वोत्तम रोपण सामग्री माने गये हैं। आधारीय लताओं को रोपण सामग्री के हेतु उपयोग नहीं करना चाहिए क्योंकि वे कभी–कभी भृगों (विविलों) से प्रभावित होती हैं। परीक्षणों से पता चला है कि शकरकंदी की अधिक उपज लेने के लिए लम्बी कर्तनों (कटिगों) का उपयोग करना उत्तम रहता है जिन्हें २ से ३ महीने के पौधों से लेना चाहिए। कर्तनों की लम्बाई उनकी पर्वो की लम्बाई के अनुसार ३० से ४० सें. मी. होनी चाहिए।

ताजी लताओं की कर्तनों को रोपण के लिए उपयोग नहीं करना चाहिए। उन्हें रोपण से पूर्व २ से ३ दिन तक छाया में रखना चाहिए। इस अवधि में कर्तनों में मूलन (रुटिंग) हो जाती है जिसके कारण वे भूमि में जल्दी एवं भलीभांति स्थापित हो जाती है।

खाद एवं उर्वरक : शकरकंदी के अच्छे उत्पादन में खाद एवं उर्वरकों का विशिष्ट एवं महत्वपूर्ण स्थान है, जिसकी ओर आमतौर पर तनिक भी ध्यान नही दिया जाता है व यही कारण है कि कम उपज मिलती है। फसल में नाइट्रोजन की खाद को अधिक मात्रा में डाल देने से उससे पौधों की वानस्पतिक वृद्धि तो अधिक हो जाती है, परन्तु कंद कम मात्रा में और छोटे बनते हैं, इसलिए उपज कम प्राप्त होती है। अतः शकरकंदी में उर्वरकों का सूझबूझ से उपयोग नितान्त आवश्यक है।

इसलिए यह अच्छा होगा कि मृदा–परीक्षण के उपरान्त ही खाद एवं उर्वरकों का उपयोग किया जाना चाहिए। यदि किसी कारणवश मृदा परीक्षण न हो सके तो प्रति एकड़ निम्न मात्रा में खाद एवं उर्वरकों का उपयोग अवश्य करना चाहिए।

गोबर की खाद :	१० टन (१०० क्विंटल)
नाइट्रोजन :	३२ किलोग्राम (१२८ किलोग्राम कैल्शियमअमोनियम नाईट्रेट २५ प्रतिशत अर्थात किसान खाद)
फास्फोरस :	३६ किलोग्राम (२२५ किलोग्राम सिंगल सुपर फास्फेट)
पोटाश :	३२ किलोग्राम (५५ किलोग्राम म्यूरेट आफ पोटाश)

गोबर की खाद को प्रथम जुताई से पूर्व खेत में समान रुप से बिखेर कर मिट्टी पलटने वाले हल से जुताई कर देनी चाहिए। नाइट्रोजन की आधी मात्रा, फॉस्फोरस और पोटाश की पूरी मात्रा को रोपाई के समय ही खेत में मिला देना चाहिए। नाइट्रोजन की शेष मात्रा को रोपण के ३० दिन बाद उपरिवेशन (टॉप ड्रैसिंग) के रुप में देनी चाहिए। उर्वरक को मिट्टी में भलीभांति मिलाकर मिट्टी चढ़ा देना चाहिए।

बीज और बिजाई

क. रोपाई के लिए पौध तैयार करना : रोपाई हेतु अच्छे एव स्वस्थ कंदो से नर्सरी तैयार करनी चाहिए। उत्तर भारत में नर्सरी के लिए कंद बसंत ऋतु (फरवरी–मार्च) में लगाने चाहिए। इस फसल की खुदाई नवम्बर में ही हो जाती है, जिसके कंद बंसत ऋतु आने तक बोआई के लिए साधारणतः ठीक से नहीं रखे जा सकते, इसलिए थोड़ी सी फसल खेत में ही एक ओर छोड़ देनी चाहिए, जिसकी फरवरी–मार्च में खुदाई करके नर्सरी में बुवाई की जा सके।

नर्सरी के लिए पहले खेत को अच्छी प्रकार तैयार कर लेना चाहिए। खेत में गोबर की खाद या कम्पोस्ट डालकर मिट्टी में मिला देना चाहिए। इसके उपरान्त खेत को समतल करके क्यारियां बना लेनी चाहिए। क्यारियों में ६० सें. मी. की दूरी पर कतारें बनाकर २५ सें. मी. के फासले से ५–६ सें.मी. की गहराई पर कंदों की बिजाई कर देनी चाहिए। ये कन्द वीवल नामक कीड़े से मुक्त होने चाहिए। एक एकड़ के लिए लगभग २५० से २८० वर्ग मीटर क्षेत्रफल में नर्सरी उगानी चाहिए। लगभग १.० से १.५ क्विंटल कंद बोने पर एक एकड़ क्षेत्र में रोपाई के लिए बेलें तैयार हो जाती हैं। जब कंदों को बोने के बाद अंकुर निकल आए तो एक सिंचाई कर देनी चाहिए। इसके बाद ७ से १० दिन के अन्तर से सिंचाई करते हैं। बिजाई के लगभग ४५ दिन बाद २० से ३० सें. मी. लम्बी बेलें छोड़कर बाकी काट लेना चाहिए। इन कटी हुई बेलों को दूसरी नर्सरी में लगाने के लिए लगभग

५०० वर्ग मीटर जगह की आवश्यकता पड़ेगी। इन बेलों को ६०×२० सें. मी. की दूरी पर लगाना चाहिए। ये बेलें ४५ दिन में लगाने के लिए तैयार हो जाती हैं। नर्सरी में एक बार लगभग १२ से १६ किलोग्राम प्रति एकड़ की दर से नाइट्रोजन (४८ से ६४ किलोग्राम कैल्शियम अमोनियम नाईट्रेट २५ प्रतिशत अर्थात किसान खाद) उपरिवेशन (टॉप ड्रैसिंग) के रूप में भी देनी चाहिए।

ख. रोपाई का समय : शकरकंदी की अधिक उपज लेने के लिए रोपण सामग्री का समय पर रोपना नितान्त आवश्यक है। रोपाई मई और सितम्बर के मध्य में करनी चाहिए किन्तु उत्तरी–पश्चिमी क्षेंत्रों में इसकी रोपाई का सर्वोत्तम समय अप्रैल औंर जुलाई के मध्य का है। अगेती रोपाई में अधिक उपज मिलती है, अतः यदि सिंचाई सुविधा उपलब्ध हो तो रोपाई अप्रैल में ही कर देनी चाहिए।

ग. रोपाई की विधि : अधिक उपज प्राप्त करने हेतु उचित रोपण विधि एक मूलभूत आवश्यकता है। परीक्षणों से पता चला है कि समतल रोपण (होरीजोन्टल प्लांटिग) की तुलना में अनुलम्बरोपण (वर्टीकल प्लांटिग) अच्छी रहती है। अनुलम्ब रोपाई में लता की ३ से ४ पर्वो (इन्टरनोड्स) को इस प्रकार मिट्टी में दबाते हैं कि उनका एक किनारा बाहर निकला रहता है। ऐसा करने से स्थापना जल्दी हो जाती है और अच्छी बढ़वार होती है जिसके फलस्वरूप अधिक उपज प्राप्त होती है। समतल रोपण में कर्तन (कटिंग) के दोनों सिरों को मिट्टी के बाहर रखते हैं।

घ. रोपण दूरी : शकरकंदी की अधिक उपज लेने के लिए रोपण सामग्री कितनी दूरी पर रोपी जाए अत्यन्त महत्वपूर्ण प्रश्न है। परीक्षणों से पता चला है कि शकरकंदी की रोपण सामग्री को ६० सें.मी. × ३० सें.मी. दूरी पर रोपना अनुकूलतम पाया गया है। रोपाई हमेशा मेंड़ों पर करनी चाहिए। रोपाई से पहले टुकड़ों को ०.२५ प्रतिशत ऐरीटान (६ प्रतिशत मर्करी) या सेरेसान के घोल में ८ से १० मिनट तक अवश्य डुबोना चाहिए। ऐसा करने पर फसल को काला सड़न रोग नहीं लगता है। रोपाई के तुरन्त बाद सिंचाई कर देनी चाहिए।

निराई-गुड़ाई तथा मिट्टी लगाना : वैसे तो शकरकंदी तेजी से बढ़ती है फिर भी सांठी जैसे खरपतवार अगर उगने दिए जाएं तो फसल पर कुप्रभाव पड़ता है। रोपाई के २० से ४० दिन के अन्दर १ या २ बार निराई करके खरपतवार निकाल देना चाहिए। रोपाई के ४० दिन बाद मिट्टी भी लगा देनी चाहिए।

सिंचाई एवं जल–निकास : लताओं के टुकड़ों की रोपाई के तुरन्त बाद सिंचाई करनी चाहिए। इसके उपरान्त १० से १२ दिन के अन्तर से आवश्यकतानुसार सिंचाई करते रहना चाहिए। मई–जून में रोपी गई फसल को वर्षा शुरू होने से पहले कम से कम दो–तीन बार सींचना आवश्यक होता है। इस फसल की जल सम्बंधी आवश्यकता ७५ से ८० सें.मी. प्रति हेक्टेयर है। इस बात का विशेष रूप से

ध्यान रखना चाहिए कि बरसात के दिनों में शकरकंदी के खेत में फालतू पानी न रूकने पाए अन्यथा शकरकंदी की बेलें सूख सकती है।

खरपतवार नियन्त्रण व बेलों को उलटना : प्रारम्भिक अवस्था में शकरकंदी के खेत में पर्याप्त संख्या में खरपतवार उग जाते हैं जिन्हें खेत से निकालना नितान्त आवश्यक है। बेलों को पूरा बढ़ने तक निराई–गुड़ाई करके खेत को साफ रखना चाहिए। निराई–गुड़ाई करते समय मेड़ों पर थोड़ी थोड़ी मिट्टी भी चढा देना चाहिए। साधारणतया निराई–गुड़ाई का कार्य केवल उसी समय तक करना चाहिए जब तक कि शकरकंदी की बेलें आपस में न मिल जायें। इसके पश्चात् खरपतवारों को केवल खड़ी फसल में से उखाड़ा जा सकता है। कभी कभी निराई–गुड़ाई करते समय बेलों को पलट दिया जाता है और फिर निराई–गुड़ाई का कार्य समाप्त हो जाने के बाद पुनः अपनी पहली अवस्था में पलट दिया जाता है। यद्यपि बेलों के पलटने के बारे में मतभेद हैं, फिर भी वृद्धि की प्रारम्भिक अवस्थाओं में बेलों को पलटा जा सकता है। यह ध्यान रखें कि ३० से ६० सें. मी. की ऊँचाई तक शकरकंदी की सभी द्वितीयक शाखाओं को काट देना चाहिए। ऐसा करने से बेलों की अनावश्यक शामीय वृद्धि रुक जाती है और कंद मोटे हो जाते हैं अर्थात् उपज में वृद्धि हो जाती है।

खुदाई : खुदाई उस समय करनी चाहिए जब कंद पूरी तरह बन चुके हों और पक गये हों। पत्तियों का पीला होना इसके पकने की पहचान है। वैसे अच्छा यह रहता है कि कंद को खेत से निकालकर निरीक्षण करें जिसके लिए कन्द को बीच से काट कर देखें। यदि कटी हुई सतह एकदम सूख जाये तो शकरकंद को पका समझना चाहिए अन्यथा कटी हुई सतह थोड़ी देर बाद काली या हरी हो जायेगी। खुदाई करने से पूर्व बेलों को काट लेना चाहिए और पशुओं को चारे के रुप में खिला देना चाहिए। यदि खुदाई के तुरन्त बाद शकरकंदी को बेचना हो तो बेलों की खुदाई से एक सप्ताह पूर्व काट लेना चाहिए। ऐसा करने से कंद या कंदो का मिठास बढ़ जाता है। फसल किस्म के अनुसार १२० से १५० दिन में तैयार हो जाती है। कंदों की खुदाई फावड़े अथवा देशी हल की सहायता से की जा सकती है। खुदाई के समय कटी हुई जड़ों के संसाधन के लिए २६° सें. ग्रे. तापमान तथा ८५ से ६० प्रतिशत सापेक्ष आर्द्रता पर ५ से ७ दिन के लिए रखना चाहिए।

उपज : इसकी उपज ८० से १०० क्विंटल प्रति एकड़ मिलती है।

विपणन हेतु तैयारी : फसल की खुदाई करने के बाद् कंदो को छायादार स्थान पर फैला कर रखना चाहिए ताकि उन पर लगी मिट्टी अलग हो जाए। इसके बाद कटे फटे, कीट ग्रसित कंदो को अलग कर देना चाहिए। केवल स्वच्छ और बिना कटे कंदो को टोकरियों, बोरियों या लकड़ी के बक्सों में रखकर बाजार भेजना चाहिए।

भण्डारण : केवल स्वस्थ, अच्छे, बिना चोट खाए कंदो को ही भण्डारित करना चाहिए। खोदने के पूर्व कंद पूर्णतया परिपक्व होने चाहिए। भण्डारण से पूर्व कंदों को २४° सें. ग्रे. तापमान पर १० से १५ दिन तक रखना चाहिए ताकि शकरकंदी के भार में ६ से ८ प्रतिशत की कमी आ जाये। लाल छिलके वाले शकरकंदी की भण्डारण क्षमता सफेद छिलके वाले शकरकंदों की अपेक्षा अधिक रहती है। स्वस्थ और अच्छी प्रकार से सुखाने के बाद कंदों को लकड़ी के बक्सों में रखकर हवादार गोदामों में रखा जा सकता है। भण्डारण के लिए १५° सें. ग्रे. तापमान और ८० से ६० प्रतिशत आपेक्षिक आर्द्रता होनी चाहिए। यदि कमरे में भी कंदों की परत के बीच में रेत की सतह बिछाकर रखी जाये तो बिना किसी क्षति के शकरकंदी को एक माह से अधिक समय तक सुरक्षित रखा जा सकता है।

फसल संरक्षण

शकरकंदी को विभिन्न कृषि जलवायु क्षेत्रों में उगाया जाता है जिसमें अनेक कीट व रोग लगते हैं जिनका उल्लेख नीचे किया गया है। शकरकंदी की फसल को मुख्य रूप से निम्नलिखित कीट क्षति पहुंचाते हैं :

१. शकरकंदी का घुन : इस कीट की बिना पैरों वाली हल्की पीले रंग की ग्रब (सूण्डी) व भूरे रंग के प्रौढ़ दोनों ही हानि करते हैं। इस कीट द्वारा तनों व कंदो दोनों को ही हानि होती है। कंद में छिद्र करने से उसके ऊपर काले धब्बे भी हो जाते हैं व ऐसे ग्रसित कंद को कोई भी लेना पंसद नही करता। प्रौढ़ जो कि करीब ८ मि. मी. लम्बा होता है फसल के पत्तों को भी खाता है। यह प्रौढ़ ६ महीने तक भी जिन्दा रह सकता है।

नियंत्रण

१. बोने के लिए कीट ग्रसित बेलों को काम में न लें।
२. फसल की कटाई के बाद खेत में बचे अवशेषों को जलाकर या मिट्टी में दबा कर नष्ट करें।
३. खड़ी फसल पर आवश्यकता हो तो ०.२ प्रतिशत कार्बेरिल या ०.१ प्रतिशत मैलाथियान का छिड़काव करें।

२. बिहार की बालों वाली सूंडी : यह एक बालों वाली सूंडी है, जो शकरकंद ही नहीं बल्कि अन्य अनेक फसलों की पत्तियों को खाती है। प्रारम्भ में ये सूंडियाँ समूह में रह कर पत्तियों का हरा रंग का पदार्थ चूसती हैं जिसके कारण पत्तियों में केवल नसे रह जाती हैं। कभी–कभी इनका अधिक प्रकोप होने के कारण पूरी फसल नष्ट हो जाती है और बड़ी सूंडियां पत्तियों और उनके डंठलों को भी खा जाती हैं।

नियंत्रण : (१) प्रारम्भ में अंडों और छोटी सूंडियों के समूह जो पत्तो पर होते है, पत्तियों सहित हाथ से पकड़ कर नष्ट कर देना चाहिए। (२) इसके बाद जरुरत हो तो फसल पर ५०० मि० ली० मैलाथियान ५० ई० सी० या ५०० मि० ली० एण्डोसल्फान ३५ ई.सी. को २५० लीटर पानी में घोल कर प्रति एकड़ की दर से बारी–बारी छिड़कना चाहिए।

बीमारियां व उनका नियंत्रण

१. **पत्ती का धब्बा रोग** : रोगी पौधों की पत्तियों पर भूरे रंग के छोटे–छोटे गोल धब्बे बन जाते हैं। ये धब्बे बाद में आकार में बढ़ते हैं और आपस में मिलकर पत्ती के काफी भाग को ढक लेते हैं। गर्मतर वातावरण में पत्तियां झुलस जाती हैं जिससे पौधा कमजोर हो जाता है और कंदों की संख्या घट जाती है। इसके आक्रमण से कंद का आकार छोटा रह जाता है और उपज में कमी हो जाती है।

नियन्त्रण : रोग के लक्षण दिखाई देते ही ब्लाइटॉक्स–५० या डाइथेन जैड–७८ दवा का ०.२ प्रतिशत घोल बनाकर फसल पर छिड़काव करना चाहिए। फसल काटने के बाद अवशेषों को खेत में ही जला देना चाहिए। फसल में फसल चक्र प्रणाली अपनाना चाहिए।

२. उकटा (विल्ट) : यह रोग पौधशाला में होता है। सर्व प्रथम नयी पत्तियों का रंग फीका पड़कर पीला हो जाता है। बाद में पत्तियां मुरझा जाती है और अन्त में पूरा पौधा ऐंठ कर सूख जाता है। पुराने पौधों की पत्तियों के डंठलों पर भी यह रोग आक्रमण करता है और पत्तियां मुरझा कर गिर जाती हैं। रोगी लता का तना अन्दर से काला पड़ जाता है और कभी–कभी जमीन की सतह के पास फट जाता है। रोग का प्रभाव लताओं की जड़ों एवं कंदों पर भी होता है जिसके कारण कंद का स्वाद बिगड़ जाता है। इस रोग के कारण कंद के अन्दर एक चौथाई इंच नीचे तक काले रंग का गोलाकार अंगूठी जैसा निशान पड़ जाता है।

नियन्त्रण : बीज के लिए स्वच्छ एवं रोग रहित कंद और लताओं को उपयोग में लाना चाहिए। बोने से पूर्व लताओं के टुकड़ों एवं कंदों को ०.२५ प्रतिशत ऐरीटान या सेरेसान के घोल में ८ से १० मिनट तक डुबोकर लगाना चाहिए। नाइट्रोजन का उचित मात्रा में उपयोग करना चाहिए। इसकी अधिक मात्रा से रोग में वृद्धि हो जाती है। उचित फसल चक्र अपनाना चाहिए।

१२

मसालेवाली सब्ज़ियाँ

मसाले सदियों से भारतीय खान–पान का एक अनिवार्य अंग रहे हैं। एक समय था जब विदेशों में भारत की पहचान मसालो से जुड़ी हुई थी। आज भी मसालों के निर्यात में भारत अग्रणी रह कर बहुमूल्य विदेशी मुद्रा अर्जित कर रहा है। हमारे देश में मसालों का उत्पादन मुख्यतया केरल, कर्नाटक, आन्ध्र प्रदेश, मध्य प्रदेश, राजस्थान, गुजरात एवं उत्तर पूर्वी प्रान्तों में होता है। भारत के सभी राज्यों में बीज वाले मसालों की खेती भी सफलतापूर्वक की जाती है। इन मसाले वाली फसलों में सौंफ, धनिया, मेथी और ज़ीरा मुख्य हैं। भारत में इन मसाले वाली फसलों को करीब ६ लाख हेक्टेयर भूमि में उगाया जाता है एवं वार्षिक उत्पादन लगभग ३ लाख टन है। भारत में सौंफ ०.२१ लाख हेक्टेयर, धनिया ४.८ लाख हेक्टेयर, मेथी ०.२४ लाख हेक्टेयर एवं जीरा १.६ लाख हेक्टेयर क्षेत्र में उगाकर क्रमशः ०.३, २.४, ०.२१ एवम् ०.५ लाख टन उत्पादन लिया जाता है। भारतवर्ष में राजस्थान एक ऐसा प्रदेश है जहां पर इन बीज वाले मसालों की खेती व उत्पादन देश के कुल ४० से ५० प्रतिशत क्षेत्र में कर इतनी ही मात्रा में उत्पादन किया जाता है जबकि मेथी का ८०, ज़ीरे व सौंफ का १२ प्रतिशत क्षेत्र इसी राज्य में है। वर्तमान में भारत ने इन बीज युक्त मसाले वाली फसलों को निर्यात करके अधिक मात्रा में विदेशी मुद्रा प्राप्त की है जिनमें ज़ीरा, धनिया, सौंफ व मेथी का मुख्य स्थान है। भारतवर्ष आज भी संसार द्वारा निर्यात किये गये ज़ीरा व धनिया का ३५ से ४० प्रतिशत, सौंफ का ४० से ६० प्रतिशत, मेथी का ७० से ८० प्रतिशत तथा सेलरी का ८० प्रतिशत भाग निर्यात करता है। वर्ष १९९६–९७ में भारत ने इन बीज मसाले वाली फसलों से लगभग ९० करोड़ रूपये की विदेशी मुद्रा प्राप्त की थी।

हरियाणा प्रदेश की जलवायु एवं भूमि मसालों के उत्पादन हेतु सर्वथा उपयुक्त होते हुए भी उत्पादन सीमित है। इस पिछड़ेपन का मुख्य कारण एक ही समझ में आता है कि मसाला उत्पादन की तकनीकी जानकारी अभी पूर्णरुप से कृषकों तक नहीं पहुँच पाई है जबकि इसकी खेती करने से कृषकों को पर्याप्त आमदनी प्राप्त

हो सकती है। हरियाणा के सभी जिलों में मसाले वाली फसलों की खेती करके मसाला उत्पादन को बढ़ावा दिया जा सकता है, परन्तु उत्पादित मसाला हमारे प्रदेश के घरेलू उपयोग के लिए ही अपर्याप्त है जिसके कारण हमें अन्य प्रान्तों पर निर्भर रहना पड़ता है। प्रदेश के कृषक यदि मसालों की खेती एवं पैदावार बढ़ाएं तो देश विदेश में मसालों की बिक्री से अच्छी आय अर्जित की जा सकती है। इसी उद्देश्य से विभिन्न मसालों के उत्पादन की तकनीकी जानकारी कृषकों तक पहुंचाने के लिए मसाले वाली कुछ मुख्य फसलों की वैज्ञानिक खेती का पूर्ण विवरण यहाँ किया गया है।

(क) सौंफ
FENNEL SEEDS

मसालों में सुगंध एवं स्वाद प्रदान करने में सौंफ का प्रमुख योगदान है। इसका उपयोग पान आदि में भी किया जाता है। रोगों के उपचार में भी सौंफ का उपयोग प्रचुर मात्रा में होता है। इसके दाने सुवासयुक्त होते हैं जिनमें औषधीय गुण भी हैं। ग्रीष्मऋतु में शीतलता प्रदान करने के लिए सौंफ का ठंडा शर्बत बनाते हैं। भोजन के पश्चात या अन्य शुभ अवसरों पर सौंफ के दाने आदर स्वरुप भेंट किये जाते हैं। लघु व सीमान्त कृषकों के उगाने के लिए सौंफ उपयुक्त फसल है। अचार बनाए जाने वाले मसालों में मिर्च, मेथी, खटाई आदि के अतिरिक्त सौंफ की विशेष भूमिका होती है। इसके दाने व चूर्ण को बैंगन, मिर्च, करेला आदि की भरवां सब्ज़ी बनाने में प्रयोग किया जाता हैं। सौंफ के दाने आकार में जीरे से कुछ बड़े, हरे रंग के तथा लम्बाई में उभरी हुई धारियों वाले होते हैं।

भूमि और तैयारी : सौंफ की फसल के लिए उचित जल–निकास वाली बलुई दोमट मिट्टी अच्छी मानी जाती है, परन्तु मटियार दोमट भूमि में भी सौंफ की खेती की जा सकती है। खेत की तैयारी करते समय सर्वप्रथम दो जुताइयाँ मिट्टी पलटने वाले हल से करते हैं, तत्पश्चात् तीन–चार जुताइयाँ करनी चाहिए। प्रत्येक जुताई के बाद पाटा देना अति आवश्यक है, जिससे भूमि समतल एवं भुरभुरी हो जाय। खेत को सुविधानुसार ३ × २ मी. या २ × २ मी. की क्यारियों में बांट लेते हैं।

प्रमुख उन्नत किस्में : हरियाणा राज्य के लिए निम्नव्रत दो श्रेष्ठ किस्मों को अनुमोदित किया गया है :

१. पल्वई सौंफ ३५ (पी.एफ.३५) : यह दर्मियानी फैलने वाली सामान्यतया बड़े कद की तथा दानों के बड़े गुच्छों वाली किस्म है। इसके दाने मध्यम आकार, हरे रंग के व बालों से मुक्त हल्की धारियाँ लिये होते हैं। यह औसतन ६ से ८ क्विंटल प्रति एकड़ पैदावार देती है।

२. **गुजरात सौंफ १(जी.एफ.१)** : इसकी बढ़वार फैलने वाली और झाड़ीनुमा होती है। दानों के गुच्छे बड़े आकार के व दाने हरे रंग के होते हैं। यह प्रति एकड़ औसतन ८ क्विंटल पैदावार देती है।

इन किस्मों के अतिरिक्त सी.ओ.–१, स.७–६, जी.एफ.–२, यू.एफ.–३२, यू. एफ–३५, एच.एफ.–३३ व एच.एफ–३६ भी अधिक उपज देने वाली किस्में हैं। यू. एफ.६०, यू.एफ.एम..–१ व यू.एफ–१०१ भी अच्छी किस्में हैं। ये सभी किस्में १७० से १८० दिनों में तैयार हो जाती हैं।

बीज एवं बुआई : प्रायः सौंफ के पौधों को नर्सरी में उगाकर खेत में रोपाई करते हैं। सौंफ के बीज को पौधशाला की खाद युक्त क्यारियों में सितम्बर के आरम्भ में ३ सें.मी. की गहराई में बो दिया जाता हैं। ये क्यारियां भूमि धरातल से १० से १२ सें.मी. ऊँची बनानी चाहिए। लगभग ७ से ८ दिन में बीज का जमाव हो जाता है। सौंफ की बुवाई के लगभग ४५ दिन पश्चात् अर्थात अक्तूबर के प्रथम या द्वितीय सप्ताह में ३० से ४० सें.मी. की दूरी पर बनाई गई कतारों में २० सें.मी. के फासले पर पौधों की रोपाई करनी चाहिए। कहीं–कहीं सीधे बीज भी खेत में बो दिये जाते हैं, परन्तु संतोषजनक उपज प्राप्त नही हो पाती। नर्सरी तैयार करने के लिए २ से ३ किलोग्राम बीज प्रति एकड़ पर्याप्त होता है जबकि सीधी बिजाई के लिए ४ से ६ किलोग्राम प्रति एकड़ की आवश्यकता पड़ती है। नर्सरी तैयार करने के लिए बुआई सितम्बर के महीने में की जाती है।

खाद एवं उर्वरक : सौंफ के अच्छे उत्पादन के लिए खाद एवं उर्वरक उचित समय पर देना अत्यंत लाभकारी होता है। भूमि की तैयारी करते समय ८ टन गोबर की खाद प्रति एकड़ की दर से डाल कर मिट्टी में मिला देना चाहिए। इसके अतिरिक्त २० किलोग्राम नाइट्रोजन (८० किलोग्राम कैल्शियम अमोनियम नाईट्रेट २५ प्रतिशत अर्थात किसान खाद) व १० किलोग्राम फास्फोरस (६५ किलोग्राम सिंगल सुपर फास्फेट) शुद्ध तत्त्वों को प्रति एकड़ की दर से फसल में देना चाहिए। नाइट्रोजन खाद की आधी मात्रा (४० किलोग्राम किसान खाद) व फास्फोरस युक्त खाद की पूरी मात्रा (६५ किलोग्राम) को बिजाई के समय डाल देना चाहिए। नाइट्रोजन खाद की शेष आधी मात्रा को खड़ी फसल में फूल आने पर देना आवश्यक है।

सिंचाई एवं निराई-गुड़ाई : क्यारियों में पौधे लगाने के तुरन्त बाद एक हल्की सिंचाई कर देनी चाहिए। इसके बाद आवश्यकतानुसार १० से १५ दिन के अन्तर पर सिंचाई करते रहना चाहिए। पौधों को गिरने से बचाने के लिए नवम्बर माह में एक बार मिट्टी चढ़ाना लाभदायक होता है। फसल को खरपतवार से बचाने के लिए समय–समय पर निराई करते रहना आवश्यक है।

खरपतवार नियन्त्रण : खरपतवारनाशक दवा जैसे पैंडीमैथालिन की ४०० ग्राम मात्रा (स्टोम्प ३० प्रतिशत की १.३ लीटर) को २५० लीटर पानी में घोलकर प्रति एकड़ बिजाई से ८ दिन के भीतर, खरपतवार जमाव से पूर्व खेत में छिड़काव करके लगायें। साठ दिन बाद एक निराई–गुड़ाई करके खरपतवार निकाल देना चाहिएं। खरपतवारनाशक दवा लगाने के समय खेत में उचित नमी का होना आवश्यक है।

मिट्टी चढ़ाना : सौंफ के पौधों में चारों ओर शाखाओं, फूलों और दानों के गुच्छों के निकल आने के बाद पौधे पर्याप्त भारी हो जाते है व इस कारण कभी–कभी पौधे गिरने भी लगते हैं। अतः इन्हें सीधा रखने के लिए तनों के चारों ओर मिट्टी चढ़ा दें। मिट्टी चढ़ाने का कार्य नाइट्रोजन के दूसरे भुरकाव के तुरंत बाद नवम्बर के अंत में ही करें।

हरी व मीठी सौंफ तैयार करना : सितम्बर में बोई गई सौंफ में दिसम्बर के महीने में फूल आने लगते हैं। फूल आने के लगभग २० से २५ दिन बाद गुच्छों को काट कर चार पाँच दिन तक छाया में सुखा लेते हैं, जिसके कारण दानों का रंग हरा और खाने में मीठा लगता है। इस प्रकार तैयार की गयी सौंफ का मूल्य बाजारों में ज्यादा मिलता है, परन्तु उपज कम प्राप्त होती है।

मसालों की सौंफ तैयार करना : गरालों में उपयोग होने वाली सौंफ तैयार करने के लिए गुच्छे पीले पड़ने लगते हैं तब फसल को काट कर दानों को अलग कर लिया जाता है। इस प्रकार से प्राप्त सौंफ का रंग पीला होता है।

उपज : लगभग ६ से ८ क्विंटल प्रति एकड़ पकी सौंफ पैदा होती है।

फसल संरक्षण

हानिकारक कीट व उनका नियंत्रण

चेपा या माहू : यह एक ऐसा कीट है जो इस फसल को हानि करता है। इसके हल्के हरे रंग वाले बच्चे व प्रौढ़ सौंफ के मुलायम भाग का रस चूस कर उसे कमजोर बना देते हैं। अधिक आक्रमण होने पर फसल की पैदावार में बहुत कमी हो जाती है।

नियंत्रण : इसकी रोकथाम के लिए ३०० मि०ली० मैलाथियान ५० ई० सी० या ४०० मि० ली० एण्डोसल्फान ३५ ई० सी० को २०० लीटर पानी में मिलाकर प्रति एकड़ फसल पर छिड़कें व आवश्यकता हो तो १० से १५ दिन के अन्तर पर यही छिड़काव फिर करें।

बीमारियां व उनका नियंत्रण

१. **सफेद चूर्णी रोग :** पत्तियों की दोनो सतह पर सफेद धब्बे उत्पन्न हो कर कई धब्बे आपस में मिलकर सफेद चूर्ण सा दिखाई पड़ता है। कई बार यह रोग

उग्र रुप धारण करके तने तथा फलों पर भी फैल जाता है। इस रोग का आक्रमण प्रायः देर से होता है।

नियंत्रण : घुलनशील गंधक (०.२५ प्रतिशत घोल अर्थात ढाई ग्राम दवा को एक लीटर में घोल कर) या कैराथैन (०.१ प्रतिशत अर्थात एक ग्राम दवा को एक लीटर पानी में घोल कर) के एक या दो छिड़काव द्वारा रोग का अच्छा नियंत्रण किया जा सकता है।

२. **झूलसा रोग** : यह रोग फंफूद के द्वारा होता है। इस रोग के प्रकोप से पत्तियों, तनों, बीज के डण्ठल तथा बीज पर भूरे काले रंग के धब्बे बनते हैं। रोग से अधिक प्रभावित पौधे झुलसे हुए दिखाई देते हैं। प्रभावित पौधों में दानों का विकास बहुत ही कम होता है जिससे पैदावार में कमी आ जाती है।

नियंत्रण : इस रोग के नियंत्रण के लिए एण्डोफिल एम–४५ (०.२ प्रतिशत अर्थात २ ग्राम दवा को एक लीटर पानी में घोल कर) के घोल का छिड़काव रोग के लक्षण दिखाई देते ही करें। यदि आवश्यकता पड़े तो अन्य छिड़काव १० से १२ दिन के अन्तराल से करें।

(ख) धनिया
CORIANDER

मसालों में धनिये का महत्वपूर्ण स्थान है। इसके दानों के अलावा पत्तियां व मुलायम डण्ठल भी मसालों के रुप में उपयोगी हैं लेकिन इसकी खेती मुख्य रुप से दानों के लिए ही की जाती है। दानों में करीब ०.१० से १.०० प्रतिशत तक सुगन्ध युक्त तेल होता है जो सुरा, चाकलेट, मिठाइयों, बेक्ड फूड, तम्बाकू युक्त पदार्थ व मांस इत्यादि में सुगन्ध के लिए इस्तेमाल किया जाता है। सुगन्धयुक्त तेल निकालने के बाद का भाग पशु आहार के काम में आता है जो प्रोटीन व विटामिन युक्त होता है। इसके अलावा धनिये में करीब २१ प्रतिशत साधारण तेल होता है जो अच्छी किस्म का नहाने का साबुन बनाने के काम आता है। मसालों के अलावा धनिया कई प्रकार के रोगों की चिकित्सा के लिए, आयुर्वेदिक पद्धति में इस्तेमाल किया जाता है। राजस्थान, आन्ध्र प्रदेश, तमिलनाडु व मध्य प्रदेश में मुख्य रुप से इसकी खेती की जाती है।

जलवायु : धनिया की खेती उपोष्ण जलवायु वाले स्थानों पर सफलतापूर्वक की जाती है। बीज़ के अनुसार अंकुरण के लिए हल्की गर्मी, पौधे के बढ़वार के लिए ठंडक एवं पकने के लिए गर्मी की आवश्यकता होती है। भारत में जहाँ पर फरवरी–मार्च के माह में पाला न पड़ता हो, धनिया सर्दी के मौसम में उगाया जाता है। इसके लिए ठंडा व शुष्क मौसम अच्छा रहता है। यदि फूल आते व फल बनते

समय आकाश में बादल छाये हों और मौसम में कुछ नमी हो तो फसल में रोग व कीट का प्रकोप अधिक होता है।

भूमि : सिंचित क्षेत्रों में इसकी खेती लगभग सभी प्रकार की ऐसी मिट्टियों में की जा सकती है, जिनमें पर्याप्त मात्रा में जीवांश उपलब्ध हों किन्तु बारानी फसल के लिए काली या अन्य भारी मिट्टी उपयुक्त रहती है, जिसमें पानी को संचित रखने की क्षमता ठीक हो। धनिया अनेक प्रकार की मिट्टियों में जो उर्वर हो और जिनमें पानी न ठहरता हो, उगाई जा सकती है। इसके लिए अच्छी दुमट मिट्टी अति उत्तम है परन्तु कपास की काली मिट्टी में धनियां की खेती सफलतापूर्वक की जाती है।

भूमि और तैयारी : धनिये की बुआई के लिए गर्मी में खेत की एक जुताई मिट्टी पलटने वाले हल से कर ली जाये तो अधिक उपयुक्त रहता है। बुआई से पहले खेत में दो–तीन बार गहरी जुताई करके मिट्टी को भुरभुरी कर लेना चाहियें। सिंचित क्षेत्र में अगर जुताई के समय भूमि में पर्याप्त जल न हो तो भूमि की तैयारी पलेवा देकर करनी चाहिये जिससे ज़मीन में जुताई के समय ढेले भी नही बनेगें तथा खरपतवार के बीज अंकुरित होने के बाद जुताई के समय नष्ट हो जायेंगे। इससे खेत में खरपतवार कम होगी। बारानी फसल के लिए भूमि में वर्षा के पानी से बनी हुई अत्यधिक नमी जैसे ही कम हो कर उपयुक्त स्तर पर आ जाये तथा भूमि जोतने योग्य बन जाए तब जुताई करके तुरन्त पाटा लगा देना चाहिए, ताकि खेत में नमी बने रहे।

प्रमुख उन्नत किस्में : हरियाणा राज्य के लिए निम्नव्रत उन्नत किस्मों को अनुमोदित किया गया है :

१. नारनौल सलैक्शन : इस किस्म के पौधों में शाखायें अधिक होती हैं। स्थानीय धनिये की तुलना में इसके दाने आकार में बड़े और हरे–भूरे रंग के होते हैं। उपज में बिना कमी किये इसकी एक कटाई भी ली जा सकती है। यह किस्म ६ से ८ क्विंटल प्रति एकड़ उपज देती है।

२. पंत हरितिमा : इसके पौधे अधिक वनस्पतिक बढ़ोतरी लिये होते हैं। दाने आकार में छोटे व हरे–भूरे रंग के होते हैं। इसकी उपज में बिना कमी किये दो कटाई ली जा सकती है। यह किस्म ६ से ८ क्विंटल प्रति एकड़ उपज देती है।

३. हिसार आनंद (धनिया हिसार-५ या डी.एच. ५) : इसके पौधों में शाखायें अधिक निकलकर झाड़ीनुमा बढ़ती है। यह मध्य पछेती किस्म पत्ती व दानों के लिए उपयुक्त है। पौधों के तनों का रंग हल्का बैंगनी है जो फसल पकते समय फूल आने पर हल्का हरा परिवर्तित हो जाता है। इसके गुच्छे बड़े, अधिक व मोटे दानों वाले होते हैं। दाने भूरे–हरे रंग के, जिनकी पैदावार ८ से ६ क्विंटल प्रति एकड़ हो जाती है।

इन किस्मों के अतिरिक्त धनिया की सी. ओ. १, सी.ओ.२, सी.ओ.३ व सी.एस २८७, गुजरात धनिया—१, गुजरात धनिया—२, आर. सी. आर.—४१, राजेन्द्र स्वाति, साधना स्वाति और सिन्धू किस्में भी श्रेष्ठ पाई गई है।

बीज की मात्रा : एक एकड़ भूमि में हरे पत्तों के लिए बीज की मोटाई के आधार पर ४ से ५ किलोग्राम धनिये का बीज पर्याप्त होता है। मसाले की फसल के लिए ३ से ४ किलोग्राम बीज प्रति एकड़ की आवश्यकता पड़ती है। बोने से पहले धनिये को हाथों या पावों से या अन्य किसी वस्तु से साफ फर्श पर रगड़ कर बीजों को दो भागो में विभाजित करना चाहिए। बाद में बीजों को बाविस्टिन, एग्रोसन जी. एन. या अन्य कोई भी पारायुक्त कवकनाशी दवा से २.० ग्राम प्रति किलोग्राम बीज की दर से उपचारित करके बुआई करनी चाहिए।

बुआई का समय : दानों के लिए धनिये की बुआई का उपयुक्त समय नवम्बर का प्रथम पखवाड़ा है। हरे पत्तों की फसल के लिए अक्तूबर से दिसम्बर का समय बिजाई के लिए उपयुक्त है। जल्दी बुआई करने से फसल की बढ़ोतरी तो ठीक होगी, किन्तु अधिक तापमान के कारण अंकुरण कम होगा। देर से बुआई करने से पौधों की बढ़ोतरी कम होगी तथा रोग व कीट का प्रकोप अधिक होने की सम्भावना रहती है। इसलिए बुआई के समय का निर्णय तापमान के ऊपर निर्भर करता है। जिन क्षेत्रों में पाला पड़ता है, वहां धनिये की बुआई ऐसे समय में की जानी चाहिए कि फसल पर फूल आने के समय पाला पड़ने की सम्भावना न रहे, क्योंकि इस अवस्था में फसल को पाले से सबसे अधिक नुकसान होता है।

बुआई की विधि : बारानी फसल के लिए तैयार किये हुए खेत में हल के पीछे कूंड़ में ३० सें. मी. की दूरी पर कतार में बीज को ४ से ५ सें. मी. गहरा बोना चाहिये। सिंचित फसल के लिए बीज की गहराई २.५ से ३.० सें. मी. से ज्यादा न हो क्योंकि ज्यादा गहरा बोने से पहली सिंचाई करते समय बीज पर मोटी परत जम जाती है, जिससे अंकुरण ठीक से नही हो पाता। अधिक उपजाऊ व सिंचित फसल में कतारों की दूरी २० से ३० सें. मी. एवं पौधे से पौधे की दूरी २० सें. मी. तक रख सकते हैं।

खाद एवं उर्वरक : धनिये के लिए प्रति एकड़ ८ टन सड़ी हुई गोबर की खाद खेत तैयार करते समय बिखेर कर देनी चाहिये। इसके अलावा बारानी फसल को २० किलोग्राम नाइट्रोजन (८० किलोग्राम कैल्शियम अमोनियम नाईट्रेट २५ प्रतिशत अर्थात किसान खाद) व ३० किलोग्राम फास्फोरस (१८८ किलोग्राम सिंगल सुपर फास्फेट) उर्वरक के रुप में बुआई के समय कूंड़ में बिखेर कर देनी चाहिये किंतु सिंचित फसल में नाइट्रोजन की मात्रा २५ किलोग्राम (१०० किलोग्राम कैल्शियम अमोनियम नाईट्रेट २५ प्रतिशत अर्थात किसान खाद) प्रति एकड़ तक बढ़ाई जा सकती है। नाइट्रोजन शुद्ध तत्त्व की आधी मात्रा अर्थात १२.५ किलोग्राम नाइट्रोजन

(५० किलोग्राम कैल्शियम अमोनियम नाईट्रेट २५ प्रतिशत अर्थात किसान खाद) एवं २० किलोग्राम फास्फोरस (१२५ किलोग्राम सिंगल सुपर फास्फेट) को बोते समय कूंड़ में बीज के लगभग ३ से ४ सें. मी. गहराई पर देनी चाहिए। नाइट्रोजन की शेष आधी मात्रा को प्रति एकड़ बुआई से लगभग ६ से ८ सप्ताह बाद निराई–गुड़ाई व पौधों की छंटनी के बाद छिटक कर देना चाहिए।

सिंचाई : धनिये की सिंचित फसल में पलेवा के अतिरिक्त भारी मिट्टी में लगभग तीन–चार सिंचाइयों तथा हल्की बलुई मिट्टी में लगभग छह–सात सिंचाइयों की आवश्यकता होती है। सिंचाई और बुआई के समय का निर्धारण भूमि की किस्म और स्थानीय मौसम के आधार पर किया जाना चाहिए। फूल आने या फल बनने पर भूमि में नमी की कमी न होने दें अन्यथा उत्पादन में काफी कमी हो सकती है।

निराई-गुड़ाई : धनिये की अच्छी फसल लेने के लिए निराई–गुड़ाई आवश्यक है। बारानी फसल में बुआई से लगभग ४० से ४५ दिन बाद जब पौधे ७ से ८ सें. मी. के हो जाएं तब निराई–गुड़ाई करना आवश्यक है। इससे खरपतवार भी निकल जाते हैं तथा मिट्टी की नमी भी सुरक्षित रहेगी। सिंचित फसल में दो तीन निराई–गुड़ाई की आवश्यकता होती है। पहली निराई–गुड़ाई बुआई के लगभग १५ दिन बाद जब खेत में दूसरी बार खरपतवार निकल आएं तब करनी चाहिये। यदि आवश्यकता हो तो दूसरी व तीसरी निराई–गुड़ाई २० से २५ दिनों के अन्तर पर करनी चाहिये। इससे फसल खरपतवार से पूर्णतया मुक्त रहेगी तथा भूमि में वायु संचार अच्छा बना रहेगा।

खरपतवार नियन्त्रण : धनिये की फसल लम्बें समय तक खेत में खड़ी रहती है। इसलिए इस फसल में खरपतवार काफी अधिक उग आते हैं जो भूमि की उर्वरा शक्ति व नमी का ह्रास करते हैं। परिणाम स्वरुप फसल का उत्पादन काफी कम हो जाता है। यदि फसल थोड़े क्षेत्र पर उगाई गई हो तो खरपतवार हाथ से या खुरपी द्वारा निराई करके निकाल देने चाहिए। यदि अधिक क्षेत्र में फसल को उगाया गया हो तो खरपतवार नियन्त्रण के लिए निम्नलिखित में से किसी एक सिफारिश को अपनाना चाहिए।

१. फलुक्लोरालिन ४००–६०० ग्राम (बासालिन ४५ प्रतिशत ०.६–१.३ लीटर) प्रति एकड़ बिजाई से पहले छिड़काव करके भूमि में रेक का प्रयोग करना चाहिए।

२. पैन्डीमैथालिन ५००–६०० ग्राम (स्टोम्प ३० प्रतिशत १.७–२.० लीटर) प्रति एकड़ की दर से बिजाई के पश्चात् व खरपतवार जमाव से पूर्व भूमि पर छिड़काव करना लाभप्रद है।

३. फलुक्लोरालिन २५०—३०० ग्राम (बासालिन ४५ प्रतिशत ५५०—६५० मि० ली०)। पैन्डीमैथालिन २५०—३०० ग्राम (स्टोम्प ३० प्रतिशत ८५०—१००० मि० ली०) प्रति एकड़ का युगल छिड़काव करना लाभप्रद है।

ऊपर दी गई खरपतवारनाशक दवाओं की २५० से ३०० लीटर पानी में घोल बना कर प्रति एकड़, खेत में उचित नमी के समय छिड़काव करना चाहिए। बासालिन दवा को बिजाई से पहले व बाकी खरपतवारनाशक दवाओं को बिजाई के पश्चात् परन्तु खरपतवार जमाव से पूर्व छिड़कना चाहिए।

फसल का पाले से बचाव : धनिया की फसल पर पाला पड़ने से भारी नुकसान होता है। फसल को पाले से बचाने के लिए जब पाला पड़ने की सम्भावना हो, तब एक हल्की सिंचाई कर देनी चाहिए। बारानी फसल में जहां पाले से अधिक नुकसान होता है, पाला पड़ने की आशंका के दिन अगर सूर्योदय से काफी पहले खेत में धुआं किया जा सके तो फसल को लाभ मिलेगा।

कटाई व मड़ाई : धनिये की फसल ११५ से १२५ दिन में पक पर तैयार हो जाती है। फसल पकने पर दानों के रंग में कुछ पीलापन आने लगता है। यही समय फसल काटने का होता है। कटाई में देरी करने से दानों का रंग खराब हो जाता है, जिससे बाजार में उचित कीमत नही मिल पाती। फसल की कटाई पौधों को हाथ से उखाड़ कर या दंताली से काट कर करनी चाहिए। कटाई के बाद पौधों को पूलियों में बांध कर सूखाने के लिए छोटे—छोटे ढेर कर लेना चाहिए। ढेर में रखते समय पौधों को उलटा रखिये ताकि दानों पर सीधी धूप न पड़े। धूप से दानों का रंग बिगड़ जाता है। अगर फसल को छाया में सूखाने की व्यवस्था हो सके तो और भी अधिक अच्छा होगा। सूखी हुई फसल को हल्का सा कूट—पीट कर दाने अलग कर लेना आवश्यक है और हवा द्वारा ओसाई करके साफ दाने बोरियों में भर लेना चाहिए। बीज में १० से १२ प्रतिशत तक नमी होनी चाहिए।

उपज : धनिया की उपज भूमि की उर्वरा शक्ति, सिंचाई की सुविधा या उगाई जाने वाली किस्म पर निर्भर करती है। सभी परिस्थितियां सामान्य होने पर धनिया की औसत उपज ७ से ८ क्विंटल प्रति एकड़ है।

फसल संरक्षण

हानिकारक कीट व उनका नियंत्रण

१. **चेपा (माहू या एफिड) :** धनिये की फसल पर मुख्य रुप से फूल आते समय या उसके बाद चेपा का भारी आक्रमण होता है। इस कीड़े के हल्के हरे रंग वाले शिशु व प्रौढ़ दोनों ही पौधे के फूलों, बनते हुऐ बीजों आदि कोमल अंगों का रस चूसते हैं। ग्रसित पौधे कमज़ोर हो जाते हैं क्योकि उनकी बढ़वार ठीक से नही हो पाती। अन्य फसलों पर इस कीड़े की रोकथाम आसान है, किन्तु धनिया की

फसल पर रोकथाम करने में एक और समस्या देखने में आती है क्योंकि यह मधुमक्खियों द्वारा परागित फसल है। इसलिए कीटनाशी दवाइयों का छिड़काव शाम के समय जब मधुमक्खियां कम हो जायें, तभी करें। चेपा की रोकथाम के लिए निम्न विधियों को अपनायें :

१. प्रकोप शुरु होते ही ग्रसित टहनियां समय–समय पर तोड़ कर नष्ट करते रहें।

२. अधिक आक्रमण होने पर ३००–४०० मि० ली० मैलाथियान ५० ई० सी० या ५० मि० ली० साइपरमेथ्रिन २५ ई० सी० या ६० मि० ली० फेनवलरेट २० ई० सी० को २०० लीटर पानी में मिला कर प्रति एकड़ फसल पर छिड़काव करें।

२. **चेलसिड मक्खी :** यह कीट अधिक खतरनाक नही है लेकिन किसी सीमा तक धनिया के दानों में सुराख करके उसकी गुणवता को कम करता है। इसका नियंत्रण चेपा की तरह ही करना चाहिए।

बीमारियाँ व उनका नियंत्रण

धनिये की फसल पर मुख्य रुप से चूर्णी फफूंद (छाछिया), उकठा तथा तने की सूजन (स्टेम गॉल) रोगों का प्रकोप होता है।

१. **सफेद चूर्णी रोग :** रोग का प्रकोप प्रायः देर से फरवरी–मार्च के महिनों में होता है। पौधों के ऊपरी भाग प्रभावित हो सकते हैं। रोग का प्रकोप पहले कोमल तनों व पत्तियों पर सफेद छोटे–छोटे धब्बों या सफेद चूर्ण के रुप में आरम्भ होता है। कुछ समय के पश्चात यें धब्बे आपस में मिल जाते हैं तथा रोग उग्र रुप धारण कर लेता है और कभी–कभी फलों पर भी रोग के लक्षण दिखाई देते हैं तथा उनका आकार भी खराब हो जाता है। रोग के अधिक प्रकोप से पैदावार में १५ से २० प्रतिशत की क्षति हो सकती है।

नियंत्रण : घुलनशील गंधक (०.२५ प्रतिशत अर्थात ढाई ग्राम दवा प्रति एक लीटर पानी में मिलाकर) या कैराथेन (०.१ प्रतिशत अर्थात एक ग्राम दवा प्रति लीटर पानी में मिलाकर) के घोल का एक या दो छिड़काव १० से १५ दिन के अन्तर पर करने से रोग का नियंत्रण किया जा सकता है।

२. **अंगमारी या झुलसन रोग (ब्लाईट):** इस रोग के प्रकोप से पत्तियों के किनारों पर हल्के जलसिक्त धब्बे पैदा होकर तेजी से फैलते हैं तथा पूरी पत्ती को ग्रसित कर देते हैं। धब्बे काले पड़ जाते हैं तथा धब्बों की जगह सड़न होने लगती है। अधिक नमी के समय पत्तों की निचली सतह पर धब्बों के नीचे किनारों पर सफेद कवक जैसी वृद्धि मिलती है।

नियंत्रण : मैन्कोजैब (इण्डोफिल एम–४५ या डाईथेन एम–४५) ६०० से ८०० ग्राम दवा को २०० लीटर पानी में घोल कर प्रति एकड़ १५ दिन के अन्तराल पर ४ से ५ छिड़काव करें। बोने से पूर्व बीज को थायरम या एमिसान नामक दवा (२.५ ग्राम प्रति किलोग्राम बीज) से उपचारित करना चाहिए।

३. **विल्ट :** यह रोग पौधे की जड़ में लगता है, जिससे पौधा हरा ही मुरझाकर सूख जाता है। वैसे यह रोग पौधों की किसी भी अवस्था में लग सकता है, लेकिन इसका प्रकोप छोटी अवस्था में ही अधिक होता है। इस रोग के संक्रामण से पौधे पीले पड़ने के बाद मुरझा कर सूख जाते हैं। इस तरह का पौधों का सूखना पानी की कमी से नही बल्कि फफूंद के संक्रामण के कारण होता है।

नियंत्रण : इसकी पूर्ण रोकथाम कठिन है, परन्तु निम्न उपाय करने से इस रोग से बचा जा सकता है धनिये के खेत की गर्मियों में गहरी जुताई करनी चाहिए। बीज सदा रोग रहित फसल का ही लेकर बोना चाहिये। बीजों को थायरम या बाविस्टिन नामक दवा से (२.५ ग्राम दवा प्रति किलोग्राम बीज) उपचारित करके ही बुआई करनी चाहिए। रोग ग्रस्त खेत में धनिया नही बोना चाहिए तथा धनिया को ३ से ४ वर्ष के फसल चक्र में बोएं।

४. **टयूमर (गाल फारमेशन) :** इस रोग का प्रकोप पौधे के तने, फूल के डण्ठल, पंखुड़ियों व पत्तियों आदि पर होता है। रोग के प्रकोप से प्रभावित भागों पर लम्बी उभरी हुई आकृतियां बन जाती हैं। प्रभावित पौधों के फलों में भी विकृतियां आ जाती है और साधारणतय फल लम्बे आकार के हो जाते हैं। रोग का फफूंद भूमि में लम्बे समय तक जीवित रह सकता है और इसके अतिरिक्त रोगी फसल के अवशेष व रोगी बीज द्वारा भी रोग एक फसल से दूसरे वर्ष की फसल में लगता है। निम्न उपाय द्वारा रोग की आंशिक रोकथाम की जा सकती है।

नियंत्रण : रोगी फसल के अवशेषों को जला कर नष्ट कर दें। थायरम नामक दवा का २.५ ग्राम प्रति किलोग्राम बीज की दर से उपचार उपयोगी सिद्ध हुआ है।

(ग) जीरा
CUMIN SEEDS

मसाले वाली फसलों में जीरा एक महत्वपूर्ण स्थान रखता है। भोजन में मनमोहक सुगन्ध प्रदान करने वाले मसालों में जीरे का विशेष महत्व है। इससे कम लागत व कम समय में अधिक से अधिक लाभ मिल सकता है। जीरा भारत में रसोई कार्यो में प्रचुर मात्रा में प्रयोग किया जाता है परन्तु इराका आयुर्वेदिक औषधीय महत्व भी काफी है। इसके बीजों में वाष्पशील तेल की मात्रा २.५ से ४

प्रतिशत तक होती है। कुछ औषधियों में इसकी सुगन्धि का भी प्रयोग किया जाता है जो जीरे में उपस्थित ल्यूमिनोल के कारण होती है।

जलवायु : इसकी खेती के लिए ७५ सें.मी. वार्षिक वर्षा वाले क्षेत्र उपयुक्त होते हैं। यह रबी की फसल है व बीज वन्त (अम्बल) के विकास के लिए उच्च तापमान तथा दीर्घ प्रकाश की आवश्यकता होती है। इसको सफलतापूर्वक उगाने के लिए ठंडी व हल्की गरम जलवायु की आवश्यकता होती है परन्तु भूमि या वायु में अधिक नमी हानिकारक है। इसकी अच्छी पैदावार के लिए साफ, बादल रहित मौसम आवश्यक है। बादल होने पर इसमें बीमारी काफी जोरों से आती है। भारत में इसकी खेती मुख्यतः राजस्थान, गुजरात तथा हरियाणा के कुछ जिलों में सफलतापूर्वक की जा सकती है।

भूमि तथा उसकी तैयारी : जीरे की फसल के लिए अधिक जीवांशयुक्त दोमट भूमि अच्छी समझी जाती है किन्तु बलुई मटियार भूमि में भी जीरे की खेती अच्छी होती है। भूमि की तैयारी के लिए दो जुताई मिट्टी पलटने वाले हल से तथा इसके बाद ४ से ५ जुताई देशी हल से की जानी चाहिए। प्रत्येक जुताई के बाद पाटा देना अत्यंत आवश्यक है जिसके कारण मिट्टी भुरभुरी एवं समतल हो जाती है। ऐसा करने के बाद सिंचाई की सुविधा के अनुसार खेत को छोटी क्यारियों में विभाजित कर दिया जाना चाहिए।

प्रमुख उन्नत किस्में : हरियाणा राज्य के लिए जीरे की निम्नलिखित उन्नत किस्मों का अनुमोदन किया गया है :

(क) राजस्थान सलैक्शन-१ (आर.एस.-१) : इसके पौधे गहरे हरे रंग के और अगेते पकने वाले तथा फूल गुलाबी रंग के होते हैं। दाने मोटे, चमकीले और भूरे रंग के होते हैं। फसल १०० से ११० दिन में पक जाती है व इसकी उपज २ से ३ क्विंटल प्रति एकड़ है।

(ख) राजस्थान जीरा-१६ (आर.जैड-१६) : इस किस्म के पौधे हरे रंग के होते हैं। इसमें सामान्यतया अधिक शाखायें निकलती हैं जिससे प्रति पौधा बीज के गुच्छों में बढ़ोतरी होती है। इसके फूल गहरे गुलाबी रंग के तथा दाने मोटे, आकर्षक और घने भूरे रंग के होते हैं। यह किस्म लगभग १२५ दिन में पक जाती है तथा आर.एस.–१ और दूसरी स्थानीय किस्मों की तुलना में उकटा और झुलसा के प्रति अधिक रोगरोधी है। इसकी प्रति एकड़ २.२५ से ३.२५ क्विंटल तक उपज होती है। इन किस्मों के अतिरिक्त जीरे की एस.४०४, एम.सी.–४३, गुजरात जीरा–१, गुजरात जीरा–२, सफेद जीरा, काला जीरा (स्थानीय) एवं आर.आर.के.–१ भी भारत वर्ष के कई राज्यों में प्रचलित हैं।

बीज एवं बुवाई का समय : जीरा ब्लाइट (झुलसा) रोग के प्रति काफी सहिष्णु है इसलिए बोने से पूर्व बीजोपचार अवश्य करना चाहिए। बीज को बाविस्टिन या

बेनलेट नामक फफूंदनाशक दवा का २ ग्राम प्रति किलो बीज की दर से उपचारित करें। जीरे की बिजाई करने का सबसे अच्छा समय १५ नवम्बर से १५ दिसम्बर तक है। अगर बिजाई १५ दिसम्बर के बाद की जाए तो पैदावार काफी घट जाती है और यदि १५ नवम्बर से पहले की जाये तो उगने वाले पौधे अधिक गर्मी के कारण मर जाते हैं।

बीज दर : एक एकड़ की कतारों में बिजाई करने के लिए ३ से ४ किलोग्राम बीज की आवश्यकता होती है तथा छिटकवाँ विधि द्वारा ४ से ६ किलोग्राम प्रति एकड़ बीज पर्याप्त है।

बुवाई की विधि : जीरे को कतारों में बोया जाना अधिक उपयुक्त है। बिजाई कतारों में २० सें.मी. तथा पौधों में १० सें.मी. की दूरी रख कर करनी चाहिए। इस बात का अवश्य ध्यान रखे कि बीज २.० सें.मी. गहरा ही बोएं। अधिक गहरा बोने से बीज का जमाव कम होता है तथा पैदावार भी कम हो जाती है। बिजाई कतारों में करने से खरपतवार नियन्त्रण करना आसान होता है। जहां पर खरपतवारों की समस्या अधिक न हो वहां पर बिजाई छिटकवां विधि से भी की जा सकती है। इसके लिए पहले खेत को बराबर क्यारियों में बांट लेना चाहिए तथा फिर छिटकवां विधि से समान रूप में बीज छिड़कें। उसके पश्चात बीज को हाथ या रेकिंग द्वारा मिट्टी में मिला दें जिससे बीज पर हल्की सी मिट्टी आ जाए। बिजाई के समय यदि खेत में नमी कम हो तो हल्की सिंचाई कर दें। पहली सिंचाई के समय पानी का बहाव ज्यादा नहीं होना चाहिए अन्यथा बीज एक जगह एकत्रित हो सकते हैं। बीज अंकुरण में लगभग १५ से २० दिन लग जाते हैं।

खाद एवं उर्वरक : अच्छी उपज लेने के लिए गोबर की सड़ी खाद के अतिरिक्त उर्वरकों का डालना भी नितान्त आवश्यक है। जीरे की अच्छी पैदावार प्राप्ति के लिए एक एकड़ खेत में लगभग ६ से ८ टन गोबर की पूर्ण सड़ी हुई खाद भूमि की तैयारी के समय खेत में डालें। बिजाई के समय ६ किलोग्राम नाइट्रोजन (२४ किलोग्राम कैल्शियम अमोनियम नाईट्रेट २५ प्रतिशत अर्थात किसान खाद) तथा ८ किलोग्राम फास्फोरस (५० किलोग्राम सिंगल सुपर फास्फेट) प्रति एकड़ की दर से देना चाहिए। इसके अतिरिक्त ६ किलोग्राम नाइट्रोजन (२४ किलोग्राम कैल्शियम अमोनियम नाईट्रेट २५ प्रतिशत अर्थात किसान खाद) को खड़ी फसल में चार सप्ताह के बाद खेत में देकर सिंचाई अवश्य करनी चाहिए।

सिंचाई : बुआई के तुरन्त बाद हल्की सी सिंचाई कर देनी चाहिए क्योंकि जीरा अधिक पानी सहन नहीं कर सकता। पहली दो सिंचाइयॉ ८ से १० दिन के अन्तर पर व उसके बाद एक माह के अन्तराल पर करें। इस प्रकार जीरे को लगभग कुल ३ ये ४ सिंचाइयों की आवश्यकता होती है। फसल पकने के समय सिंचाई न करें क्योंकि इससे फसल को लाभ की तुलना में हानि ज्यादा होती है।

खरपतवार नियन्त्रण : जीरा बीमारियों के लिए काफी सहिष्णु है और फसल में खरपतवारों की उपस्थिति बीमारियों को अधिक बढ़ावा देती है। इसलिए खेत को खरपतवार रहित रखना बहुत ही आवश्यक है। इसके लिए खेत से दो या तीन बार खरपतवार निकालना बहुत जरूरी है। पहली बार बिजाई के लगभग ३० से ३५ दिन बाद जब जीरे के पौधे ५ से ७ सें.मी. लम्बे हो जाएं तथा इसके बाद आवश्यकतानुसार गुड़ाई करते समय आवश्यकता से अधिक पौधे उचित दूरी रखते हुए निकाल दें। इससे पौधों की बढ़वार व पैदावार अच्छी होगी। जीरे की फसल में खरपतवारों की रोकथाम रासायनिक खरपतवार नियन्त्रण के द्वारा भी की जा सकती है। इसके लिए फ्लुक्लोरालिन ४०० ग्राम सक्रिय तत्व प्रति एकड़ (बासालीन ४५ प्रतिशत की ६०० मि०ली०) मात्रा बिजाई से पहले २५० लीटर पानी में घोलकर खेत में छिड़काव द्वारा लगाएं। दवा को रेक द्वारा मिट्टी में मिलाना अति आवश्यक है।

निराई-गुड़ाई : जीरे की फसल में आवश्यकतानुसार ३ से ४ निराई–गुड़ाई की आवश्यकता होती है। पहली निराई–गुड़ाई, बुवाई के १० से १५ दिन बाद करनी चाहिए व निराई–गुड़ाई करते समय पौधों की छटाई भी करना आवश्यक है। पौधे से पौधे के बीच की दूरी १० सें.मी. रखनी चाहिए।

जीरे की कटाई : जीरे की फसल बोने के लगभग १०० से १२० दिन बाद पक कर तैयार हो जाती है। फसल के पकने पर पौधे पीले पड़ने शुरु हो जाते हैं तथा पत्तियां नीचे गिर जाती है। इस अवस्था में जीरा दरांतियों की मदद से काट लेना चाहिए. अन्यथा खेत में ही बिखर जाएगा। पौधों को अच्छी प्रकार सुखा कर लकड़ी से हल्की पिटाई करके जीरे को पौधों से अलग कर लिया जाता है। उसके बाद हवा में बरसा कर साफ करते है।

उपज : प्रति एकड़ २ से २.५ क्विंटल उपज प्राप्त होती है जो भूमि की उर्वरा शक्ति तथा मौसम पर भी निर्भर करती है। उन्नत विधियां अपनाकर जीरे की पैदावार ४ से ५ क्विंटल प्रति एकड़ ली जा सकती है। इसमें पूरे भार की २ से ३ प्रतिशत तेल की मात्रा पाई जाती है।

फसल संरक्षण

हानिकारक कीट व उनका नियन्त्रण

जीरे का मुख्य हानिकारक कीट–सिर्फ चेपा या माहू ही है। चेपा के हल्के पीले व हरे रंग के बच्चे तथा प्रौढ़ पौधों की कोमल पत्तियों से रस चूसते हैं जिससे पौधे पीले पड़ जाते हैं व उनकी बढ़वार रुक जाती है। इसकी रोकथाम के लिए २५० मि० ली० मैलाथियान ५० ई०सी० या मैटासिस्टाक्स २५ ई०सी० को २५० लीटर

पानी में मिला कर एक एकड़ फसल पर आवश्यकतानुसार १५ से २० दिन के अन्तराल पर छिड़काव करें। इन दवाओं का प्रयोग कटाई करने से एक माह पूर्व बन्द कर देना चाहिए।

बीमारियां व उनका नियंत्रण

(क) आल्टरनेरिया झूलसा रोग : यह जीरा फसल का एक घातक रोग है तथा एक फफूंद द्वारा होता है। रोग के प्राथमिक लक्षण पौधे की ऊपर वाली पत्तियों पर सफेद बिखरे हुए मृत धब्बों के रुप में पाये जाते हैं। बाद की अवस्था में ये धब्बे आकार में बढ़कर एक दूसरे से मिल जाते हैं तथा इनका रंग बैंगनी व अन्ततः भूरे अथवा काले रंग में परिवर्तित हो जाता हैं। अधिक नमी के कारण तने व फूलों पर भी रोग का संक्रामण हो जाता है। प्रायः जीरे की फसल फूल आने के पश्चात् ही इस रोग से प्रभावित होती है। पौधों की कोमल पत्तियां व पुष्प अधिक रोगग्राही होते हैं तथा रोग के प्रभाव से नष्ट हो जाते हैं। रोग के अधिक प्रकोप से बीज नही बनता है और यदि बन भी जाये तो प्रायः सिकुड़े हुए, काले, हल्के व जमाव रहित होते हैं।

नियंत्रण : बुआई से पूर्व थायरम का २.५ ग्राम अथवा एमिसान का २.० ग्राम प्रति किलो बीज की दर से उपचार करें। फसल पर रोग के प्राथमिक लक्षण दिखाई देते ही मैन्कोजेब (इण्डोफिल एम—४५) ४०० ग्राम दवा को २०० लीटर पानी में घोलकर प्रति एकड़ १० से १२ दिन के अन्तर पर छिड़कें। जीरा की आर. जेड—११ किस्म पर रोग का प्रकोप अन्य किस्मों की तुलना में कम होता है। हरियाणा कृषि विश्वविद्यालय में प्रयोग द्वारा पाया गया है कि बीज का उपचार डाइफोलेटान (कैप्टाफाल) २ ग्राम प्रति किलोग्राम बीज की दर से एवं छः छिड़काव (२ फूल आने से पूर्व तथा ४ फूल आने के बाद) इण्डोफिल एम—४५ या एण्डोफिल जेड—७८ या कापर आक्सीक्लोराइड के ०.२ प्रतिशत घोल का ७ दिन के अन्तराल पर करने से रोग की रोकथाम सम्भव हो सकती है।

(ख) उखेड़ा रोग (विल्ट) : इस रोग का कारण भी एक भूमि जनित फफूंद है। यह रोग भी जीरा फसल का घातक रोग है तथा इसका प्रकोप प्रायः २५ से ४० प्रतिशत या कभी—कभी अधिक भी होता है। वैसे तो यह रोग फसल पर किसी भी समय लग सकता है, परन्तु इसका प्रकोप अधिकतर दिसम्बर माह के अन्त में जब फसल लगभग एक माह की होती है, खेत के कुछ हिस्सों में देखा जा सकता है। प्रभावित पौधे पीले पड़ने लगते हैं तथा मुरझाकर सूख जाते हैं। रोगग्रस्त पौधे आसानी से उखड़ जाते हैं तथा जड़ों का भाग भूरे रंग का हो जाता है जो इस रोग का एक प्रमुख लक्षण है।

नियंत्रण : बुआई से पूर्व बीजोपचार थायरम या बाविस्टिन नामक २ ग्राम दवा प्रति किलोग्राम बीज की दर से करें। जिस खेत में रोग पहले पाया गया हो उसमें २ से ३ वर्ष जीरा की फसल की जगह अन्य फसल उगाएं।

(ग) सफेद चूर्णी रोग : इस रोग का आरम्भ प्रायः देर से होता है और अधिकतम प्रकोप फूल व बीज बनने के समय पर होता है। यदि रोग का प्रकोप फूल आने के समय पर हो तो पैदावार में अधिक क्षति होती है। रोग के लक्षण पत्तियों की निचली सतह पर सफेद या मटमैले रंग के छोटे–छोटे धब्बों के रुप में दिखाई देते हैं। बाद में यह धब्बे आकार में बढ़ कर आपस में मिल जाते हैं तथा पत्तियों की पूरी सतह पर छा जाते हैं। रोग के अधिक प्रकोप के समय पत्तियों के ऊपर राख जैसा पदार्थ दिखाई देता है जो वास्तव में फफूंद के कवक जाल व बीजाणु होते हैं। रोग का संक्रमण पौधे के तने, फूल व बीज पर भी होता है।

नियंत्रण : इसकी रोकथाम के लिए धनिया फसल में लगने वाले सफेद चूर्णी रोग के अन्तर्गत बताये गये उपचार का करना उपयोगी है।

(घ) अदरक
GINGER

अदरक उत्पादन में भारत का एक महत्वपूर्ण स्थान है। इस का उपयोग कच्चा तथा सुखाकर सौंठ के रूप में किया जाता है। देश से सुखाया अदरक विभिन्न देशों को निर्यात किया जाता है। अनुमान है कि पूरे संसार भर में अदरक को ५.३४ लाख हेक्टेयर भूमि पर प्रतिवर्ष उगाया जाता है जिससे लगभग ७१.५ लाख टन अदरक पैदा हो जाती है। संसार में अदरक उत्पादन में चीन, ताइवान, नाइजीरिया, साइरिया, जमाईका, थाईलैंड व आस्ट्रेलिया मुख्य देश हैं।

भारतवर्ष में अदरक की खेती लगभग ६००० हेक्टेयर भूमि पर की जाती है जिससे २ लाख टन अदरक का उत्पादन होता है। सबसे ज्यादा अदरक उत्पादन केरल राज्य में होता है जोकि कुल उत्पादन का ३० प्रतिशत है। इसके अलावा हिमाचल प्रदेश, मध्य प्रदेश, पश्चिम बंगाल, उड़ीसा व त्रिपुरा इत्यादि राज्यों में भी इसकी खेती की जाती है। उत्तर प्रदेश के क्षेत्र जहाँ भूमि हल्की दोमट के साथ पानी का उत्तम निकास है और पाले का प्रकोप नहीं है, पपीते के बगीचे में अदरक की खेती अति उत्तम सिद्ध हुई है।

जलवायु : अदरक की खेती समुद्र तल से १५०० मीटर ऊपर तक सुगमता से हो सकती है। इसके लिए ऐसे क्षेत्र सर्वोत्तम होते हैं, जहां गर्म नम वातावरण हो, फसल के वृद्धि काल में ५० से ६० सें.मी. वर्षा होती हो, भूमि में पानी नहीं ठहरता हो और हल्की छाया हो।

भूमि : अदरक के लिए दोमट, उचित जल–निकास वाली और जीवांशयुक्त भूमि अच्छी रहती है। पर्वतीय भागों की कंकरीली दोमट भूमि भी खेती के लिए उपयुक्त रहती है।

भूमि की तैयारी : अदरक की अच्छी पैदावार लेने के लिए खेत को भली–भाँति मार्च–अप्रैल के महीनों में चार से पांच जुताइयां करके तैयार कर लिया जाता है। इसके लिए पहले पलेवा करना चाहिए तथा खेत को बत्तर अवस्था में आने पर इतनी जुताइयां दी जाती हैं कि मिट्टी एकदम भूरभूरी हो जाए। उसके बाद सुहागा लगा कर खेत को समतल कर लिया जाता है। खेत के तैयार हो जाने पर इसकी भूमि के ढ़ाल व सिंचाई सुविधा को ध्यान में रखते हुए छोटी क्यारियों में विभाजित कर लेते हैं। कहीं–कहीं पर इन क्यारियों में डोलियां बनाकर अदरक को लगाया जाता है। इन डोलियों की चौड़ाई एक मीटर, ऊँचाई ३० सें.मी. तथा लम्बाई सुविधानुसार रखते हैं। गोबर की खाद को जुताई करके भली–भाँति भूमि में मिला देना चाहिए।

प्रवर्धन : अदरक के प्रवर्धन के लिए कन्द का उपयोग किया जाता है। प्रत्येक कंद का रोग रहित ४ से ६ सें.मी. आकार का टुकड़ा बुआई के लिए उपयुक्त रहता है। ध्यान रहे कि प्रत्येक टुकड़े में २ से ३ कलियां अवश्य होनी चाहिए।

बुआई का समय और विधि : अदरक लगाने के लिए अप्रैल से जून तक का समय उपयुक्त है। इसकी बुवाई के लिए १५ मई से १५ जून सबसे उपयुक्त समय है परन्तु जहाँ पर सिंचाई सुविधा नहीं है वहां पर बुवाई वर्षा ऋतु की पहली बौछार आने पर की जाती है। इसकी अगेती बुवाई से अपेक्षाकृत अधिक उपज मिलती है। कन्द लगाने से पूर्व खेत की ठीक से जुताई करके मिट्टी भुर–भुरी कर लेते हैं। यदि खेत में नमी की कमी हो तो एक सिंचाई (पलेवा) करके खेत को तैयार कर लेना चाहिए। इसके बाद खेत को छोटी–छोटी क्यारियों में बांटकर ४५ सें.मी. की दूरी पर ५ से १० सें.मी. गहरी नालियां बना लेते हैं। इन नालियों में ३० सें.मी. की दूरी पर ३ से ५ सें.मी. की गहराई में कन्द लगाकर मिट्टी से ढक देते हैं। कन्दों को लगाने से पूर्व फफूंदीनाशक रसायनों से उपचारित कर लेना चाहिए। अदरक सोफ्ट रोट बीमारी के लिए काफी सहिष्णु है। इसलिए इसके प्रकंदों को बोने से पूर्व इण्डोफिल एम–४५ के ०.३ प्रतिशत (३ ग्राम दवा प्रति लीटर पानी में) घोल में २० से ३० मिनट तक भिगों कर रखें जिससे फसल में सोफ्ट रोट बीमारी न आने पाए। फसल को इस बीमारी के कारण काफी नुकसान हो सकता है। बुआई के उपरांत मेड़ों को सूखी घास (मल्च) आदि से ढकने से बीजों का अंकुरण जल्दी और पर्याप्त हो जाता है। अंकुरण के उपरांत सूखी घास को हटा देना चाहिए।

बीज की मात्रा : एक एकड़ की बुवाई के लिए ४ से ६ क्विंटल, २.५ सें.मी. लम्बे या २० से ३० ग्राम भार वाले दो आंखों युक्त प्रकंद पर्याप्त होते हैं।

मल्चिंग : बुवाई के बाद मल्चिंग अवश्य करनी चाहिए। पहली मल्चिंग बुवाई के तुरन्त बाद तथा दूसरी लगभग ४० से ५० दिन बाद करनी चाहिए। मल्चिंग सामग्री प्रारम्भ में कन्दों की धूप से रक्षा करती है तथा नमी भी अधिक दिनों तक बनी रहती है। मल्चिंग के लिए कम्पोस्ट, हरी पत्तियां, पुआल तथा भूसे का प्रयोग किया जा सकता है।

खाद एवं उर्वरक : अदरक के कन्द भूमि से अधिक जीवांश पदार्थ लेते हैं। इसलिए बुआई से पूर्व १० टन सड़ी गोबर की खाद भली प्रकार मिला देनी चाहिए। इसके बाद ४० किलोग्राम नाइट्रोजन (१६० किलोग्राम कैल्शियम अमोनियम नाईट्रेट २५ प्रतिशत अर्थात किसान खाद), २० किलोग्राम फास्फोरस(१२५ किलोग्राम सिंगल सुपर फास्फेट) और २० किलोग्राम पोटाश (३५ किलोग्राम म्यूरेट आफ पोटाश) प्रति एकड़ तत्व के रूप में देना चाहिए। इसमें से फास्फोरस व पोटाश की पूरी मात्रा और नाइट्रोजन की एक तिहाई मात्रा कन्द लगाते समय खेत में डाली जाती है। शेष नाइट्रोजन की दो तिहाई मात्रा को दो भागों में बराबर बांटकर बुआई से ५० से ६० दिन बाद अर्थात जमाव के एक माह बाद व दो माह बाद खेत में डालकर मिट्टी चढ़ा देनी चाहिए।

सिंचाई : अदरक को काफी पानी की आवश्यकता होती है लेकिन पानी का लगातार खड़े रहना फसल सहन नहीं कर पाती। भूमि में नमी बनाए रखने के लिए मिट्टी की सतह पर धान का पुराल या हरे पौधों की पत्तियां ८ क्विंटल प्रति एकड़ की दर से ढकें। ऐसा करने से अदरक की पैदावार २०० प्रतिशत तक बढ़ जाती है। यदि पुराल या हरी पत्तियों की इस मात्रा को फसल की पूरी अवधि में तीन बार करके ढका जाए तो पैदावार में अच्छी वृद्धि होती है। ऐसा करने से भूमि का भौतिक व रासायनिक वातावरण बदल जाता है जिससे पौधों को फास्फोरस व पोटाश अधिक प्राप्त होता है जिससे पैदावार में बढ़ोतरी हो जाती है।

पहली सिंचाई प्रकन्दों के खेत में बोने के तुरन्त बाद करनी चाहिए। बाद की सिंचाई वर्षा पर निर्भर करती है। यदि वर्षा होती रहे तो सिंचाई की कोई आवश्यकता नहीं बल्कि वर्षा के पानी को खड़ा न होने दें, व खेत में उचित जल–निकास बनाए रखना आवश्यक है क्योंकि पानी का खेत में खड़ा होना मृदु विगलन रोग को बढ़ावा देता है। वर्षा बन्द होने पर पानी निरंतर देते रहना चाहिए व जमीन को पानी की कमी से सख्त न होने दें अन्यथा पैदावार पर बुरा प्रभाव पड़ेगा।

निराई-गुड़ाई : वर्षा ऋतु के उपरांत खरपतवार अधिक उग आते हैं, जिनको निकालना आवश्यक है। इसलिए ४–५ बार निराई–गुड़ाई करनी चाहिए। जब पौधों

में कन्दों का विकास आरम्भ हो जाए अर्थात् कंद लगने के २ महीने बाद मिट्टी चढ़ा देनी चाहिए। इसके बाद फसल में आवश्यकतानुसार चौथे–पांचवें सप्ताह में दुबारा मिट्टी चढ़ानी चाहिए।

खरपतवार नियंत्रण : अदरक के खेत में खरपतवारों को उगने नही दिया जाना चाहिए। फसल की प्रारम्भिक अवस्था में खरपतवार खुरपी से निकाल कर खेत से बाहर न फैंकें बल्कि उनको भूमि की ऊपरी सतह पर बिछा देना लाभकारी सिद्ध होता है। ऐसा करने से नमी का ह्रास कम होगा। बुवाई के बाद व खाद देने से पूर्व खरपतवारों को खेत से अवश्य उखाड़ दें तथा खाद देने के बाद डोलियों पर मिट्टी चढ़ा दें जिससे खाद पौधों की जड़ों के पास पहुँच जाए व डोलियों से बाहर आए प्रकंद मिट्टी से ढक जाएं। ऐसा करने से वे आकार में और अधिक बड़े हो जाते हैं।

खुदाई : बुआई के ८ महीने बाद फसल खुदाई योग्य हो जाती है। इसके पकने पर पत्तियां पीली पड़ने लगती हैं और तने सूख कर गिर जाते हैं। सामान्य फसल की मध्य दिसम्बर तक खुदाई होती है। यह ध्यान देना नितांत आवश्यक है कि पाला पड़ने से पूर्व खुदाई का काम पूरा हो जाए अन्यथा पाला पड़ने पर फसल में सड़न हो जाती है। बीज के लिए खुदाई फरवरी के दूसरे पखवाड़े से मार्च के पहले सप्ताह तक करनी चाहिए।

उपजः लगभग ६० से ८० क्विंटल प्रति एकड़ घन कन्द प्राप्त होते हैं। अदरक की गुणवत्ता उसमें उपस्थित ओलियोरेसिन आयल व रेशे की मात्रा पर निर्भर करती है। यदि अदरक के खेत में बुवाई के १२५ दिन बाद यूरिया २ प्रतिशत (२० ग्राम यूरिया एक लीटर पानी में) + प्लानोफिक्स ४०० पी.पी.एम.(४०० मि.ग्रा. एक लीटर पानी में) का छिड़काव केवल एक बार किया जाए तो अदरक के प्रकन्दों में ओलियोरेसिन आयल की मात्रा बढ़ जाती है।

सोंठ बनाना : अदरक की गाँठों को साफ पानी में धोकर फिर पानी में डाली जाती हैं। जब छिलका ठीक से गल जाता है तो इसे दूर करके गाँठों को धूप में एक सप्ताह तक सुखा लिया जाता है। धुली सोंठ के लिये छिलका साफ किये हुए गांठों को चूने के पानी में डालकर फिर धूप में सुखा लेते हैं।

बीज के लिए प्रकन्दों का भण्डारण : अगली फसल के लिए जितने बीज की आवश्यकता होती है उतने स्वस्थ प्रकन्द छांट लिए जाते हैं। इन प्रकन्दों को ०.३ प्रतिशत इण्डोफिल एम–४५ तथा ०.१ प्रतिशत मैलाथियान के घोल में २० से ३० मिनट तक भिगोकर रखते हैं। उसके बाद इनको या तो गढ़ा खोदकर जमीन में दबा दिया जाता है या भण्डारण में सुरक्षित जगह रख दिया जाता है। इन प्रकंदों को खाने के लिए प्रयोग नहीं किया जाता।

फसल संरक्षण

हानिकारक कीट व उनका नियंत्रण

१. **दीमक :** अदरक में दीमक का प्रकोप होता है। इसके लिए दो लीटर क्लोरपाईरीफास २० ई० सी० या एक लीटर एण्डोसल्फान ३५ ई० सी० प्रति एकड़ सिंचाई करते समय प्रयोग में लाने से दीमक की रोकथाम की जा सकती है। इस कीट को मारने की अपेक्षा यह अच्छा रहता है कि ऐसे उपाय किये जायें कि इस कीट का प्रकोप ही न हो। अतः कभी भी कच्ची गोबर की खाद काम में ना लें तथा पिछली फसल का कचरा खेत में हो तो उसे इकट्ठा करके जला दें।

२. **सूंडी :** यह कीट अदरक के कंदों में छेद कर देता है जिससे कंदों को नुकसान पहुंचता है। सूंडी द्वारा ग्रसित कन्दों को कोई भी बाजार में लेना पसन्द नही करता व इस प्रकार ग्रसित फसल की किसानों को बहुत कम कीमत मिलती है। इस सूण्डी के नियंत्रण के लिए ५०० मि० ली० एण्डोसल्फान ३५ ई० सी० को २५० लीटर पानी में मिलाकर प्रति एकड़ फसल पर आवश्यकतानुसार छिड़कें।

बीमारियाँ व उनका नियंत्रण

१. **मृदु विगलन रोग :** यह अदरक की बहुत ही खतरनाक बीमारी है। यह पीथियम नामक फफूंद द्वारा होती है। इसके प्रभाव से नीचे वाली पत्तियों की टिप सूखना शुरू हो जाती है तथा धीरे–धीरे नीचे की तरफ बढ़ती है। बीमारी धीरे–धीरे ऊपर की पत्तियों पर भी फैल जाती है व प्रभावित पत्तियां नीचे लटक जाती हैं। इसके आक्रमण से पौधे के तने का रंग भूरा हो जाता है और रोग ग्रसित पौधों को थोड़ा सा खीचने पर जमीन से बाहर निकल आते हैं। इस बीमारी की फफूंद बाद में प्रकन्दों तक पहुंच जाती है जिससे प्रकन्द बेरंग हो जाते हैं। बीमारी पौधे की दो अवस्थाओं में आती है–एक पौधें के जमने से पहले आर्द्रगलन के रूप में और दूसरा जमने के बाद जिससे तना सूखकर बिखर जाता है। यह रोग या तो बीज के द्वारा फैलता है या फिर भूमि के द्वारा फैलता है।

नियंत्रण : इसकी रोकथाम के लिए केवल रोग मुक्त बीज बोएं। बीज को पहले बताई गई विधि द्वारा उपचारित करना चाहिए। फसल के रोगग्रस्त अवशेष को जला देना चाहिए। बोने के दो माह बाद पत्तियों के पीला पड़ने पर ब्लाइटोक्स–५० या डायथेन जैड–७८ के घोल (क्रमशः ०.३० व ०.१५ प्रतिशत) का फसल पर छिड़काव करना लाभकारी सिद्ध हुआ है।

२. **पीलिया रोग (तना गलन रोग) :** इसके प्रभाव से नीचे वाली पत्तियां सूखने लगती है। पत्ते किनारों से सूखने शुरू होकर बाद में पूरे सूख जाते हैं। रोगग्रस्त पौधे मुरझा कर सूख जाते हैं लेकिन जमीन पर नीचे नहीं गिरते। पौधों

का नीचला भाग नरम व जल ससिक्त हो जाता हैं। पौधे खीचने पर जमीन से बाहर आ जाते हैं। रोगग्रस्त प्रकन्द क्रीम के रंग के हो जाते हैं। इसके कारण प्रकंद बनने बन्द हो जाते हैं। यह रोग २३° से २६° सें.ग्रे. तापमान व ८७ से ६५ प्रतिशत आर्द्रता पर बड़े जोरों से फैलता है।

नियंत्रण : इसकी रोकथाम के लिए रोग रहित बीज ही प्रयोग करना चाहिए। रोगग्रस्त भूमि में इसकी बुवाई न करें। बीज को डाईथेन जैड–७८ या एण्डोफिल एम–४५ या बेनलेट या बाविस्टीन दवा के ०.३ प्रतिशत के घोल में दो घण्टे तक उपचारित करके बोना चाहिए। इसके पश्चात् इन्हीं दवाओं के इसी मात्रा के घोल का छिड़काव करना चाहिए। फसल की सुरक्षा के लिए लम्बा फसल चक्र अपनाएं। विभिन्न प्रकार के पौधों की पत्तियां, लकड़ी का बुरादा व खलियां इस बीमारी को कम करने में सहायक होती हैं

३. **बैक्टीरियल विल्ट** : यह भी अदरक की एक बहुत ही खतरनाक बीमारी है। रोग के प्रभाव से तने के जमीन से लगे भाग पर जल ससिक्त धारियां या धब्बे बन जाते हैं। बाद में भी सबसे नीचे वाले पत्तों के किनारे पीले व भूरे हो जाते हैं। पत्तियां मुरझाने लगती हैं व किनारे पीले व भूरे हो जाते हैं। पत्तियों की लीफ सीथ पीली व फीकी हरी हो जाती है। परिणाम स्वरूप पत्तियां गोल होकर लिपट जाती हैं व पूरा पौधा सूख जाता है। प्रभावित तना व प्रकन्द लार युक्त हो जाता है तथा दबाने पर दूध की तरह का पदार्थ निकलता है। यदि रोगग्रस्त प्रकन्द को पानी में डालें तो पानी गंदला होता है।

नियंत्रण : इस बीमारी की रोकथाम के लिए लम्बा फसल चक्र अपनाना चाहिए। केवल रोग रहित स्वस्थ प्रकन्द ही प्रयोग में लाना आवश्यक है। ऊपर बताये गये ढगं से प्रकंदों को बोने से पहले ०.३ प्रतिशत बेनलेट या बाविस्टीन दवा के घोल में ६० मिनट तक डुबोए रखना चाहिए।

४. **पत्ता धब्बा रोग** : इस बीमारी के प्रकोप से प्रारम्भिक अवस्था में पत्तियों पर ०.५ मि.मी. से १.० मि.मी लम्बे व अन्डाकार धब्बे बन जाते हैं। ये धब्बे परिपक्व अवस्था में बीच से सफेद पेपर की तरह तथा किनारों से गहरे भूरे रंग के होते हैं। आस–पास के धब्बे बढ़कर आपस में मिलकर बड़ा धब्बा बना लेते हैं।

नियंत्रण : पत्तों पर धब्बे दिखाई देने पर एण्डोफिल एम–४५ या डाइथेन जैड–७८ के ०.२ प्रतिशत घोल का छिड़काव करना चाहिए। फसल में सफाई बनाए रखना प्रभावकारी सिद्ध हुआ है। फसल को कम फासले पर नही बोना चाहिए।

(ड़) हल्दी
TURMERIC

हमारे देश में मसाले की फसलों में हल्दी का भी प्रमुख स्थान है। भारत दुनिया भर में हल्दी का सबसे अधिक उत्पादक और निर्यात करने वाला देश है। निर्यात से विदेशी मुद्रा अर्जित कराने में यह फसल काली मिर्च और इलायची के बाद स्थान रखती है। हल्दी का उपयोग कपड़ों की रंगाई, मसाले, सौन्दर्य प्रसाधनों एवं औषधि के रुप में किया जाता है। हिन्दू लोग इसे पवित्र मान कर अपने सामाजिक रीति रिवाजों और धार्मिक कार्यो में भी प्रयोग करते हैं। इसकी खेती दक्षिण भारत में सबसे अधिक आन्ध्र प्रदेश, कर्नाटक, तमिलनाडु, केरल व मध्य भारत में महाराष्ट्र, गुजरात व उड़ीसा आदि राज्यों मे की जाती है। कुछ महत्वपूर्ण जानकारी के आधार पर उत्तर भारत में भी इसे सफलतापूर्वक उगाया जा सकता है।

जलवायु व भूमि : हल्दी की फसल के लिए नम और गर्म जलवायु की आवश्यकता है। इसे २२५ से २५० सें. मी. तक वर्षा वाले क्षेत्रों में १५०० मी० ऊँचाई पर भी उगाया जा सकता है। इसके लिए बलुई या मटियार दोमट मिट्टी जहां जल–निकास का उचित प्रबन्ध हो उपयुक्त है, परन्तु ऊसर या क्षारीय भूमि इसकी खेती योग्य नही है। भारी मिट्टी में इसे मेंड़ों पर उगाया जा सकता है। इसकी मक्का, आलू, मिर्च एवं धान के लिए एक तर्षीय फसलचक्र अपना कर व छाया प्रदान करने वाली फसलों जैसे ढैंचा, अरंडी, नीबू या कुछ सब्जियों के साथ मिश्रित खेती अधिक लाभप्रद है।

भूमि की तैयारी व खाद लगाना : मिट्टी पलटने वाले हल से एक गहरी जुताई करके तीन से चार बार देसी हल से जोतकर खेत तैयार करना चाहिए। आखिरी जुताई पर १० टन गोबर की सड़ी खाद प्रति एकड़ बिखेर कर खेत में लगाएं। इसी समय २० किलोग्राम फास्फोरस (१२५ किलोग्राम सिंगल सुपर फास्फेट), २० किलोग्राम पोटाश (३५ किलोग्राम म्यूरेट आफ पोटाश) व एक तिहाई नाइट्रोजन अर्थात १३ कि० ग्रा० शुद्ध नाइट्रोजन खाद (५२ किलोग्राम कैल्शियम अमोनियम नाईट्रेट २५ प्रतिशत अर्थात किसान खाद) की मात्रा भी प्रति एकड़ खेत में बिखेर कर लगाएं। खेत में जुताई करके पाटा लगा कर मिट्टी समतल कर लें। नाइट्रोजन की बाकी २/३ बची हुई मात्रा को ४० व ६० दिन बाद खड़ी फसल में लगानी चाहिए। खेत को सामान्यतया ६ x ३ या ६ x ४ मीटर आकार की ढलान व सिंचाई साधन के अनुसार बांट लें। सिंचाई व जल–निकास के लिए नालियों का प्रबन्ध करें। कमी की अवस्था में पोटाश की अतिरिक्त मात्रा पौधों में मिट्टी चढ़ाते समय भी लगा सकते हैं।

प्रमुख उन्नत किस्में : हल्दी की दो प्रकार की किस्में है जिनका चुनाव गांठों के आकार तथा रंग को देखकर किया जाता है। इनके लिए स्थानीय नाम अधिक प्रचलित हैं।

१. रंगाई के काम आने वाली किस्में गोल, मोटी तथा सख्त होती हैं जैसे कोचीन, मालाबार आदि।
२. मसाले वाली किस्में लम्बी, पतली तथा मुलायम होती है जैसे गुन्टुर (आन्ध्र प्रदेश), पूना (महाराष्ट्र), गोतम (उड़ीसा), मुनडाना, बलागा, येलागाचा (कर्नाटक), चाइना सेंटिड, लाल जाबेदी इत्यादि (केरल) व इनके अतिरिक्त एलैपी, टेकुरपेटा, सालैम, इरोड, बेगोन, राजापुरी, कस्तूरी, पी. टी. एस.–२४, माइडूकुर तथा लाकाडोंग (नागालैंड/मेघालय) और आर. एच. १० (बिहार) किस्में विभिन्न राज्यों में प्रचलित हैं।

अधिक पैदावार देने वाली नई विकसित किस्में इस प्रकार हैं

(क) अगेती किस्में : सुगुना और सुदर्शना किस्में राष्ट्रीय मसाला अनुसंधान केंन्द्र कालीकट, केरल द्वारा विकसित की गई हैं। इनसे औसतन २५ से ३० क्विंटल प्रति एकड़ सूखी गांठों की उपज ली जा सकती हैं। ये किस्में ६० दिन में पक कर तैयार हो जाती है।

(ख) मध्यमी किस्में : सुवर्णा (कालीकट से), सुरोभा (पोटांगी, उड़ीसा से), सुगन्धम (जागुदान, गुजरात से) और सोनिया (धोली, बिहार से) किस्में हैं जो २०० से २३० दिनों में तैयार हो जाती हैं।

(ग) मध्यमी पछेती किस्में : इनमें रोमा, रंगा व रेश्मी (पोटांगी, उडीसा से) और कृष्णा (कस्बादिग्राज, कर्नाटक से) मुख्य हैं। ये किस्में २५० से २५५ दिन में पक कर तैयार हो जाती हैं।

(घ) पछेती किस्में : सी. ओ. (कोयम्बटूर, तामिलनाड़ू), बी. एस. आर. (भवानी–सागर तामिलनाड़ू) व आमूर और डिगीराला (जगतियाल, आंन्ध्र प्रदेश) विकसित किस्में हैं जो २८५ से ३०० दिन में तैयार हो जाती हैं।

इन सभी किस्मों में अगेती किस्मों से उपज अधिक प्राप्त होती है। औसत पैदावार २० से २५ क्विंटल प्रति एकड़ सूखी गांठें प्राप्त हो जाती हैं। इस प्रकार अगेती किस्में ७, मध्यमी ८ तथा पछेती १० महीनों में फसल देती हैं।

बिजाई, बीज की मात्रा व लगाने की विधि : हल्दी की बिजाई गांठों द्वारा मई से जुलाई के महीनों में मानसून की वर्षा को ध्यान में रख कर की जाती है। मानसून शुरु होने के पहले सप्ताह में गांठों की रोपाई खेत में करते हैं। बीज के लिए हल्दी की कच्ची गांठें पिछली फसल से ली जाती है। रोपाई के लिए केवल प्राथमिक सुविकसित गांठों का ही प्रयोग करना चाहिए। अगेता अंकुरण पाने के

लिए भण्डारित गांठों में बिजाई से एक महीना पहले सिंचाई लगा देना लाभकारी होता हैं और फिर इन अंकुरित गांठों की खेत में रोपाई कर देनी चाहिए।

बीज की मात्रा गांठों के आकार व बोने की विधि पर निर्भर करती हैं। मिश्रित फसल के लिए प्रति एकड़ ३ से ४ क्विंटल व शुद्ध फसल के लिए ६ से ८ क्विंटल गांठों की आवश्यकता पड़ती है। सामान्यतः २५ से ३० ग्राम वजन की गांठों का उपयोग करना चाहिए। प्रत्येक गांठ में दो आंखे अवश्य हों। गांठों की रोपाई समतल क्यारियों में या मेड़ों पर की जा सकती है। गांठों को ४ से ५ से. मी. गहरी पंक्ति में ४० से ५० से. मी. और कन्द से कन्द १५ से २० सें. मी. दूरी रख कर लगाएं। मिश्रित खेती में एक के बाद एक कतार छोड़ कर आन्तरिक फसल की बिजाई करें। बिजाई के २० से २५ दिन में अंकुरण होने लगता है।

बीज उपचार : बिजाई से पूर्व हल्दी की गांठों को फफुंदरहित करने के लिए ३ मिनट तक सेरेसान के ०.२५ प्रतिशत या एगैलाल के ०.०५ प्रतिशत या ऐरेटान नामक दवा के ०.२५ प्रतिशत घोल में उपचारित करें।

सिंचाई : हल्दी की फसल को सिंचाई की अधिक आवश्यकता पड़ती हैं। बिजाई के तुरन्त बाद सिंचाई करनी चाहिए तथा मानसून की वर्षा आने तक प्रति सप्ताह सिंचाई दें जिससे अंकुरण के लिए पर्याप्त नमी बनी रहे। बाद में सिंचाई वर्षा होने की मात्रानुसार लगाएं। वर्षा मौसम के बाद २० से २५ दिन के अन्तराल पर सिंचाई देतें रहना चाहिए। फसल पकने पर सिंचाई रोक देना आवश्यक है।

खरपतवार नियंत्रण व मिट्टी चढ़ाना : वर्षा के मौसम में खरपतवार नियन्त्रण अति आवश्यक है। इसके लिए फसल बिजाई पर दी गई सिंचाई के बाद उचित नमी की अवस्था में स्टोम्प नामक खरपतवारनाशक दवा ३० प्रतिशत की १ से १.२५ लीटर मात्रा को १५०–२०० लीटर पानी में घोल कर प्रति एकड़ खेत में समान मात्रा में छिड़काव कर लगाएं। अक्तूबर से जनवरी माह तक २ से ३ बार खरपतवार अवश्य निकाल देना चाहिए। नवम्बर माह में गांठों में बढ़वार होने लगती है। पत्तियां धीरे धीरे पीली पड़ने लगती हैं तथा गांठें बनती रहती हैं।

फसल कटाई व उपज : प्रायः जनवरी के दूसरे पखवाड़े व फरवरी में फसल खोदनें योग्य हो जाती है। इस समय पत्तियां पीली पड़ कर सूख जाती हैं और गांठें पूर्ण विकसित हो चुकी होती हैं। खुदाई से पहले पत्तों को घासिये से काट लें और फिर सिंचाई देकर जुताई करके कुदाली से गांठें निकाल लेना चाहिए। खुदाई करते समय गांठों को क्षति होने से बचाऐं। रेशेदार जड़ों को काट कर अलग कर दें तथा गांठों को एक दो दिन खेत में ही रखे रहने दें या खुदाई के बाद पानी से धोकर छायादार जगह में रखें। प्रति एकड़ ६० से ८० क्विंटल (सिंचित खेती) या ३० से ४० क्विंटल (असिंचित खेती) कच्ची हल्दी पैदा होती है।

दक्षिण भारत में कुछ मात्रा में कच्ची हल्दी का ही प्रयोग करते हैं। बीज के लिए प्राथमिक या पूर्ण विकसित कच्ची गांठें जिनमें आंखें हों, छांट कर अंधेरे स्थान में रख ली जाती हैं। गांठों को भंडारण से पहले ०.२५ प्रतिशत (२.५ ग्रा. दवा प्रति एक लीटर पानी) सेरेसान घोल में ३० मिनट तक उपचारित करके छाया में सुखा लेना चाहिए। बाद में ज़मीन में १० से १५ सें. मी. की तह बनाकर गांठों को रखें। हल्दी के ऊपर सूखे पत्ते या घास आदि से ढक कर तथा हवा के लिए थोड़ी सी जगह रख कर मिट्टी व गोबर से लेप कर देना चाहिए। इन गांठों को बिजाई से पहले सिंचित करके अंकुरित कर लें तथा फिर बुवाई के काम लाएं।

गांठों का सुखाना : पक्की हल्दी तैयार करने में उबालना, सुखाना और चमकाना तीन मुख्य क्रियाएं हैं। बाजार में हल्दी की सूखी गाँठों को बेचने के लिए लाया जाता हैं। फसल खुदाई के बाद १० से १५ दिन के भीतर गांठों को चूने या सोडा बाइकार्बोनेट के घोल (०.०५–०.१ प्रतिशत) में २५ से ३० मिनट उबालकर नर्म कर लें तथा बाद में ५ सें. मी. मोटी परत में फर्श पर बिछा कर धूप में सुखाएं। दस से पन्द्रह दिनों में गांठें पूरी तरह सूख जाएंगी जो बाद में मशीनों से रगड़ाई द्वारा पालिश करके पीले रंग में उपलब्ध कराई जाती है। यहां रगड़ाई द्वारा ऊपरी छिलका हटा दिया जाता है तथा हल्दी का चूरा या घोल छिड़काव करके गांठों पर रंग चढ़ाया जाता है। विदेशों में हल्दी की साबुत गांठें, पीसा हुआ मसाला या इसका ओलेरीसिन तेल निर्यात किया जाता है। हल्दी की गांठों को सूखाने के बाद उन पर पालिश की जाती है। इसकी कई विधियां है : एक प्रचलित विधि यह है कि सूखी गांठों को गोल तथा बड़ी टोकरियों में रखा जाता है तथा पैरों पर बोरी के टूकड़े लपेट कर उसे रगड़ा जाता हैं। पालिश करने के लिए हैंड पालिशर का भी प्रयोग किया जाता है। आधी पालिश करने के बाद गांठों की रंगाई की जाती है। रंगाई करने की दो मुख्य विधियां हैं – सूखा रंगना तथा गीला रंगना। सूखे रंगने के लिए हल्दी की गांठों के ढेर पर मिडल क्रीम नामक रंग को बुरक कर अच्छी प्रकार मिला दिया जाता है। गीला रंगने के लिए रंग को पानी में घोल कर आधी पालिश की गई हल्दी पर छिड़क कर मिलाया जाता है तथा उसके बाद एक सप्ताह तक सूखने दिया जाता है।

फसल संरक्षण

हानिकारक कीट व उनका नियन्त्रण

हल्दी के दो मुख्य हानिकारक कीट होते हैं – थ्रिप्स व तना बेधक।

१. **थ्रिप्स (चुरड़ा) :** ये बहुत छोटे छोटे कीड़े होते हैं। इनके बच्चे व प्रौढ़ दोनों ही हल्दी की पत्तियों का रस चूस कर पौधों को कमजोर बना देते हैं जिससे

पत्तियां पीली पड़ जाती हैं। इनकी रोकथाम के लिए १०० से १५० मि० ली० डाइमिथोएट (रोगोर) ३० ई० सी० या आक्सीडिमेटान मिथाइल (मेटासिस्टाक्स) २५ ई० सी० को १०० से १५० लीटर पानी में मिला कर प्रति एकड़ फसल पर छिड़काव करें। यदि आवश्यक हो तो २० दिन (३ सप्ताह) बाद यही छिड़काव फिर दोहरायें।

२. **तना बेधक** : यह कीट पौधे के तने में छेद कर देता है जिससे पौधे के ऊपरी भाग में खुराक ना जाने से वह सूख जाता है। इस कीड़े की रोकथाम के लिए ७५० ग्राम कार्बेरिल (सेविन) ५० घु० पा० को ३०० लीटर पानी में घोल कर प्रति एकड़ फसल पर आवश्यकतानुसार छिड़काव करें।

बीमारियां व उनका नियन्त्रण

१. **पत्तियों का धब्बा रोग** : इस रोग के फलस्वरुप संक्रमित पत्तियों की दोनों सतहों पर छोटे छोटे भूरे धब्बे बन जाते हैं। पत्तियों का हरापन धीरे–धीरे नष्ट होने लगता है। धब्बे धीरे–धीरे एक दूसरे से मिल कर बड़े व गहरे भूरे रंग के हो जाते हैं। संक्रमित पत्तियां सूख जाती हैं। पौधा कमजोर हो जाता है और गांठों का विकास ठीक नही हो पाने से उपज में कमी आ जाती है।

नियन्त्रण : रोगग्रस्त पौधों के मलबे को एकत्र करके जला देना चाहिए। रोग के लक्षण दिखाई देने पर इन्डोफिल एम–४५ या ब्लाइटोक्स–५० का ०.२ प्रतिशत घोल (४०० ग्राम दवा को २०० लीटर पानी में प्रति एकड़ की दर से) बना कर फसल पर छिड़काव करें।

२. **ऐंथ्रैक्नोज** : इस रोग से पत्तियां प्रभावित होती हैं। पत्तियों पर पीले रंग के चत्तके पड़ जाते हैं। प्रत्येक चत्तका एक पीले रंग के अपूर्ण विकसित घेरे से घिरा रहता है। इन चत्तकों के बीच का भाग सूख कर झड़ जाता है। इस रोग का प्रकोप अगस्त–सितम्बर के महीनों में अधिक होता है।

नियन्त्रण : फसल पर लक्षण दिखाई देते ही धब्बा रोग के अन्तर्गत दी गई दवाओं का छिड़काव करें।

३. **गांठ एवं जड़ सड़न रोग** : संक्रमित पत्तियां हरी–पीली दिखाई देती है। तने का आधार कमजोर एवं मुलायम हो जाता है तथा जड़े छोटी पड़ जाती हैं। ग्रसित गांठों का विकास बहुत कम होता है तथा गांठें सड़ने लग जाती हैं।

नियन्त्रण : खेत में उचित जल निकास का प्रबन्ध होना चाहिए। इसके बचाव के लिए गांठों को ०.२ प्रतिशत बावस्टिन या ०.२५ प्रतिशत कैप्टान के धोल से बिजाई से पूर्व उपचारित करें। स्वस्थ गांठों को ही बिजाई के लिए प्रयोग में लाना चाहिए। इसके अलावा भूमि में किसी उचित फफूंदनाशी का प्रयोग करना चाहिए

जैसे कैप्टान ०.२ प्रतिशत ऽ(२ ग्राम दवा प्रति एक लीटर पानी में) का धोल बना कर भूमि में सिंचाई करें।

(च) अजवायन
LOVAGE

अजवायन शरद्ऋतु में उगाई जाने वाली मसाले की महत्वपूर्ण फसल है। इसका उपयोग मसाले के रुप में नमकीन व बिस्किट को स्वादिष्ट बनाने के लिए किया जाता है। इसका उपयोग आयुर्वेदिक औषधियों में विशेषकर पेट में गैस की समस्या होने पर तथा महिलाओं व जानवरों के बच्चे होने के बाद बच्चेदानी की सफाई हेतु भी होता है। इसके पौधे के प्रत्येक भाग को औषधी के रुप में काम में लाया जा सकता है। इस को विदेशों में निर्यात किया जाता है जिससे विदेशी मुद्रा मिलती है। भारत में इसकी खेती मुख्य रुप से गुजरात, आन्ध्रप्रदेश व राजस्थान में होती है।

जलवायु : यह रबी की फसल है। इसकी अच्छी बढ़वार व पैदावार के लिए ठंडा व शुष्क मौसम अधिक अनुकूल रहता है। पाले का इस फसल पर बहुत बुरा प्रभाव पड़ता है। प्रारम्भ में इसकी बढ़वार धीरे होती है किन्तु वातावरण अनुकूल होने पर बढ़वार अच्छी होने लगती है।

भूमि : यद्यपि अजवायन की खेती बलुई मिट्टी को छोड़कर सभी प्रकार की कृषि योग्य मिट्टी में जिसमें जीवांश प्रर्याप्त मात्रा में हो, की जा सकती है, लेकिन अच्छी पैदावार के लिए दोमट व मटियार मिट्टी, जिसमें जल–निकास की पर्याप्त सुविधा हो उपयुक्त रहती है। अजवायन की खेती अधिकतर अंसिचित भूमि पर की जाती है व जहाँ पर भूमि में संचित नमी की कमी हो वहाँ सिंचाई का प्रबन्ध होना आवश्यक है।

भूमि की तैयारी : अजवायन की बुआई हेतु वर्षाकाल में मिट्टी पलटने वाले हल से एक गहरी जुताई कर के फिर २ से ३ जुताइयाँ देशी हल या कल्टीवेटर से करके खेत तैयार करना चाहिए। गहरी जुताई करने से खेत में नमी का संरक्षण हो जाता है। सिंचित फसल की बुवाई हेतु पलेवा देकर खेत की तैयारी करनी चाहिए। हर जुताई के बाद पाटा अवश्य चलायें, जिससे भूमि में नमी का संरक्षण भी बना रहता है व ढेले भी टूट जाते हैं। इस प्रकार खेत की अच्छी तरह से जुताई कर खेत को भुरभुरा बना लेना चाहिए। इसके पश्चात् सिंचाई की सुविधा के अनुसार क्यारियॉ बना लें।

प्रमुख उन्नत किस्में : हरियाणा राज्य में अधिकतर स्थानीय किस्में ही बोने के लिए प्रयोग में लाई जाती हैं। परन्तु उन्नत किस्मों के बोने से दानों की अच्छी

पैदावार तथा उनसे मिलने वाले तेल की मात्रा स्थानीय किस्मों से २५ से ६० प्रतिशत अधिक होती है। इसके लिए भारतीय कृषि अनुसंधान संस्थान, नई दिल्ली द्वारा एन. पी. (पी.) ७६, एन.पी.(जे) ८ तथा ६६ एवं एन. पी.(पी.) १५ और एन.पी.(के) १५ किस्मों की सिफारिश की गई हैं।

इन किस्मों के अतिरिक्त भारतवर्ष के अनेक राज्यों ने उन्नत व श्रेष्ठ किस्मों का विकास किया है जिन्हें कृषक बोकर लाभान्वित हो सकते हैं। वे किस्में इस प्रकार हैं :

१. **लाम सलैक्शन-१ :** यह किस्म आन्ध्र प्रदेश कृषि विश्वविद्यालय, हैदराबाद के लाम, गुन्टूर कृषि अनुसंधान केन्द्र से निकाली गई है। इसके पौधों की ऊँचाई ८० सें. मी. होती है तथा १३५ से १४५ दिन में पक जाती है। इसकी औसत उपज ३ से ४ क्विंटल प्रति एकड़ हैं।

२. **लाम सलैक्शन-२ :** यह किस्म भी लाम, गुन्टूर कृषि अनुसंधान केन्द्र से विकसित की गई है। इसके पौधे झाड़ीनुमा होते हैं तथा औसत पैदावार ४ क्विंटल प्रति एकड़ है।

३. **गुजरात अजवायन-१ :** यह किस्म गुजरात कृषि विश्वविद्यालय से विकसित की गई है। इससे औसत पैदावार ४ क्विंटल प्रति एकड़ मिलती हैं।

४. **आर. ए. १-८० :** यह किस्म १७० से १८० दिन में पक कर तैयार होती है। दाने छोटे परन्तु अधिक सुगन्धित होते हैं। इससे ४ से ४.५ क्विंटल प्रति एकड़ तक उपज प्राप्त होती हैं।

बुवाई का समय : अजवायन की बुवाई सितम्बर के अन्तिम सप्ताह से नवम्बर तक कर सकते हैं किन्तु अधिक पैदावार के लिए बुवाई का सर्वोत्तम समय १५ अक्टूबर से १५ नवम्बर तक है।

बीज एवं बुवाई : एक एकड़ खेत की बुवाई के लिए ८०० से १२०० ग्राम बीज की आवश्यकता होती है। मिश्रित व कतारों में बोने के लिए ४०० ग्राम साफ़ तथा बिना घुना स्वस्थ बीज, अकेली कतारों में बोने के लिए ८०० ग्राम एवं अकेला छिटक कर बोने के लिए १.६ किलोग्राम प्रति एकड़ बीज पर्याप्त होता है। इसकी बुवाई छिड़काव विधि से भी कर सकते हैं किन्तु कतारों में बुवाई करना उपयुक्त है। छिड़काव विधि में बीज की निर्धारित मात्रा एक समान छिटक कर हल्की दंताली (रेंक) चला कर या हाथ से मिट्टी में मिला देते हैं। कतारों में बुवाई के लिये पंक्ति से पंक्ति की दूरी ३० से ४५ सें.मी. तथा जब पौधे १० से १५ सें.मी. के हो जाय तब पौधों की छंटनी कर पौधे से पौधे की दूरी १५ से २० सें.मी. कर देनी चाहिए। छिंटकवां विधि से बुवाई करने पर पौधों की दूरी २० से २५ सें. मी. रखनी चाहिए। बुवाई से पूर्व बीज को सूखी मिट्टी या राख में मिलाना अच्छा रहता है।

बीज को एक से डेढ़ सें.मी. गहरा बोना चाहियें तथा किसी भी स्थिति में डेढ़ से दो सें.मी. से गहरा न बोयें।

खाद एवं उर्वरक : अजवायन की भरपूर पैदावार के लिये बुवाई से १५ से २० दिन पहले प्रति एकड़ ८ से १० टन अच्छी प्रकार से सड़ी हुई गोबर की खाद या कम्पोस्ट खेत में फैला देनी चाहिए। उसके बाद एक जुताई कर जैविक खाद को मिट्टी में अच्छी प्रकार से मिला दें। इसके पश्चात् बुवाई के समय १२.५ किलोग्राम नाइट्रोजन (५० किलोग्राम कैल्शियम अमोनियम नाईट्रेट २५ प्रतिशत अर्थात किसान खाद) व २० किलोग्राम फास्फोरस (१२५ किलोग्राम सिंगल सुपर फास्फेट) प्रति एकड़ की दर से खेत में बिजाई से पहले भूमि में मिला देवें। सिंचित फसल में इसके अतिरिक्त १२.५ किलोग्राम नाइट्रोजन (५० किलोग्राम कैल्शियम अमोनियम नाईट्रेट २५ प्रतिशत अर्थात किसान खाद) को प्रति एकड़ खड़ी फसल में फूल आने से पहले सिंचाई के साथ छिड़काव कर देना चाहिए।

सिंचाई एवं निराई-गुड़ाई : अजवायन की फसल के लिये २० से २५ दिनों के अन्तर से २ से ५ सिंचाइयों की आवश्यकता होती है। सिंचाई का अन्तराल स्थानीय तापक्रम व भूमि की किस्म पर भी निर्भर करता है। फूल आने के बाद फसल में पानी की कमी नहीं रहनी चाहिए। जल–निकास का भी उचित प्रबन्ध होना चाहिए, ताकि पौधे मरने न पाये। जब पौधे ज़मीन की सतह से १५ से २० सें. मी. ऊँचे हो जायें, तब निराई–गुड़ाई करके खरपतवार निकाल देना चाहिए। इसके बाद आवश्यकतानुसार समय–समय पर खरपतवार निकालते रहना चाहिए।

कटाई व गहाई : स्थानीय दशाओं एवं मौसम व बुवाई के अनुसार अजवायन की फसल की कटाई फरवरी से लेकर मई तक की जाती है। परिपक्वता आने पर इसमें फूल आने बिल्कुल बन्द हो जाते हैं व छमकों में बीज भूरे रंग का हो जाता है। इस अवस्था के आने पर फसल को काट कर छांव में सूखने के लिए कुछ दिनों तक फर्श पर छोड़ दिया जाता है। अच्छी तरह सूख जाने पर इसके गुच्छों को डंडों से पीटकर दानों को अलग कर देना चाहिए। इसके दानें छोटे व मिट्टी जैसे भूरे रंग के होने के कारण गहाई यथासंभव पक्के फर्श पर ही करना आवश्यक है। दानों को धीमी हवा के सामने या धीरे से फटक कर साफ करना चाहिए। दानों का भण्डारण करने से पहले उन्हें अच्छी तरह से सुखा लेना लाभकारी है।

उपज : अजवायन की अच्छी फसल से ६ से ८ क्विंटल प्रति एकड़ तक उपज प्राप्त की जा सकती है।

हैं। फल ५ से ६ सें. मी. लम्बे, सीधे तथा ऊपर की तरफ लगते हैं। फलों में काफी चरपराहट होती है तथा फल पकने पर गहरे लाल रंग के हो जाते हैं। इसके हरे फलों की उपज ३२ से ३६ क्विंटल प्रति एकड़ तथा सूखे मिर्च की उपज ६ क्विंटल प्रति एकड़ पाई गई है। इस किस्म पर लीफ कर्ल और मौजेक रोग का बहुत कम प्रभाव होता है।

१३. [illegible] : इस किस्म का विकास गोविंद बल्लभ पंत कृषि एवम् प्रौद्योगिक विश्वविद्यालय, पंतनगर द्वारा किया गया है। इसके फल नीचे की तरफ लटकने वाले होते हैं। यह किस्म लीफ कर्ल रोग के प्रति सहिष्णु है। इसके सूखे मिर्च की उपज ५.६ क्विंटल प्रति एकड़ पाई गई है।

१४. **आंध्र ज्योति :** इस किस्म को लाम (आंध्र प्रदेश) से विकसित किया गया है तथा भारत में उगाने की संस्तुति की गई है। इसके फल ३ से ४ सें. मी. लम्बे और लगभग ४ सें. मी. मोटाई के होते हैं। फल भित काफी मोटी होती है तथा फल में काफी मात्रा में बीज होते हैं।

१५. **भाग्य लक्ष्मी :** इस किस्म को भी लाम (आंध्र प्रदेश) द्वारा विकसित किया गया है। इसके पौधे की ऊँचाई लगभग ५३.६ सें. मी. होती है। पत्तियां गहरे हरे रंग की होती हैं। फल ८.२ सें. मी. लम्बे, ऑलिव ग्रीन रंग के होते हैं जो पकने पर गहरे लाल रंग में बदल जाते हैं। फलों में बीज की मात्रा ३८ से ४० प्रतिशत होती है। इस किस्म पर रोग तथा कीड़ों का प्रकोप कम होता है। असिंचित क्षेत्रों में सूखी मिर्च की उपज ४.७ क्विंटल प्रति एकड़ तथा सिंचित क्षेत्रों में २८ क्विंटल प्रति एकड़ आंकी गई है। फसल की अवधि १५० दिन की होती है।

१६. **जे. सी. ए. १५४ :** यह अचार बनाने के लिए उपयुक्त किस्म है, जिसे जवाहर लाल नेहरू कृषि विश्वविद्यालय, जबलपुर से विकसित किया गया है। इसके फल गहरे हरे रंग के होते हैं जो पकने पर चमकीले लाल रंग में परिवर्तित हो जाते हैं। फल तुड़ाई के लिए रोपण के ११५ से १२० दिन बाद तैयार हो जाते हैं।

पंजाब कृषि विश्वविद्यालय, लुधियाना ने मिर्च की कुछ उन्नतशील किस्मों को अनुमोदित किया है :

१. **पंजाब लाल :** इसके पौधे छोटे झाड़ीनुमा तथा गहरे रंग की पत्तियों वाले होते हैं। फल सीधे, मध्यम आकार के (४.२५ x ०.७६ सें. मी.) गहरे हरे रंग के होते हैं जो पकने पर गहरे लाल रंग में परिवर्तित हो जाते हैं। इसमें कैप्साइसिन (०.७ प्रतिशत), ओलिओरेजिन, सूखे पदार्थ तथा वर्णक की मात्रा अधिक होती है। यह किस्म टमाटर मौजेक विषाणु, खीरा मौजेक विषाणु तथा लीफ विषाणु के प्रति अवरोधी है तथा फल सड़न और डाइबेक रोगों के प्रति अवरोधी है। इसके ताजे फलों की औसत उपज ४० से ४८ क्विंटल प्रति एकड़ है।

मध्यम रुप से सहिष्णु है। इस किस्म के पौधों पर माइट, लाल मक्खी, फली छेदक, सफेद मक्खी व जैसिड कीट का प्रकोप कम होता है। इसके हरे फलों की औसत उपज २८ से ३० क्विंटल प्रति एकड़ तथा सूखे मिर्च की उपज ७.६ क्विंटल प्रति एकड़ है। इस किस्म के पौधों में अधिक तथा कम तापक्रम पर फल धारण करने की क्षमता होती है।

२. हिसार विजय (एच० सी०–२८) : इस किस्म को भी हरियाणा कृषि विश्वविद्यालय, हिसार से विकसित किया गया है। इसके पौधे भी एच. सी. ४४ के समान होते हैं परन्तु पत्तियां हरी और चौड़ी आलू की पत्तियों की तरह होती है। फल चिकने गुच्छों में ऊपर की तरफ लगते हैं। फल मध्यम आकार के ८ से ९ सें. मी. लम्बे गहरे व हरे रंग के होते हैं जिनका ऊपरी सिरा नुकीला होता है। फलों पर काले रंग के धब्बे पाये जाते हैं जो इस किस्म का मुख्य लक्षण है। बुआई के लगभग ६३ दिन बाद हरे फल तुड़ाई के लिए तैयार हो जाते हैं। इस किस्म के फल पाउडर बनाने के लिए काफी उपयुक्त है। इसके पौधे टमाटर विषाणु रोग, कुकुम्बर विषाणु रोग, आलू विषाणु रोग तथा पत्ती मोड़ विषाणु रोग के प्रति सहिष्णु है तथा इसकी फसल पर फल सड़न, घूर्णी आसिता व शीर्ष मरण रोग का प्रकोप [illegible] होता है। इसके हरे फलों की औसत [illegible] २५ [illegible] क्विंटल प्रति एकड़ तथा सूखे फलों की उपज ८ से १० क्विंटल प्रति एकड़ आंकी गई है।

३. एन. पी. ४६–ए : इस किस्म को भारतीय कृषि अनुसंधान संस्थान, नई दिल्ली से विकसित करके पूरे देश में उगाने की संस्तुति की गई है। इसके पौधे छोटे, झाड़ीनुमा तथा हल्के हरे रंग की पत्तियों वाले होते हैं। फल ८ से ९ सें. मी. लम्बे, पतले, सिकुड़े हुए हल्के हरे रंग के होते हैं। पकने पर फल हल्के लाल रंग में बदल जाते हैं। इस किस्म पर थ्रिप्स का प्रकोप कम होता है लेकिन विषाणु रोगों के प्रति यह काफी संवेदनशील है। हरी मिर्च की औसत उपज २८ से ३२ क्विंटल प्रति एकड़ पाई जाती है।

४. पूसा ज्वाला : इस किस्म को भारतीय कृषि अनुसंधान संस्थान, नई दिल्ली से विकसित किया गया है। इस किस्म को पूरे देश में उगाने की संस्तुति दी गई है। इसके पौधे छोटे, झाड़ीनुमा होते हैं तथा पत्तियां हल्के रंग की और चौड़ी होती है। फल ५ से १० सें. मी. लम्बे पतले तथा हल्के हरे रंग के होते हैं जो पकने पर गहरे लाल रंग में परिवर्तित हो जाते हैं। सूखे लाल फल अनियमित आकार के होते हैं तथा परिवहन के समय टूट–जाते हैं। इसके कच्चे फल की औसत उपज ३० क्विंटल प्रति एकड है, फल में काफी चरपराहट होती है। यह किस्म थ्रिप्स, माइट तथा चेपा के प्रति सहिष्णु है। इसमें कैप्सीएसिन की मात्रा कम पाई जाती है।

१३

सब्जी उत्पादन पर एक नजर

विभिन्न ऋतुओं में उगाई जाने वाली सब्जियों की प्रमुख जातियां व संकर बीज, उनके बोने का समय, बीज की मात्रा, पौधों और पंक्तियों की दूरी तथा उपज का संक्षिप्त वर्णन निम्न है

फसल व उन्नत किस्म का नाम	बीज बोने का समय	बीज की मात्रा (कि. ग्रा. प्रति एकड़)	बीज बोने की गहराई (सें. मी.)	पंक्तियों व पौधों का अन्तर (सें. मी.)		उपज (क्वि./एकड़)
				पंक्तियां	पौधे	
१	२	३	४	५	६	७
फूल गोभी						
अर्ली क्वारी, पूसा दीपाली	१५ मई से २० मई	०.३० – ०.३५	१.०	४५	३०	५०–६०
पूसा अर्ली सिंथेटिक	[illegible] मई से [illegible] जून	०.३० – ०.३५	१.०	[illegible]	[illegible]	[illegible]
इम्प्रूव्ड जापानीज, हिसार–१, पूसा हाईब्रिड–२	मध्य अगस्त से मध्य सितम्बर	०.२५ – ०.३०	१.०	६०	६०	८०–१००
पंत शुभ्रा, पूसा शुभ्रा, पूसा स्नोबाल–१, पूसा स्नोबाल–२, पूसा के–१	मध्य सितम्बर से [illegible] अक्तूबर	०.२५	१.०	४५	४५	१००–१२०
स्नोबाल–१६	अक्तूबर से नवम्बर का पहला सप्ताह	"	"	"	"	६०–८०
हिम ज्योति	पहाड़ी क्षेत्रों में– अप्रैल से जुलाई मैदानी क्षेत्रों में– अगस्त के अंत में	०.४–०.५	१.०	४५–६०	४५–६०	६०–८०

बन्द गोभी						
गोल्डन एकर, प्राइड ऑफ इंडिया, पूसा हिल टाप, पूसा मुक्ता, पूसा सिन्थेटिक, एन. एल. ४०१	सितम्बर से नवम्बर के प्रथम सप्ताह तक	०.२० –०.२५	१.०	४५–६०	३०–४५	१४०–१८०
संकर जातियां निजी संस्थाओं द्वारा						
बहार, उन्नत, प्रगति (प्ररो एग्रो), कल्याणी, कांति, हरी रानी गोल, श्री गणेश गोल (महको), हीरो, मित्रा (सनग्ररो), यमुना, गंगा, कावेरी (आई.ए.एच.एस), मोरगन, मीनाक्षी, कवारी (सेन्चुरी सीड़सं),विशेष उतम (एच.एल.), बी. एस. ३१ (बीजोशीतल)	अक्टूबर–नवम्बर	०.२० –०.२५	१.०	४५–६०	३०–४५	१६०–२००
पूसा ड्रमहैंड	अगस्त–सितम्बर	०.२० – ०.२५	१.०	६०	४०–४५	१६०–२००
गांठ गोभी						
अर्ली व्हाइट वियाना, पर्पल वियाना, ग्रीन ग्लोरी	सितम्बर–नवम्बर	०.८०	१.०	३०	१०–१५	६०–८०
टमाटर						
(अंडाकार फल) पूसा गौरव, पंजाब छुहारा, (गोल फल) हिसार अरुण, हिसार लालिमा, (सलैक्शन–१८) हिसार ललित, (एन. टी. ८) पूसा–१२०, पूसा उपहार, सू	साल में दो बार प्रथम–सितम्बर के अंत में तथा दुबारा–नवम्बर के अंत से दिसम्बर	०.४ – ०.५ ०.२०– ०.२५	१.०	६०	४५	१४०–१६०
पूसा शीतल (गोल फल)	सितम्बर से नवम्बर	०.४–०.५	१.०	६०–७०	४५	१२०–१४०
पूसा संकर–२ पूसा संकर–४ पूसा के.टी.४		०.०८ –०.१०	१.०	६०–७५	४५–६०	१६०–२००
पूसा संकर–१	फरवरी–मार्च	०.०८–०.१०	१.०	५०–६०	४०–४५	१००–१२०

निजी संस्थाओं द्वारा						
वैशाली, रुपाली	साल में दो बार	०.०८ –०.१०	१.०	६०–७५	४५–६०	१६०–१८०
अविनाश–२ ए.आर.टी.एच.–३ एम.टी.एच.–६	सितम्बर और नवम्बर	०.०८०.१०	१.०	६०–७५	४५–६०	१६०–१८०
बैंगन						
बी.आर.–११२, हिसार श्यामल, पूसा क्रांति, हिसार प्रगति,	मई–जून तथा अक्तूबर से नवम्बर के अंत में	०.२	१.०	७५	६०	१२०–१४०
पूसा पर्पल कलस्टर, पंत सम्राट, पंत ऋतुराज				६०	६०	१४०–१५०
संकर जातियां पूसा अनमोल, पूसा भैरव, पूसा संकर ५,६ और ६ अर्का नवनीत–१	–	०.०८–०. १२	१.०	६०–७५	६०	१६०–१८०
निजी संस्थाओं द्वारा						
एन.बी.एच.१ और २, ए.आर.टी.एच.२०१, एम.एच.बी.१० और ३६, एम.डी.एच. १ और ६	"	"	"	"	"	"
मिर्च						
एन. पी. ४६–ए, पूसा ज्वाला, पन्त सी–१, हिसार शक्ति , हिसार विजय	मई से जून व अक्तूबर से नवम्बर	४००	१.०	६०	४५	३०–४० (हरी मिर्च) ३–४ (सूखी लाल मिर्च) ५०–५५ (हरी मिर्च) ६–.८ (सूखी लाल मिर्च)
शिमला मिर्च केलीफार्निया वंडर, योलो वंडर, पूसा दीप्ति	जनवरी–फरवरी	४००– ४८०	०.५–१.०	४५–५०	४०–४५	४०–५०
निजी संस्थाऐ						
भारत,हीरा,इन्द्रा तथा लेरी						

प्याज़	अक्तूबर मध्य	४–५	१.०–१.२	१५	१०	१००–१२०
सूखी गांठों के लिए	नवम्बर (नर्सरी)					
हिसार–२, पूसा रेड,	मध्य दिसम्बर से					
अर्का निकेतन,	मध्य जनवरी रोपाई					
पंजाब रेड राउन्ड	का समय					
खरीफ में बोने के लिए	मध्य जून			१५	१०	११०–१२०
एन–५३	(नर्सरी)					
एग्री फाउण्ड डार्क रेड	मध्य अगस्त (रोपाई)					
आलू						
कुफरी चन्द्रमुखी	अक्तूबर	१२००	८–१०	५५–६०	२०	१२०–१३०
कुफरी ...	नवम्बर					
कुफरी सिंदूरी						
कुफरी बादशाह,						
कुफरी सतलुज,						
कुफरी चिपसोना–१,						
[illegible]						

से कम ४५ दिनों तक खरपतवार रहित रखने से पैदावार में वृद्धि पाई गई है। इसलिए पहली निराई–गुड़ाई रोपाई के २५ से ३० दिन के पश्चात् की जानी चाहिए व दूसरी गुड़ाई फूल आने की अवस्था में करें।

खरपतवार नियंत्रण : रासायनिक विधि द्वारा भी खरपतवारों की रोकथाम की जा सकती है। इसके लिए पैन्डीमैथालिन ४००–५०० ग्राम प्रति एकड़ (स्टोम्प ३० प्रतिशत १.३ से १.७ लीटर) दवा का २५० लीटर पानी में घोल बना कर रोपाई के एक सप्ताह के अन्दर छिड़काव करें।

सिंचाई : रोपाई के तुरन्त बाद सिंचाई करें। दूसरी सिंचाई रोपाई के ३–४ दिन पश्चात् करनी चाहिए। खाली स्थानों पर फिर से रोपाई करें। आगे दी जाने वाली सिंचाई वर्षा पर निर्भर करती है। दो सिंचाइयों के बीच ७ से १० दिन का अन्तराल होना चाहिए। फूल व फल लगने की अवस्थाओं में पानी देना अति आवश्यक है। सिंचाई की अधिक आवश्यकता विशेष कर गर्मी वाली फसलों को होती है। इसलिए गर्मी के दिनों में सिचाई का अन्तराल ६ से ७ दिन और जाड़ों में यह अन्तराल १० से १५ दिन रख सकते हैं। साधारणतयः बलुई भूमि में अधिक और मटियार भूमि में कम सिंचाई की आवश्यकता होती हैं। अतः सिंचाई आवश्यकतानुसार करते रहना चाहिए।

फूलों व फलों का गिरना : पौधों की आरम्भिक अवस्था अर्थात् अगस्त–सितम्बर के महीनों में पौधों से फूल व फल गिरने लगते हैं। इस समस्या को रोकने के लिए पौधों पर प्लानोफिक्स की एक मि. ली. दवा को ४.५ लीटर पानी मे (एन०ए०ए० १० पी.पी.एम.) घोल कर पहला छिड़काव फूल आने की अवस्था में करें व दूसरा छिड़काव पहले छिड़काव के तीन सप्ताह बाद करें। ऐसा करने से फसल की कुल उपज में महत्वपूर्ण बढ़ोतरी होती है। एक एकड़ भूमि में लगी हुई फसल पर २०० लीटर पानी की आवश्यकता पड़ती है जिसमें ४५ मि० ली० प्लानोफिक्स मिलाकर छिड़काव करें।

फसल की कटाई : मिर्च के फलों को बाजार में बेचने हेतु हरी अवस्था में तोड़ना चाहिए। हरी मिर्च रोपाई के ७५ से ८० दिन बाद प्राप्त होनी शुरु हो जाती हैं। मसाले के लिए फलों को पौधों पर ही पकने व लाल होने दिया जाता है। इन किस्मों में रोपाई के १०० से १२० दिन बाद फल लाल होने शुरु हो जाते हैं। एक एकड़ भूमि से ६ से ८ क्विंटल सुखी लाल मिर्च प्राप्त की जा सकती हैं। मिर्च की हिसार शक्ति व हिसार विजय किस्मों से मार्च–अप्रैल के महीनों में मौढ़ी फसल द्वारा तैयार मिर्च की अगेती फसल ली जा सकती हैं जिससे बाजार में कीमत बहुत अधिक प्राप्त होती है।

पैदावार : यदि फसल सुरक्षा के सभी तरीके उपयोग में लाये जाये और सभी जरुरी कार्य समय से किये जाएं तो प्रति एकड़ औसतन पैदावार ४० से ५०

२. पंजाब सुर्ख : इसके फल करीब ७ सें. मी. लम्बे व पकने पर गहरे लाल रंग के सुन्दर व आकर्षित होते हैं जो सुखाने के लिए अति उत्तम सिद्ध हुए हैं। यह किस्म फल–सड़न के सहनशील हैं तथा विषाणु रोगों के प्रतिरोधक हैं। इसकी औसतन उपज ८० क्विंटल प्रति एकड़ है।

३. पंजाब गुच्छेदार : इसके फल छोटे आकार के, ऊपर की तरफ गुच्छों में लगते हैं। फलों का रंग गहरा लाल होता है। यह किस्म सुखाने व परिरक्षण के लिए अति उत्तम हैं। औसतन लाल रंग के पके फलों की उपज ६० क्विंटल प्रति एकड़ है।

संकर किस्में : अखिल भारतीय समन्वित सब्ज़ी विकास परियोजना, वाराणसी ने मिर्च के सी.एच.–१ व के–२ संकर जातियों को उत्तर भारत में बोने की सिफारिश की है। इन संकर जातियों के गुण इस प्रकार से हैं :

१. सी.एच.-१ : इसके पौधे झाड़ीनुमा व अधिक शाखाओं वाले होते हैं। इसके फल मध्यम आकार के (६–७ सें.मी. लम्बे), कच्ची अवस्था में गहरे हरे तथा पकने पर गहरे लाल रंग के होते हैं जोकि कम तीखे तथा सलाद व सूखाने के लिए उचित हैं। लाल मिर्च (गीली) की उपज १०० क्विंटल प्रति एकड़ है।

२. के.-२ : यह एक संकर जाति की किस्म है जिसके पौधे लम्बे होते हैं। फल ७.३ सें.मी. लम्बे तथा चमकीले लाल रंग के होते हैं। फसल २१० दिनों में पक कर तैयार होती है। सूखी लाल मिर्च की उपज ६ क्विंटल प्रति एकड़ है। यह किस्म थ्रिप्स (चूरड़ा) कीट व फल–गलन रोग के प्रतिरोधक है।

अखिल भारतीय समन्वित सब्ज़ी विकास परियोजना, वाराणसी ने "संकर जाति के विकास हेतु उपलब्धियाँ परियोजना" के अन्तर्गत निम्निव्रत संकर जातियों को अनुमोदित किया है :

१.	बी.एस.एस.–१८८	६.	अंकुर मिर्च हाइब्रिड–२३६
२.	बी.एस.एस.–१४१	७.	किरन
३.	एच.ओ.ई.–८१८	८.	तेजस्विनी
४.	एच.ओ.ई.–८८८	६.	बी. एस. ए. १३८
५.	एम.एच.पी.–५६		

पौधशाला : पौधशाला के लिए उचित जल–निकास वाली उपजाऊ भूमि का चुनना चाहिए जो हानिकारक सूत्रकृमियों और जीवाणुओं से मुक्त हो। पौधशाला तैयार करते समय कुछ आवश्यक बातों का ध्यान रखना चाहिए जो निम्नलिखित है :

१. पौधशाला ऐसे स्थान पर बनाएं जहां कोई छायादार वृक्ष न हो।

२. पौधशाला के पास सिंचाई का अच्छा स्त्रोत होना चाहिए।

गाजर						
हिसार गेरिक, पूसा	अगस्त से सितम्बर	४–५	२–३	३०–४५	६–८	८०–१००
केसर, पूसा मेघाली,	अक्टूबर–नवम्बर					
पूसा यमदग्नि, नेन्टीस,	अक्टूबर–नवम्बर	५–६	१–२	३०–४०	५–६	१००–१२०
अर्ली नेन्टीस, चेन्टनी		५–६	१–२	३०–४०	५–६	४०–६०
मूली						
पूसा चेतकी, पूसा देसी,	अप्रैल से अगस्त	३–४	१.५–२	३०–४०	६–८	१४०–२००
पूसा रेशमी, पुसा	अगस्त–सितम्बर					
हिमानी, जापानीज	१५ सितम्बर––					
व्हाइट,	१५ अक्टूबर					
व्हाइट आइसिकल,	अक्टूबर–जनवरी	४–५	१.५–२	३०	५–६	४०–५०
रेपिड रेड व्हाइट टिप्ड						
(छोटी और जल्दी						
तैयार होने वाली)						
शलजम						
व्हाइट–४, पूसा स्वेती,	अगस्त–सितम्बर	२.०	१.०–१.५	३०–४५	१०–१२	८०–१२०
पूसा कंचन, पर्पल टाप	अगस्त–अक्तूबर					
व्हाइट ग्लोब गोल्डन	अक्तूबर से	,,	,,	,,	,,	,,
बाल स्नोबाल पूसा	दिसम्बर					
चन्द्रिमा, पूसा स्वर्णिमा		,,	,,	,,	,,	१२०–१६०
ग्वार						
पूसा नवबहार	फरवरी–मार्च तथा	६–८	२–३	३०–४५	१५–२०	२०–३२
पूसा सदाबहार	जून–जुलाई					
शरद बहार, पूसा						
नवीन, पूसा मौसमी						
लोबिया						
पूसा फाल्गुनी,	फरवरी–मार्च	८–१०	३–४	४०–५०	८–१०	३२–३६
पूसा दो फसली,	फरवरी–मार्च तथा					
पूसा कोमल,	जून–जुलाई	,,	,,	,,	,,	,,
पूसा बरसाती	जून–जुलाई	,,	,,	,,	,,	,,
फ्रांसबीन						
छोटी जातियां,	साल में दो बार	३०–३२	३–४	४०–४५	१०–१५	२०–२८
पूसा पार्वती, कन्टेन्डर,	२० जनवरी से १०					
टूवीड, वंडर, प्रमियर,	फरवरी तथा					पहाडी क्षेत्रों में
पंत अनुपमा अर्का	अक्टूबर से १०					४–५
कोमल, वी.एल.–५	अक्टूबर तक तथा					
	पहाडी क्षेत्रों में					
	अप्रैल से जून					

लता वाली जातियां						
केन्टकी पूसा हिमलता	केलव पवर्तीय क्षेत्रों के लिए	८	३–४	६०–७५	२०–३०	३२–४०
सेम						
हिसार कीर्ति, पूसा अर्ली प्रोलोफिक, पूसा सेम–२, पूसा सेम–३,	जून से अगस्त	२–३	३–४	२००–२५०	६०–१००	८५–१००
दीपाली, रजनी, कोयम्बटूर सीरीज	"	"	"	"	"	६०–८०
मटर						
आर्किल, मिटियोर, पी. एच.–१,	२५ सितम्बर से ७ अक्टूबर तक	३०–४०	५–७	३०–४०	८–१०	२०–२५
बोनविले, पूसा प्रगति तथा वी. एल. ७	२० अक्टूबर से २० नवम्बर तक	२०–३०	५–७	४५–६०	८–१०	२५–३०
एन. पी. २६	नवम्बर मे अंत में	२०–३०	५–७	४५–६०	८–१०	१६–२०
भिन्डी						
वर्षा उपहार, हिसार उन्नत, पूसा सावनी, पूसा ए.–४, परभनी क्रांति, पंजाब पदि्मनी अर्का अनामिका, अर्का अभय, ई.एम.एस.–८	फरवरी–मार्च तथा जून–जुलाई	१६–१८ ५–६	४–५	३०–४० ४५–६०	१०–१२ २०–३०	८०–१०० १००–१२०
मेथी						
पूसा अर्ली बंचिग, हिसार मेथी–५७ तथा कसूरी	मध्य सितम्बर से नवम्बर (पत्तियों के लिए)	८–१०	२–३	२०–२५	१०	२८–३० (हरि पत्तियां)
	७ अक्टूबर (दानों के लिए)	४–५	२–३	२०–२५	१०	२०–२५ (दानों की उपज) देसी मेथी ६–८ कसूरी मेथी २.५–३.०
पालक						
जोबनेर ग्रीन, एच.एस.–२३, पूसा ज्योति, पूसा हरित, आल ग्रीन	अगस्त से दिसम्बर	८–१०	२–३	२०	५	३२–४०

१०–१५ दिन के अन्तर पर कीटनाशियों के छिड़काव द्वारा करें। सफेद मक्खी के नियन्त्रण के लिये फल आने से पहले ४०० मि०ली० मैलाथियान ५० ई०सी० को २५० लीटर पानी में मिलाकर प्रति एकड़ १५ दिन के अन्तर पर छिड़काव करें। हरियाणा कृषि विश्वविद्यालय द्वारा विकसित मिर्च की दो किस्में हिसार विजय और हिसार शक्ति पर इन रोगों का प्रकोप बहुत कम होता है। इसलिए प्रतिरोधक किस्मों का प्रयोग करने से इन रोगों से फसल को बचाया जा सकता है।

(घ) शिमला मिर्च

CAPSICUM

शिमला मिर्च को भारत में लगभग १.७४ लाख हेक्टेयर भूमि में उगाया जाता है तथा वर्तमान में इसका उत्पादन ४८६८० टन है। इसकी व्यावसायिक खेती तमिलनाडु, कर्नाटक, हिमाचल प्रदेश और उत्तर प्रदेश के कुछ भागों में की जाती है। इसे बलनोज, बड़ी मिर्च, मीठी मिर्च, घंटीनुमा मिर्च, ग्रीन पेपर, बेल पेपर तथा शिमला मिर्च के नाम से जाना जाता है, लेकिन उत्तरी भारत मे यह शिमला मिर्च के नाम से ही लोकप्रिय है। उत्तर भारत में इसे हिमाचल प्रदेश और उत्तर प्रदेश के कुछ पहाड़ी क्षेत्रों में उगाया जाता है, जिसे मैदानी क्षेत्रों में बिक्री हेतु भेजने से अच्छे दाम मिलते हैं। पौष्टिकता की दृष्टि से यह विटामिन तथा खनिज लवणों का अच्छा स्त्रोत है। इसमें विटामिन–ए व सी टमाटर से भी अधिक पाये जाते हैं। चरपराहट एवं तीखापन रहित होने के कारण इसे विटामिन–सी की प्राप्ति हेतु कच्चा या सलाद के रूप में भी खाया जा सकता है। अब इसकी खेती उन सभी स्थानों में सफलतापूर्वक की जाती है जहां का तापमान ८.५–३१.० से.ग्रे. से ३८.४ से. ग्रे. व सापेक्ष आर्द्रता ३१ से ६५ प्रतिशत होती है। रात्रि तापमान पर भी फल बनते हैं।

भूमि : क्षारीय तथा भारी भूमि को छोड़कर इसे सभी प्रकार की मिट्टियों में सफलतापूर्वक पैदा किया जा सकता है लेकिन उत्तम उपज के लिए उचित जल–निकास वाली बलुई दोमट भूमि अच्छी पाई गई है। ऐसी मिट्टी जिसका पी. एच. मान ६.० से ७.४ के बीच हो इसकी खेती के लिए उपयुक्त होती है। अधिक क्षारीय या अम्लीय मृदाएं इसकी सफल खेती में बाधक मानी गई है। यदि भूमि रेतीली या मटियार किस्म की है, तो उसमें पर्याप्त मात्रा में जैविक खाद डालकर अधिक उपज ली जा सकती है।

भूमि की तैयारी : पहली जुताई ट्रैक्टर या मिट्टी पलटने वाले हल से करनी चाहिए। उसके उपरान्त ३ से ४ बार हैरो या कल्टीवेटर चलाएं। पाटा लगाकर भूमि को समतल कर लेना आवश्यक है। जुताई के दौरान खरपतवारों और पुरानी

४. **गाजर**

पूसा मेघाली: नारंगी रंग की जातियों में केवल यही एक जाति है जो मैदानी भागों में बीज बना सकती है।

५. **प्याज**

एन-५३ तथा एग्री फाउण्ड डार्क रेड : ये दोनों जातियां खरीफ मौसम में उगाने के लिए उपयुक्त हैं।

६. **फूल गोभी**

अर्ली क्वारी, पूसा दीपाली, पूसा अर्ली सिन्थेटिक, इम्प्रूव्ड जापानीज तथा पूसा सिन्थेटिक: ये जातियां गर्मी के मौसम में लगायी जा सकती है। इनके लगाने का समय तालिका में अंकित किया गया है।

वर्षा उपहार व हिसार उन्नत किस्में वर्षा ऋतु में लगाने के लिए अधिक उपयुक्त हैं।

शरीर क्रियात्मक अव्यवस्था द्वारा उत्पन्न बीमारियां

बीमारी का नाम	फसल का नाम	लक्षण	उपचार
गुलाबी सड़न (ब्राउनिंग)	फूलगोभी	फूल गुलाबी रंग का होकर सड़ जाता है	बोरेक्स पाउडर ४ से ५ कि.ग्रा. प्रति एकड़ की दर से खेत में रोपाई से पहले मिला दें
छोटे फूल बनना (बटनिंग)	फूलगोभी	पौधे की बढ़वार कम होती है तथा फूल बहुत छोटे आते हैं	नाइट्रोजन की पूरी मात्रा फसल में डालें तथा अगेती जातियां देर से व पछेती जातियां जल्दी न लगायें
व्हिपटेल	फूलगोभी	इसमें पत्तियां चाबुक की तरह हो जाती हैं। पत्ती के बीच की नस बढ़ जाती है तथा फूल नहीं आते हैं।	१०० ग्राम सोडियम मोलिब्डेट देने से पी.एच. ६.५ हो जाता है और बीमारी नहीं आती है।

क्विंटल हरी मिर्च, ८ से १० क्विंटल सूखी मिर्च और ४ से ६ क्विंटल बीज प्राप्त किया जा सकता है।

फसल संरक्षण

अधिक उपज लेने के लिए फसल को कीड़ो तथा बीमारियों से बचाना आवश्यक है। मुख्य-मुख्य कीड़ों व बीमारियों का संक्षिप्त वर्णन तथा उनसे बचने के उपाय इस प्रकार हैं:

हानिकारक कीट व उनका नियंत्रण

१. **दीमक :** दीमक मिर्च का मुख्य दुश्मन कीट है। ये नरम शरीर वाले चीटों के आकार के हल्के-भूरे व पीले रंग के कीट (वर्कर) जमीन में रहकर पौधों की जड़ो व तनों को काट देते हैं। प्रभावित पौधे मुरझाकर सूख जाते हैं तथा इन्हें आसानी से खींच कर उखाड़ा जा सकता है। दीमक का रेतीले व खुश्क क्षेत्रों में जहां भूमि का तापमान भी ज्यादा हो ऐसे इलाकों में अधिक प्रकोप सितम्बर से नवम्बर तथा फरवरी से मार्च में होता है।

नियंत्रण :

- दीमक की रोकथाम के लिए इससे प्रभावित होने वाले क्षेत्रों में पिछली फसल के अवशेषों को अच्छी तरह से नष्ट कर देवें।
- गोबर की कच्ची खाद का प्रयोग कभी न करें।
- फसल काल के दौरान दीमक का प्रकोप होने की अवस्था में १.५ लीटर क्लोरपाइरीफोस २० ई० सी० या १.५ लीटर एण्डोसल्फान ३५ ई० सी० को २० किलोग्राम रेत में मिला कर अगस्त के अन्त या सितम्बर के आरम्भ में एक एकड़ भूमि पर बखेर कर ठीक प्रकार से मिट्टी में मिला दें व इसके बाद सिंचाई करें।

२. **चुरड़ा व अष्टपदी (माइट) :** इनके शिशु व प्रौढ़ पत्तों से रस चूसते हैं जिसके कारण पत्ते पीले पड़ जाते हैं, ये मरोड़िया रोग भी फैलाते हैं। अधिक आक्रमण होने पर फसल कमज़ोर हो जाती है व पैदावार में कमी आ जाती है।

नियंत्रण : इनका आक्रमण होने पर ४०० मि० ली० मैलाथियान ५० ई० सी० का छिड़काव २५० लीटर पानी में मिला कर प्रति एकड़ फसल पर १५-२० दिन के अन्तर पर आवश्यकतानुसार करते रहें।

३. **सफेद मक्खी :** सफेद मक्खी के बच्चे व प्रौढ़ पत्तों का रस चूस कर पौधों को कमज़ोर करते हैं। सफेद मक्खी छोटे पत्तों का विषाणु रोग (मरोड़िया) भी फैलाती है तथा इन कीड़ों से प्रभावित पत्ते पीले पड़ कर अन्त में कभी-कभी सूख जाते हैं तथा पौधों की बढ़वार रुक जाती है जिससे पैदावार पर कुप्रभाव पड़ता है।

अन्धापन (ब्लाइंडनेस)	फूलगोभी	पौधे की व द्धि वाला भाग किसी कारण से टूट जाता है। इससे पौधे की बढ़वार रुक जाती है, पत्तियां बड़ी व गहरे हरे रंग की तथा मोटी हो जाती हैं और फूल नहीं आते हैं।	कीड़ों के काटने से या निराई—गुड़ाई करते समय व द्धि भाग टूट जाता है। निराई—गुड़ाई सावधानी से करें तथा कीट संरक्षण की विधियाँ अपनाऐं।
आलू का हरापन	आलू	आलू का कंद बाहर रहने से कंद में हरापन आ जाता है जिससे आलू की गुणवता पर असर पड़ता है	आलू की फसल में २ या ३ बार मिट्टी चढ़ाना अनिवार्य होता है। ऐसा करने से कंद जमीन के अंदर की रहते हैं तथा यह बीमारी नही होती है।

रोग प्रतिरोघी जातियाँ

सब्ज़ी	**जाति**	**रोग का नाम**
फूलगोभी	पूसा शुभ्रा, हिसार—१	ब्लैक रॉट (काला गलन रोग)
बन्दगोभी	पूसा मुक्ता	—वही—
बन्दगोभी	पूसा ड्रम हैड	ब्लैक लैग
टमाटर	पूसा--१२०, हिसार ललित	नेमेटोड्स (सूत्रक मि)
टमाटर	एच—२४	लीफ कर्ल वाइरस (पत्तियों का गुच्छा रोग)
भिन्डी	परभनी क्रांति, वर्षा उपहार, पूसा ए—४, पंजाब पद्मिनी	यलो वेन मौजेक वाइरस
मिर्च	हिसार शक्ति व हिसार विजय	मौजेक (पत्तियों का गुच्छा—मुच्छा रोग)
मटर	काला नागनी	फ्यूजेरियम विल्ट (उकठारोग)
	पूसा प्रगति	पाउडरी मिल्ड्यू
	वी. एल.—७	—वही—
बैंगन	पूसा भैरव	फोमोप्सिस ब्लाईट (फल गलन)

	पूसा के. टी.–१	उकठा रोग
	पूसा पर्पल कलस्टर	बेक्टीरियल विल्ट
तरबूज	अर्का मानिक	डाउनी मिल्ड्यू तथा फ्यूजेरियम विल्ट
खीरा	पोइन्सेट	पाउडरी मिल्ड्यू और डाउनी मिल्ड्यू
लोबिया	पूसा कोमल	बैक्टीरियल लीफ ब्लाइट और यलो मौजेक
फ्रांसबीन	पूसा पार्वती	येलो मौजेक वाइरस

रोगों की रोकथाम के लिए कुछ विशेष सावधानियाँ

१. विषाणु रोगों से बचने के लिए सदैव स्वस्थ, निरोगी और प्रमाणित बीज ही बोयें ।

२. जिस खेत में रोग लगा हो उसका बीज बोने के लिये प्रयोग मे न लाऐं ।

३. बीज बोने से पहले एमिसान, कैप्टान, थायरम या बावास्टिन नामक दवा की २.० से २.५ ग्राम मात्रा एक किलोग्राम बीज में मिलाकर उपचारित कर लें ।

४. पौधशाला से स्वस्थ पौधे ही लेकर लगायें तथा रोगी पौधे उखाड़ कर नष्ट कर दें।

५. विषाणु रोगों को फैलाने वाले कीटों की रोकथाम कीटनाशक दवाइयों के छिड़काव से करें ।

६. फसल में खरपतवार न होने दें। ऐसा करने से बीमारी फैलाने वाले कीड़े कम पनपते हैं ।

७. खेत में उकठा, मूल–गलन आदि रोग बार–बार आने पर फसल चक्र अपनायें।

सिंचाई और जल–निकास : शिमला मिर्च की सिंचाई भूमि की किस्म और मौसम पर निर्भर करती है। आमतौर पर वर्षाकालीन फसल में सिंचाई की आवश्यकता नहीं होती है किन्तु काफी समय तक वर्षा न होने की स्थिति में आवश्यकतानुसार सिंचाई करते रहें। ग्रीष्मकालीन फसल में प्रति सप्ताह सिंचाई करें जब कि सर्दियों में १० से १५ दिन के अन्तर पर सिंचाई करें। रेतीली भूमि में उगायी गई फसल में मटियार भूमि की तुलना में अधिक व जल्दी–जल्दी हल्की सिंचाइयों की आवश्यकता होती है। शिमला मिर्च की फसल को जहां सिंचाई की आवश्यकता होती है, दूसरी ओर यह फसल अधिक पानी को भी सहन नहीं कर पाती है। यदि किसी कारणवश खेत में पानी इकट्ठा हो जाए तो उसे निकालने की तुरन्त व्यवस्था करनी चाहिए अन्यथा फसल पीली पड़कर मर जाती है।

पादप नियंत्रकों का उपयोग : शिमला मिर्च में फूल और फल झड़ने की समस्या पायी जाती है। फूल आते समय ५० पी.पी.एम. नैफ्थालीनएसेटिक एसिड (एन.ए.ए.) के छिड़काव करने से इस समस्या को काफी हद तक सुलझा लिया जाता है और उपज में भी ४० प्रतिशत अधिक की वृद्धि हो जाती है। एथरिल ४०० पी. पी.एम. के उपयोग से ग्रीष्म एवं शीतकालीन फसलों में उपज बढ़ जाती है।

फलों की तुड़ाई : पूर्ण विकसित और बड़े आकार के स्वस्थ हरे फल बिक्री के लिए उत्तम रहते हैं। फल तुड़ाई, पौध रोपण के ६० से ६५ दिन बाद शुरू हो जाती है। फलों को हाथ से ऊपर की ओर मोड़कर तोड़ा जाता है।

उपज : शिमला मिर्च की उपज उसकी किस्म, भूमि, जलवायु और फसल प्रबन्ध पर निर्भर करती है। कुशल प्रबन्ध और उत्तम तकनीक द्वारा स्थानीय किस्मों से २५ क्विंटल, उन्नत किस्मों से ३५ से ४० क्विंटल और संकर किस्मों से १८० से २०० क्विंटल प्रति एकड़ उपज मिल जाती है।

भण्डारण : शिमला मिर्च को ०° सें.ग्रे. तापमान और ६५ से ६८ प्रतिशत अपेक्षित आर्द्रता पर ४० दिन तक भण्डारित किया जा सकता है।

फसल संरक्षण

हानिकारक कीट व उनका नियंत्रण : शिमला मिर्च को अनेक कीड़े हानि पहुंचाते हैं, जिनमें थ्रिप्स एवं चेपा काफी महत्वपूर्ण हैं।

१. **थ्रिप्स (चुरड़ा) :** यह कीड़ा पत्तियों का रस चुसता है तथा फूल निकलते समय अधिक हानि पहुँचाता है। इसके आक्रमण से उपज में २५ से ५० प्रतिशत तक की कमी आ जाती है। इसके नियंत्रण के लिए ४०० मि० ली० मैलाथियान ५० ई० सी० को २५० लीटर पानी में मिला कर प्रति एकड़ की दर १५ से २० दिन के अन्तर से छिड़काव करें या ६० मि० ली० साइपरमेथ्रिन २५ ई० सी० या १५० मि०

फसल के अवशेषों को निकाल देना चाहिए। अन्त में सिंचाई सुविधा के अनुसार क्यारियां और सिंचाई नालियां बना लेनी चाहिए।

प्रमुख उन्नत किस्में : हमारे देश में उगाई जाने वाली शिमला मिर्च की किस्में मुख्य रुप से बाहर से आयातित किस्में हैं चूँकि इसकी खेती बहुत सीमित क्षेत्रों में की जाती थी इस वजह से इसकी नई किस्मों के विकास के अनुसंधान कार्य पर कम जोर दिया गया है। अब तक मुख्य रुप से उगाई जाने वाली किस्में कैलफोर्निया वंडर और चाइनीज जाइण्ड थी। कुछ क्षेत्रों में बुलनोज, योलो वण्डर, रुबी किंग, किंग आफ नार्थ, अर्ली जाइण्ट, वर्ड बीटर, हंगेरियन वैक्स आदि की खेती की जाती रही। इसकी कुछ प्रमुख किस्मों का वर्णन नीचे दिया गया है :

१. कैलिफोर्निया वण्डर : इसके पौधे ओजस्वी, सीधे तथा अधिक फल देने वाले होते हैं। फल वर्गाकार, चिकना, मोटा, गूदे वाला, हरा रंग लिए हुये तीन चार प्रकोष्ठ का होता है। पकने पर फल का रंग चमकीला सिंदूरी हो जाता है। इस किस्म की औसत उपज ४८ से ६० क्विंटल प्रति एकड़ है।

२. यैलो वण्डर : इस किस्म के पौधे बौने तथा अधिक फल देने वाले होते हैं। फल नीचे की ओर झुके रहते हैं। फल तीन चार प्रकोष्ठों वाला मध्यम मोटाई का गूदा लिये होता है। उपज करीब ४० से ५० क्विंटल प्रति एकड़ होती है।

३. हाइब्रिड भारत : यह एक हाइब्रिड है, जिसे इंडो अमेरीकन हाइब्रिड सीड कम्पनी बंगलौर ने विकसित किया है। इसके फल चार प्रकोष्ठीय तथा मोटे गूदे वाले होते हैं। प्रत्येक फल करीब ८ से १० से. मी. लम्बा तथा १५० ग्राम वज़न का होता है। यह तम्बाकू विषाणु के प्रति सहनशील है। इसकी उपज १६० से २०० क्विंटल प्रति एकड़ होती है।

४. चाइनीज जाइण्ट : यह भी एक काफी प्रचलित किस्म है। इसके पौधे गहरे हरे रंग के होते हैं। फलों का छिलका मोटा होता है और प्रत्येक फल में ३ से ४ पिण्ड होते हैं। फसल रोपण के १२५ से १४० दिन बाद फलत में आती है। इसकी औसत उपज ४८ से ५६ क्विंटल प्रति एकड़ है।

५. वर्ड बीटर : इस किस्म के पौधे उपर की तरफ बढ़ने वाले होते हैं। फल में ४ पिण्ड पाये जाते हैं और फलों का छिलका मध्यम मोटाई का होता है। इसकी उपज क्षमता ४० से ५० क्विंटल प्रति एकड़ है।

६. अर्का मोहिनी : इनमें फूल तथा फल एक ही बार लगते हैं। फल नीचे की ओर झुका होता है, जिनका औसत वज़न ८० से १०० ग्राम होता है व गहरे हरे रंग का, मोटे गूदे वाला एवं ३ से ४ प्रकोष्ठ युक्त होता है। यह किस्म गर्मी एवं सर्दी दोनों ही फसल हेतु उपयुक्त हैं। घनी पत्तियां होने के कारण फल में सनस्काल्ड नही होता है। यह किस्म भारतीय बागवानी अनुसंधान संस्थान, बंगलौर